# 钢筋、FRP 筋与混凝土粘结性能

金　浏　张仁波　杜修力　著

科学出版社

北　京

# 内 容 简 介

本书系统介绍了作者及其研究团队在钢筋、FRP 筋与混凝土粘结性能的精细化数值模拟方面的研究成果。全书共分为六章。主要内容包括：绪论、环境与荷载效应、精细化数值模拟方法、温度效应对钢筋与混凝土粘结性能影响、腐蚀效应对钢筋与混凝土粘结性能影响，以及温度效应对 FRP 筋与混凝土粘结性能影响等。

本书可供从事混凝土工程结构设计和科研的工程技术人员和科技人员参考，也可作为高等院校土木工程专业高年级本科生和研究生的教学参考用书。

**图书在版编目（CIP）数据**

钢筋、FRP 筋与混凝土粘结性能 / 金浏，张仁波，杜修力著. —北京：科学出版社，2024.6

ISBN 978-7-03-077247-3

Ⅰ. ①钢… Ⅱ. ①金… ②张… ③杜… Ⅲ. ①钢筋混凝土结构－粘结性－研究 Ⅳ. ①TU375

中国国家版本馆 CIP 数据核字（2023）第 247925 号

责任编辑：王 钰 / 责任校对：赵丽杰
责任印制：吕春珉 / 封面设计：东方人华平面设计部

科学出版社出版
北京东黄城根北街 16 号
邮政编码：100717
http://www.sciencep.com
北京中科印刷有限公司印刷
科学出版社发行 各地新华书店经销
*
2024 年 6 月第 一 版 开本：B5（720×1000）
2024 年 6 月第一次印刷 印张：16 插页：4
字数：321 000

**定价：178.00 元**

（如有印装质量问题，我社负责调换）
销售部电话 010-62136230 编辑部电话 010-62151061

# 前　言

混凝土由于性能良好、价格低廉，应用十分广泛。作为一种人工合成材料，其发展历程经历了从素混凝土到钢筋混凝土的标志性变化。在混凝土的内部嵌入适量钢筋，可以将二者的优点结合起来，有效改善混凝土的脆性，达到最优使用效果。从20世纪60年代以来，纤维增强聚合物（fiber reinforced polymer，FRP）筋作为一种以纤维为增强体、树脂为基体形成的新型复合材料，由于其具有轻质高强、耐腐蚀、非磁性等优点，成为在腐蚀环境及某些特殊环境中替代钢筋的理想材料。钢筋/FRP筋与混凝土能够一起共同工作，首先是由于二者之间具有相近的线膨胀系数，更主要的是混凝土硬化后，钢筋/FRP筋与混凝土之间可以形成良好的粘结性能，使得钢筋/FRP筋与混凝土之间可以传递力，并且变形协调。

钢筋/FRP筋混凝土结构具有良好的工作性能和变化多样的结构形式，在工程结构（如高坝、核电站、道路、地下厂房、桥梁、隧道等基础设施）中应用极其广泛。然而，随着混凝土结构在多领域的使用，其难免遭受地震、火灾、冲击及爆炸等极端外部作用，以及侵蚀、腐蚀等长期环境作用。钢筋/FRP筋与混凝土粘结作用机理研究是了解结构力学行为的基础。界面粘结机制分为化学胶结、机械咬合和界面摩擦三个方面，受材料力学特性及内力响应等诸多因素影响。在高温/低温、动态荷载及腐蚀环境中，钢筋/FRP筋与混凝土的材料力学性能、内力响应会发生改变，从而影响二者之间的粘结行为。因此，准确把握极端荷载及腐蚀环境中钢筋/FRP筋与混凝土的粘结性能，掌握钢筋/FRP筋与混凝土的粘结应力-滑移本构关系曲线是分析构件和结构性能的基础，是对混凝土结构进行有限元分析时的重要问题，也是更加准确地预测其承载能力的基本前提，对于保证结构设计的科学性和安全性具有重要意义。

本书主要介绍作者及其研究团队在钢筋、FRP筋与混凝土粘结性能精细化数值模拟方面的研究成果，全书共6章。主要内容包括：绪论、环境与荷载效应、精细化数值模拟方法、温度效应对钢筋与混凝土粘结性能的影响、腐蚀效应对钢筋与混凝土粘结性能的影响，以及温度效应对FRP筋与混凝土粘结性能影响。

本书的研究工作，得到了国家自然科学基金优秀青年科学基金项目（项目编号：51822801）、国家自然科学基金面上项目（项目编号：51978022）、北京市自然科学基金杰出青年科学基金项目（项目编号：JQ22025）等多方资助与支持，在本书完稿付梓之际，作者对上述支持表示诚挚感谢。

在本书的研究工作及书稿整理过程中，作者的一些研究生亦做出了积极贡献，包括刘梦佳、李潇雅、余文轩、李平、刘锴鑫、吴金涛、张晓旺等。

由于作者水平有限，书中内容难免有不完善之处，敬请读者批评指正。

作　者

2023 年 3 月

# 目　　录

# 第 1 章　绪　　论

混凝土是近现代土木工程建设的基础性和关键性的结构材料。然而，混凝土脆性突出、易开裂，这一难题是现代工程建设的重要技术瓶颈。针对这一问题，采用钢筋作为增强材料所形成的钢筋混凝土是土木工程领域中最重要的组合材料，在工程结构中得到了大量应用。在严酷环境下，钢筋容易发生锈蚀，钢筋混凝土的长期性能会降低，而且需要对锈蚀钢筋进行高成本的检查、维护和修复。因此，自 20 世纪 70 年代以来，许多学者深入研究纤维增强聚合物（fiber reinforced polymer，FRP）筋替代钢筋的可能性和可行性。FRP 筋因轻质高强、抗疲劳、耐腐蚀等优点，越来越受到工程界青睐。FRP 筋的种类多样，按纤维种类可划分为玻璃纤维增强聚合物（glass fiber reinforced polymer，GFRP）筋、碳纤维增强复合（carbon fiber reinforced polymer，CFRP）筋、芳纶纤维增强聚合物（aramid fiber reinforced polymer，AFRP）筋以及研发较晚的玄武岩纤维增强聚合物（basalt fiber reinforced polymer，BFRP）筋，如图 1.1 所示。

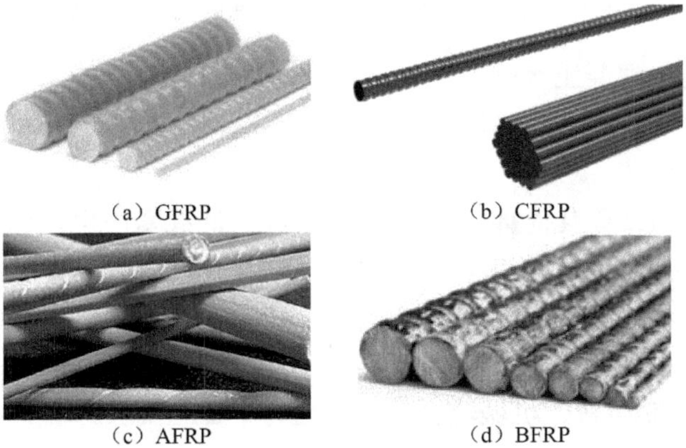

（a）GFRP　（b）CFRP　（c）AFRP　（d）BFRP

图 1.1　几种商业可获取的 FRP 筋

钢筋/FRP 筋与混凝土共同工作的基础是钢筋/FRP 筋与混凝土的粘结作用。通过粘结作用，两种材料之间实现力的传递及变形协调，充分利用混凝土的抗压性能和钢筋/FRP 筋的抗拉性能。因此，钢筋/FRP 筋与混凝土的粘结性能是影响构件承载性能、破坏形态、变形能力和抗震性能的关键因素。研究表明，粘结滑移引起的固端转角变形在弯曲构件的整体侧向变形中可达 35%，且粘结滑移效应是造成服役混凝土结构在地震作用下破坏和倒塌的最常见因素之一[1, 2]。

为了更加精确地揭示钢筋/FRP 筋混凝土结构的行为响应，进一步改善和提高其力学性能，需要对粘结滑移的机理和影响因素展开深入研究，并建立相应的粘结应力-滑移本构关系模型和数值模拟方法。

## 1.1 粘结性能概述

### 1.1.1 粘结机理

在混凝土结构中，钢筋/FRP 筋与周围混凝土界面间的粘结机理十分复杂。粘结力主要由化学胶结力、摩擦力、机械咬合力三部分组成[3]，如图 1.2 所示。

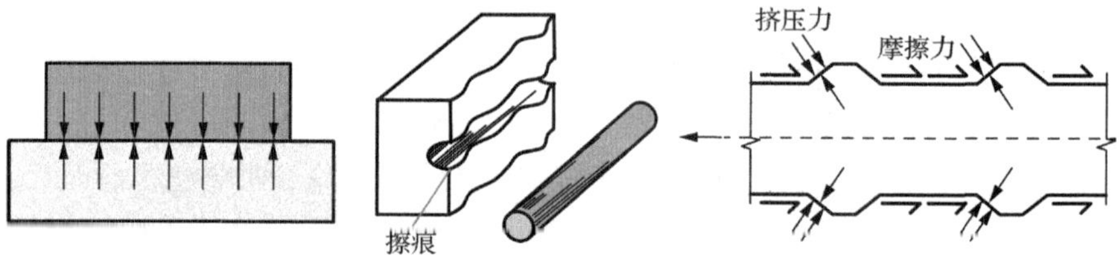


（a）化学胶结力　（b）摩擦力　（c）机械咬合力

图 1.2 钢筋/FRP 筋和混凝土之间的粘结力组成

化学胶结力由混凝土水化产生的凝胶体在钢筋/FRP 筋表面产生。这种化学胶结力很小，且仅在混凝土与钢筋/FRP 筋无局部滑移时起作用，一旦两者发生相对滑移，胶结力即消失。

摩擦力由混凝土硬化时体积收缩对钢筋/FRP 筋握紧产生。摩擦力大小主要取决于钢筋/FRP 筋表面光滑程度以及 FRP 筋树脂的质量，可通过在 FRP 筋表面粘砂增加表面的粗糙度以提高摩擦力。

机械咬合力由于钢筋/FRP 筋表面凹凸不平与混凝土相互咬合产生。对于表面带肋的钢筋/FRP 筋而言，机械咬合力在粘结力中贡献最大[3, 4]。

此外，FRP 筋与混凝土之间的粘结力还包括硬化混凝土收缩引起的对 FRP 筋的静水压力、温度变化和吸湿引起的 FRP 筋的膨胀。

随着拉拔力的增加，粘结应力峰值由加载端逐步向自由端移动，并且钢筋/FRP 筋的应力也逐渐趋于均匀。光圆钢筋/FRP 筋、表面粘砂 FRP 筋和变形钢筋/FRP 筋（表面带肋、压痕等）的粘结强度和滑移相差悬殊。光圆钢筋/FRP 筋的粘结力主要由化学胶结力组成，在低应力的情况下也会产生较大的滑移，并且可能会破坏钢筋/FRP 筋与混凝土之间的粘结。对于表面粘砂的 FRP 筋，粘结力主要由化学胶结力和摩擦力组成。变形钢筋/FRP 筋的粘结力主要由摩擦力和机械咬合力组成，粘结力的大小主要取决于肋间混凝土的强度和肋的承载能力。如图 1.2（c）所示，摩擦力和挤压力的合力在垂直方向的分力为径向压力，在径向压力作用下的混凝土产生环向拉应力，当环向拉应力大于混凝土的抗拉强度时，混凝土内部会产生径向裂缝，合力在水平方向的分力为粘结力，随着拉拔力增加，粘结力逐渐增大，最终发生粘结破坏。

### 1.1.2　粘结破坏形式

根据钢筋/FRP 筋失效方式，可将钢筋混凝土粘结破坏模式划分为拔出破坏和劈裂破坏，如图 1.3 所示。文献[1]指出，在粘结滑移过程中，受混凝土握裹层约束状况影响，钢筋/FRP 筋横肋与周围混凝土之间发生相互挤压，导致握裹层混凝土在斜向挤压力下受到劈裂作用。当混凝土保护层厚度较大或者存在箍筋等横向约束的情况下，钢筋/FRP 筋受到较大约束作用，其横肋之间的混凝土因冲切作用被剪掉，致使钢筋/FRP 筋从混凝土中直接拔出，即发生拔出破坏。当混凝土保护层厚度较小或者横向约束不足时，钢筋/FRP 筋横肋通过挤压周围混凝土产生环向拉应力，纵向劈裂裂缝延伸至构件边缘，导致在钢筋/FRP 筋拔出之前混凝土保护层即发生劈裂破坏。对于以上两种破坏模式，界面破坏与混凝土破坏有关，粘结强度取决于混凝土力学性能。

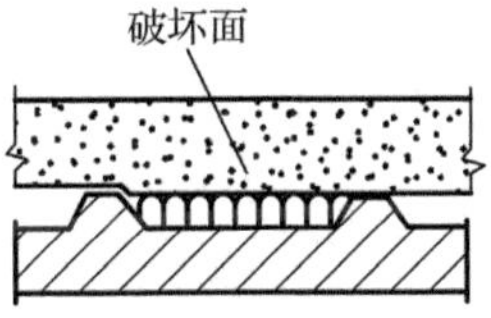


（a）拔出破坏

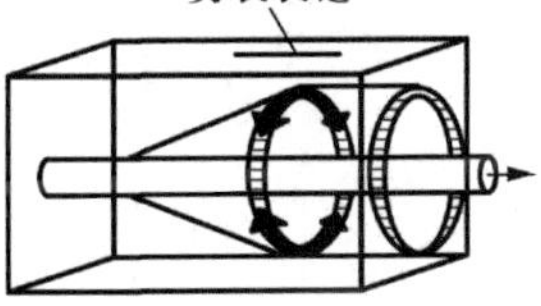


（b）劈裂破坏

图 1.3　粘结破坏形式[5]

对于 FRP 筋与中/高强混凝土的界面，粘结破坏会由于筋材表面的剥离而发生于 FRP 筋中纤维与树脂基质之间[6]。此时，粘结强度由纤维和树脂基质之间的抗剪性能控制，因而粘结强度更多取决于 FRP 筋特性，而非混凝土抗压强度。

另外，FRP 筋与混凝土之间还可能发生锚固破坏和筋材拉断[7]。锚固破坏是由于加载端有滑移或者加载端 FRP 筋被夹具剪坏而产生。当粘结力大于 FRP 筋的极限抗拉强度时往往会发生筋材被拉断的现象。

### 1.1.3 粘结应力

在结构设计中，如果从微观角度出发，通过测出粘结应力的三个组成应力（化学胶结力、摩擦力和机械咬合力）来确定粘结强度，是很不切实际的。为了简化计算过程，一般采用平均粘结应力来反映钢筋/FRP 筋与混凝土之间的粘结强度。Eligehausen 等[5]在试验研究中设置较短的粘结长度（$l_a < 5d_b$，$l_a$ 为粘结长度，$d_b$ 为钢筋直径），减少粘结应力沿钢筋粘结段分布的不均匀分布性，以使测出的试验值接近于真实的局部粘结应力。Filippou 等[8]则从理论分析出发，假设粘结应力沿粘结长度均匀分布，根据钢筋混凝土之间的平衡建立如下微分关系式：

$$\Delta F = \frac{\pi d_b^2}{4} d\sigma_s = \tau \pi d_b dx \tag{1.1}$$

式中：$\tau$ 为粘结应力；$\sigma_s$ 为钢筋应力；$\Delta F$ 为微段两段轴力之差。进而可得粘结应力 $\tau(x)$ 的表达式：

$$\tau(x) = \frac{1}{\pi d_b} \frac{\Delta F}{\Delta x} = \frac{d_b}{4} \frac{d\sigma_s}{dx} \tag{1.2}$$

Altoontash[9]考虑钢筋屈服的影响，采用二折线方程表示钢筋本构关系［式（1.3）］，进而借助分段函数给出了粘结应力的理论计算公式［式（1.4）］：

$$\sigma_s = \begin{cases} E_s \varepsilon, & \varepsilon \leqslant \varepsilon_y \\ \sigma_y + E_h \left( \varepsilon - \varepsilon_y \right), & \varepsilon > \varepsilon_y \end{cases} \tag{1.3}$$

$$\tau(x) = \begin{cases} \dfrac{E_s d_b}{4} \dfrac{d\varepsilon}{dx}, & \varepsilon \leqslant \varepsilon_y \\ \dfrac{d_b}{4} \dfrac{(E_s - E_h)\varepsilon_y + E_h d\varepsilon}{dx}, & \varepsilon > \varepsilon_y \end{cases} \tag{1.4}$$

式中：$E_s$ 为钢筋的弹性模量；$E_h$ 为钢筋的硬化模量；$\varepsilon$ 为钢筋应变；$\varepsilon_y$ 为钢筋的屈服应变；$\sigma_y$ 为钢筋的屈服应力。

Morris[10]利用图 1.4 对粘结应力在较短粘结长度上均匀分布的合理性进行了解释，并指出当钢筋的粘结长度较长时，粘结应力分布很不均匀，上述假设将不再适用。例如，Mains[11]曾通过试验研究得出局部粘结应力可高达平均粘结应力的 2 倍。

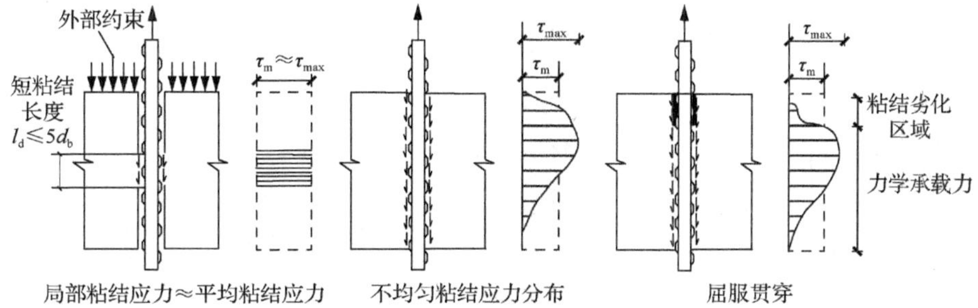


注：$\tau_{max}$为最大粘结应力；$\tau_m$为平均粘结应力。

图 1.4　粘结应力分布[10]

因此，针对粘结应力及强度的计算问题，应当视具体情况而定：当钢筋粘结长度较短时，可通过假设平均粘结应力来计算；而当钢筋粘结长度较长时，可进一步通过考虑粘结应力的不均匀分布来提高模型精度。

### 1.1.4　粘结应力-滑移本构关系

钢筋/FRP 筋与混凝土的粘结应力-滑移本构关系是粘结性能的重要体现，与钢筋/FRP 筋混凝土构件的塑性铰转动能力、剪切破坏以及非线性有限元分析有着密切的关系。

早在 1987 年 Shima 等[12]就提出了可采用粘结应力-滑移-钢筋应变来表示粘结应力-滑移本构关系；Kankam 和 Charles[13]则基于试验分析建立了粘结应力、钢筋应力和滑移之间的关系。目前，常见的粘结应力-滑移本构关系表示方式有两种，其中以 $\tau$ - $s$ 最为常见，即粘结应力与滑移之间的关系；另一种为$\sigma$-$s$，即钢筋应力与滑移之间的关系，二者之间可以相互转化。一些学者通过试验数据回归分析建立了粘结应力-滑移本构关系，然而由于粘结界面的复杂性、数据离散性等问题及试验条件差异，不同学者提出的粘结应力-滑移本构关系存在一定差异，且往往只适用于特定情况。由于缺少理论基础，这类公式的进一步研究和应用受到了限制。鉴于此，部分学者根据平衡关系对粘结应力-滑移本构关系进行理论推导。Morris[10]通过对钢筋与混凝土之间的应变差进行积分得到滑移的计算公式：

$$s(x) = \int_{x_0}^{x} \varepsilon_s(x)\mathrm{d}x - \int_{x_0}^{x} \varepsilon_c(x)\mathrm{d}x + s_0 \tag{1.5}$$

进而基于钢筋与混凝土的应力-应变本构关系，并结合粘结应力与钢筋应变之间的函数关系［式（1.4）］，推导出粘结应力-滑移本构关系（$\sigma$- $s$）：

$$\frac{\mathrm{d}^2 s}{\mathrm{d}x^2}=\frac{\mathrm{d}\varepsilon_{\mathrm{s}}(x)}{\mathrm{d}x}-\frac{\mathrm{d}\varepsilon_{\mathrm{c}}(x)}{\mathrm{d}x}=\begin{cases}\dfrac{1}{E_{\mathrm{s}}}\dfrac{\mathrm{d}\sigma_{\mathrm{s}}(x)}{\mathrm{d}x}-\dfrac{1}{E_{\mathrm{c}}}\dfrac{\mathrm{d}\sigma_{\mathrm{c}}(x)}{\mathrm{d}x}, & \varepsilon\leqslant\varepsilon_{\mathrm{y}}\\ \dfrac{\varepsilon_{\mathrm{y}}+\left[\mathrm{d}\sigma_{\mathrm{s}}(x)-\sigma_{\mathrm{y}}\right]/E_{\mathrm{h}}}{\mathrm{d}x}-\dfrac{1}{E_{\mathrm{c}}}\dfrac{\mathrm{d}\sigma_{\mathrm{c}}(x)}{\mathrm{d}x}, & \varepsilon>\varepsilon_{\mathrm{y}}\end{cases}\tag{1.6}$$

式中：$\varepsilon_{\mathrm{s}}(x)$ 和 $\varepsilon_{\mathrm{c}}(x)$ 分别是钢筋和混凝土沿着钢筋粘结长度方向上 $x$ 点处的应变；$\sigma_{\mathrm{s}}(x)$和$\sigma_{\mathrm{c}}(x)$分别为钢筋和混凝土在 $x$ 点处的应力；$E_{\mathrm{s}}$ 和 $E_{\mathrm{c}}$ 分别为钢筋和混凝土的弹性模量；$s_0$ 为钢筋自由端的初始滑移。该本构关系是基于钢筋线性应变强化准则，Mergos 和 Kappos[14]指出线性应变强化可以为计算带来简便，但是为了建立更加精确的本构模型，应当考虑采用非线性强化准则。然而目前由于非线性强化准则计算复杂，鲜有学者基于其建立粘结应力-滑移本构关系。

早期研究所建立的局部粘结应力-滑移本构关系模型有很大的局限性，不能完全反映滑移、劈裂以及粘结破坏发展的全过程。在后续研究中，基于对粘结滑移机理的深入认识，提出了更为准确的多段式粘结应力-滑移本构关系模型。Eligehausen 等[5]基于大量拔出试验数据，建立了上升段为幂函数、具有峰值平台的粘结应力-滑移本构关系模型，并被欧洲模式规范[15]采纳，如图 1.5（a）所示。

Harajli 等[16]研究了钢纤维掺量以及配箍率等因素对粘结性能的影响，并基于 Eligehausen 模型[5]提出了与约束水平有关且反映下降段非线性特征的粘结应力-滑移本构关系模型，如图 1.5（b）所示。

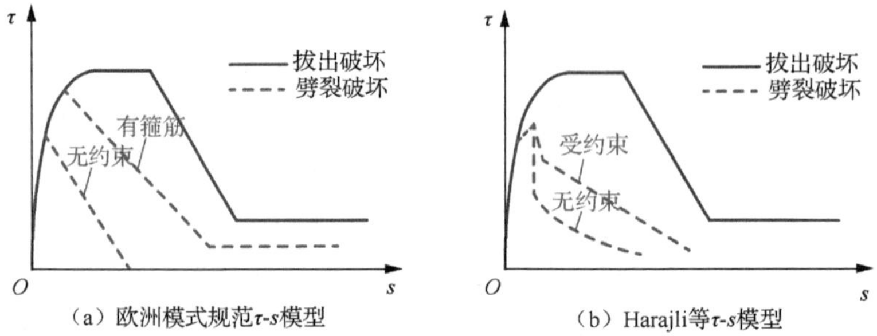


（a）欧洲模式规范$\tau$-$s$模型　（b）Harajli等$\tau$-$s$模型

图 1.5　多段式粘结应力-滑移本构关系模型

徐有邻[17]建立了分段式的界面粘结应力-滑移本构关系模型，该模型基于粘结滑移机理，能够合理描述粘结滑移各阶段粘结刚度的变化，与实测曲线吻合较好，已被我国《混凝土结构设计规范（2015 年版）》（GB 50010—2010）[18]采纳，如图 1.6 所示。该粘结应力-滑移本构关系认为各特征点粘结应力与混凝土抗拉强度有关，相应的滑移与钢筋直径有关。

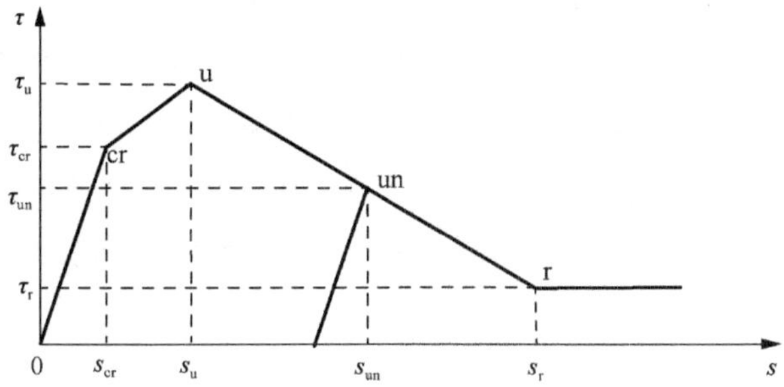


注：$\tau_{cr}$、$\tau_u$、$\tau_{un}$和$\tau_r$分别为开裂、峰值、卸载和残余点的粘结应力；$s_{cr}$、$s_u$、$s_{un}$和$s_r$分别为开裂、峰值、卸载和残余点的滑移。

图 1.6　混凝土与钢筋间的粘结应力-滑移曲线[18]

Malvar[19]基于不同的围压值和固定的混凝土抗拉强度，对表面形式不同的 GFRP 筋进行了研究，提出了第一个 FRP 筋与混凝土粘结应力-滑移本构关系模型，但该模型需要拟合的数据太多，很难进行应用和推广。Cosenza 等[20]基于大量试验结果发现，FRP 筋与混凝土粘结应力-滑移曲线并不像钢筋一样出现水平段，因此，建议去掉 BPE（Bertero-Popov-Eligehausen）模型[5]［图 1.7（a)］中的水平段，并改变了下降段的斜率，简化得到的 mBPE 模型［图 1.7（b)］更适合 FRP 筋。Cosenza 等[21]认为大多数结构计算只需要粘结应力-滑移曲线的上升段，提出了一种指数形式的粘结应力-滑移曲线上升段的表达式，即 CMR（Cosenza-Manfredi-Realfonzo）模型。高丹盈等[22]基于已有的粘结应力-滑移本构关系模型［图 1.7（c)］，比较了各个模型之间的差异性，提出了物理概念明确、形式简单实用的连续曲线模型，并通过大量试验数据验证了其实用性。郝庆多等[23,24]提出了新的分段式的粘结应力-滑移本构关系模型，并且给出了残余段的表达公式。

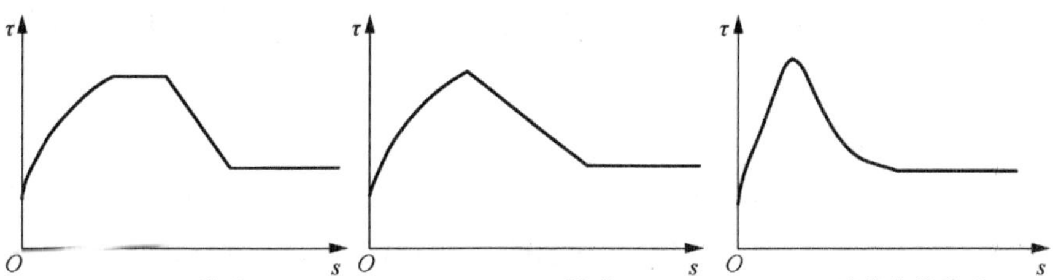


（a）BPE模型　（b）mBPE模型　（c）连续曲线模型

图 1.7　FRP 筋与混凝土粘结应力-滑移本构关系模型

目前关于钢筋/FRP 筋与混凝土粘结应力-滑移本构关系已趋于完善，但相关数学模型仍有待改进。对于粘结滑移问题的研究，大多采用保护层厚度较大、无箍筋的中心拔出试件或保护层厚度较小但配置大量箍筋的试件，纵筋横向约束较强，粘结破坏模式大多为拔出破坏；而实际工程结构中，大多情况下变形钢筋横向约束介于充分约束与无横向约束之间，粘结破坏模式为劈裂破坏而非拔出破坏。Guizani 和 Chaallal[25]、Harajli 等[26]研究表明，粘结应力-滑移曲线下降段与横向约束密切相关。中等约束对应的曲线形态介于充分约束与无横向约束之间，呈非线性特征。

## 1.2 粘结性能研究概况

### 1.2.1 试验研究

针对钢筋/FRP 筋-混凝土粘结应力-滑移本构关系的研究有很多。由于粘结问题的复杂性，简便、直观的试验研究是最为主要的研究手段，最常采用的粘结性能测试方法主要包括拉拔试验、中心对拉试验、梁式试验和梁端式试验等[27-29]。

1）拉拔试验

拉拔试件常为棱柱体或者圆柱体。根据钢筋/FRP 筋布置的不同，拉拔试验又可以分为中心拉拔试验和偏心拉拔试验。《混凝土物理力学性能试验方法标准》（GB/T 50081—2019）[30]采用如图 1.8 所示的试验装置，ASTM C876-22b[31]中给出的拉拔试件仅尺寸（长、宽、高）略有不同。拉拔试件制作及试验装置比较简单，成本低、加载方便，并且试验数据易测量，是目前国内外应用最为普遍的粘结性能测试方法。但该试验方法也有其缺点：拉拔试验过程中钢筋/FRP 筋受拉，混凝土受压，与实际结构中粘结受力状态（钢筋/FRP 筋和混凝土都受拉或压）不符；且未考虑实际工程结构尤其是梁式结构承受弯矩和剪力共同作用的受力特点。此外，由于加载端约束限制混凝土的开裂，拉拔试验所测粘结强度偏高。因此，该方法适用于粘结性能影响因素的定性分析。

2）中心对拉试验

为了克服拉拔试验过程中混凝土一直处于受压状态，与实际结构粘结失效时混凝土处于受拉状态不符的弊端，DS 2082[32]提出了中心对拉试验，试件及试验装置如图 1.9 所示。固定端和加载端分别使用长钢筋和短钢筋。由于试验过程中混凝土处于受拉状态，从而消除了泊松效应。

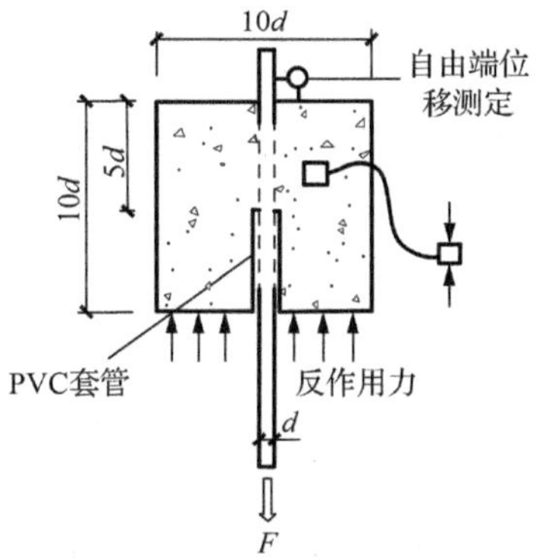


注：F为荷载；d为钢筋直径。

图1.8　拉拔试件示意图

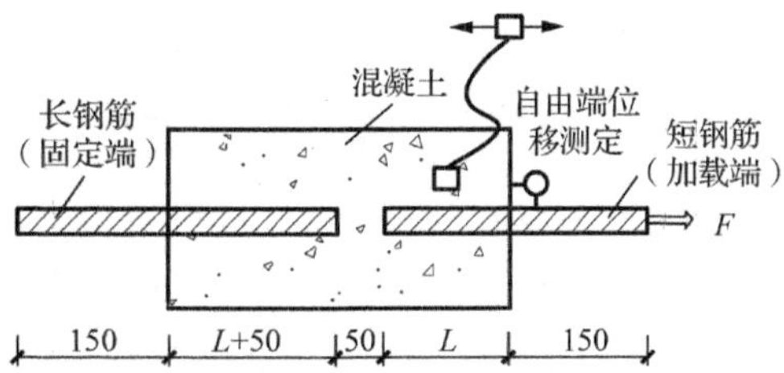


注：L为无粘结段长度。

图1.9　中心对拉试件示意图

3）梁式试验

梁式试验利用简支梁受弯的方式来测量钢筋/FRP筋混凝土的粘结性能。该方法考虑了钢筋混凝土结构承受弯矩和剪力共同作用的真实粘结受力状态，是一种较为理想的粘结试验方法。粘结长度基本在$3d$～$10d$（$d$为钢筋直径）范围内。与拉拔试件相比，梁式试件尺寸大、制作比较复杂，且易出现剪切破坏，需要配置大量箍筋。常用的梁式试件分为三种，即全梁式试件（两半梁通过梁底的一根受拉钢筋/FRP筋连接成整体，梁顶布置工字形铰进行力的分配，如图1.10所示）、剪跨区开槽的梁端粘结试件以及纯弯段粘结筋搭接的梁式试件。梁式试验比拉拔试验得到的平均粘结强度低，可能是因为前者混凝土保护层较薄，并且梁式试件与拉拔试件中钢筋/FRP筋周围混凝土应力状态有所差别。

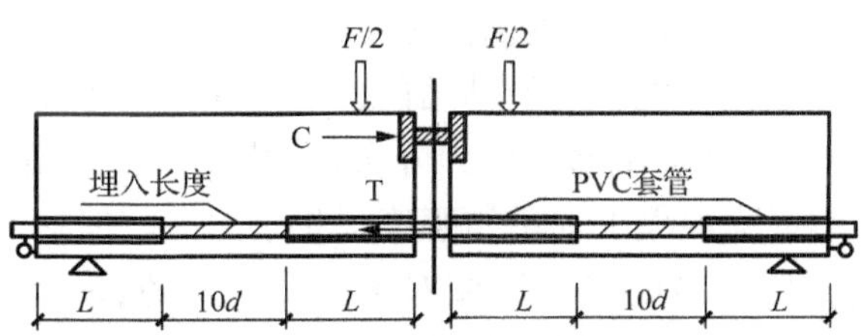


图1.10　全梁式试件示意图

4）梁端式试验

梁端式试验又称半梁式试验，如图1.11所示。梁端式试验适用于研究剪跨区钢筋的锚固粘结问题，可以模拟支座压力、弯矩、剪力等对粘结性能的影响，因此也是比较理想的试验方法。Chana[33]最先提出了一种梁端式试件，随后研究者以此为基础进行了改进，提出了其他形式的梁端式试件。与全梁式试件相比，梁端式试件制作得以简化。

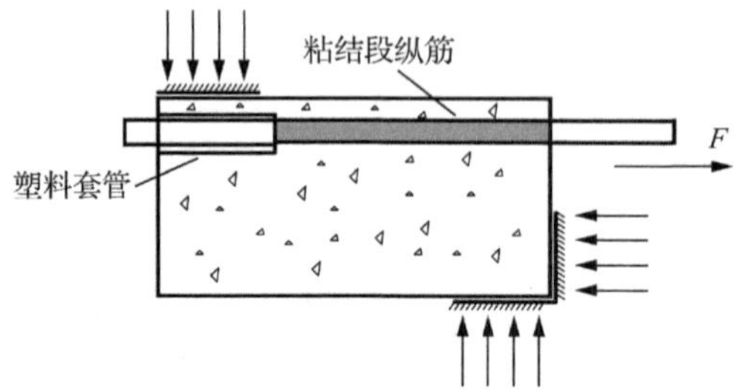


图 1.11 梁端式试件示意图

针对钢筋/FRP 筋与混凝土的粘结问题，研究者采用上述试验方法进行了大量研究[34]，如 Eligehausen 等[35]、Shima 等[12]、滕智明和王传智[36]、宋玉普和赵国藩[37]、徐有邻等[17, 38]和高向玲等[39]。然而由于钢筋与混凝土之间的粘结作用机理非常复杂，影响因素较多，试验结果又高度依赖试验的细节，试验结果相差较大。但这些物理试验为钢筋和混凝土粘结应力-滑移非线性本构关系模型的构建提供了基本数据。基于试验结果，采用统计分析方式提出的粘结强度及粘结应力-滑移本构关系经验模型，计算公式形式简单、易于设计人员和研究人员使用，得到了广泛应用。

### 1.2.2 理论分析

基于一系列力学假定，建立并求解平衡方程和协调方程，是确定钢筋/FRP 筋与混凝土粘结强度及粘结应力-滑移本构关系的另一途径。由于钢筋/FRP 筋与混凝土粘结发生在混凝土内部，无法直接观测，因此很长一段时间内对钢筋/FRP 筋与混凝土粘结机理的认识要晚于粘结试验的发展。

Tepfers[40]将带肋钢筋与混凝土的粘结问题视为承受内压的厚壁圆筒，从弹性力学理论出发，结合不同状态截面的应力分布，求出了相应的粘结强度。Tepfers[40]的方法为理论计算钢筋与混凝土的粘结强度提供了思路，但该方法假设部分开裂区域内的环向拉力为零，忽略了该区域对于径向压力的影响作用。Den Uijl 和 Bigaj[41]针对 Tepfers[40]的局部开裂模型考虑了开裂引起的混凝土材料软化，得到了粘结强度的计算方法。该方法采用厚壁圆筒模型估算混凝土保护层的约束效应，且从劈裂到拔出失效的过渡通过试件的最大粘结应力（$\leqslant 5f_{ct}$，$f_{ct}$为混凝土抗拉强度）来确定。

徐有邻等[38]根据混凝土的临界应力状态和裂缝，建立了微观力传递模型，得到了峰值粘结强度。基于徐有邻等[38]的二维带肋钢筋简化几何模型，Wang 和 Liu[42]推导得到了粘结强度与混凝土强度的定量关系，公式中的受力状态如图 1.12 所示，其计算结果和试验吻合良好。

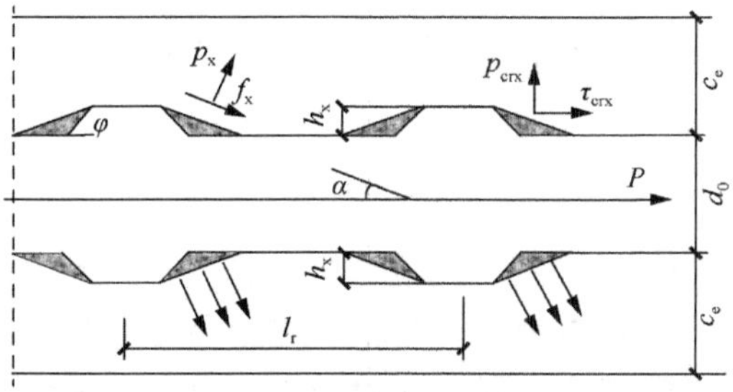


注：$p_x$为挤压力；$f_x$为摩擦力；$p_{crx}$为径向分力；$\tau_{crx}$为切向分力；$c_e$为有效保护层厚度；$\alpha$为混凝土楔体与钢筋轴线夹角；$P$为拔出荷载；$d_0$为钢筋直径；$h_x$为肋高；$l_r$为肋间距。

图 1.12 带肋钢筋和混凝土的界面受力

Somayaji 和 Shah[43]、Wu 和 Zhao[44]、金伟良和赵羽习[45]通过求解粘结本构控制方程，推导了粘结应力-滑移本构关系。由理论推导得到的粘结应力-滑移曲线连续无突变，便于非线性有限元分析。然而，由于边界条件不足，这些本构方程大多基于一定假定条件，如假定的粘结应力、相对滑移或钢筋应力分布函数等。李龙龙和王立成[46]利用厚壁圆筒模型研究了粘结滑移劈裂破坏过程的能量变化规律，建立了粘结应力-滑移本构关系的微分方程，并通过数值积分方法得到了粘结应力-滑移本构模型。Coccia 等[47]基于厚壁圆筒模型将粘结滑移过程划分为保护层混凝土未开裂、部分开裂和完全开裂三个阶段，考虑了混凝土开裂后的软化曲线，推导了箍筋约束试件的粘结应力-滑移本构方程。

赵卫平和肖建庄[48]研究了带肋钢筋和混凝土之间的粘结滑移性能，给出了楔形体在尖部受集中力作用的位移解答，并基于锥楔作用的受力机制建立了滑移与位移边界条件的关系。根据拔出试验的破坏特征，将粘结应力-滑移曲线的上升段按混凝土开裂与否分为两个阶段，分别采用不同的理论模型进行计算，得到了呈负指数衰减规律的下降段表达式。Lin 等[49]对粘结应力-滑移本构关系进行了分析研究，讨论了混凝土强度、保护层厚度和箍筋约束对粘结应力-滑移本构关系的影响。

这些粘结应力-滑移本构关系模型为钢筋混凝土结构的设计和数值模拟工作提供了依据。但现有模型参数的取值很大程度取决于试验细节，存在计算结果误差较大、计算过程迭代分析复杂、耗时过长等缺陷，仍需进一步研究。

### 1.2.3 数值模拟

近年来，研究者利用有限元方法对钢筋与混凝土之间的非线性粘结-滑移行为展开了广泛研究。建模方法主要分为两类，即直接法和间接法[1]。直接法主要是建立精细化有限元模型，通过插入界面单元来考虑粘结滑移现象；而间接法则从粘结滑移对结构构件性能的影响出发，通过修正钢筋/FRP 筋与混凝土本构关系，或者直接在构件端部添加弹簧单元，赋予构件额外的柔度，来达到间接考虑粘结滑移影响的目的。

1. 直接法

Lundgren 和 Gylltoft[50]开发了三维界面单元，在该界面单元中，粘结应力不仅依赖于滑移的变化，同时与钢筋和混凝土的径向变形有关。应用该单元可以合理预测钢筋屈服后的劈裂破坏和粘结应力损失，但是对循环加载考虑较为模糊，依赖于所选择的混凝土单元。Mendes 和 Castro[51]对此进行改进，创建了适用范围更广的粘结单元，对影响粘结机制的因素考虑更加全面，可以精确模拟单调和循环荷载下拉拔试验的粘结滑移现象。

Casanova 等[52]则利用桁架单元代替钢筋，建立了模拟钢筋混凝土粘结滑移现象的新型有限元模型，可以更好地描述裂缝发展过程，但是利用桁架单元模拟钢筋容易引发应力集中。为了避免应力集中，Lobo 和 Almeida[53]建立了基于连续粘结钢筋的纤维模型，实现了对梁柱节点内部粘结滑移现象的精确模拟，可直观地反映双向受弯与轴力耦合作用。该模型依据施加的荷载及加载路径，可以通过整体分析来确定连续粘结钢筋纤维的本构关系。Santos 和 Henriques[54]建立了正交各向异性的四节点平面单元模型，主要通过改变本构关系考虑粘结滑移影响，该模型可广泛应用于预测钢筋混凝土结构的裂缝间距、最小配筋率、受拉刚化、转动能力、延性和挠度等。

Murcia-Delso 和 Benson[55]采用半经验法预测粘结-滑移行为，建立了新型界面单元，较好地解释了由循环位移加载、钢筋受拉屈服、混凝土劈裂而引发的粘结性能退化。该模型计算简便，可以精确预测约束混凝土的粘结性能，并可反映由混凝土劈裂带来的粘结失效现象。为了适用于不同约束情况下的钢筋混凝土结构，预测钢筋拔出破坏和劈裂破坏的发生，Murcia-Delso 和 Benson[56]进一步建立了弹塑性膨胀界面单元，利用多面塑性公式来表达粘结滑移中两个主要的非线性变形：①发生在钢筋横肋前的混凝土压碎和剪切变形；②钢筋与混凝土之间的相对滑移。两种变形机制采用不同的屈服界面与流动法则来表示，其中流动法则解释了由钢筋横肋和混凝土碎块楔劈作用引起的截面剪胀变形。

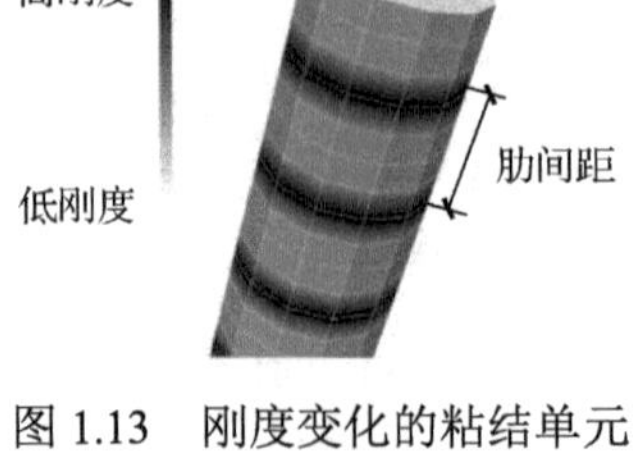

图 1.13　刚度变化的粘结单元

Michou 等[57]假设钢筋是一维杆单元，在钢筋混凝土的界面处插入界面单元，并且用粘结单元的刚度变化反映钢筋肋高度变化（图 1.13），对钢筋混凝土粘结-滑移行为开展了精细化模拟。

赵卫平等[58]、王依群和王福智[59]、张海霞[60]等均采用一维杆单元模拟钢筋/FRP 筋，用三维实体单元模拟混凝土，并在两者之间插入非线性弹簧模拟粘结作用［图 1.14（a）］。这种方法简单有效，但其精度非常依赖于弹簧参数（该参数往往来源于试验得到的粘结应力-滑移本构关系）。

Rezazadeh 等[61]在 GFRP 筋和混凝土之间嵌入内聚力单元［图 1.14（b）］，通过与试验结果的反复比较确定沿 GFRP 筋长度方向的单元刚度和切向破坏准则，并基于数值模拟结果建立了粘结应力-滑移本构关系。

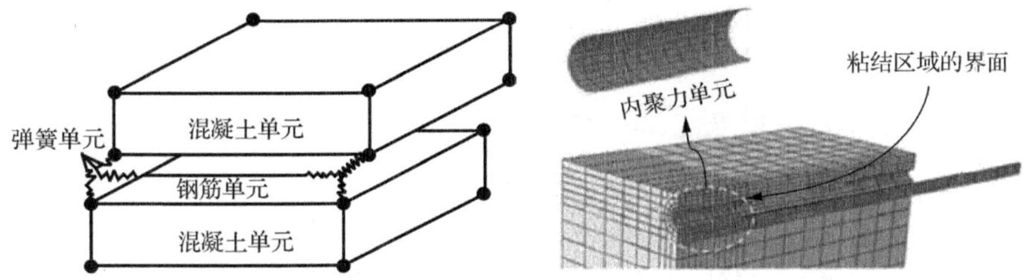


（a）弹簧单元　（b）内聚力单元

图 1.14　钢筋和混凝土之间的界面单元

Berra 等[62]建立了轴对称接触模型，对钢筋横肋进行简化建模，并在钢筋横肋与混凝土之间设置接触，分析了钢筋与混凝土之间的界面粘结性能。在分析中，箍筋提供的约束通过在混凝土体积边界沿径向放置弹簧来模拟。

直接模拟法采用粘结应力-滑移本构关系作为连接单元的本构，概念清晰、方法直接，且计算精度高，可模拟较为细微的变化，如裂缝的发展情况等，但是主要存在以下问题：①很少考虑钢筋/FRP 筋表面肋的影响，对于界面的细观破坏机制认识不够清晰；②建模过程相对烦琐，计算量复杂且大，不适用于大型结构体系或系统的建模；③由于钢筋与混凝土之间的粘结-滑移行为十分复杂，不仅与混凝土强度、钢筋直径、约束系数等多种因素有关，还涉及位置函数等复杂变量，因此建立准确的粘结应力-滑移本构关系需要综合考虑多种因素的影响作用，并且需要借助试验方法来验证数值模型的正确性。

2. 间接法

考虑到粘结滑移对结构构件强度和滞回曲线形状的影响，Sritharan 等[63]建立了钢筋强度与混凝土中垂直于钢筋轴线方向的膨胀应变之间的函数，考虑了粘结滑移对滞回曲线强度的影响；进而通过修正钢筋本构关系中卸载段及重新加载段的弹性模量来考虑捏缩现象。

Dehestani 和 Mousavi[64]通过改变钢筋屈服应力和弹性模量来考虑粘结滑移效应，得到修正的钢筋应力-应变关系（图 1.15），同时考虑材料强度、构件几何尺寸等关键因素的影响。Pan 等[65]也采用了修正钢筋本构的方法，在传统纤维模型基础之上，通过嵌入粘结滑移效应，建立了简单、易算的纤维梁柱单元模型。该模型结合 Sezen 和 Setzler[66]建立的宏观模型以及 Esmaeily[67]建立的钢筋单轴应力应变关系，计算得到了基础部位的钢筋滑移，并将其作为钢筋应变代入柱端纤维单元的钢筋纤维中，修正了钢筋应力应变骨架曲线和滞回曲线规则。

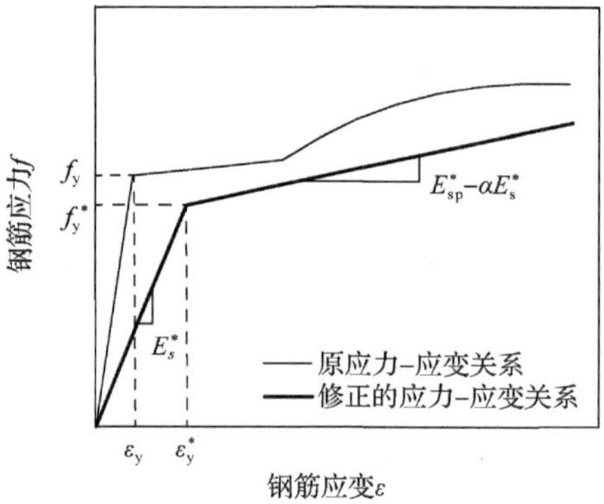


注：$f_y$、$f_y^*$分别为修正前、后的屈服强度；$\varepsilon_y$、$\varepsilon_y^*$分别为修正前、后的屈服应变；$E_s^*$、$E_{sp}^*$分别为修正后的弹性模量和硬化模量。

图 1.15　修正的钢筋应力-应变关系

间接模拟法避开了建立粘结应力-滑移本构关系的复杂性，通过修正钢筋或混凝土本构模型，或者直接在构件端部添加弹簧单元，赋予构件额外的柔度，以此来考虑粘结滑移的影响。计算过程简便，适用于复杂的结构系统和大型体系的建模。然而由于间接法是从非直接角度出发，考虑内容往往不够全面，尚缺乏一定的精确性。目前间接模拟法大多采用修正钢筋本构模型的方法，忽略了对混凝土本构模型的考虑，容易出现混凝土应变过大，甚至达到最大抗压应变并超过其最大抗压能力的问题，在应变渗透影响下致使平截面假定失效[68, 69]。因此，应同时修正钢筋和混凝土本构模型，保证单元之间的协调性，提高间接模拟法的精度。

## 1.3　影响粘结性能的因素

钢筋/FRP 筋与混凝土之间的粘结性能受诸多因素影响，郑山锁等[1]、林红威和赵羽习[27]、张卫东等[70]、张望喜等[7]和 Basaran 等[71]对其进行了归纳，主要包括混凝土特性、钢筋/FRP 筋特性、侧向约束、荷载条件、温度及环境腐蚀等方面。

### 1.3.1 混凝土特性

1. 混凝土强度等级

一般来说，混凝土强度提高，粘结强度增大，相应的滑移减小（图1.16）。Eligehausen 等[5]通过对大量拉拔试验数据进行拟合得出，粘结强度与 $f_c^{0.5}$ 成正比，其中 $f_c$ 为混凝土抗压强度，欧洲模式规范[15]也采用了该关系。Delso 等[72]则得出粘结强度与 $f_c^{0.75}$ 成正比。徐有邻[17]、滕志明和邹离湘[73]给出的粘结应力-滑移本构关系式中，粘结强度与混凝土劈拉强度成正比，我国现行《混凝土结构设计规范（2015年版）》（GB 50010—2010）[18]采用了这一结论。Yerlici 和 Özturan[74]则提出粘结强度与混凝土抗拉强度的平方成正比。尽管粘结强度与混凝土强度之间的定量关系式有所差异，但研究者一致认为粘结强度和混凝土强度正相关。这是因为随着混凝土强度提高，水灰比相应减小，混凝土更加密实，钢筋与混凝土之间的胶结力、机械咬合力增大；试件的抗裂能力相应提高，延缓了内部裂缝和纵向劈裂裂缝的发生，从而提高了粘结强度。

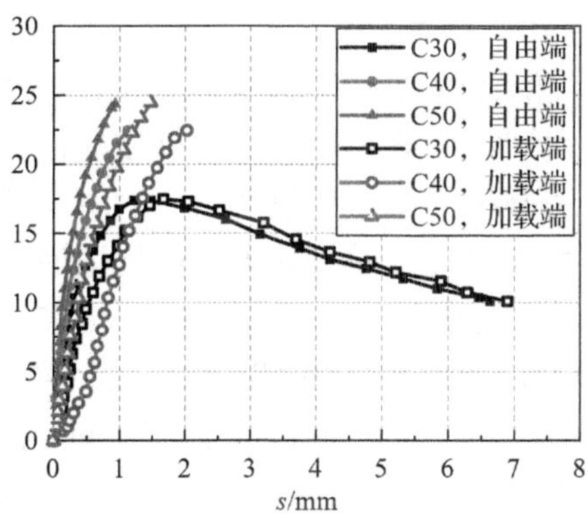


图1.16 混凝土强度等级对BFRP筋-混凝土粘结性能的影响[78]

Achilides 和 Pilakoutas[75]认为混凝土强度不大于15MPa时，粘结强度主要由抗剪强度决定；对于强度等级高于C30时，混凝土对粘结强度影响很小。Lee 等[76]基于GFRP筋与高强混凝土粘结性能的试验，发现GFRP筋的粘结强度受混凝土抗压强度的影响远小于钢筋。但在 Lee 等[77]的研究中发现，混凝土强度在38～84MPa范围内时，CFRP筋的粘结强度与混凝土抗压强度的1/2～2/3次方成正比。关于FRP筋-混凝土粘结强度与混凝土抗压强度的关系，目前没有统一结论。张望喜等[7]基于收集到的342个试验数据，拟合得到粘结强度与 $f_c^{0.75}$ 成正比。

2. 混凝土保护层厚度

当保护层厚度较小时，试件易发生劈裂破坏，此时增大保护层厚度可以提高粘结强度；当保护层厚度较大时，混凝土整体应力及其与钢筋/FRP 筋之间的应力分布改变，破坏模式转为肋间混凝土压碎的拔出破坏（刮犁式破坏），粘结强度不再随保护层厚度而变化。因此，不能单独考虑混凝土保护层厚度的影响，因为该参数还会影响钢筋/FRP 筋的破坏模式及嵌入长度[71]。

### 1.3.2　钢筋/FRP 筋特性

#### 1. 钢筋/FRP 筋表面形式

光圆钢筋/FRP 筋粘结强度小于变形钢筋/FRP 筋。变形肋尺寸及角度对粘结强度的影响则比较复杂。当纵筋受箍筋约束时，粘结强度随钢筋/FRP 筋肋相对面积（肋在垂直于钢筋/FRP 筋轴线方向的投影面积与肋间距表面积的比值）增大而增大[1]。

表面形式对 FRP 筋-混凝土粘结强度的影响如图 1.17 所示。将 FRP 筋表面制作成带肋、压痕、纤维缠绕的形式可以有效提高粘结强度[79]。FRP 筋表面粘砂可以提高初始刚度和粘结强度，提高程度和 FRP 筋类型有关，GFRP 筋表面粘砂是未粘砂粘结强度的 6～7 倍，CFRP 筋表面粘砂是未粘砂粘结强度的 2～3 倍[80]。郝庆多等[23]通过对带肋 GFRP 筋进行拉拔试验表明，当肋间距和肋高较小时，横肋间混凝土较少，产生的机械咬合力小，粘结强度较低，当肋间距过大时，横肋间混凝土较多，由于应力重分布减缓了楔块效应的增长速度，引起加载端较大的滑移，当肋较高时，机械咬合力随着楔块效应的增强而不断增大，对横肋表面造成一定磨损，摩擦力减小，降低了粘结强度。Solyom 和 Balázs[81]发现，表面粘砂的 GFRP 筋粘结强度最高，表面压痕的 GFRP 筋粘结强度最低，纤维缠绕 GFRP 筋的滑移最大，表面粘砂 GFRP 筋的滑移最小。Huang 等[82]则认为 GFRP 筋表面带肋比表面粘砂取得更好的粘结强度提升效果。

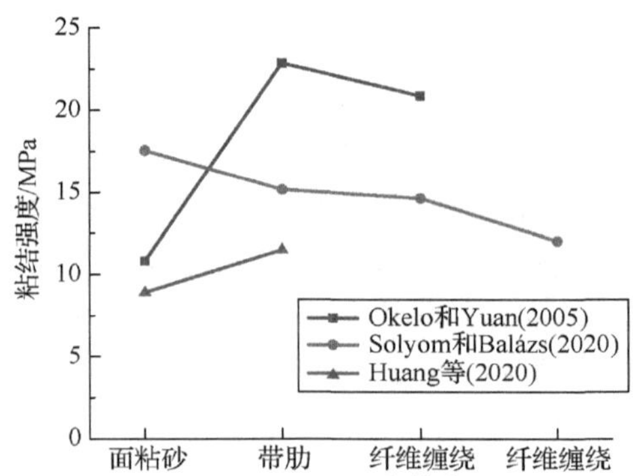


图 1.17　表面形式对 FRP 筋-混凝土粘结强度的影响

2. 钢筋/FRP 筋直径

关于钢筋/FRP 筋直径对钢筋/FRP 筋与混凝土粘结性能的影响，研究者的观点基本达成一致：随着钢筋/FRP 筋直径增大，相对粘结面积减小，粘结强度有所降低，加载端滑移增大，粘结性能越来越差[27]。

对于FRP筋直径对粘结强度的影响机理，有三种基本观点：第一种观点为FRP筋内部树脂基质与外表面纤维之间的相对滑移（剪力滞效应，图1.18）[75]，从而使得FRP筋截面上正应力分布不均匀。随着FRP筋直径增大，内外应力差增大，相应的平均粘结应力减小。第二种观点假设随着FRP筋直径增加，FRP筋下方会积聚更多的水，导致空隙增加，从而降低粘结强度[83]。第三种观点与泊松效应有关，随着FRP筋直径增加，泊松效应增加，从而导致FRP筋体积减小量增多，使得筋材表面机械咬合力和摩擦力减小[75]。

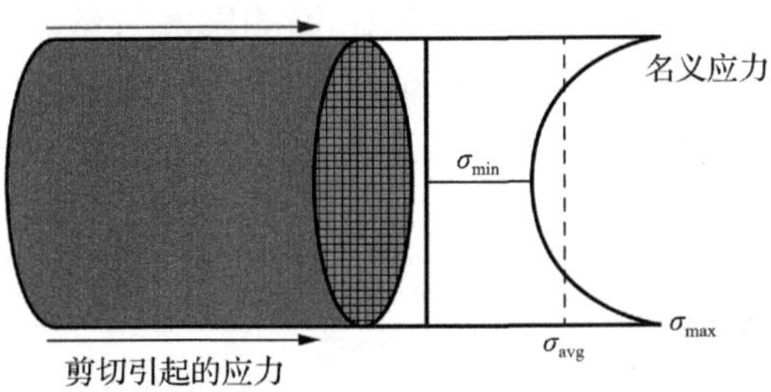


注：$\sigma_{min}$为最小应力；$\sigma_{max}$为最大应力；$\sigma_{avg}$为平均应力。

图1.18 剪力滞效应示意图[75]

3. 钢筋/FRP 筋力学特性

钢筋屈服及屈服以后引发的应变渗透效应对粘结性能的影响十分显著。如果钢筋在粘结失效前屈服，试验测得的粘结应力明显低于相同试验条件下未发生屈服的高强钢筋[1]。由于FRP筋纤维类型和树脂基质的差异，不同种类FRP筋的弹性模量亦不同，其与混凝土的粘结性能不同，但目前研究者尚未得出较为一致的结论[71, 83]。

4. 粘结长度

粘结长度较短（≤$5d$，$d$ 为筋材直径）时，粘结应力近似均匀分布。随着粘结长度增大，粘结应力沿粘结长度分布不均匀，并且由于泊松效应，摩擦力会减小。因此，尽管化学胶结力增大，平均粘结强度则有所降低[71, 83]。

5. 钢筋/FRP 筋布置

钢筋/FRP 筋布置包括钢筋/FRP 筋所在位置、间距。混凝土浇筑完成后由于水分、气泡的逸出和泌水下沉，顶部钢筋/FRP 筋的粘结强度低于底部钢筋[71]。水平浇筑的钢筋/FRP 筋粘结强度比竖向浇筑的钢筋/FRP 筋低[27]。粘结强度随钢筋/FRP 筋间距增大而增大；当钢筋/FRP 筋间距大于 $7d$ 时，钢筋/FRP 筋与混凝土的粘结强度不再随钢筋/FRP 筋间距增大而变化[81]。

### 1.3.3 侧向约束

1. 箍筋

箍筋对纵筋的约束作用大多通过梁式试验来反映。关于箍筋的约束效应，有以下两种观点。

一方面箍筋可以限制构件中的裂缝宽度，从而提高粘结强度。箍筋最显著的作用是保护层劈裂后为混凝土提供侧向约束、提高延性，对粘结强度有一定贡献[84]。当配箍率较大时，破坏形式从混凝土劈裂破坏转为拔出破坏，粘结强度不再增加。当然，这种影响也取决于钢筋/FRP 筋的表面质量。

另一方面，有研究指出钢箍筋会导致 FRP 筋表面在滑移过程中剥落，从而对粘结强度产生不利影响[85]（图 1.19）。另外，亦有研究者认为粘结强度不受横向钢筋的影响[86]。

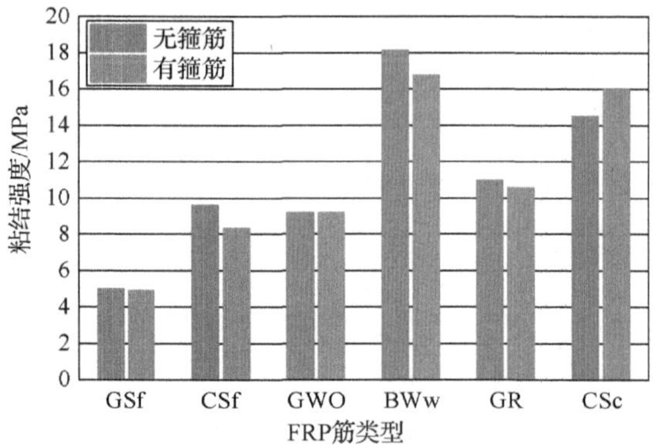


注：G为GFRP筋；C为CFRP筋；B为BFRP筋；Sf为表面喷细砂（fine sand coated）；Sc为表面喷粗砂（coarse sand coated）；WO为表面凹痕（wound）；Ww为表面纤维宽距紧缠绕（widely spaced and tight wrapping）；R为表面带肋（ribbed）。

图 1.19 有/无箍筋对不同类型 FRP 筋-混凝土粘结强度的影响[85]

2. 侧压力

侧压力会使钢筋肋间混凝土处于多轴受压状态，对粘结强度有利，并且会使粘结失效破坏模式由劈裂破坏转向拔出破坏。因此，可以通过增大侧向压力来减小设计粘结长度[87]。侧压力对粘结强度的影响与侧压力的维数、大小及方向相关。徐锋[88]考虑了复杂压应力作用下的粘结-滑移行为，并建立了相应的解析表达式。

3. 其他约束

近年来亦有研究者针对 FRP 布约束混凝土试件开展拉拔试验。研究表明，FRP 布约束对于 FRP 筋与混凝土的粘结破坏模式、粘结强度均有积极影响[89]，这与箍筋约束的正面作用类似。

## 1.3.4 荷载条件

1. 加载制度

Eligehausen 等[5]指出加载制度比加载次数对粘结性能退化的影响更加显著。根据循环加载试验研究[90]发现，峰值后粘结强度的变化不仅依赖于循环次数，还与位移加载幅度密切相关：位移幅度逐渐增加时比低幅加载粘结退化更加严重；循环次数相同时，正反往复加载比单向加载下粘结强度和刚度退化更加严重。

2. 应变率

目前国内外对快速荷载作用下钢筋-混凝土粘结行为的研究相对较少。Vos 和 Reinhardt[91]、Li 等[92]、Jacques[93]和 Zhang 等[94, 95]分别采用液压伺服试验机、霍普金森（Hopkinson）杆或落锤试验装置开展了动荷载下钢筋与混凝土的粘结性能试验，Weathersby[96]开展了相关的数值模拟工作，研究结果表明：随着应变率提高，粘结强度有所提高，相应的动力增大系数（dynamic increase factor，DIF）增大（图 1.20），而关于峰值荷载所对应滑移的结论尚不统一；与带肋钢筋相比，光圆钢筋粘结性能对应变率不敏感。混凝土强度提高、钢筋直径增大，粘结强度随应变率提高的幅度减小。

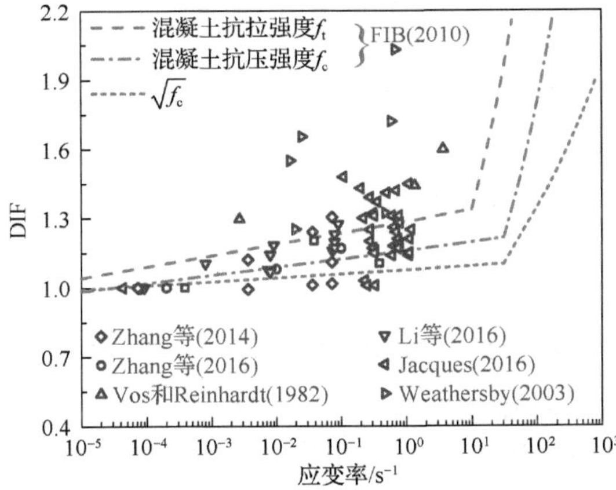


注：FIB为国际结构混凝土协会，International Federation for Structural Concrete。

图 1.20 不同应变率下钢筋-混凝土粘结强度的 DIF

Yao 等[97]采用改进的分体式霍普金森杆冲击试验装置进行了一系列的钢筋动态推出试验，发现动态粘结强度并不随钢筋粘结长度成比例增加。Long 等[98]通过试验的手段揭示了高应变率会引起粘结强度增加的两种机制，即相对滑动量的快速增长和由高应变率引起的加载端惯性效应。

基于试验与模拟结果，研究者提出了经验关系式来描述应变率对粘结强度和滑移的影响。

Shen 等[99]发现由于 BFRP 筋自身的特点，其与混凝土粘结界面的破坏形态与钢筋有一定的不同，除了筋材与混凝土之间的界面破坏之外，还可能发生增强纤维与树脂基体之间的界面破坏。随着应变率增大，还会发生多种破坏模式并存的混合破坏；界面破坏的脆性增强。在动态加载作用下，粘结强度随应变率的对数呈非线性增大趋势，峰值粘结应力对应的滑移显著增大。在 Borosnyói[100]的试验中，CFRP 筋粘结强度、刚度随应变率增大而提高，并且明显受混凝土抗压强度影响，混凝土强度越低，应变率的影响程度越高；而应变率对残余粘结强度的影响较小。然而，Wei 等[101]发现由于不同应变率下粘结强度的主导机制不同，动态加载作用下 BFRP 筋的粘结强度低于静力加载作用情形：在中等应变率下，粘结强度随应变率增大先降低后提高；而高应变率下，粘结强度随应变率增大而降低。李维博[102]亦发现冲击荷载作用下 FRP 筋的粘结强度低于静力加载工况。

尽管研究者针对不同应变率下钢筋/FRP 筋与混凝土的粘结性能已经开展了一些工作，然而由于以下原因，还远远不能定量描述钢筋/FRP 筋混凝土在动态荷载作用下的粘结-滑移行为：①可用的试验数据量小且分散；②测试中涉及的应变率范围较窄，通常低于 $100s^{-1}$；③动态荷载下钢筋-混凝土界面的破坏机制尚未得到明确认识。因此，需要进一步明确混凝土劈裂破坏与钢筋拔出破坏的转换机理，探讨混凝土保护层厚度、箍筋等因素的影响机制，建立钢筋/FRP 筋-混凝土动态粘结应力-滑移本构关系。

### 1.3.5 温度

1. 高温作用

高温作用使混凝土发生干缩，钢筋体积膨胀，钢筋和混凝土的粘结强度会有一定程度提高，但是随着裂缝增多、混凝土抗拉强度大幅下降和胶结力失效，钢筋与混凝土的粘结性能发生退化。总体而言，温度升高较少时，粘结强度略有提高；温度较高时，粘结性能急剧变差。高温还影响钢筋在混凝土中的滑移，峰值滑移在 400℃前增长平缓，而后则迅速增大[103]，如图 1.21 所示。

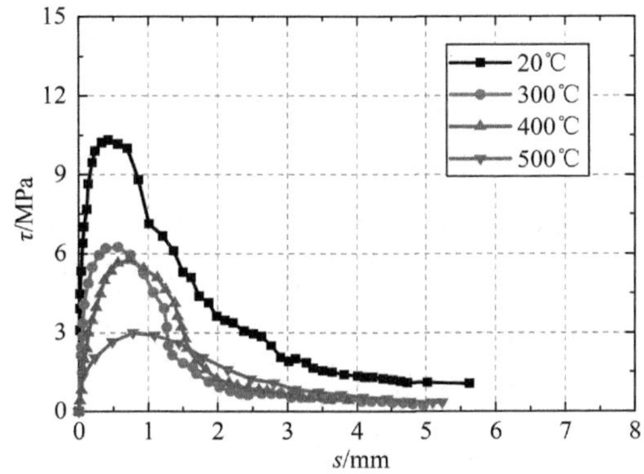


图 1.21 不同高温作用后粘结应力-滑移曲线[104]

研究者对高温冷却后钢筋-混凝土的粘结性能的关注相对较多。Bingöl 和 Gül[105]开展了不同温度冷却后钢筋混凝土拉拔试验，发现粘结长度和冷却方法影响粘结强度。杨海峰等[106]发现冷却方式对峰值粘结应力和滑移的影响并不明显。肖建庄等[107]指出高温后高性能混凝土的粘结强度损失比普通混凝土大。袁广林等[108]、Varona 等[109]提出了高温冷却后粘结强度的计算公式。

Hlavička[110]建立数值模型再现了物理试验的结果和破坏模式。Sharma 等[111]、Khalaf 等[112]利用数值方法探讨了加热方式和混凝土保护层厚度等因素的影响，结果表明，对于满足构件需求的混凝土保护层厚度、箍筋约束条件和受火工况，粘结行为主要由混凝土劈裂控制。

高温下的有些试验内容受试验设备制约，做得不多，而且未必十分准确。王朝阳等[113]发现高温下的粘结强度与混凝土抗拉强度有关。Morley 和 Royles[114]指出试件高温下的破坏模式与混凝土保护层厚度密切相关。此外，钢筋的表面形式对高温下粘结性能有影响[115]。周子健等[116]提出了高温下粘结强度的计算公式，并与高温冷却后的研究结果进行了对比。张凤维[117]建立了不同温度下考虑损伤的粘结应力-滑移本构关系，并利用数值模型进行验证。

高温条件下 FRP 筋的基体材料性状会逐步发生变化，因此 FRP 筋比钢筋对温度更为敏感，从而影响其与混凝土的粘结性能。Katz 和 Berman[118]的试验结果表明，200℃时粘结强度降低了 80%～90%。自然冷却后，Hamad 等[119]得出结论，当温度超过 325℃时，粘结强度下降超过 80%；当温度高于 450℃时，FRP 筋发生热分解，其承载性能完全丧失。高温作用下，由于粘结强度降低，滑移增大，FRP 筋-混凝土粘结应力-滑移曲线随温度升高而整体下降[118-120]。

2. 低温作用

Vandewalle[121]开展了梁式试验研究低温（-165～20℃）对钢筋-混凝土粘结性能的影响，发现粘结强度随温度降低逐渐增大，在-120℃左右达到峰值，然后随着温度进一步降低而降低。常温下粘结强度受混凝土的湿度影响较小，而低温下的粘结强度随湿度增加而提高[121, 122]。谢剑等[123]的拔出试验也发现了相似的结论，即在一定低温范围内，粘结强度与温度基本呈线性关系；钢筋直径和粘结长度等因素对低温下粘结强度的影响规律与常温相似，而低温下发生劈裂破坏时粘结区域混凝土的损伤比常温下更严重。基于对粘结机理的分析，认为粘结强度的提高是由于低温下混凝土抗压强度提高和界面处的水冻结成冰所致[124]。除此之外，Xie 等[125]还开展了低温下钢绞线与混凝土粘结性能研究，得到了与钢筋-混凝土粘结性能变化相似的结论。

目前关于低温作用下 FRP 筋-混凝土粘结性能的研究十分有限。Xie 等[126]的试验工作表明，低温下粘结破坏模式与常温下一致，但粘结强度随着温度降低而提高。Saiedi 等[127]分析了 20～28℃温度条件下 CFRP 筋混凝土梁的力学性能，结果表明，CFRP 筋与混凝土的粘结性能在-28℃时发生衰减。Borosnyoi[100]发现温度从 20℃下降至-25℃时，FRP 筋与混凝土的粘结强度增长了 64.2%。

### 1.3.6 环境腐蚀

在环境腐蚀作用下，钢筋会发生锈蚀。为了研究锈蚀钢筋与混凝土之间的粘结性能，在试验研究中一般采用三种途径获得锈蚀试件：自然暴露试验、快速锈蚀试验（电化学锈蚀或加氯盐锈蚀等）和从实际工程中拆下的锈蚀构件。其中，尽管快速锈蚀试验中钢筋锈蚀形态与真实环境中的锈蚀构件有区别，但因速度快、锈蚀程度易控制，应用较为广泛。

锈蚀产物的体积是所消耗铁的 2～6 倍，从而在保护层内部引起环向拉应力。在锈蚀初期，轻微锈蚀使钢筋表面更加粗糙，摩擦力增大，粘结强度相应增大。然而，锈蚀产生的径向压力减弱了机械咬合力（图 1.22）。钢筋轻微锈蚀时，摩擦力的增加量超过了机械咬合力的减少量，从而提高了整体粘结强度[128]。然而，Law 和 Molyneaux[129]的研究发现，对于无侧向约束的试件，锈蚀初期即导致粘结强度降低。锈蚀水平较高时，混凝土抗拉能力耗尽，保护层产生纵向裂缝，界面处的锈蚀引起径向压力释放。在严重锈蚀情况下，肋面积大大减少，界面处积聚了力学性能较弱的锈蚀产物，产生“润滑剂”效应。这两种效应都会导致粘结强度明显降低。粘结强度随锈蚀水平的变化如图 1.23 所示。

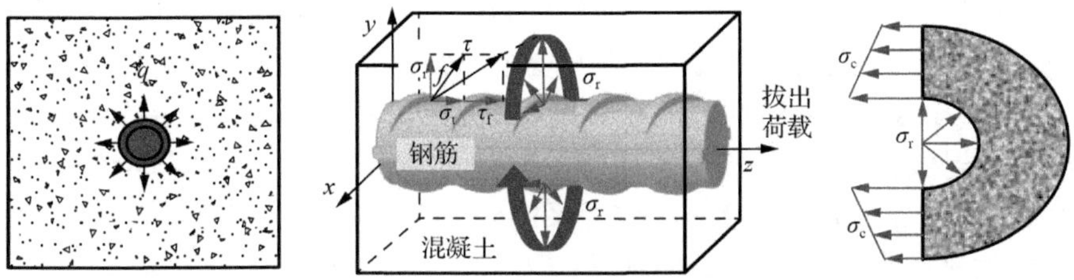


（a）锈胀挤压力 （b）带肋钢筋滑移对混凝土形成的挤压力

图 1.22 锈蚀带肋钢筋对混凝土的环向应力示意图

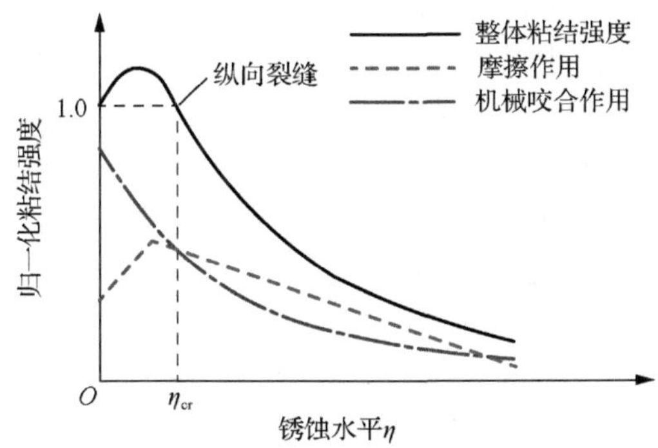


图 1.23 粘结强度随锈蚀水平的变化

通过对试验数据进行拟合，国内外研究者[130-137]给出了粘结强度与钢筋锈蚀水平的关系，如图 1.24 所示。然而，由于试件材料、试件尺寸、锈蚀速率、加载方法等的差异，研究者获得的结果比较分散。

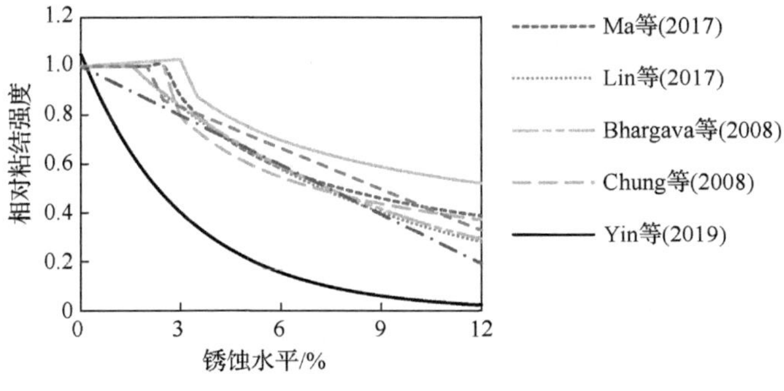


图 1.24 粘结强度与锈蚀水平的关系

受限于试验设备和成本，动态加载条件下锈蚀钢筋-混凝土粘结性能的研究比静载作用下的研究要少得多。通过动态拉拔试验，郑晓燕和吴胜兴[138]初步探索了锈蚀钢筋混凝土试件在低应变率动荷载作用下的动态粘结破坏机制。Zhang 等[94]的拉拔试验结果表明，锈蚀引起的粘结性能退化随着应变率提高而减小，应变率对峰值粘结强度的影响也随着锈蚀水平升高而减小，即锈蚀和动态加载对粘结强度的影响存在耦合效应。洪小健和赵鸣[139]发现，在锈蚀水平 2%和 4%时锈蚀与加载速率（小于 500kN/s）对粘结性能的影响是相互独立的。总体而言，锈蚀钢筋与混凝土的动态粘结性能和破坏机理尚不明确，试验数据较为缺乏，结论不统一。

对锈蚀钢筋粘结应力-滑移本构关系的研究非常有限。袁迎曙等[137]、张伟平和陈誉[140]的试验认为腐蚀钢筋的粘结应力-滑移本构关系由 5 个阶段组成：微滑移阶段、滑移阶段、劈裂阶段、下降阶段和摩擦阶段。袁迎曙等[137]、张伟平和陈誉[140]分别以质量损失或表面裂缝宽度为变量，采用直线描述每个阶段，建立了锈蚀钢筋的 5 阶段粘结滑移模型［图 1.25（a）］。基于欧洲模式规范[15]中未锈蚀钢筋的粘结应力-滑移本构关系模型，Kivell 等[141]通过考虑腐蚀对一些关键参数的影响，开发了锈蚀钢筋粘结应力-滑移本构关系模型［图 1.25（b）］。Feng 等[142]通过对现有文献数据的回归分析，建立了三段式粘结应力-滑移本构关系模型。模型的上升分支与 Kivell 等[141]相同，但是，峰值处不存在平台，下降段简化为直线，其斜率不受锈蚀影响［图 1.25（c）］。Blomfors 等[143]和 Lundgren 等[144]假设锈蚀以与滑动类似的方式耗尽了结合能力，通过向右平移欧洲模式规范[15]中的未腐蚀钢筋-混凝土粘结应力-滑移本构关系模型，提出了锈蚀后的粘结应力-滑移本构关系模型［图 1.25（d）］。Lin 等[128]总结了现有文献中的锈蚀钢筋-混凝土粘结应力-滑移本构关系模型，指出不同模型之间差异显著，其可靠性尚待进一步验证。

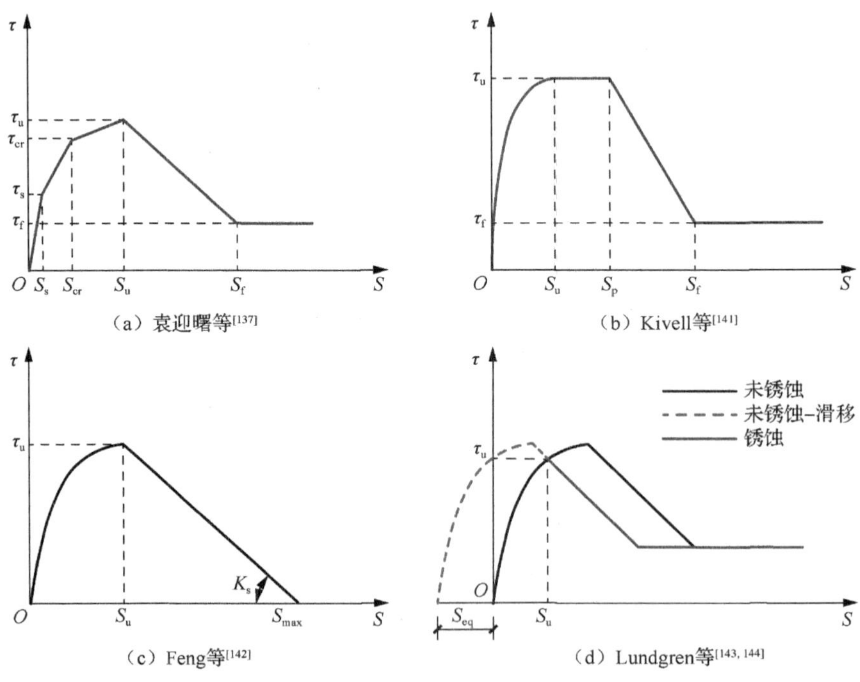


图 1.25　锈蚀钢筋-混凝土粘结应力-滑移本构关系模型

关于锈蚀钢筋与混凝土粘结性能的模拟工作很少。Berto 等[145]和 Richard 等[146]建立了混凝土与钢筋单元接触模型，在混凝土和钢筋之间插入弹性四边形单元来模拟钢筋的锈蚀行为（图 1.26）。Ožbolt 等[147]考虑了非力学过程与力学过程的相互作用，基于微平面模型模拟了梁端试件中锈蚀钢筋的拔出过程，研究了锈蚀对粘结性能的影响。

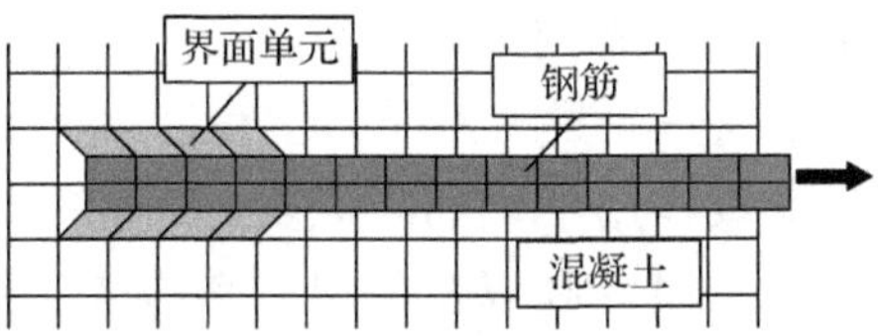


图 1.26 Berto[145]的有限元分析模型示意图

与未锈蚀钢筋-混凝土粘结性能模拟类似，亦有研究者在钢筋和混凝土之间加入 Spring 单元[148-151]、界面内聚力单元[146, 152-154]实现二者相互作用，并通过改变非线性弹簧的参数、粘结单元的性能（图 1.27）或者接触参数来体现锈蚀的作用。当然，这些方式不能考虑锈蚀引起的摩擦性能和钢筋形状的变化或粘结界面附近混凝土的开裂。

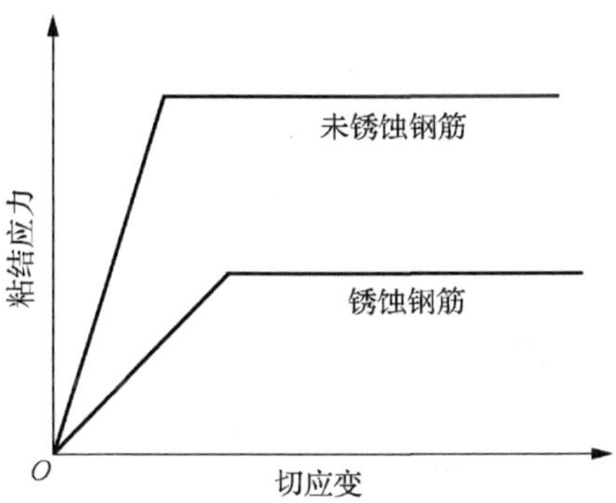


图 1.27 Lee 等[153]模型中锈蚀前后粘结单元的本构关系

## 1.4 本书的主要内容

本书针对钢筋/FRP 筋与混凝土界面的粘结性能，关注高温/低温、腐蚀和动载等环境与荷载作用，介绍了界面模拟分析精细化数值方法，阐明了钢筋/FRP 筋与混凝土界面损伤破坏机理，揭示了关键因素的影响机制与规律，建立了考虑环境与荷载作用影响的粘结应力-滑移本构关系模型。在章节安排方面，第 2 章为环境与荷载效应；第 3 章为精细化数值模拟方法，第 4～6 章为温度效应、腐蚀效应对钢筋/FRP 筋与混凝土粘结性能的影响。

第 2 章介绍了温度效应、腐蚀效应和动载效应对混凝土、钢筋和 FRP 筋材料物理力学性能的影响，为分析不同荷载及环境作用下钢筋、FRP 筋与混凝土的粘结性能奠定基础。

第 3 章考虑混凝土细观结构和钢筋/FRP 筋表面几何特征，采用“两阶段”顺序耦合模拟思想来实现温度效应、腐蚀效应与静、动态荷载的耦合或联合作用，从几何建模、温度传导模拟、力学本构关系模型、温度效应、应变率效应及相互作用等方面简要介绍钢筋/FRP 筋-混凝土界面力学行为，分析精细化数值模拟方法。

第 4 章探究了温度和动载作用下钢筋与混凝土之间的粘结-滑移行为，揭示了带肋钢筋几何特征、温度（常温、高温及低温）和应变率对钢筋混凝土粘结性能及粘结破坏机理的影响，建立了考虑温度和应变率的钢筋-混凝土粘结应力-滑移本构关系模型。

第 5 章关注沿海、除冰盐等腐蚀环境中钢筋与混凝土的粘结性能，借助精细化数值分析模型，探讨了锈蚀钢筋与混凝土的静、动态粘结性能，揭示了界面的失效破坏机制，并发展建立了考虑锈蚀效应的钢筋-混凝土静、动态粘结应力-滑移本构关系模型。

第 6 章分析了不同温度作用下 FRP 筋与混凝土之间的静、动态粘结性能，揭示了相关因素（厚径比、箍筋约束系数、粘结长度、FRP 筋类型及几何特征、高/低温作用等）对其粘结性能的影响机制与规律，建立了相应的粘结强度及粘结应力-滑移本构关系模型。

## 参 考 文 献


[1] 郑山锁，裴培，张艺欣，等. 钢筋混凝土粘结滑移研究综述[J]. 材料导报, 2018, 32(23): 4182-4191.

[2] MELO J, FERNANDES C, VARUM H, et al. Numerical modelling of the cyclic behaviour of RC elements built with plain reinforcing bars[J]. Engineering structures, 2011, 33(2): 273-286.

[3] ZHAO Y X, LIN H W, WU K, et al. Bond behaviour of normal/recycled concrete and corroded steel bars[J]. Construction and building materials, 2013, 48: 348-359.

[4] MA Y F, ZHANG J R, WANG L, et al. Probabilistic prediction with Bayesian updating for strength degradation of RC bridge beams[J]. Structural safety, 2013, 44: 102-109.

[5] ELIGEHAUSEN R, POPOV E P, BERTERO V V. Local bond stress-slip relationships of deformed bars under generalized excitations[R]. Berkeley: Earthquake Engineering Research Center, University of California, 1983.

[6] 孙艺嘉，吴涛，刘喜. 基于粘结-滑移的 FRP 筋钢纤维轻骨料混凝土梁裂缝宽度计算方法[J]. 工程力学，2022, 39(1): 34-44.

[7] 张望喜，胡彬彬，王冠杰，等. FRP 筋与混凝土粘结性能研究进展及本构模型改进[J]. 土木与环境工程学报，2023, 45(2): 111-122.

[8] FILIPPOU F, POPOV E P, BERTERO V. Modeling of R/C joints under cyclic excitations[J]. Journal of structural engineering, 1983, 109(11): 2666-2684.

[9] ALTOONTASH A. Simulation and damage models for performance assessment of reinforced concrete beam-column joints[D]. Stanford: Stanford University, 2004.

[10] MORRIS G J. Experimental evaluation of local bond behaviour of deformed reinforcing bars in concrete structures[D]. Christchurch: University of Canterbury, 2015.

[11] MAINS R. Measurement of the distribution of tensile and bond stresses along reinforcing bars[J]. Journal proceedings, 1951, 48(17): 225-252.

[12] SHIMA H, CHOU L L, OKAMURA H. Micro and macro models for bond in reinforced concrete[J]. Journal of the Faculty of Engineering, 1987, 39(2): 133-194.

[13] KANKAM, CHARLES K. Relationship of bond stress, steel stress, and slip in reinforced concrete[J]. Journal of structural engineering, 1997, 123(1): 79-85.

[14] MERGOS P E, KAPPOS A J. A gradual spread inelasticity model for R/C beam-columns, accounting for flexure, shear and anchorage slip[J]. Engineering structures, 2012, 44: 94-106.

[15] FIB. FIB Model Code 2010[S]. Lausanne, Switzerland: International Federation for Structural Concrete, 2010.

[16] HARAJLI M, HAMAD B, KARAM K. Bond-slip response of reinforcing bars embedded in plain and fiber concrete[J]. Journal of materials in civil engineering, 2002, 14(6): 503-511.

[17] 徐有邻. 钢筋混凝土粘滑移本构关系的简化模型[C]//龙驭球. 第六届全国结构工程学术会议论文集. 南宁: 广西大学, 1997: 34-38.

[18] 中华人民共和国住房和城乡建设部. 混凝土结构设计规范(2015 年版): GB 50010—2010[S]. 北京: 中国建筑工业出版社, 2015.

[19] MALVAR L J. Tensile and bond properties of GFRP reinforcing bars[J]. Materials journal, 1995, 92(3): 276-285.

[20] COSENZA E, MANFREDI G, REALFONZO R. Analytical and numerical modeling of the bond behavior between FRP reinforcing bars and concrete[C]//TAERWE L. Proceedings of the Second International RILEM Symposium. Ghent: RILEM, 1995: 164-171.

[21] COSENZA E, MANFREDI G, REALFONZO R. Behavior and modeling of bond of FRP rebars to concrete[J]. Journal of composites for construction, 1997, 1(2): 40-51.

[22] 高丹盈, 朱海堂, 谢晶晶. 纤维增强塑料筋混凝土粘结滑移本构模型[J]. 工业建筑, 2003, 33(7): 41-43.

[23] 郝庆多, 王言磊, 侯吉林, 等. GFRP 带肋筋粘结性能试验研究[J]. 工程力学, 2008, 25(10): 158-165.

[24] HAO Q D, WANG Y L, HE Z, et al. Bond strength of glass fiber reinforced polymer ribbed rebars in normal strength concrete[J]. Construction and building materials, 2009, 23(2): 865-871.

[25] GUIZANI L, CHAALLAL O. An experimental study on bond-slip in moderately confined concrete subjected to monotonic and cyclic loading using an experimental plan[J]. Canadian journal of civil engineering, 2011, 38(3): 272-282.

[26] HARAJLI M H, HOUT M, JALKH W. Local bond stress slip behavior of reinforcing bars embeded in plain and fiber concrete[J]. Materials journal, 1995, 92(4): 343-354.

[27] 林红威, 赵羽习. 变形钢筋与混凝土黏结性能研究综述[J]. 建筑结构学报, 2019, 40(1): 11-27.

[28] 孙杨, 乔国富. 锈蚀钢筋与混凝土粘结性能研究综述[J]. 材料导报, 2020, 34(3): 116-125.

[29] 师燕超, 刘少增, 崔健, 等. 爆炸灾后建筑结构性能评价及修复加固研究进展[J]. 土木与环境工程学报(中英文), 2023, 45(1): 1-13.

[30] 中华人民共和国住房和城乡建设部. 混凝土物理力学性能试验方法标准: GB/T 50081—2019[S]. 北京: 中国建筑工业出版社, 2019.

[31] American Society for Testing and Materials. Standard test method for half-cell potentials of uncoated reinforcing steel in concrete: ASTM C876-22b[S]. West Conshohocken: ASTM, 2009.

[32] DS/E-JGR. Steel for reinforced concrete-test of bond ability: DS 2082: 1980[S]. København: Danish standards foundation, 1980.

[33] CHANA P S. A test method to establish realistic bond stresses[J]. Magazine of concrete research, 1990, 42(151): 83-90.

[34] LI J, GAO X, ZHANG P. Experimental investigation on the bond of reinforcing bars in high performance concrete under cyclic loading[J]. Materials and structures, 2007, 40(10): 1027-1044.

[35] ELIGEHAUSEN R, POPOV E P, BERTERO V V. Local bond stress-slip relationships of deformed bars under generalized excitations[R]. Berkeley: Earthquake Engineering Resarch Center, 1983.

[36] 滕智明, 王传志. 钢筋混凝土结构理论[M]. 北京: 中国建筑工业出版社, 1985.

[37] 宋玉普, 赵国藩. 钢筋与混凝土间的粘结滑移性能研究[J]. 大连工学院学报, 1987, 26(2): 93-100.

[38] 徐有邻, 沈文都, 汪洪. 钢筋砼粘结锚固性能的试验研究[J]. 建筑结构学报, 1994, 15(3): 26-37.

[39] 高向玲, 李杰. 钢筋与混凝土粘结强度的理论计算与试验研究[J]. 建筑结构, 2005, 35(4): 10-12.

[40] TEPFERS R. Cracking of concrete cover along anchored deformed reinforcing bars[J]. Magazine of concrete research, 1979, 31(106): 3-12.

[41] DEN UIJL J A, BIGAJ A J. A bond model for ribbed bars based on concrete confinement[J]. Heron, 1996, 41(3): 201-226.

[42] WANG X H, LIU X L. Modeling bond strength of corroded reinforcement without stirrups[J]. Cement and concrete research, 2004, 34(8): 1331-1339.

[43] SOMAYAJI S, SHAH S P. Bond stress versus sliprelationship and cracking response of tension members[J]. Journal proceedings, 1981, 78(3): 217-225.

[44] WU Y F, ZHAO X M. Unified bond stress-slip model for reinforced concrete[J]. Journal of structural engineering, 2013, 139(11): 1951-1962.

[45] 金伟良, 赵羽习. 随不同位置变化的钢筋与混凝土的粘结本构关系[J]. 浙江大学学报(工学版), 2002, 36(1): 1-6.

[46] 李龙龙, 王立成. 基于能量守恒理论的带肋钢筋-混凝土粘结滑移本构关系研究[J]. 计算力学学报, 2017, 34(1): 68-75.

[47] COCCIA S, Di MAGGIO E, RINALDI Z. Bond slip model in cylindrical reinforced concrete elements confined with stirrups[J]. International journal of advanced structural engineering, 2015, 7(4): 365-375.

[48] 赵卫平, 肖建庄. 带肋钢筋与混凝土间粘结滑移本构模型[J]. 工程力学, 2011, 28(4): 164-171.

[49] LIN H W, ZHAO Y X, OZBOLT J, et al. Analytical model for the bond stress-slip relationship of deformed bars in normal strength concrete[J]. Construction and building materials, 2019, 198: 570-586.

[50] LUNDGREN K, GYLLTOFT K. A model for the bond between concrete and reinforcement[J]. Magazine of concrete research, 2000, 52(1): 53-63.

[51] MENDES L A M, CASTRO L M S S. A new RC bond model suitable for three-dimensional cyclic analyses[J]. Computers & structures, 2013, 120: 47-64.

[52] CASANOVA A, JASON L, DAVENNE L. Bond slip model for the simulation of reinforced concrete structures[J]. Engineering structures, 2012, 39: 66-78.

[53] LOBO P S, ALMEIDA J. RC fiber beam-column model with bond-slip in the vicinity of interior joints[J]. Engineering structures, 2015, 96: 78-87.

[54] SANTOS J, HENRIQUES A A. New finite element to model bond-slip with steel strain effect for the analysis of reinforced concrete structures[J]. Engineering structures, 2015, 86: 72-83.

[55] MURCIA-DELSO J, BENSON S P. Bond-slip model for detailed finite-element analysis of reinforced concrete structures[J]. Journal of structural engineering, 2015, 141(4): 04014125.

[56] MURCIA-DELSO J, BENSON S P. Elastoplastic dilatant interface model for cyclic bond-slip behavior of reinforcing bars[J]. Journal of engineering mechanics, 2016, 142(2): 04015082.

[57] MICHOU A, HILAIRE A, BENBOUDJEMA F, et al. Reinforcement-concrete bond behavior: experimentation in drying conditions and meso-scale modeling[J]. Engineering structures, 2015, 101: 570-582.

[58] 赵卫平, 范玉辉, 李刚. 高强混凝土与钢筋粘结-滑移的数值模拟[J]. 兰州交通大学学报, 2010, 29(6): 20-24.

[59] 王依群, 王福智. 钢筋与混凝土间的黏结滑移在 ANSYS 中的模拟[J]. 天津大学学报, 2006, 39(2): 209-213.

[60] 张海霞. FRP 筋与混凝土粘结滑移性能研究[D]. 沈阳: 东北大学, 2006.

[61] REZAZADEH M, CARVELLI V, VELJKOVIC A. Modelling bond of GFRP rebar and concrete[J]. Construction and building materials, 2017, 153: 102-116.

[62] BERRA M, CASTELLANI A, CORONELLI D, et al. Steel-concrete bond deterioration due to corrosion: finite-element analysis for different confinement levels[J]. Magazine of concrete research, 2003, 55(3): 237-247.

[63] SRITHARAN S, PRIESTLEY M J N, SEIBLE F. Nonlinear finite element analyses of concrete bridge joint systems subjected to seismic actions[J]. Finite elements in analysis and design, 2000, 36(3/4): 215-233.

[64] DEHESTANI M, MOUSAVI S S. Modified steel bar model incorporating bond-slip effects for embedded element method[J]. Construction and building materials, 2015, 81: 284-290.

[65] PAN W, TAO M, NIE J. Fiber beam-column element model considering reinforcement anchorage slip in the footing[J]. Bulletin of earthquake engineering, 2017, 15(3): 991-1018.

[66] SEZEN H, SETZLER E J. Reinforcement slip in reinforced concrete columns[J]. Structural journal, 2008, 105(3): 280-289.

[67] ESMAEILY A. Behavior of reinforced concrete columns under variable axial loads[J]. Materials journal, 2004, 101(1): 124-132.

[68] 滕振超, 赵添佳. 十字形柱的力学性能分析[J]. 重庆理工大学学报(自然科学), 2017, 31(6): 78-83.

[69] 孙治国, 陈灿, 司炳君, 等. 考虑非线性剪切效应的 RC 桥墩抗震分析模型[J]. 工程力学, 2015, 32(5): 28-36.

[70] 张卫东, 王振波, 孙文彬. FRP 筋与混凝土粘结性能研究进展[J]. 玻璃钢/复合材料, 2015(9): 99-103.

[71] BASARAN B, KALKAN I, BEYCIOGLU A, et al. A review on the physical parameters affecting the bond behavior of FRP bars embedded in concrete[J]. Polymers, 2022, 14(9): 1796.

[72] DELSO J M, STAVRIDIS A, SHING P. Bond strength and cyclic bond deterioration of large-diameter bars[J]. Structural journal, 2013, 110(4): 659-670.

[73] 滕智明, 邹离湘. 反复荷载下钢筋混凝土构件的非线性有限元分析[J]. 土木工程学报, 1996, 9(2): 19-27.

[74] YERLICI V A, ÖZTURAN T. Factors affecting anchorage bond strength in high-performance concrete[J]. Structural journal, 2000, 97(3): 499-507.

[75] ACHILLIDES Z, PILAKOUTAS K. Bond behavior of fiber reinforced polymer bars under direct pullout conditions[J]. Journal of composites for construction, 2004, 8(2): 173-181.

[76] LEE J Y, KIM T Y, KIM T J, et al. Interfacial bond strength of glass fiber reinforced polymer bars in high-strength concrete[J]. Composites part B-engineering, 2008, 39(2): 258-270.

[77] LEE S W, KANG S B, TAN K H, et al. Experimental and analytical investigation on bond-slip behaviour of deformed bars embedded in engineered cementitious composites[J]. Construction and building materials, 2016, 127: 494-503.

[78] 赵军，王帅斌，王自柯，等. BFRP 筋与地聚物混凝土黏结性能试验研究[J]. 建筑结构学报，2022, 43(6): 245-256.

[79] OKELO R, YUAN R L. Bond strength of fiber reinforced polymer rebars in normal strength concrete[J]. Journal of composites for construction, 2005, 9(3): 203-213.

[80] 代前前. GFRP 筋与混凝土粘结性能试验研究[D]. 大连: 大连理工大学, 2017.

[81] SOLYOM S, BALÁZS G L. Bond of FRP bars with different surface characteristics[J]. Construction and building materials, 2020, 264: 119839.

[82] HUANG L H, CHEN J, QU J T, et al. Modeling for bond-constitutive relationships of FRP rebars to concrete matrix[J]. Construction and building materials, 2020, 263: 120654.

[83] NEPOMUCENO E, SENA-CRUZ J, CORREIA L, et al. Review on the bond behavior and durability of FRP bars to concrete[J]. Construction and building materials, 2021, 287: 123042.

[84] 史波，赵国藩. 锈蚀钢筋混凝土构件粘结性能的研究进展[J]. 建筑材料学报, 2005, 8(6): 653-659.

[85] BASARAN B, KALKAN I. Investigation on variables affecting bond strength between FRP reinforcing bar and concrete by modified hinged beam tests[J]. Composite structures, 2020, 242: 112185.

[86] WAMBEKE B W, SHIELD C K. Development length of glass fiber-reinforced polymer bars in concrete[J]. Structural journal, 2006, 103(1): 11-17.

[87] LI X X, WU Z M, ZHENG D, et al. Variable amplitude cyclic bond behavior of deformed bars in concrete under uniaxial lateral pressures[J]. Construction and building materials, 2022, 320: 126182.

[88] 徐锋. 复杂应力状态下钢筋与混凝土的粘结性能[D]. 大连: 大连理工大学, 2012.

[89] 王言磊，王密锋，张学，等. BFRP 侧向约束对 GFRP 带肋筋与混凝土粘结性能的影响[J]. 复合材料科学与工程, 2020(4): 5-12.

[90] ZHANG W P, ZHANG Y P, LI H, et al. Experimental investigation of fatigue bond behavior between deformed steel bar and concrete[J]. Cement and concrete composites, 2020, 108: 103515.

[91] VOS E, REINHARDT H W. Influence of loading rate on bond behaviour of reinforcing steel and prestressing strands[J]. Matériaux et constructions, 1982, 15(1): 3-10.

[92] LI X X, WU Z M, ZHENG J J, et al. Effect of loading rate on bond behavior of deformed reinforcing bars in concrete under biaxial lateral pressures[J]. Journal of engineering mechanics, 2016, 142(6): 04016027.

[93] JACQUES E. Characteristics of reinforced concrete bond at high strain rates[D]. Ottawa: University of Ottawa, 2016.

[94] ZHANG W P, CHEN H, GU X L. Bond behaviour between corroded steel bars and concrete under different strain rates[J]. Magazine of concrete research, 2016, 68(7): 364-378.

[95] 张伟平，罗丹羽，陈辉，等. 不同加载速率下钢筋与混凝土间粘结性能试验[J]. 中国公路学报，2014, 27(12): 58-64.

[96] WEATHERSBY J H. Investigation of bond slip between concrete and steel reinforcement under dynamic loading conditions[D]. Baton Rouge: Louisiana State University, 2003.

[97] YAO W, WU H J, HUANG F L. Experimental investigation about dynamic bond-slip between reinforcing steel bar and concrete[J]. Applied mechanics and materials, 2012, 249/250: 1073-1081.

[98] LONG X, WANG C Y, ZHAO P Z, et al. Bond strength of steel reinforcement under different loading rates[J]. Construction and building materials, 2020, 238: 117749.

[99] SHEN D J, LI C C, FENG Z Z, et al. Influence of strain rate on bond behavior of concrete members reinforced with basalt fiber-reinforced polymer rebars[J]. Construction and building materials, 2019, 228: 116755.

[100] BOROSNYÓI A. Influence of service temperature and strain rate on the bond performance of CFRP reinforcement in concrete[J]. Composite structures, 2015, 127: 18-27.

[101] WEI W, LIU F, XIONG Z, et al. Effect of loading rates on bond behaviour between basalt fibre-reinforced polymer bars and concrete[J]. Construction and building materials, 2020, 231: 117138.

[102] 李维博. 冲击荷载作用下 CFRP 筋-混凝土界面力学性能试验研究[D]. 长沙: 湖南大学, 2017.

[103] 郑文忠, 许名鑫, 王英. 钢筋混凝土及预应力混凝土材料抗火性能[J]. 哈尔滨建筑大学学报, 2002, 35(4): 6-10.

[104] YANG H F, LAN W W, QIN Y H, et al. Evaluation of bond performance between deformed bars and recycled aggregate concrete after high temperatures exposure[J]. Construction and building materials, 2016, 112: 885-891.

[105] BINGÖL A F, GÜL R. Residual bond strength between steel bars and concrete after elevated temperatures[J]. Fire safety journal, 2009, 44(6): 854-859.

[106] 杨海峰, 杨焱茜, 王玉梅, 等. 高温后不同冷却方式下的混凝土钢筋粘结性能[J]. 土木与环境工程学报(中英文), 2021, 43(5): 94-100.

[107] 肖建庄, 黄均亮, 赵勇. 高温后高性能混凝土和细晶粒钢筋间粘结性能[J]. 同济大学学报, 2009, 37(10): 1296-1301.

[108] 袁广林, 郭操, 李庆涛, 等. 高温后冷却环境对钢筋混凝土黏结性能的损伤[J]. 中国矿业大学学报, 2005, 34(5): 605-608.

[109] VARONA F B, BAEZA F J, BRU D, et al. Evolution of the bond strength between reinforcing steel and fibre reinforced concrete after high temperature exposure[J]. Construction and building materials, 2018, 176: 359-370.

[110] HLAVIČKA É L. Bond after fire[J]. Construction and building materials, 2017, 132: 210-218.

[111] SHARMA A, BOŠNJAK J, OŽBOLT J, et al. Numerical modeling of reinforcement pull-out and cover splitting in fire-exposed beam-end specimens[J]. Engineering structures, 2016, 111: 217-232.

[112] KHALAF J, HUANG Z, FAN M. Analysis of bond-slip between concrete and steel bar in fire[J]. Computers and structures, 2016, 162: 1-15.

[113] 王朝阳, 杨鸥, 霍静思. 高温下钢筋与混凝土粘结锚固性能试验研究[J]. 硅酸盐通报, 2017, 36(12): 3984-3992.

[114] MORLEY P D, ROYLES R. Response of the bond in reinforced concrete to high temperatures[J]. Magazine of concrete research, 1983, 35(123): 67-74.

[115] DIEDERICHS U, SCHNEIDER U. Bond strength at high temperatures[J]. Magazine of concrete research, 1981, 33(115): 75-84.

[116] 周子健, 霍静思, 李智. 高温下钢筋与混凝土粘结性能试验与分析[J]. 建筑结构, 2019, 49(10): 76-80.

[117] 张凤维. 钢筋与混凝土高温粘结性能研究[D]. 长沙: 中南大学, 2008.

[118] KATZ A, BERMAN N. Modeling the effect of high temperature on the bond of FRP reinforcing bars to concrete[J]. Cement and concrete composites, 2000, 22(6): 433-443.

[119] HAMAD R J A, MEGAT JOHARI M A, HADDAD R H. Mechanical properties and bond characteristics of different fiber reinforced polymer rebars at elevated temperatures[J]. Construction and building materials, 2017, 142: 521-535.

[120] SOLYOM S, Di BENEDETTI M, GUADAGNINI M, et al. Effect of temperature on the bond behaviour of GFRP bars in concrete[J]. Composites part B-engineering, 2020, 183: 107602.

[121] VANDEWALLE L. Bond between a reinforcement bar and concrete at normal and cryogenic temperatures[J]. Journal of materials science letters, 1989, 8(2): 147-149.

[122] SCHROEDER H P, WOOD T B. Concrete/reinforcing steel bond strength of low-temperature concrete[J]. Journal of cold regions engineering, 1996, 10(2): 93-117.

[123] 谢剑，李会杰，聂治盟，等. 低温下钢筋与混凝土黏结性能的试验研究[J]. 土木工程学报，2012, 45(10): 31-40.

[124] YAN J B, XIE W J, ZHANG L X, et al. Bond behaviour of concrete-filled steel tubes at the Arctic low temperatures[J]. Construction and building materials, 2019, 210: 118-131.

[125] XIE J, SIMIYU E S, LEI G C, et al. Experimental study on bonding properties between steel strand and concrete at cryogenic temperatures[J]. Transactions of Tianjin University, 2016, 22(4): 308-316.

[126] XIE J, LIU Y, QIAO Y, et al. Bond behaviors of ribbed CFRP bars in concrete exposed to low temperatures[J]. Construction and building materials, 2022, 341: 127910.

[127] SAIEDI R, FAM A, GREEN M F. Behavior of CFRP-prestressed concrete beams under high-cycle fatigue at low temperature[J]. Journal of composites for construction, 2011, 15(4): 482-489.

[128] LIN H W, ZHAO Y X, FENG P, et al. State-of-the-art review on the bond properties of corroded reinforcing steel bar[J]. Construction and building materials, 2019, 213: 216-233.

[129] LAW D W, MOLYNEAUX T C K. Impact of corrosion on bond in uncracked concrete with confined and unconfined rebar[J]. Construction and building materials, 2017, 155: 550-559.

[130] MA Y F, GUO Z Z, WANG L, et al. Experimental investigation of corrosion effect on bond behavior between reinforcing bar and concrete[J]. Construction and building materials, 2017, 152: 240-249.

[131] LIN H W, ZHAO Y X, OŽBOLT J, et al. The bond behavior between concrete and corroded steel bar under repeated loading[J]. Engineering structures, 2017, 140: 390-405.

[132] BHARGAVA K, GHOSH A K, MORI Y, et al. Suggested empirical models for corrosion-induced bond degradation in reinforced concrete[J]. Journal of structural engineering, 2008, 134(2): 221-230.

[133] CHUNG L, JAY KIM J, YI S. Bond strength prediction for reinforced concrete members with highly corroded reinforcing bars[J]. Cement and concrete composites, 2008, 30(7): 603-611.

[134] YIN S P, HU C S, LV H L. Interfacial properties and bond strength model of TRC-confined concrete and deformed reinforcement under corrosion[J]. Composite interfaces, 2019, 26(6): 551-569.

[135] 梁岩，罗小勇，肖小琼，等. 锈蚀钢筋混凝土粘结滑移性能试验研究[J]. 工业建筑, 2012, 42(10): 95-100.

[136] CABRERA J G. Deterioration of concrete due to reinforcement steel corrosion[J]. Cement and concrete composites, 1996, 18(1): 47-59.

[137] 袁迎曙，余索，贾福萍. 锈蚀钢筋混凝土的粘结性能退化的试验研究[J]. 工业建筑, 1999, 29(11): 47-50.

[138] 郑晓燕, 吴胜兴. 动荷载下锈蚀钢筋混凝土粘结滑移特性的试验研究[J]. 土木工程学报, 2006, 39(6): 42-46.

[139] 洪小健, 赵鸣. 加载速率对锈蚀钢筋与混凝土粘结性能的影响[J]. 同济大学学报(自然科学版), 2002, 30(7): 792-796.

[140] 张伟平, 张誉. 锈胀开裂后钢筋混凝土粘结滑移本构关系研究[J]. 土木工程学报, 2001, 34(5): 40-44.

[141] KIVELL A, PALERMO A, SCOTT A. Corrosion related bond deterioration and seismic resistance of reinforced concrete structures[C]//CARRATO J, BURNS J G. Structures Congress 2012 Reston: Gurran Associates Inc, 2012: 1894-1905.

[142] FENG Q, VISINTIN P, OEHLERS D J. Deterioration of bond-slip due to corrosion of steel reinforcement in reinforced concrete[J]. Magazine of concrete research, 2016, 68(15): 768-781.

[143] BLOMFORS M, ZANDI K, LUNDGREN K, et al. Engineering bond model for corroded reinforcement[J]. Engineering structures, 2018, 156: 394-410.

[144] LUNDGREN K, KETTIL P, HANJARI K Z, et al. Analytical model for the bond-slip behaviour of corroded ribbed reinforcement[J]. Structure and infrastructure engineering, 2012, 8(2): 157-169.

[145] BERTO L, SIMIONI P, SAETTA A. Numerical modelling of bond behaviour in RC structures affected by reinforcement corrosion[J]. Engineering structures, 2008, 30(3): 1375-1385.

[146] RICHARD B, RAGUENEAU F, CREMONA C, et al. A three-dimensional steel/concrete interface model including corrosion effects[J]. Engineering fracture mechanics, 2010, 77(6): 951-973.

[147] OŽBOLT J, ORŠANIĆ F, BALABANIĆ G. Modeling pull-out resistance of corroded reinforcement in concrete: coupled three-dimensional finite element model[J]. Cement and concrete composites, 2014, 46: 41-55.

[148] AVADH K, JIRADILOK P, BOLANDER J E, et al. Mesoscale simulation of pull-out performance for corroded reinforcement with stirrup confinement in concrete by 3D RBSM[J]. Cement and concrete composites, 2021, 116: 103895.

[149] YANG Z G, LIU Z Y, XIONG Y L, et al. Three-dimensional finite-element analysis of bond-slip behavior between crescent ribbed bar and concrete based on spring element[J]. Journal of materials in civil engineering, 2018, 30(5): 04018074.

[150] YANG Y Z, NAKAMURA H, YAMAMOTO Y, et al. Numerical simulation of bond degradation subjected to corrosion-induced crack by simplified rebar and interface model using RBSM[J]. Construction and building materials, 2020, 247: 118602.

[151] 陈玺文. 钢筋混凝土粘结性能有限元分析[D]. 天津: 天津大学, 2010.

[152] BRAGA F, GIGLIOTTI R, LATERZA M, et al. Modified steel bar model incorporating bond-slip for seismic assessment of concrete structures[J]. Journal of structural engineering, 2012, 138(11): 1342-1350.

[153] LEE H, NOGUCHI T, TOMOSAWA F. Evaluation of the bond properties between concrete and reinforcement as a function of the degree of reinforcement corrosion[J]. Cement and concrete research, 2002, 32(8): 1313-1318.

[154] YANG Z J, CHEN J. Finite element modelling of multiple cohesive discrete crack propagation in reinforced concrete beams[J]. Engineering fracture mechanics, 2005, 72(14): 2280-2297.

# 第 2 章 环境与荷载效应

混凝土结构在全寿命周期中承受不同的荷载作用，同时遭受不同的环境作用，包括火灾高温和极地、寒区等低温作用，地震、爆炸、冲击、台风等偶然极端动载作用，以及侵蚀、腐蚀等长期环境作用。各种荷载和环境作用使得混凝土和钢筋发生不同的物理化学变化，从而影响混凝土与钢筋的粘结性能。与钢筋相比，FRP 筋对温度更加敏感，同时具有应变率敏感性，这亦会影响其与混凝土的粘结性能。

本章简要介绍温度效应、腐蚀效应和动载效应对混凝土、钢筋/FRP 筋物理力学性能的影响，为后续分析不同荷载及环境作用下钢筋/FRP 筋与混凝土的粘结性能奠定基础。

## 2.1 温度效应

混凝土结构在其服役期内，可能承受的温度范围非常之大。作为一种危害严重的高发灾害，火灾可以使混凝土结构遭受到 1000℃左右的高温损害；大量工程结构建设在高纬度、高海拔、严寒或冰川堆积体等条件下，如我国新疆和黑龙江等地区，这些地区温度低，温差大；随着各国极地开发战略的启动和实施，在极地严寒地区进行工程建设成为必然；作为液化天然气储罐，混凝土结构还有可能处于−165℃的超低温环境中。温度对混凝土结构性能的影响涉及固体、液体和气体多相以及物理、化学、力学多种机制，与外部温度变化、材料组分、含水率等多种因素有关，机理非常复杂。

### 2.1.1 温度对混凝土的影响

1. 高温作用对热工性能的影响

骨料在高温下受热膨胀，胶体脱水分解等一系列的化学物理变化影响混凝土表面的颜色，使材料出现裂缝、损伤甚至爆裂，进一步导致混凝土的热工性能和力学性能等随温度变化而发生改变。

混凝土中传热过程十分复杂，包括多种机制[1]：①固体材料中的热传导；②孔隙流体（气体或水）中的热传导；③孔隙流体中的对流传热；④孔隙表面的热辐射；⑤非饱和情形下流体蒸发与凝结传热。实际上，当孔径小于 3mm 时，在常温常压下，孔隙中的热辐射与对流效应与其他机制相比可以忽略。因而，一般不再详细区分各种机制，而是采用导热系数来等效表征混凝土的传热性能。

温度对混凝土导热系数的影响如图 2.1 所示。可以看到，随着温度升高，普通混凝土的导热系数逐渐减小[2-5]，这是由于高温作用下混凝土中水分散失而导致的[6]。由图 2.1 可知，高温下影响混凝土导热系数的主要因素包括混凝土含水率、骨料类型、混凝土强度等，这与常温下的影响因素相同。实际上，不同研究者获得的结果还不可避免地受测试条件、试验设备等的影响。基于试验数据，设计规范中给出了混凝土导热系数随温度变化的经验公式，如欧洲规范[7]给出了导热系数的上限值与下限值，而《建筑钢结构防火技术规范》（GB 51249—2017）[8]则分别给出了硅质与钙质骨料混凝土的导热系数公式。由图 2.1 可以看到，温度不高于 600℃时，规范公式预测值低于大部分试验实测值；之后，随着温度继续升高，预测值逐渐接近并高于实测值。此外，还可以看到，与普通混凝土不同，轻骨料混凝土的导热系数随温度升高而略微增大[9]，这可能与轻骨料混凝土密度较低有关，其中空气含量较高，而空气的导热系数随温度升高而增大[10]。

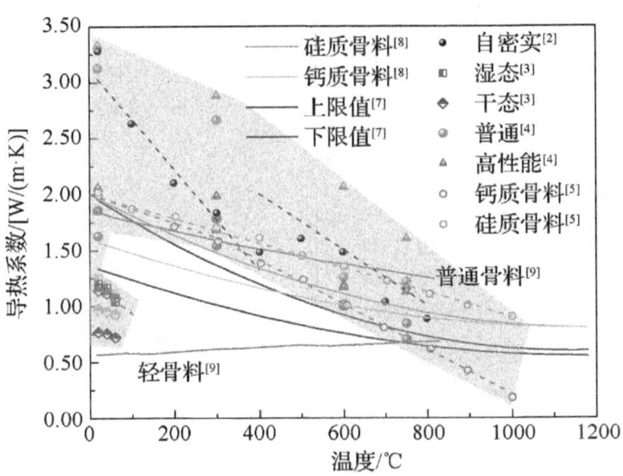


图 2.1　混凝土导热系数随温度的变化关系

理论分析方面，一般将混凝土的微结构进行简化，认为各组分规则分布，在此基础上考虑不同组分导热性能的差异，建立计算模型，获得其宏观导热系数。在早期的工作中，混凝土常被视为由骨料和砂浆基质构成的二相复合材料，从而可以应用非均质材料等效导热系数的经典模型计算其等效导热性能。基于二相材料的简化分析模型，研究者提出了考虑界面热阻效应的计算模型[11]，从而指出，由于界面热阻的存在，其导热性能不仅取决于各组分的体积分数，还与分散相的尺寸密切相关。然而，由于多孔建筑材料热传导过程的复杂性，尚未提出一个普遍适用于各种材料的理论解析模型。

混凝土是一种典型的非均质材料，其力学及热工参数与其内部结构及组分分布密切相关。因此，为了更全面地理解混凝土的传热行为，应该考虑混凝土复杂内部结构的影响。与理论分析相比，数值模拟方法可以更方便、更全面地表征混凝土内部结构的非均质性，从而给出更加合理的计算结果。金浏等[12-15]考虑高温和材料非均质性影响，将混凝土视为由骨料、砂浆和界面过渡区等组成的多相复合材料，建立细观尺度有限元数值模型，预测了混凝土的高温导热性能，并探讨了骨料类型、体积含量、初始缺陷、外荷载等的影响。研究发现，在热-力耦合计算中不能忽略裂纹的影响。

比热容是物质温度发生改变时吸收或放出热量多少的表征。欧洲规范[7]和我国《建筑钢结构防火技术规范》（GB 51249—2017）[8]分别给出了单位质量混凝土比热容随温度的变化关系，如图 2.2 所示。其中，我国规范[8]未考虑混凝土含水量的影响，认为混凝土的比热容随温度升高而增大；而欧洲规范则针对不同含水率的情况分别给出了取值建议，可以看到，在 100～200℃范围内，由于水分蒸发吸热，含水率高时，混凝土的比热容明显增大[5]；在其他温度下，含水率的影响不明显。

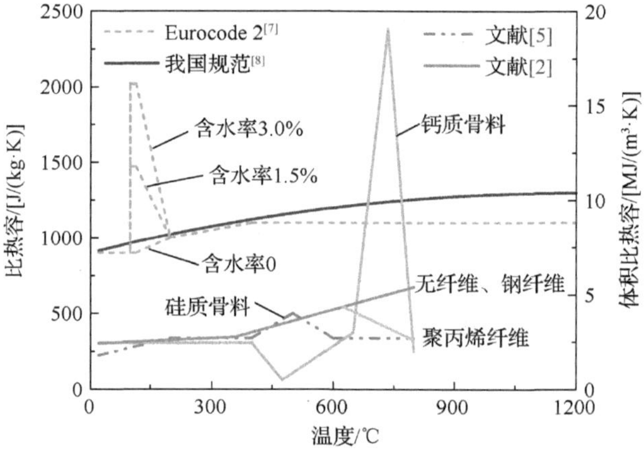


图 2.2　混凝土比热容随温度的变化关系

文献[2]和[5]综合考虑比热容与密度在高温下的变化，采用体积比热容（比热容与密度的乘积）表征混凝土的比热容，并探讨了骨料类型与纤维的影响。由图 2.2 知，当温度为 600～800℃时，钙质骨料混凝土的体积比热容明显高于硅质骨料混凝土，一般认为这是由于混凝土内部发生化学分解吸热所致；这有利于减缓混凝土的爆裂，从而增强其抗火性能[7]。此外可知，钢纤维对混凝土体积比热容的影响可以忽略；而聚丙烯纤维的影响则仅体现在 600～800℃范围内，这是因为聚丙烯纤维在高温下分解形成孔道，减小了化学结合水的脱水吸热，形成较低的比热容。

在高温作用下，无外力作用时混凝土的应变主要由 3 部分组成：自由膨胀应变、短期高温徐变和瞬态热应变[6]。其中，自由膨胀应变是预测混凝土内部温度应力的必要参数，受水泥类型、含水量、骨料类型与龄期等因素的影响；瞬态热应变主要受混凝土强度、应力状态等影响；瞬态热应变和自由膨胀应变数值较大，但方向相反；影响短期高温徐变的因素主要为骨料种类、混凝土强度等级和试件构造等[1]。在欧洲规范[7]中，未区分混凝土热应变的各种机制，以热伸长率（即试件伸长部分占原有长度的百分比）进行表征，如图 2.3 所示。由图 2.3 可知，混凝土的热应变随温度升高而增大；当温度高于一定值时，热应变趋于稳定，不再升高。钙质骨料混凝土的热应变小于硅质骨料混凝土，从另一个侧面说明前者的耐火性能优于后者。

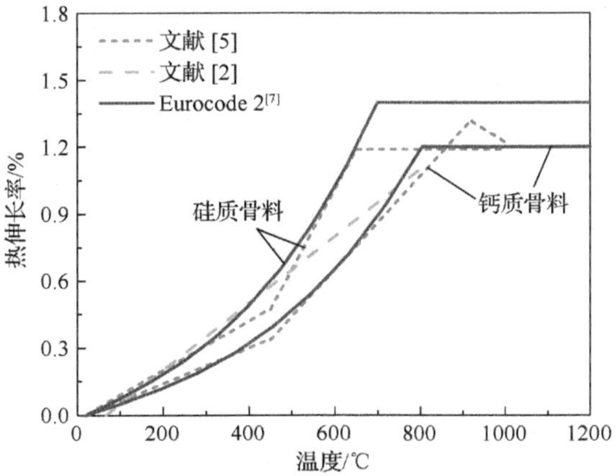


图 2.3　混凝土热伸长率随温度的变化关系

2.　高温作用对力学性能的影响

在高温作用下，混凝土中骨料与砂浆界面处因二者温度变形差异而产生温度应力，从而发生开裂；由于水分散失、水化硅酸钙高温分解等，混凝土内部结构变得更加疏松，宏观力学性能发生退化。由图 2.4（a）可知，温度不高于 300℃时，混凝土的抗压强度下降较少，甚至部分试验数据显示，在此范围内，混凝土抗压强度略有上升；在 300～800℃范围内，混凝土抗压强度明显降低；800℃后，残余抗压强度已经很低，混凝土几乎丧失承载能力，一般认为强度随温度继续降低或不再变化[16]。作为钢筋混凝土结构抗火设计的重要参数之一，抗压强度随温度的变化受到广泛关注，中国[8, 17]、欧洲[7]、澳大利亚[18]和美国[19]等的相关设计规范中均给出了相应的简化公式，部分规范考虑了骨料类型或者高温后冷却阶段的影响。一般而言，钙质骨料混凝土抗压强度降低略小于硅质骨料混凝土；冷却阶段会使混凝土进一步劣化。

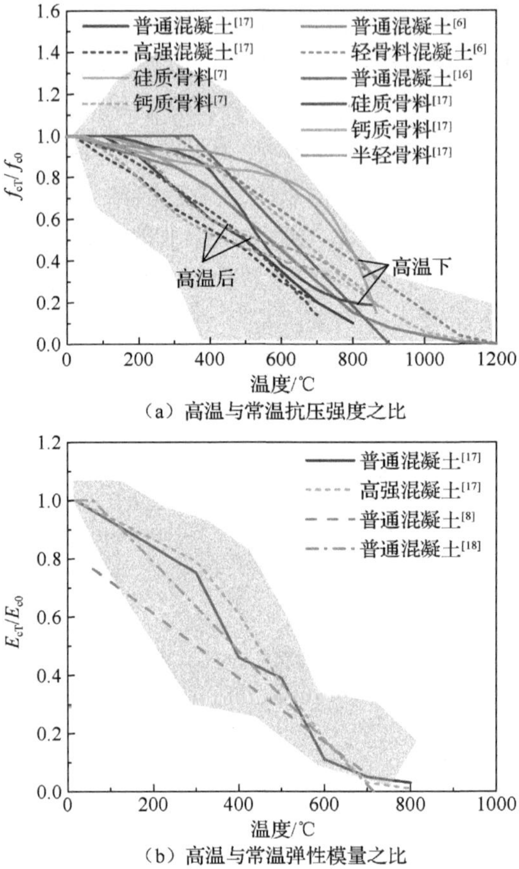


（a）高温与常温抗压强度之比

（b）高温与常温弹性模量之比

图 2.4　混凝土力学性能随温度的变化

在高温作用下，混凝土的抗拉强度同样随温度升高而下降[16]，且十分接近于线性下降[20, 21]，这与抗压强度不同。由于抗拉强度对混凝土结构的高温承载力贡献极小，因而在多数规范中不予考虑，仅欧洲规范[7]中给出了相应的折减系数公式。随着温度升高，混凝土的弹性模量减小［图 2.4（b）］，且受骨料、混凝土强度等影响较大[16]。对此，我国规范[8, 17]和澳大利亚规范[18]分别给出了折减关系式。

高温后混凝土的应力-应变关系如图 2.5 所示，可知随着温度升高，混凝土应力-应变曲线趋于平缓，峰值应力向右下偏移，说明混凝土的峰值应力和弹性模量降低，峰值应力对应的应变变大[14-17]。

在高温作用下，混凝土往往发生爆裂剥落，从而导致混凝土结构力学性能退化，甚至引起结构倒塌。一般认为混凝土剥落与降温方式、骨料、抗拉强度、钢筋、横截面几何特征、约束情况、温度应力、预加应力、水分、渗透性和孔隙等因素有关[16]。其中，热开裂和孔隙水（汽）压力的耦合作用是产生混凝土爆裂剥落和不确定性的主要原因[6, 17]。

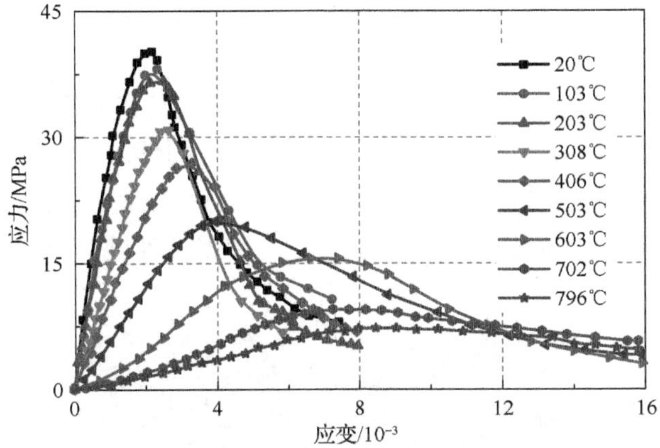


图 2.5 不同温度下混凝土的应力-应变曲线[15]

混凝土是一种非均质复合材料，其内部组分热学、力学性质的差异必然会影响其宏观性能，因而数值模拟方面的工作多考虑混凝土内部结构的非均质性，在细观尺度上进行。Willam 等[22]考虑温度损伤与力学损伤的相互作用、温度膨胀与收缩两个问题，对混凝土材料的温度退化进行了数值研究。Grassl 和 Pearce[23]建立了二维三相格构模型，以塑性界面模型描述各细观组分的力学性能，对混凝土的瞬态热蠕变进行了模拟，指出在细观角度下，瞬态热蠕变为各细观组分热失衡的结果。Zhao 等[24]基于二维二相模型对火灾下高性能混凝土的温度场、温度应力等的分布和发展进行了定量分析，模拟结果显示火灾下高性能混凝土的爆裂剥落主要归因于温度梯度引起的温度应力。Xotta 等[25]将混凝土视为由骨料、砂浆和界面过渡区组成的三相复合材料，对混凝土代表体积单元的应力-应变关系和升温过程中的损伤演化过程进行了二维和三维模拟（图 2.6）。

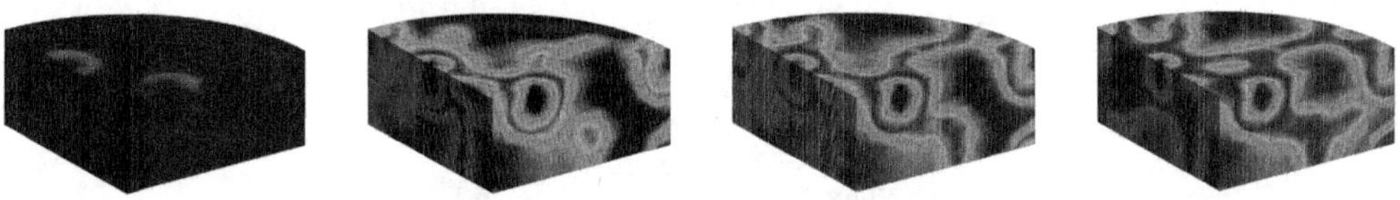

（a）150℃ （b）200℃ （c）250℃ （d）300℃

图 2.6 升温过程中混凝土损伤演化[30]

相比于混凝土材料的高温静态力学性能，关于高温影响混凝土动态力学性能的研究相对较少，并且由于试件条件的限制，大多数研究者的工作集中于高温冷却后材料的动态抗压性能[26-31]。研究发现：①经历高温作用后，混凝土材料的动态力学性能发生明显劣化，表现为动态强度、弹性模量降低，峰值应变增大，但是仍然表现出应变率效应，强度和弹性模量随应变率增大而增大，而峰值应变几乎不受应变率影响；②混凝土高温动态压缩破坏表现为裂纹模式和破碎模式 2 种模式，温度越高，应变率越大，裂缝和碎片数量越多；③400℃左右，混凝土的动态力学特性发生明显改变，动态抗压强度、耗能能力迅速降低；④混凝土即使经历 600℃、800℃高温作用仍能表现出良好的抗冲击韧性，这是动力强化效应和损伤软化效应的共同结果。高温后洒水冷却比自然冷却对混凝土的动态抗压强度及其动力增大系数（DIF）的影响更为显著，并且使得试件破坏更严重（图 2.7）[32]。

（a）自然冷却　　（b）洒水冷却

图 2.7　冷却方式对混凝土高温动态破坏形态的影响[32]

不同温度下混凝土抗压强度的动力增大系数与应变率的关系如图 2.8 所示。在试验研究的基础上，Yu 等[34]采用指数形式的屈服准则与相关联流动法则来描述高温下材料的塑性行为，基于常温下混凝土分段函数全应力-应变曲线，对德鲁克-普拉格（Drucker-Prager）模型进行了修正，提出了新的函数考虑高温与高应变率的耦合效应，从而建立混凝土高温力学性能本构模型。将该模型嵌入 ABAQUS 软件对霍普金森压杆试验进行有限元模拟，结果吻合良好。

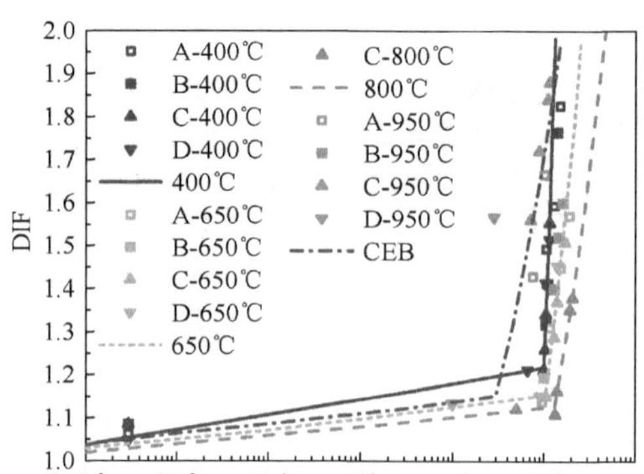


注：CEB为欧洲混凝土委员会(the European Concrete Committee)。

图 2.8　不同温度下混凝土抗压强度动力增大系数与应变率的关系[33]

金浏等[35-37]结合混凝土细观非均质性，将混凝土视为由骨料、砂浆和界面组成的三相复合材料，考虑高温下细观组分力学性能退化效应及应变率效应的影响，首先对混凝土热传导行为进行模拟，进而将温度场结果作为“初始条件”对混凝土动态压缩和劈拉破坏力学行为进行细观数值模拟（图 2.9），研究了其细观破坏机制，揭示了高温作用对动力增大系数的影响规律。

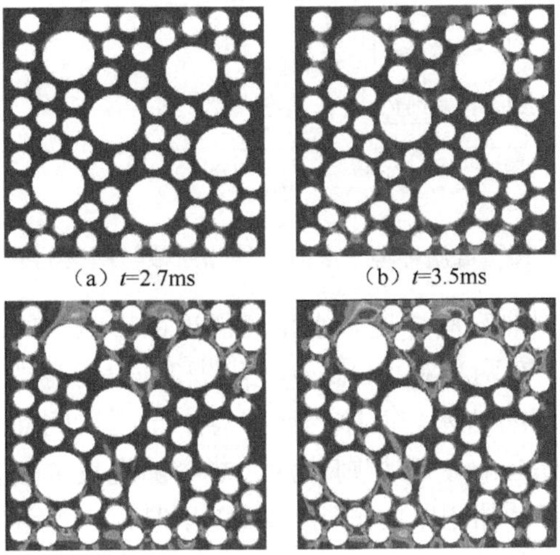

（a）$t$=2.7ms　（b）$t$=3.5ms　（c）$t$=4.2ms　（d）$t$=5.0ms

图 2.9　升温 1h 后混凝土动态压缩破坏形态细观数值模拟结果[37]

3. 低温作用对热工性能的影响

现有研究关于低温下混凝土导热系数随温度变化规律的认识存在两种观点，尚无定论。Dahmani 等[38]总结了部分试验结果，认为低温环境下混凝土的导热系数随温度降低而提高（图 2.10）。Jiang 等[39]进一步指出，这是由于温度低于 0℃时，混凝土中的孔隙水结冰，由液相转变为固相，导热系数增大，从而提高了混凝土的宏观导热系数；当温度高于 0℃时，混凝土的导热系数随温度降低而减小。然而，杨海涛等[40]的试验结果则表明，当温度由 25℃降至−90℃时，C60 混凝土和耐低温高性能混凝土（cryogenic high-performance concrete，CHC）的导热系数逐渐降低（图 2.10）；他们给出的解释为，当温度降低时，孔隙中空气和孔溶液的导热系数均降低，并且混凝土孔径增大，从而减小了混凝土的宏观导热系数。尽管如此，研究者认为与常温下相同，低温下混凝土的导热系数受多种因素影响，其中最显著的是水分，由图 2.10 可知，各种混凝土在不同温度下的导热系数均随含水率增加而提高。

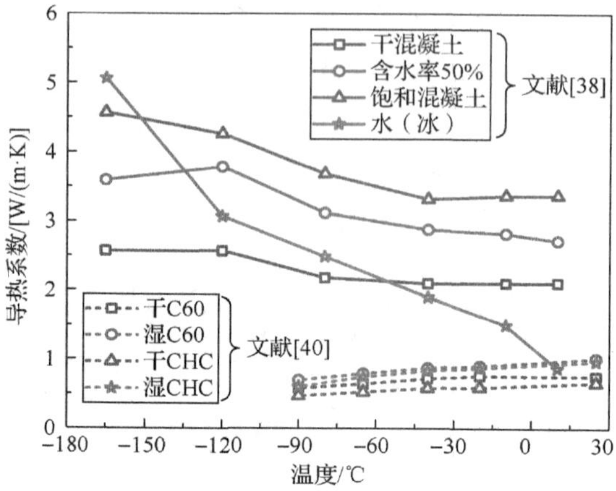


图 2.10　低温环境下混凝土导热系数与温度的关系

低温下混凝土的比热容同样受含水率和温度的影响[38-40]。然而，对于温度的影响，现有研究同样存在两种观点：Jiang 等[39]和杨海涛等[40]认为，由于温度降低过程中混凝土中的水逐渐结冰，而冰的比热容小于水，因而混凝土的比热容随温度降低而线性减小；Dahmani 等[38]则认为比热容随温度的变化趋势与导热系数相似。另外，Dahmani 等[38]指出，冷却至 0℃以下时，干燥混凝土会随温度降低而收缩；然而，湿混凝土则在−20～0℃范围内收缩，在−70～−20℃范围内由于冰填充了孔隙而膨胀，在温度低于−70℃时，湿混凝土再次收缩。Masad 等[41]将混凝土视为由骨料、砂浆和界面过渡区组成的三相复合材料，建立二维细观模型，采用数值模拟方法探讨了骨料形状、是否引气、砂浆与骨料热膨胀系数等因素对混凝土温度变形性能的影响（图 2.11）。Kogbara 等[42]探究了低温冷却过程中混凝土温度变形与微裂缝的关系，并进一步探讨了这一损伤过程与渗透性的联系，分析了骨料类型的影响规律。

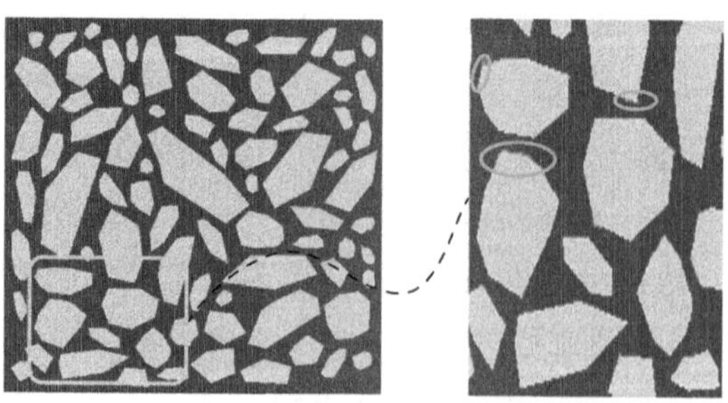

热膨胀系数：骨料$6\times10^{-6}$/℃；砂浆$10\times10^{-6}$/℃。

图 2.11　−33℃混凝土中损伤分布细观数值结果[41]

4. 低温作用对力学性能的影响

混凝土在低温下的抗压强度和抗拉强度都大大提高[43-45]，但是提高程度不尽相同。随着温度降低，混凝土抗压强度显著提高。在低温条件下，混凝土抗压强度可达常温下的 2～3 倍[46]。然而，谢剑等[47]的试验研究表明，温度低于−120℃时，混凝土强度不再提高，甚至略微下降，因此其拟合的混凝土低温与常温抗压强度比值（即相对抗压强度）随温度的变化以−120℃为转折点（图 2.12）。由图 2.12 可知，研究者获得的低温与常温抗压强度比值随温度的关系均比较离散，这主要是因为低温下混凝土的强度受混凝土强度等级、水灰比、组分、温度、水分、孔隙等多种因素影响。因此，基于试验结果拟合得到的经验公式相互之间差异较大，尚未形成一致的定量公式。另外，研究者尝试采用抗压强度增量（即低温与常温强度之间的差值）来表征低温增强作用。与抗压强度比值类似，试验数据较为离散。考虑水分、水灰比等的影响，研究者总结了强度增量与温度的关系公式，但未形成统一结论[2]。在不同的温度范围内，抗压强度的增量是不均匀的，温度的下降不一定导致抗压强度的增加[48]。许多试验结果[49-56]证实，随着温度持续下降，抗压强度首先增加到最大值，然后趋于稳定甚至降低。然而，受混凝土含水率影响，抗压强度达到峰值的临界温度存在显著差异[57]。

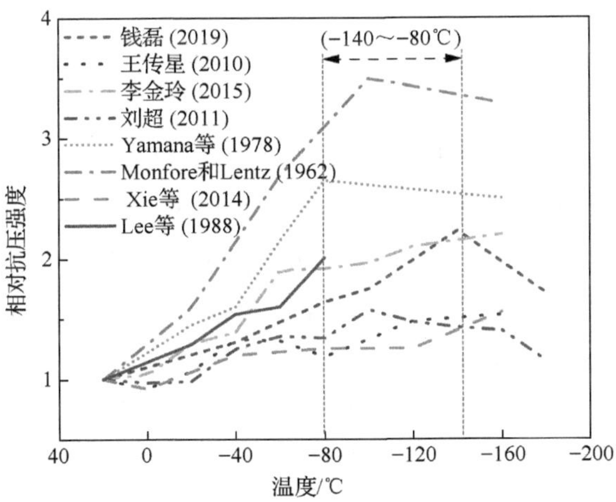


图 2.12　低温对抗压强度的影响

目前普遍认为抗压强度在低温下增加的原因是混凝土中孔隙水结冰[39,58]，影响机制为：①冰可以直接抵抗外部荷载；②冰形成了固体网状结构，其体积膨胀对混凝土施加了预应力，使混凝土处于多轴应力状态，抗压强度得到提高；③当毛细孔隙完全填满时，冰可以消除混凝土的应力集中并抑制微裂缝。

到目前为止，有关混凝土低温拉伸性能的具体研究相对较少。现有抗拉强度试验结果通常基于劈裂抗拉试验，很难找到低温下混凝土单轴抗拉强度试验的数据。与抗压强度类似，低温下混凝土的抗拉强度亦随温度降低而提高[59,60]。混凝土的低温抗拉强度在一定温度下出现极值，低于此温度，其抗拉强度不再提高，甚至轻微降低。然而，由图 2.13 可知，不同研究者[49,50,52,55,56]获得的临界温度差异很大，范围涵盖-100～-40℃。这是由于该临界温度受混凝土组分、养护条件、孔隙率、水分、骨料类型等多种因素的影响。含水量较高的混凝土在低温下强度增加更明显[61]。因此，研究者基于试验结果拟合的混凝土低温抗拉强度与温度或与抗压强度的经验关系公式所得结果比较离散，推广应用前尚需进一步检验[39]。

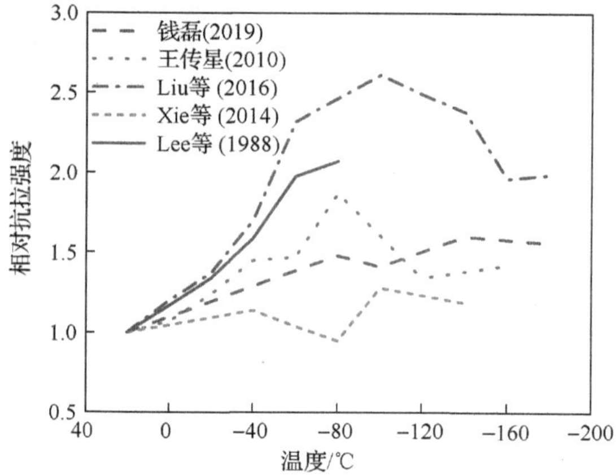


图 2.13　低温对抗拉强度的影响

随着温度降低，弹性模量最初以较快的速率增加，然后增加速率减慢。弹性模量的增长幅度低于抗压强度增幅[62,63]，然而，Maclean 和 Lloyd[64]的试验结果表明，混凝土强度等级不同，温度对弹性模量和强度的影响程度亦不同。随着混凝土强度等级提高，低温对弹性模量的增强作用会超过对强度的影响。上述影响混凝土强度的主要因素，包括含水量、骨料类型和强度等级，也影响低温下的弹性模量。一般来说，低温下含水量较高的混凝土弹性模量增加较大。图 2.14 总结了低温对弹性模量的影响[49,51-56]，温度降低，混凝土的弹性模量几乎线性增大。

基于试验结果，Xie 等[55]提出混凝土抗压应力-应变全曲线的上升段与下降段可以用三次多项式与有理式分别拟合；随温度降低，拟合曲线上升段参数逐渐减小，混凝土应力-应变曲线逐渐接近直线；下降段参数逐渐增大，混凝土的破坏更加接近脆性破坏。Maclean 和 Lloyd[64]和《低温环境混凝土应用技术规范》（GB 51081—2015）[65]则认为低温下混凝土应力-应变曲线形状与常温下相似，仅抗压强度、弹性模量和峰值应变等参数的取值不同。

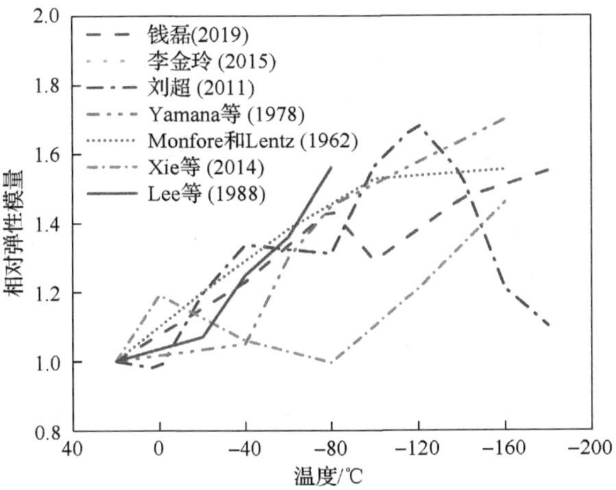


图 2.14　低温对弹性模量的影响

彩图 1 为不同温度对混凝土受压破坏模式的影响[55,60]。随着温度下降，裂纹宽度和数量增加，损伤变得更加严重。当温度降至−90℃，混凝土试件的破坏变得突然，内部脆性增加，在加载过程中出现爆裂。由彩图 1（b）可以看出，低温下破坏面上压碎的骨料颗粒明显多于常温下。彩图 2 为温度对混凝土受拉破坏模式的影响[60]。不同温度下受拉破坏模式基本相似，即沿中心轴出现劈裂拉伸主裂纹，将立方体试件分成两块。与常温下相比，低温下发生破坏的粗骨料颗粒数量增多。

Jiang 等[57]开展了水灰比为 0.3～0.6、含水率分别为 0 和 6%的砂浆的抗压与抗折性能试验，发现在 0～−80℃范围内，砂浆的抗折强度随温度降低而提高，且提高幅度大于抗压强度；温度低于−80℃后，抗折强度几乎保持为常数，不再随温度变化。含水率和初始强度增大均可提高砂浆的低温强度。Hu 和 Fan[66]采用梁式试件三点弯曲试验研究了低温下混凝土的抗裂性能，发现随着温度降低，裂纹扩展阻力增大，表明混凝土的抗裂能力提高。不同龄期时，低温对抗裂性能的影响程度不同。

相比于低温环境下混凝土的静态力学性能，低温下混凝土动态性能的研究开展较少。闫东明等[67,68]测试了 20℃和−30℃时饱和湿度和正常湿度混凝土的动态压缩和直拉性能，指出低温下混凝土脆性明显增强，但混凝土强度的应变率敏感性有所降低；然而，由于自由水的黏滞效应，含水量高的混凝土应变率敏感程度高。Qiao 等[69]基于−75～28℃范围内混凝土动态抗压性能试验结果，认为动态抗压强度应变率敏感性随温度降低而增大。闫东明等[67,68]与 Qiao 等[69]结论不一致的原因可能为，前者涉及的应变率范围内 $10^{-5}$～$10^{-0.3}s^{-1}$，而后者涉及的范围为 30～$65s^{-1}$，不同应变率范围内的主导机制不同，因而应变率敏感性随温度的变化规律不同。

### 2.1.2 温度对钢筋的影响

1. 高温作用

钢筋表观特征随温度升高发生显著变化。温度较高时会出现碳化现象，钢筋的力学性能也将出现一定程度的劣化。高温作用下钢筋的弹性模量、屈服强度和极限强度等均下降，如图 2.15 所示。我国规范[8]和澳大利亚规范[18]给出的钢筋高温弹性模量随温度的变化曲线较为接近，而欧洲规范给出了建议取值（Class N）和只有实测数据充分才能采用、更加保守的取值（Class X）。对于高温下钢筋的屈服强度，各国规范[7,8,18]均认为温度不高于 300℃时，钢筋强度几乎不变；300℃以上，钢筋强度急剧下降，并且钢筋种类对此影响较小。另外，经历高温并冷却后，钢筋强度可以恢复到常温时的 80%左右[17]。

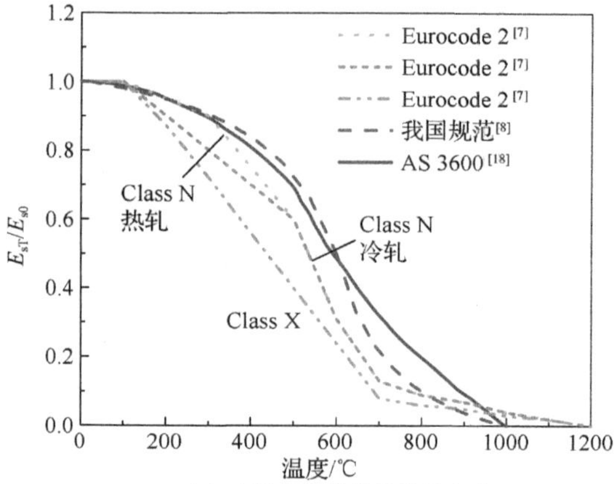


（a）高温与常温弹性模量之比

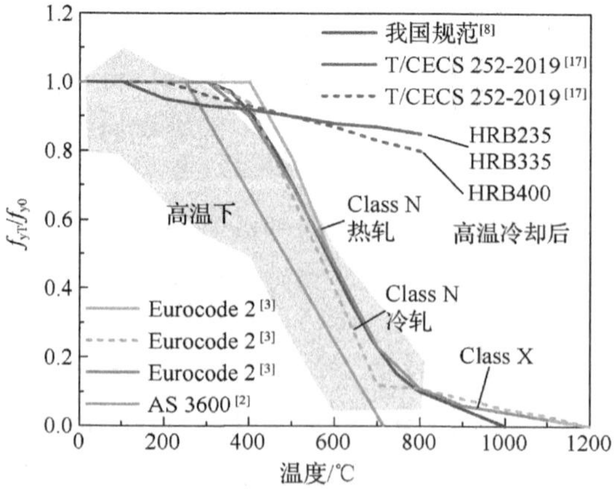


（b）高温与常温屈服强度之比

图 2.15 钢筋力学性能能随温度的变化

高温冷却后，钢筋力学性能有所恢复，强度和弹性模量均能恢复至 80%以上[70, 71]。经建生等[72]比较了预应力对钢筋高温后力学性能的影响，发现经历相同高温作用后，预应力筋比无预应力钢筋强度低。王全凤等[73]比较了不同冷却方式（炉内冷却、自然冷却、泼水冷却）对钢筋高温后力学性能的影响，发现 600℃前，钢筋力学性能基本不受冷却方式的影响，温度大于 600℃时，冷却方式对钢筋力学性能有影响但变化规律基本一致。

2. 低温作用

随着温度降低，钢筋屈服强度和抗拉强度增加，强屈比变化幅度较小，强度提高程度与钢材类型有关，但延性降低[74,75]。一旦钢筋表面出现缺陷，随着温度降低，极限应变也显著降低，但弹性模量变化不大。同时，劣化模式从韧性破坏转变为脆性破坏，如图 2.16 所示。不同温度下 HRB400 钢筋的力学参数如表 2.1 所示。Yan 和 Xie[74]、刘爽等[76]认为温度对钢筋弹性模量的影响不是很明显。Elites 等[77]的研究结果则表明 70～−165℃范围内，钢筋的弹性模量提高约 10%。钢筋的断后收缩率和断裂应变减小，即钢筋的塑性随着温度降低而减弱，脆性增强。

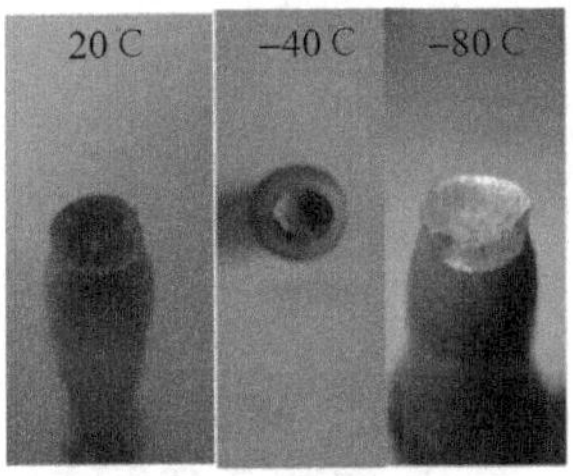


（a）延性断裂表面

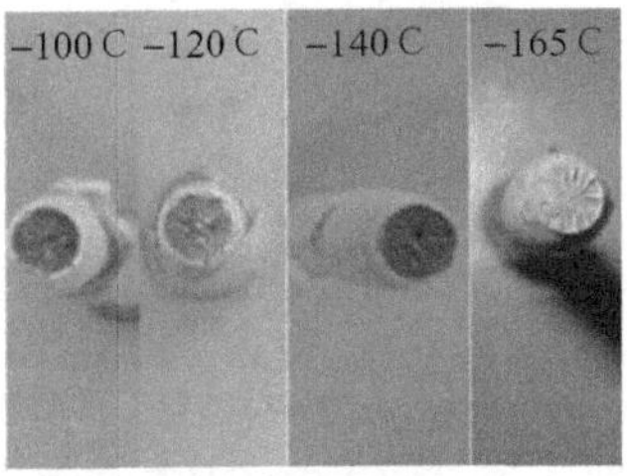


（b）脆性断裂表面

图 2.16　低温下钢筋的断裂表面

**表 2.1　钢筋在不同温度下的力学参数[74]**

| 温度/℃ | 屈服强度/MPa | 极限强度/MPa | 弹性模量/GPa | 断后收缩率/$10^{-2}$ | 断裂应变/$10^{-2}$ |
|---|---|---|---|---|---|
| 20 | 398.4 | 597.5 | 201.8 | 34.5 | 65.5 |
| −40 | 404.6 | 621.3 | 213.0 | 31.7 | 64.4 |
| −80 | 417.2 | 642.8 | 212.9 | 28.7 | 63.8 |
| −100 | 428.9 | 654.6 | 233.4 | 27.7 | 61.8 |
| −120 | 442.2 | 667.2 | 225.9 | 26.5 | 61.0 |
| −140 | 449.9 | 672.9 | 218.1 | 26.3 | 59.7 |
| −165 | 452.7 | 678.3 | 216.2 | 22.6 | 58.3 |

### 2.1.3　温度对 FRP 筋的影响

1. 高温作用

FRP 筋的物理力学性能比钢筋对温度更加敏感。这是因为 FRP 筋由树脂纤维与树脂基质制成，它存在玻璃态转变温度与热分解温度，当 FRP 筋所处的温度超过这些温度转折点时，FRP 筋的物理力学性能会发生大幅衰减[78-87]。

GFRP 筋、CFRP 和 BFRP 筋物理力学性能随温度的变化如图 2.17 所示。可知，随着温度升高，FRP 筋的弹性模量、抗拉强度、极限应变均会下降，并且不同类型 FRP 筋物理力学性能之间的差异逐渐变大，并在 325℃后急剧增大[81]。这是由于 325℃基本已经超过各种 FRP 筋的热分解温度，此时 FRP 筋发生融化降解，承载能力逐步丧失。

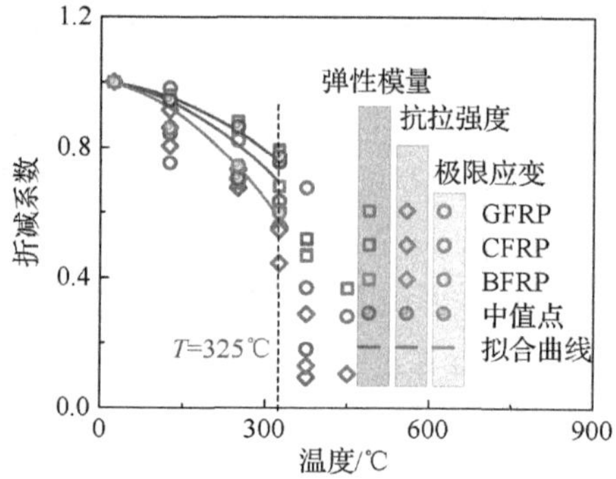


图 2.17　GFRP、CFRP、BFRP 筋物理力学性能随温度的变化

作为一种新型 FRP 筋，BFRP 筋在高温下或自然冷却后物理力学性能随温度的变化规律得到了不少关注，但结论尚未统一[78-87]。由图 2.18 可知，高温下 BFRP 筋的物理力学性能比自然冷却后下降更快。BFRP 筋的弹性模量、抗拉强度、极限应变均随温度升高而下降，但是不同研究者得到的下降程度差异较大。

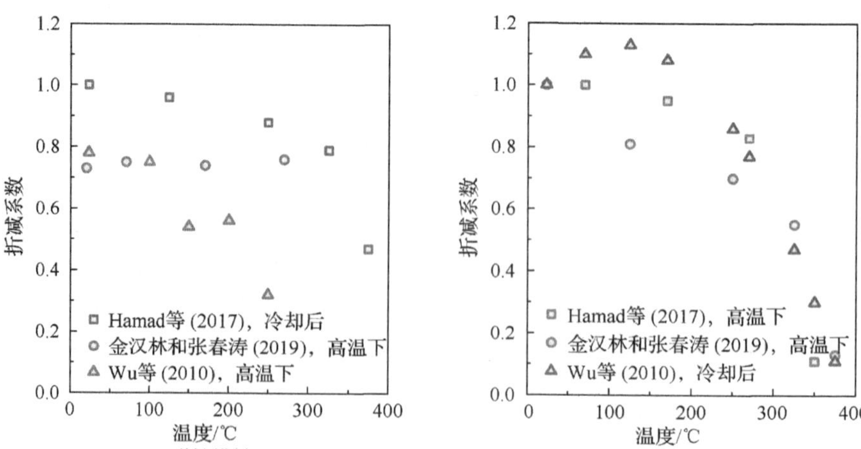


（a）弹性模量　（b）抗拉强度

图 2.18　BFRP 筋物理力学性能随温度的变化

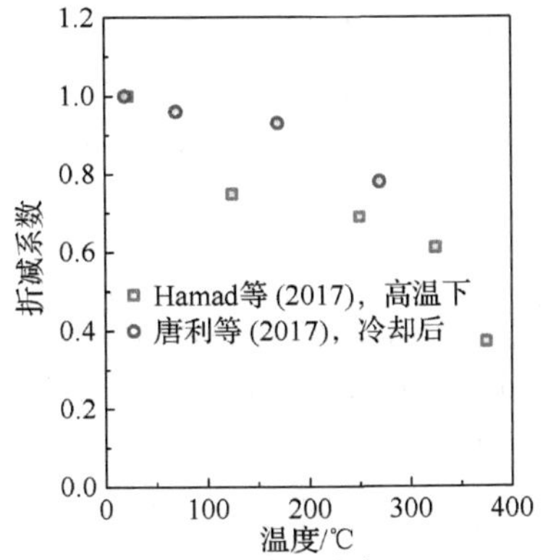


（c）极限应变

注：折减系数为高温下与自然冷却后常温下力学性能指标取值之比。

图 2.18（续）

2. 低温作用

目前针对低温作用下 FRP 筋物理力学性能的研究十分欠缺，仅 Xie 等[88]的试验结果表明随着温度降低，FRP 筋的应力-应变关系曲线基本不会发生变化，如图 2.19 所示，但筋材直径影响其力学性能。

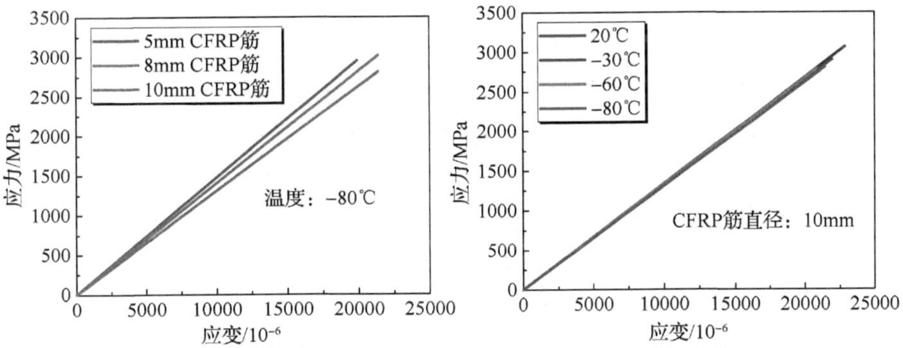


（a）直径　（b）温度

图 2.19　不同直径/温度下 FRP 筋的应力-应变关系

## 2.2　腐 蚀 效 应

对于沿海地区、北方除冰盐环境，氯离子侵蚀引起的钢筋锈蚀是造成钢筋混凝土结构耐久性问题的主要原因，其对基础设施造成极大的破坏，维修费用巨大。在氯盐环境中，氯离子会透过混凝土保护层到达钢筋表面并累积，当氯离子浓度达到限值后会破坏钢筋表面的钝化膜，从而引起钢筋锈蚀。由于锈蚀产物的体积是其所消耗铁的体积的 2～4 倍，会在减小钢筋截面面积的同时对其周围的混凝土产生挤压。随着锈蚀发展，混凝土保护层受拉开裂，加速氯离子侵入，进而加速钢筋的锈蚀，从而进一步加速裂缝的发展，导致混凝土结构破坏。

### 2.2.1　腐蚀对混凝土的影响

钢筋锈蚀引起的混凝土保护层锈胀开裂过程分为 3 个阶段[89]（图 2.20）：锈蚀产物产生阶段、锈蚀产物膨胀阶段与混凝土保护层开裂阶段。研究者采用物理试验[90-92]、理论推导[93-95]和数值模拟[96-98]等手段来研究钢筋锈蚀程度和时间的关系、锈胀压力与锈蚀水平的关系、混凝土保护层开裂的临界锈蚀水平和混凝土保护层的开裂模式等。

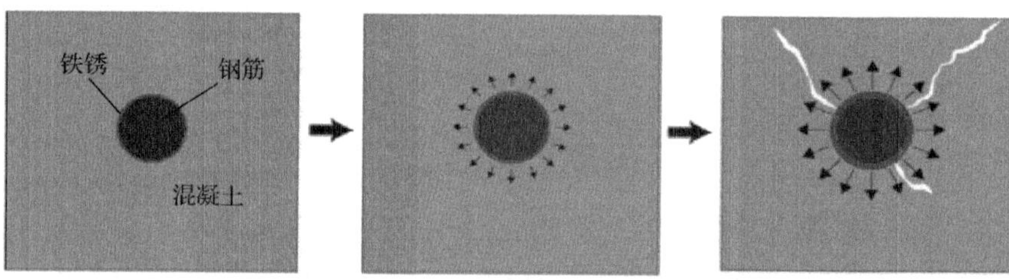


（a）锈蚀产物产生　（b）锈蚀产物膨胀　（c）混凝土保护层开裂

图 2.20　混凝土锈胀开裂过程示意图[5]

试验研究主要采取自然环境锈蚀法与实验室通电加速锈蚀法。Yu 等[99, 100]对比了 1984 年与 2010 年浇筑并暴露在盐雾环境下预开裂钢筋混凝土梁在持续荷载作用下的腐蚀情况，并讨论了预设裂缝、暴露条件和保护层厚度的影响。Vidal 等[101]研究了置于氯盐环境下 17 年的钢筋混凝土构件的锈裂过程，表明横向弯曲裂纹及其宽度对结构的使用寿命没有显著影响。

试验研究中，更多的是采用通恒定直流电的方法[98, 102, 103]来加速混凝土内部钢筋锈蚀或者采用机械扩胀方法[91, 104, 105]来模拟钢筋锈蚀后对混凝土的锈胀效应。Sahmaran 和 Yaman[106]利用电流加速腐蚀法定量分析了横向裂纹宽度对钢筋锈蚀过程的影响以及钢材锈蚀速率与横向裂纹宽度的关系。Sanz 等[107]发现试件横截面上由于钢筋锈蚀出现多条主裂纹，宽度较小的次生裂纹较多。Caré等[108]和 Ye 等[109]使用数字显微镜观察了混凝土保护层开裂行为和锈蚀产物分布规律。Zhao 等[110]、Yuan 和 Ji[111]采用背散射电子成像和图像分析技术观察锈蚀产物非均匀分布形态，并拟合获得了描述锈蚀产物空间分布的数学曲线。Sola 等[102]通过试验校准了所开发的 3D 化学-湿-热-机械模型，表明锈蚀产物通过混凝土中的裂缝和孔隙传输扩散。

通电加速锈蚀或机械扩胀试验往往假定钢筋沿截面圆周均匀锈蚀。然而，实际结构中近保护层一侧的钢筋锈蚀程度往往更严重，而远离保护层一侧的钢筋锈蚀程度要轻一些甚至不锈[110]。因此，徐港等[112]和姬永生等[113]设计了新的钢筋加速锈蚀试验方案来研究钢筋非均匀锈蚀引起的混凝土保护层胀裂问题。结果表明，锈蚀构件中钢筋的表面呈明显坑蚀特点；混凝土强度、钢筋直径及保护层厚度等会影响保护层开裂时对应的钢筋锈蚀水平。徐港等[112]发现氯盐环境下钢筋的锈蚀分布轮廓可用半椭圆形来描述，如图 2.21 所示，这一形式得到了很好的应用[114]。针对角部钢筋，金浏等[115]基于其所受的氯离子是从两个方向侵入这一事实，假设锈层分布为两个中部钢筋的锈层相叠加，如图 2.22 所示。通过与试验结果[116]比对发现该锈层分布模型具有较好的合理性。

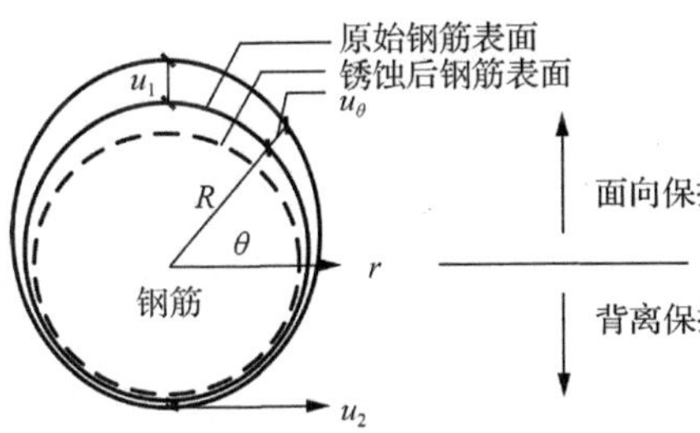


图 2.21　中部钢筋锈层分布图

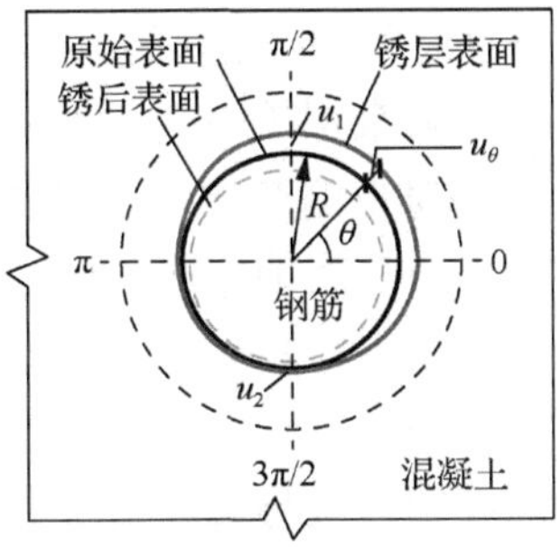


图 2.22　角部钢筋锈层分布图

试验研究之外，研究者建立了众多理论解析模型来评估混凝土保护层开裂的临界锈蚀水平。Bažant[93]通过将问题表述为初始边界问题，建立了数学物理模型来描述氯离子通过混凝土保护层的扩散行为。Liu 和 Weyers[94]、Bhargava 等[95]、Zhao 等[117]建立了弹性理论模型预测钢筋腐蚀引起的混凝土开裂时刻。Uddin 等[105]和王海龙等[118]基于断裂力学建立计算模型对混凝土中钢筋的均匀锈胀行为进行分析。

数值模拟工作多是基于试验工作在与钢筋接触的混凝土界面上施加锈胀压力或强制位移来模拟混凝土保护层锈胀开裂的过程[118-120]。Tran 等[98]基于三维刚体-弹簧元法，并结合三相材料腐蚀-膨胀模型来模拟钢筋腐蚀引起混凝土中的裂纹扩展。Sanz 等[107]提出了膨胀连接单元（expansive joint element）来模拟锈蚀产物的膨胀。这些模型都能较好地模拟钢筋锈胀引发的混凝土保护层的开裂过程。Dagher 和 Kulendran[121]、Molina 等[122]采用弥散裂缝方法建立了模拟混凝土锈蚀损伤的数值模型，通过对节点施加强制位移实现钢筋锈蚀过程模拟，而锈蚀钢筋表面的膨胀和软化则通过设置初始应变和弹性参数来模拟。邱兆国等[123]基于混凝土的塑性损伤理论建立了钢筋混凝土保护层锈胀开裂的有限元模型。Šavija 等[124]考虑了混凝土的非均质性建立了二维晶格力学分析模型来分析钢筋均匀锈蚀和非均匀锈蚀对混凝土裂缝分布的影响（图 2.23）。

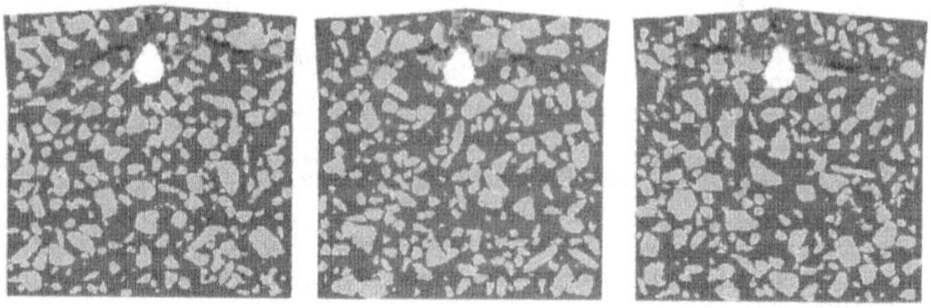

图 2.23　钢筋非均匀锈胀引发保护层开裂细观数值模拟结果[124]

### 2.2.2　腐蚀对钢筋的影响

钢筋在混凝土的强碱性环境（pH 值为 12.5～13.2）中，其表面会生成一层致密的钝化膜来保护钢筋免受锈蚀。通常钝化膜对钢筋的碱性保护能在较长时间发挥作用。但当钢筋混凝土结构长期在氯盐、冻融、硫酸盐、二氧化碳等腐蚀环境中，钢筋仍会锈蚀。钢筋锈蚀需要同时满足三个条件[125]：钢筋钝化膜被破坏；足够低的电阻率，形成电解液腐蚀电池；有足够的水分和氧气透过混凝土保护层到达钢筋表面。

钢筋锈蚀是导致混凝土结构耐久性失效的主要原因之一。只有正确认识钢筋锈蚀后的力学性能，才能准确地进行混凝土结构耐久性评估和寿命预测。研究者对锈蚀钢筋的材料力学性能（包括强度、弹性模量、延性、应力-应变关系曲线等）进行了大量研究[126-131]。

随着锈蚀水平提高，钢筋材料的实际屈服强度和极限屈服强度基本变化不大，但由于锈蚀钢筋截面积减少，钢筋的名义屈服强度和极限强度都会有一定削弱[126]。锈蚀钢筋的弹性模量随锈蚀水平提高变化不大[133]，钢筋应力-应变关系曲线发生明显变化[133]。随着锈蚀水平提高，屈服平台缩短，曲线变得平缓，屈强比变大。当锈蚀水平较高时，屈服平台消失，钢筋表现为脆性[132]。随着钢筋直径增大，钢筋的屈服应力略有降低[126, 134]。

一般情况下典型完好钢筋和锈蚀钢筋的 $\sigma$ - $\varepsilon$ 曲线[133]如图 2.24 所示。可以得出以下结论：

（1）完好钢筋屈服平台段较为明显且长，当钢筋强化到最高点后，会发生明显的颈缩现象，应力开始下降，但变形仍增大，钢筋表现出较好的延性。

（2）轻度锈蚀时，钢筋屈服平台略有缩短，屈服强度略有下降，钢筋强化到最高点后应力下降速度变快，变形能力也开始下降。

（3）中度锈蚀时，钢筋屈服平台变得不平稳，并且呈现出多个“短平台”现象，屈服强度进一步降低，钢筋强化到最高点后变形能力急剧下降，破坏时下降段几乎消失。

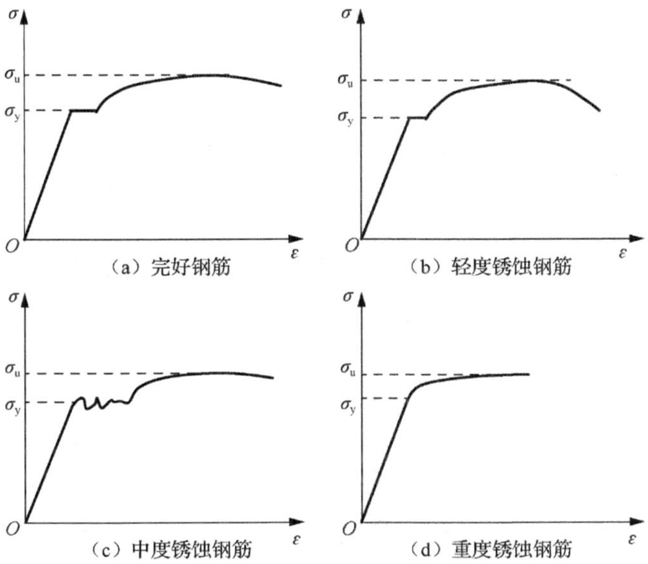


图 2.24　典型钢筋的 $\sigma$-$\varepsilon$ 曲线

(4) 重度锈蚀时，钢筋屈服平台不明显，甚至消失，钢筋在强化过程中突然被拉断，非常容易引起结构突然的脆性破坏。

基于对试验结果的分析，结合有限元分析，张伟平等[128]和袁迎曙等[129]建立了不同锈蚀水平下锈蚀钢筋应力-应变（$\sigma_{sc}$-$\varepsilon_{sc}$）关系数学模型，得出了锈蚀钢筋弹性模量、屈服强度、极限强度、极限应变等力学性能特征值的回归公式。

在实际工程中，混凝土中的钢筋锈蚀具有非均匀性[121-124]，即纵截面上存在局部锈蚀现象[155]（坑蚀或点蚀），横截面上离保护层近的一侧钢筋锈蚀更严重[136]。钢筋力学性能在均匀锈蚀和非均匀锈蚀两种情况下是不同的[137-138]。范颖芳和周晶[139]利用钢筋锈蚀测定仪，结合有限元模拟，讨论了点蚀所引起的钢筋应力集中现象及其对应力分布的影响规律，发现：点蚀深度是影响锈蚀钢筋强度的主要原因，点蚀宽度对锈蚀钢筋强度的影响较小；相同锈蚀情况下，截面较细的钢筋表面出现蚀坑对钢筋强度的影响更加突出。

### 2.2.3　腐蚀对钢筋-混凝土界面的影响

钢筋与混凝土接触处存在一个孔隙率较高的空隙界面区，钢筋锈蚀后锈蚀产物会首先填充到空隙界面区中。裂缝发展到保护层表面之前，铁锈对裂缝的填充可忽略。空隙区被铁锈填充满，铁锈开始对混凝土产生应力作用，在未超过混凝土强度之前，混凝土不发生破坏。随着锈蚀进一步发展，铁锈产生的应力超过了混凝土强度，混凝土保护层出现胀裂裂缝[94]。这一过程受混凝土强度、混凝土保护层厚度和钢筋锈蚀物厚度等多个因素的影响。

钢筋和混凝土间的粘结应力由三部分组成[140]，即化学胶结力、机械咬合力和摩擦力。在锈蚀开始阶段，锈蚀产物虽会破坏钢筋与混凝土之间的化学胶结力，但轻微锈胀会增大两者的机械咬合力，同时锈蚀产物与混凝土之间的摩擦系数也会增大，此时钢筋与混凝土之间的粘结强度略有提升。如图 2.25 所示，锈蚀逐步加深后，锈胀力破坏混凝土保护层，同时锈蚀导致钢筋肋高降低，使钢筋与肋间混凝土相对接触面积下降，钢筋与混凝土之间的机械咬合力减小，并且锈蚀产物变得松散，与混凝土之间的摩擦系数降低，这些因素的综合作用使粘结强度随锈蚀水平提高而不断退化。

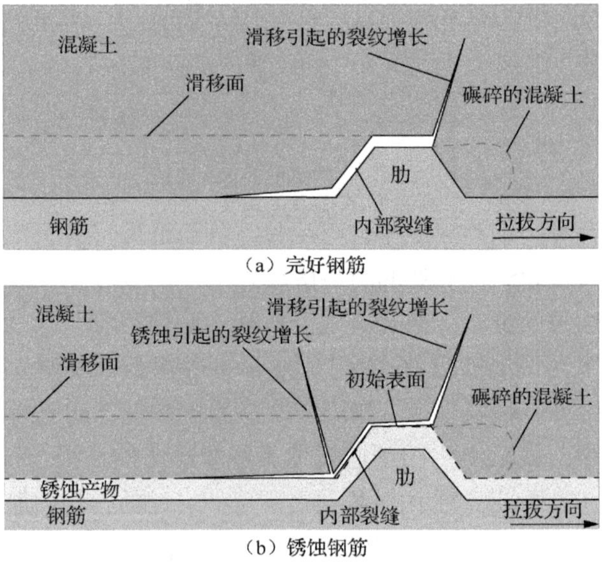


图 2.25　完好钢筋与锈蚀钢筋-混凝土界面破坏示意图[141]

对于锈蚀钢筋与混凝土之间粘结性能的研究，目前国内外学者主要采用基础试验方法，但是在试验中钢筋锈蚀程度往往不易控制且费时费工，而采用有限元进行数值模拟仿真的方法能弥补试验不足，分析结果显示其离散性小、成本低。Richar 等[142]提出了可以考虑腐蚀效应的三维钢筋-混凝土界面本构模型来对比锈蚀拉拔试件与未锈蚀试件的损伤模式和裂纹路径差异。Chernin 等[143,144]通过对锈蚀光圆钢筋混凝土进行实体单元建模，在钢筋和混凝土之间插入可以考虑粘结作用和锈蚀的界面单元，模拟锈蚀试件的拉拔试验。Coronelli 和 Gambarova[145]通过修改钢筋、混凝土及钢筋混凝土间粘结单元的本构关系，对腐蚀效应进行建模，研究锈蚀钢筋混凝土梁的结构行为演变和梁端的粘结破坏。Jiradilok 等[146]基于刚体弹簧元模型，考虑腐蚀引起的局部损伤，提出了可表征空间腐蚀分布、界面膨胀应变和粘结退化的细观尺度腐蚀模型。

# 2.3　动 载 效 应

混凝土工程结构，如高层建筑、桥梁、大坝及核反应堆等，除承受正常的设计荷载外，往往还不可避免地要承受如地震、爆炸及冲击等动态荷载作用。在动态荷载作用下，混凝土、钢筋、FRP 等所表现出的宏观强度及变形特性与静态荷载作用下的强度和变形有明显区别，随着应变率提高，材料的力学特性及破坏模式等表现出不同的性态，即所谓的应变率效应。

## 2.3.1　动态加载对混凝土的影响

对于混凝土动态强度的研究，最早可以追溯到 1917 年 Abrams[147]对混凝土的动态单轴抗压强度的研究。近年来，由于土木工程防灾减灾及国防工程建设的需要，对混凝土应变率相关强度的研究如雨后春笋般涌现出来，彩图 3 给出了李杰和任晓丹[148]总结的单轴抗压强度和单轴抗拉强度动力增大系数与应变率的关系。其中，动力增大系数（DIF）为单轴荷载作用下的动、静强度之比。CDIF 和 TDIF 分别表示抗压强度和抗拉强度的 DIF。从图中可以发现，动态单轴抗压强度和动态单轴抗拉强度均随着应变率的增大而增大，但动态单轴抗拉强度随应变率增大的幅度大于动态单轴抗压强度随应变率增大的幅度。高应变率下动态单轴抗压强度较静态单轴抗压强度增大的幅度约为 4～5 倍，高应变率下动态单轴抗拉强度较静态单轴抗拉强度增大的幅度约为 13～15 倍。

混凝土材料应变率效应行为物理机制的解释十分复杂，许多学者基于不同试验发现和理论框架进行了探讨。Swan 等[149]进行了页岩的三轴压缩试验并通过微观观察，发现应变率效应是材料的固有特性。Zhang 和 Zhao[150]对前人提出的应变率相关物理机制进行了总结，并指出热活化效应、斯蒂芬（Stefan）效应、细观力学效应和动态断裂效应共同控制脆性材料的应变率相关强度。一些学者[151-153]从细观力学的角度研究了混凝土材料应变率相关强度的物理机制，包括以下几个因素：微裂纹增长的应变率相关性、裂纹中流体的黏性行为和惯性效应。Rossi 和 Toutlemonde[154]认为，当应变率小于约 $100s^{-1}$ 时，黏性机制起主要控制作用；当应变率大于约 $10s^{-1}$ 时，惯性效应开始发挥作用。Kipp 等[155]指出惯性效应在高应变率下起主要作用，蠕变机制控制低应变率下的物理机制。Qi 等[156]认为热活化机制和宏观黏性机制共同控制混凝土材料的应变率相关行为。Causatis[157]认为混凝土材料的应变率相关行为是由裂纹形成速率和水泥砂浆的黏弹性变形所控制。

宋玉普[158]认为，混凝土强度的增加是由于随着应变率增加，混凝土破坏时内部微裂纹来不及充分扩展，或者扩展不充分，因而导致了混凝土骨料的破坏。应变率越高，混凝土骨料破坏得越多，混凝土强度也越高。不同应变率下混凝土的破坏形态不同，应变率较低时，混凝土破坏时产生的裂纹很少，随着应变率增加裂纹的数目也不断增加，而且当应变率达到足够大时，混凝土会完全破碎。如图 2.26 为不同应变率下混凝土的破坏形态，从图中可以发现随着应变率增大，混凝土试样中的裂纹数量不断增多。从前人对混凝土材料动态力学特性物理机制的研究中，可以得出如下结论：学者们普遍认为惯性效应主要控制高应变率下混凝土的动态强度，但是对于低应变率下混凝土动态强度的物理机制，还没有形成统一的认识。

（a）应变率$10^{-6}s^{-1}$　（b）应变率$10^{-2}s^{-1}$　（c）应变率$10^{1}s^{-1}$

（d）应变率$10^{2}s^{-1}$　（e）应变率$10^{3}s^{-1}$

图 2.26　不同应变率下混凝土材料的破坏形态

### 2.3.2　动态加载对钢筋的影响

国内外学者对钢筋在动态加载作用下的力学性能进行了研究。对于中低应变率加载常采用万能试验机[159-162]，而对于高应变率加载通常采用霍普金森拉杆进行[159, 161-163]。

黄晓莹和陶俊林[163]对常用的 3 种建筑钢筋材料（HPB235、HRB335 和 HRB400）进行了应变率为 400～2000$s^{-1}$ 的动态拉伸试验，并对典型的约翰逊-库克（Johnson-Cook）模型[164]进行修正，修正后的模型能较好描述这 3 种钢筋动态应力-应变关系。乔燕等[160]以 HRB600 高强钢筋为研究对象，进行了 0.00004～0.083$s^{-1}$ 范围内的力学性能试验，并与 HPB235、HRB335、HRB400 和 HRB500 的动态力学行为做了比较。李磊等[159]对两种新型高强钢筋 HTRB600 和 HTRB700 进行了静载、快速和高速拉伸试验，并与 HRB400 和 HRB500 高强钢筋进行了比较，4 种钢筋的应力应变曲线如图 2.27 所示。Qin 等[161]对屈服强度为 461MPa（DP500）和 668MPa（DP700）的两种高强钢筋在高应变率下（1100$s^{-1}$、1800$s^{-1}$、3200$s^{-1}$）进行了霍普金森拉杆试验，并借助数值软件 LS-DYNA 采用 Johnson-Cook 模型来模拟这一过程，发现数值结果与试验结果吻合良好。Mortazavi 和 Heo[165]讨论了 Johnson-Cook 模型[164]和 Cowper-Symonds 模型[166]针对不同类型钢的适用性和限制，并针对 Cowper-Symonds 模型提出了改进建议。

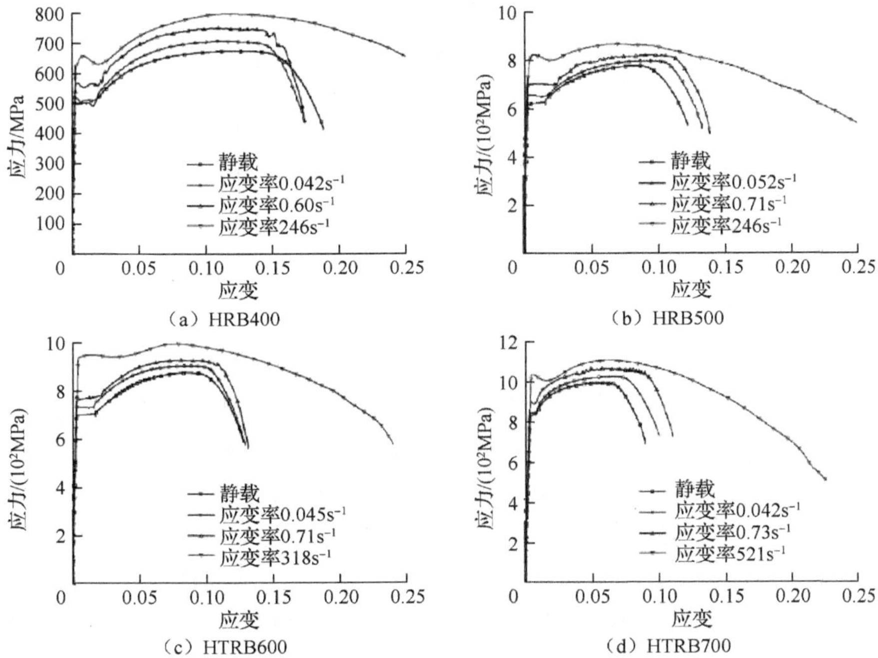


图 2.27　4 种钢筋在不同应变率下的应力应变曲线[13]

综上，对不同钢筋动态力学性能的研究可得出较为一致的结论：①钢筋的屈服强度和极限强度具有明显的应变率效应[159, 160, 163]；②在相同应变率条件下，钢筋屈服强度的动力增大系数（DIF）大于极限强度的动力增大系数[159-160]；③弹性模量的应变率效应不明显[159]；④高强度钢筋的应变率敏感性小于低强度钢筋[159-161, 163]。

### 2.3.3　动态加载对 FRP 筋的影响

FRP 材料在动态荷载作用下的力学性能（包括抗拉强度、弹性模量和断裂应变）大于其静力力学性能。Rodriguez 等[167]研究了应变率（分别为 $10^{-3}$、1 和 $10^3s^{-1}$）对芳纶和聚乙烯复合材料力学性能的影响，结果表明材料的抗拉强度随应变率增大而不断增大（约 60%）。Barre 等[168]发现，当应变率大于 1$s^{-1}$ 时，FRP 材料的动态抗拉强度增加了 50%。Shokrieh 和 Omidi[169]在 $10^{-2}$ 和 $10^{2}s^{-1}$ 的应变率范围内开展了动态拉伸试验，发现应变率增加会显著提高 FRP 材料的抗拉强度（高达 52%）。图 2.28 给出了文献[167]～[170]中应变率对 FRP 动态抗拉强度的影响规律，可以看出应变率大于约 $1s^{-1}$ 时，应变率增加对 FRP 的抗拉强度影响显著。

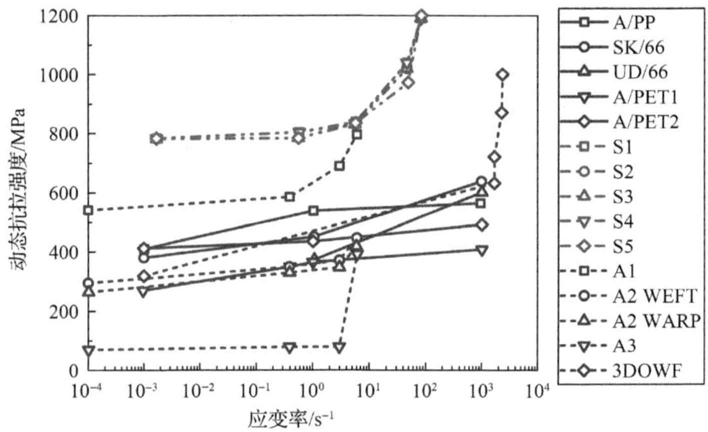


图 2.28　应变率对 FRP 材料动态抗拉强度的影响

少数学者研究了应变率对 FRP 材料动态断裂应变的影响。一些研究发现 FRP 材料的断裂应变随应变率的增大而增大[169-172]，然而另外一些研究得出断裂应变随应变率的增大而降低[167, 173, 174]。另外，应变率对 FRP 材料的应力-应变曲线也存在一定影响[1, 4, 7-9]。一般情况下，FRP 材料的应力-应变曲线几乎是线性弹性的[168-169, 171, 172]。然而，文献[167]、[170]、[173]～[175]中的应力-应变曲线呈现出非线性特征。从这些研究中可以看出，应变率较低时（低于 $1s^{-1}$），应变率对应力-应变曲线没有影响或影响不大。然而，高应变率（大于 $10^{2}s^{-1}$）会对 FRP 材料的应力-应变曲线产生影响，使其从线性行为变为非线性行为。

李国维等[176]对大直径 GFRP 筋进行了不同应变率下的拉伸试验，得出极限强度、极限拉应变随应变率增大而增大，而弹性模量则保持稳定不变。武军[177]研究得出应变率（范围为 $0.31\times10^{-4}$～$4\times10^{-3}s^{-1}$）对 GFRP 筋的极限强度和极限拉应变的影响比较明显，而对弹性模量的影响不明显。Xu 等[178]采用美国英斯特朗（INSTRON）高速拉伸试验机对 BFRP 筋的动态拉伸性能进行试验研究。结果表明，BFRP 筋的拉伸性能与应变率（$1.5\times10^{-4}$～$28.98s^{-1}$）有显著的相关性：随着应变率的增加，BFRP 筋的抗拉强度、弹性模量和韧性增大，极限应变和最大应变减小，且破坏区域更加分散，产生第一条裂缝的时间越短断裂面越粗糙等。总体而言，关于 FRP 筋的动态性能研究较少。FRP 筋动态拉伸性能的应变率范围有待扩大，其作用机理有待更深入的分析。

## 参 考 文 献

[1] BHATTACHARJEE B, KRISHNAMOORTHY S. Permeable porosity and thermal conductivity of construction materials[J]. Journal of materials in civil engineering, 2004, 16(4): 322-330.

[2] KHALIQ W, KODUR V. Thermal and mechanical properties of fiber reinforced high performance self-consolidating concrete at elevated temperatures[J]. Cement and concrete research, 2011, 41(11): 1112-1122.

[3] KIM K H, JEON S E, KIM J K, et al. An experimental study on thermal conductivity of concrete[J]. Cement and concrete research, 2003, 33(3): 363-371.

[4] XING Z, BEAUCOUR A L, HEBERT R, et al. Influence of the nature of aggregates on the behaviour of concrete subjected to elevated temperature[J]. Cement and concrete research, 2011, 41(4): 392-402.

[5] KODUR V K R, SULTAN M S, SULTAN. Effect of temperature on thermal properties of high-strength concrete[J]. Journal of materials in civil engineering, 2003, 15(2): 101-107.

[6] KODUR V K R. Properties of concrete at elevated temperatures[J]. ISRN civil engineering, 2014, 2014: 468510.

[7] European Committee for Standardization. Eurocode 2: design of concrete structures-part 1-2: general rules-structural fire design: EN 1992-1-2：2004[S]. Brussels: CEN, 2004.

[8] 中华人民共和国住房和城乡建设部. 建筑钢结构防火技术规范: GB 51249—2017[S]. 北京: 中国建筑工业出版社, 2017.

[9] LIE T T. Structural Fire Protection[M]. New York: American Society of Civil Engineers, 1992.

[10] HAO J H, CHEN Q, HU K. Porosity distribution optimization of insulation materials by the variational method[J]. International journal of heat and mass transfer, 2016, 92: 1-7.

[11] ZHANG W P, MIN H G, GU X L, et al. Mesoscale model for thermal conductivity of concrete[J]. Construction and building materials, 2015, 98: 8-16.

[12] 张仁波，金浏，杜修力. 混凝土温度相关热传导行为细观分析[J]. 北京工业大学学报，2018, 44(12): 1503-1512.

[13] JIN L, Zhang R B, DU X L. Characterisation of the temperature-dependent heat conduction in heterogeneous concretes[J]. Magazine of concrete research, 2018, 70(7): 325-339.

[14] 金浏, 张仁波, 杜修力. 力学损伤混凝土热传导行为细观研究[J]. 工程力学, 2018, 35(2): 84-91.

[15] JIN L, ZHANG R B, DU X L. Computational homogenization for thermal conduction in heterogeneous concrete after mechanical stress[J]. Construction and building materials, 2017, 141: 222-234.

[16] MA Q M, GUO R X, ZHAO Z M, et al. Mechanical properties of concrete at high temperature-A review[J]. Construction and building materials, 2015, 93: 371-383.

[17] 中国工程建设标准化协会建筑物鉴定与加固专业委员会. 火灾后工程结构鉴定标准: T/CECS 252-2019[S]. 北京: 中国建筑工业出版社, 2019.

[18] Council of Standards Australia. Australian standard concrete structures: AS 3600-2018[S]. Sydney: Standards Australia International Ltd., 2018.

[19] Code requirements for determining fire resistance of concrete and masonry construction assemblies: ACI. ACI 216. 1-2014(R2017)[S]. Farmington Hills, MI: American Concrete Institute, 2016.

[20] 谢狄敏, 钱在兹. 高温作用后混凝土抗拉强度与粘结强度的试验研究[J]. 浙江大学学报(自然科学版), 1998, 32(5): 3-5.

[21] 李卫, 过镇海. 高温下砼的强度和变形性能试验研究[J]. 建筑结构学报, 1993, 14(1): 8-16.

[22] WILLAM K, RHEE I, XI Y. Thermal degradation of heterogeneous concrete materials[J]. Journal of materials in civil engineering, 2005, 17(3): 276-285.

[23] GRASSL P, PEARCE C. Mesoscale approach to modeling concrete subjected to thermomechanical loading[J]. Journal of engineering mechanics, 2010, 136(3): 322-328.

[24] ZHAO J, ZHENG J J, PENG G F, et al. A meso-level investigation into the explosive spalling mechanism of high-performance concrete under fire exposure[J]. Cement and concrete research, 2014, 65: 64-75.

[25] XOTTA G, MAZZUCCO G, SALOMONI V A, et al. Composite behavior of concrete materials under high temperatures[J]. International journal of solids and structures, 2015, 64/65: 86-99.

[26] 刘传雄, 李玉龙, 吴子燕, 等. 高温后混凝土材料的动态压缩力学性能[J]. 土木工程学报, 2011, 44(4): 78-83.

[27] HUO J S, HE Y M, XIAO L P, et al. Experimental study on dynamic behaviours of concrete after exposure to high temperatures up to 700℃[J]. Materials and structures, 2013, 46(1/2): 255-265.

[28] XIAO J Z, LI Z W, XIE Q H, et al. Effect of strain rate on compressive behaviour of high-strength concrete after exposure to elevated temperatures[J]. Fire safety journal, 2016, 83: 25-37.

[29] ZHAI C C, CHEN L, FANG Q, et al. Experimental study of strain rate effects on normal weight concrete after exposure to elevated temperature[J]. Materials and structures, 2017, 50(1): 40.

[30] ZHANG C, SUO T, TAN W L, et al. An experimental method for determination of dynamic mechanical behavior of materials at high temperatures[J]. International journal of impact engineering, 2017, 102: 27-35.

[31] CHEN C, CHEN X D, LI X J. Dynamic compressive behavior of 10-year-old concrete cores after exposure to high temperatures[J]. Journal of engineering mechanics, 2020, 32(5): 04020076.

[32] BI J, LIU P E, GAN F. Effects of the cooling treatment on the dynamic behavior of ordinary concrete exposed to high temperatures[J]. Construction and building materials, 2020, 248: 118688.

[33] CHEN L, FANG Q, JIANG X Q, et al. Combined effects of high temperature and high strain rate on normal weight concrete[J]. International journal of impact engineering, 2015, 86: 40-56.

[34] YU X, CHEN L, FANG Q, et al. A concrete constitutive model considering coupled effects of high temperature and high strain rate[J]. International journal of impact engineering, 2017, 101: 66-77.

[35] 金浏, 郝慧敏, 张仁波, 等. 高温下混凝土动态压缩行为细观数值研究[J]. 工程力学, 2019, 36(6): 70-78.

[36] 金浏, 郝慧敏, 张仁波, 等. 混凝土高温动态劈拉行为细观数值分析[J]. 爆炸与冲击, 2020, 40(5): 053102.

[37] JIN L, HAO H M, ZHANG R B, et al. Determination of the effect of elevated temperatures on dynamic compressive properties of heterogeneous concrete: a meso-scale numerical study[J]. Construction and building materials, 2018, 188: 685-694.

[38] DAHMANI L, KHENANE A, KACI S. Behavior of the reinforced concrete at cryogenic temperatures[J]. Cryogenics, 2007, 47(9/10): 517-525.

[39] JIANG Z W, HE B, ZHU X P, et al. State-of-the-art review on properties evolution and deterioration mechanism of concrete at cryogenic temperature[J]. Construction and building materials, 2020, 257: 119456.

[40] 杨海涛, 段品佳, 吴瑞东, 等. 借助激光闪光法研究高强混凝土的低温热学性能[J]. 材料导报, 2020, 34(8): 16043-16048.

[41] MASAD N, ZOLLINGER D, KIM S, et al. Meso-scale model for simulations of concrete subjected to cryogenic temperatures[J]. Materials and structures, 2016, 49(6): 2141-2159.

[42] KOGBARA R B, Iyengar S R, Grasley Z C, et al. Relating damage evolution of concrete cooled to cryogenic temperatures to permeability[J]. Cryogenics, 2014, 64: 21-28.

[43] 时旭东, 居易, 郑建华, 等. 混凝土低温受压强度试验研究[J]. 建筑结构, 2014(5): 29-33.

[44] 金浏, 张仁波, 杜修力, 等. 温度对混凝土结构力学性能影响的研究进展[J]. 土木工程学报, 2021, 54(3): 1-18.

[45] MONTEJO L A, SLOAN J E, KOWALSKY M J, et al. Cyclic response of reinforced concrete members at low temperatures[J]. Journal of cold regions engineering, 2008, 22(3): 79-102.

[46] MARSHALL A L. Cryogenic concrete[J]. Cryogenics, 1982, 22(11): 555-565.

[47] 谢剑, 李小梅, 吴洪海. 超低温环境下箍筋约束混凝土轴心受压性能试验研究[J]. 工程力学, 2014, 31(S1): 103-108.

[48] VAN D V V. Properties of concrete at very low temperatures: a survey of the literature[R]. Delft: Delft University of Technology, 1987.

[49] 钱磊. 混凝土低温基本受力性能试验研究[D]. 北京: 清华大学, 2019.

[50] 王传星. 超低温环境下混凝土性能的试验研究[D]. 天津: 天津大学, 2010.

[51] 李金玲. 低温及超低温钢筋混凝土力学性能试验研究[D]. 青岛: 中国石油大学, 2015.

[52] 刘超. 混凝土低温受力性能试验研究[D]. 北京: 清华大学, 2011.

[53] YAMANE S, KASAMI H, OKUNO T. Properties of concrete at very low temperatures[J]. Special publication, 1978, 55: 207-222.

[54] MONFORE G E, LENTZ A E. Physical properties of concrete at very low temperatures[J]. Journal of PCA Research and Development Laboratories, 1962, 4(2): 33-39.

[55] XIE J, LI X M, WU H H. Experimental study on the axial-compression performance of concrete at cryogenic temperatures[J]. Construction and building materials, 2014, 72: 380-388.

[56] LEE G C, SHIH T S, CHANG K C. Mechanical properties of high-strength concrete at low temperature[J]. Journal of cold regions engineering, 1988, 2(4): 169-178.

[57] JIANG Z W, DENG Z L, ZHU X P, et al. Increased strength and related mechanisms for mortars at cryogenic temperatures[J]. Cryogenics, 2018, 94: 5-13.

[58] LIN H W, HAN Y F, LIANG S M, et al. Effects of low temperatures and cryogenic freeze-thaw cycles on concrete mechanical properties: a literature review[J]. Construction and building materials, 2022, 345: 128287.

[59] 时旭东, 居易, 马驰, 等. 混凝土低温受拉强度试验研究[J]. 建筑结构, 2016, 46(13): 86-89.

[60] JIN L, YU W X, JIA L K, et al. Effect of cryogenic temperature on static fracture of concrete having different structural sizes: experimental tests[J]. Cold regions science and technology, 2022, 193: 103431.

[61] 时旭东, 崔一丹, 钱磊. 关键影响因素耦合作用下混凝土低温受拉强度试验研究[J]. 工业建筑, 2020, 50(8): 85-91.

[62] LIU X M, ZHANG M H, CHIA K S, et al. Mechanical properties of ultra-lightweight cement composite at low temperatures of 0 to − 60℃[J]. Cement and concrete composites, 2016, 73: 289-298.

[63] MIURA T. The properties of concrete at very low temperatures[J]. Materials and structures, 1989, 22(4): 243-254.

[64] MACLEAN T J, LLOYD A. Compressive stress-strain response of concrete exposed to low temperatures[J]. Journal of cold regions engineering, 2019, 33(4): 04019014.

[65] 中华人民共和国住房和城乡建设部. 低温环境混凝土应用技术规范: GB 51081—2015[S]. 北京: 中国计划出版社, 2015.

[66] HU S W, FAN B. Crack extension resistance of concrete at low temperatures[J]. Magazine of concrete research, 2020, 72(16): 837-851.

[67] 闫东明，林皋，刘钧玉，等. 不同环境下混凝土动态抗压特性试验研究[J]. 大连理工大学学报，2006, 46(5): 707-711.

[68] 闫东明，林皋，王哲，等. 不同环境下混凝土动态直接拉伸特性研究[J]. 大连理工大学学报，2005, 45(3): 416-421.

[69] QIAO Y, WANG H F, CAI L C, et al. Influence of low temperature on dynamic behavior of concrete[J]. Construction and building materials, 2016, 115: 214-220.

[70] 郑文忠，许名鑫，王英. 钢筋混凝土及预应力混凝土材料抗火性能[J]. 哈尔滨建筑大学学报，2002, 35(4): 6-10.

[71] 余志武，王中强，史召锋. 高温后新III级钢筋力学性能的试验研究[J]. 建筑结构学报, 2005, 26(2): 112-116.

[72] 经建生，侯晓萌，郑文忠. 高温后预应力钢筋和非预应力钢筋的力学性能[J]. 吉林大学学报(工学版)，2010, 40(2): 441-446.

[73] 王全凤，吴红翠，徐玉野，等. 高温后 HRBF500 细晶粒钢筋力学性能试验研究[J]. 建筑结构学报, 2011, 32(2): 120-125.

[74] YAN J B, XIE J. Experimental studies on mechanical properties of steel reinforcements under cryogenic temperatures[J]. Construction and building materials, 2017, 151: 661-672.

[75] YAN J B, LUO Y L, LIN X, et al. Effects of the Arctic low temperature on mechanical properties of Q690 and Q960 high-strength steels[J]. Construction and building materials, 2021, 300: 124022.

[76] 刘爽，顾祥林，黄庆华，等. 超低温下钢筋单轴受拉时的应力-应变关系[J]. 同济大学学报(自然科学版), 2010, 38(7): 954-960.

[77] ELITES M, COMES H, PLANAS J. Behavior at cryogenic temperatures of steel for concrete reinforcement[J]. Journal proceedings, 1986, 83(3): 405-411.

[78] SOLYOM S, BENEDETTI M D, GUADAGNINI M, et al. Effect of temperature on the bond behaviour of GFRP bars in concrete[J]. Composites part B, 2020, 183: 107602.

[79] ROSA I C, FIRMO J P, CORREIA J R, MAZZUCA P. Influence of elevated temperatures on the bond behaviour of ribbed GFRP bars in concrete[J]. Cement and concrete composites, 2021, 122: 104119.

[80] BOROSNYOI A. Influence of service temperature and strain rate on the bond performance of CFRP reinforcement in concrete[J]. Composite structures, 2015, 127: 18-27.

[81] HAMAD R J A, JOHARI M, HADDAD R H. Mechanical properties and bond characteristics of different fiber reinforced polymer rebars at elevated temperatures[J]. Construction and building materials, 2017, 142: 521-535.

[82] KATZ A, BERMAN N. Modelling the effect of high temperature on the bond of FRP reinforcing bars to concrete[J]. Cement and concrete composites, 2000, 22(6): 433-443.

[83] 金汉林，张春涛. 腐蚀及高温后 BFRP 筋力学性能研究[J]. 四川建筑科学研究, 2019, 45(5): 73-78.

[84] WANG Y C, WONG P M H, KODUR V. An experimental study of the mechanical properties of fiber reinforced polymer(FRP)and steel reinforcing bars at elevated temperatures[J]. Composite structures, 2007, 80(1): 131-140.

[85] WU J Y, LI H, XIAN G J. Influence of elevated temperature on the mechanical and thermal performance of BFRP rebar[C]//YE L P, FENG P, YUE Q R. The 5th International Conference on FRP Composites in Civil Engineering. Beijing: China Civil Engineering Society, 2010: 69-72.

[86] 李趁趁, 王英来, 赵军, 等. 高温后 FRP 筋纵向拉伸性能[J]. 建筑材料学报, 2014, 17(6): 1076-1081.

[87] 唐利, 张春涛, 李彪, 等. 高温作用下 BFRP 筋力学性能试验研究[J]. 建筑科学, 2017, 33(1): 36-40.

[88] XIE J, LIU Y, QIAO Y, et al. Bond behaviors of ribbed CFRP bars in concrete exposed to low temperatures[J]. Construction and building materials, 2022, 341: 127910.

[89] JAMALI A, ANGST U, ADEY B, et al. Modeling of corrosion-induced concrete cover cracking: a critical analysis[J]. Construction and building materials, 2013, 42: 225-237.

[90] ANDRADE C, ALONSO C, MOLINA M J. Cover cracking as a function of bar corrosion: part I-experimental test[J]. Materials and structures, 1993, 26(8): 453-464.

[91] WILLIAMSON S J, Clark L A. Pressure required to cause cover cracking of concrete due to reinforcement corrosion[J]. Magazine of concrete research, 2000, 52(6): 455-467.

[92] ZHU W J, FRANÇOIS R, ZHANG C P, et al. Propagation of corrosion-induced cracks of the RC beam exposed to marine environment under sustained load for a period of 26 years[J]. Cement and concrete research, 2018, 103: 66-76.

[93] BAZANT Z P. Physical model for steel corrosion in concrete sea structures-theory[J]. Journal the structural division, 1979, 105(6): 1137-1153.

[94] LIU Y P, WEYERS R E. Modeling the time-to-corrosion cracking in chloride contaminated reinforced concrete structures[J]. Materials journal, 1998, 95(9): 675-681.

[95] BHARGAVA K, GHOSH A K, MORI Y, et al. Model for cover cracking due to rebar corrosion in RC structures[J]. Engineering structures, 2006, 28(8): 1093-1109.

[96] HANSEN E J, SAOUMA V E. Numerical simulation of reinforced concrete deterioration: part Ⅱ-steel corrosion and concrete cracking[J]. Materials journal, 1999, 96(3): 331-338.

[97] DU X L, JIN L. Meso-scale numerical investigation on cracking of cover concrete induced by corrosion of reinforcing steel[J]. Engineering failure analysis, 2014, 39: 21-33.

[98] TRAN K K, NAKAMURA H, KAWAMURA K, et al. Analysis of crack propagation due to rebar corrosion using RBSM[J]. Cement and concrete composites, 2011, 33(9): 906-917.

[99] YU L W, FRANÇOIS R, DANG V H, et al. Development of chloride-induced corrosion in pre-cracked RC beams under sustained loading: effect of load-induced cracks, concrete cover, and exposure conditions[J]. Cement and concrete research, 2015, 67: 246-258.

[100] YU L W, FRANÇOIS R, DANG V H, et al. Structural performance of RC beams damaged by natural corrosion under ustained loading in a chloride environment[J]. Engineering structures, 2015, 96: 30-40.

[101] VIDAL T, CASTEL A, FRANÇOIS R. Corrosion process and structural performance of a 17 year old reinforced oncrete beam stored in chloride environment[J]. Cement and concrete research, 2007, 37(11): 1551-1561.

[102] SOLA E, OŽBOLT J, BALABANIĆ G, et al. Experimental and numerical study of accelerated corrosion of steel reinforcement in concrete: transport of corrosion products[J]. Cement and concrete research, 2019, 120: 119-131.

[103] TANG F J, LIN Z B, CHEN G D, et al. Three-dimensional corrosion pit measurement and statistical mechanical degradation analysis of deformed steel bars subjected to accelerated corrosion[J]. Construction and building materials, 2014, 70: 104-117.

[104] ALLAN M L. Probability of corrosion induced cracking in reinforced concrete[J]. Cement and concrete research, 1995, 25(6): 1179-1190.

[105] UDDIN F, SHIGEISHI M, OHTSU M. Fracture mechanics of corrosion cracking in concrete by acoustic emission[J]. Meccanica, 2006, 41(4): 425-442.

[106] SAHMARAN M, YAMAN I. Influence of transverse crack width on reinforcement corrosion initiation and propagation in mortar beams[J]. Canadian journal of civil engineering, 2008, 35(3): 236-245.

[107] SANZ B, PLANAS J, Sancho J M. An experimental and numerical study of the pattern of cracking of concrete due to steel reinforcement corrosion[J]. Engineering fracture mechanics, 2013, 114: 26-41.

[108] CARÉ S, NGUYEN T Q, L'HOSTIS V, et al. Mechanical properties of the rust layer induced by impressed current method in reinforced mortar[J]. Cement and concrete research, 2008, 38(8/9): 1079-1091.

[109] YE H L, JIN N G, FU C Q, et al. Rust distribution and corrosion-induced cracking patterns of corner-located rebar in concrete cover[J]. Construction and building materials, 2017, 156: 684-691.

[110] ZHAO Y X, KARIMI A R, HONG S W, et al. Comparison of uniform and non-uniform corrosion induced damage in reinforced concrete based on a Gaussian description of the corrosion layer[J]. Corrosion science, 2011, 53(9): 2803-2814.

[111] YUAN Y S, JI Y S. Modeling corroded section configuration of steel bar in concrete structure[J]. Construction and building materials, 2009, 23(6): 2461-2466.

[112] 徐港, 卫军, 刘红庆. 钢筋非均匀锈蚀试验研究[J]. 华中科技大学学报(自然科学版). 2006, 34(5): 111-114.

[113] 姬永生, 张博雅, 张领雷, 等. 钢筋锈蚀层发展和锈蚀量分布模型比较研究[J]. 中国矿业大学学报, 2012, 41(3): 355-360.

[114] 张仁波, 杜修力, 金浏. 相邻钢筋非均匀锈蚀引发混凝土保护层开裂的细观数值模拟[J]. 建筑科学与工程学报, 2014, 31(3): 98-104.

[115] 金浏, 张仁波, 杜修力, 等. 角部钢筋锈蚀引发混凝土保护层开裂行为研究[J]. 建筑材料学报, 2016, 19(2): 255-261.

[116] ZHAO Y X, HU B Y, YU J, et al. Non-uniform distribution of rust layer around steel bar in concrete[J]. Corrosion science, 2011, 53(12): 4300-4308.

[117] ZHAO Y X, YU J, JIN W. Damage analysis and cracking model of reinforced concrete structures with rebar corrosion[J]. Corrosion science, 2011, 53(10): 3388-3397.

[118] 王海龙, 金伟良, 孙晓燕. 基于断裂力学的钢筋混凝土保护层锈胀开裂模型[J]. 水利学报, 2008, 39(7): 863-869.

[119] JANG B S, OH B H. Effects of non-uniform corrosion on the cracking and service life of reinforced concrete structures[J]. Cement and concrete research, 2010, 40(9): 1441-1450.

[120] CHEN E, LEUNG C K Y. A coupled diffusion-mechanical model with boundary element method to predict concrete cover cracking due to steel corrosion[J]. Corrosion science, 2017, 126: 180-196.

[121] DAGHER H J, KULENDRAN S. Finite element modeling of corrosion damage in concrete structures[J]. Structural journal, 1992, 89(6): 699-708.

[122] MOLINA F J, ALONSO C, ANDRADE C. Cover cracking as a function of rebar corrosion: part Ⅱ-numerical model[J]. Materials and structures, 1993, 26(9): 532-548.

[123] 邱兆国, 战宇, 张凤鹏. 基于塑性损伤理论的钢筋混凝土锈胀裂纹模拟[J]. 东北大学学报(自然科学版), 2012, 33(2): 288-291.

[124] ŠAVIJA B, LUKOVIĆ M, PACHECO J, et al. Cracking of the concrete cover due to reinforcement corrosion: a two-dimensional lattice model study[J]. Construction and building materials, 2013, 44: 626-638.

[125] 明静. 混凝土中钢筋腐蚀产物的生成、扩散及锈胀开裂过程研究[D], 南京: 东南大学, 2019.

[126] DU Y G, CLARK L A, CHAN A H C. Residual capacity of corroded reinforcing bars[J]. Magazine of concrete research, 2005, 57(3): 135-147.

[127] TAHA N A, MORSY M. Study of the behavior of corroded steel bar and convenient method of repairing[J]. HBRC journal, 2019, 12(2): 107-113.

[128] 张伟平, 商登峰, 顾祥林. 锈蚀钢筋应力-应变关系研究[J]. 同济大学学报(自然科学版), 2006, 34(5): 586-592.

[129] 袁迎曙, 贾福萍, 蔡跃. 锈蚀钢筋的力学性能退化研究[J]. 工业建筑, 2000, 30(1): 43-46.

[130] 张平生, 卢梅, 李晓燕. 锈损钢筋的力学性能[J]. 工业建筑, 1995, 25(9): 41-44.

[131] 金伟良, 鄢飞, 张亮. 考虑混凝土碳化规律的钢筋锈蚀率预测模型[J]. 浙江大学学报(工学版), 2000, 34(2): 46-51.

[132] 耿欧. 混凝土构件的钢筋锈蚀与退化速率[M]. 北京: 中国铁道出版社, 2010.

[133] 吴庆, 袁迎曙. 锈蚀钢筋力学性能退化规律试验研究[J]. 土木工程学报, 2008, 41(12): 42-47.

[134] 惠云玲, 林志伸, 李荣. 锈蚀钢筋性能试验研究分析[J]. 工业建筑, 1997, 27(6): 11-14.

[135] MEHTA P M, MONTEIRO P J M. Concrete: microstructure, properties and materials[M]. New York: McGraw-Hill Education Press, 2014.

[136] 贾福萍, 耿欧, 乔志春. 锈蚀钢筋混凝土的粘结性能研究[J]. 四川建筑科学研究, 2001, 27(3): 58-59.

[137] MA Y F, ZHANG J R, WANG L, et al. Probabilistic prediction with Bayesian updating for strength degradation of RC bridge beams[J]. Structural safety, 2013, 44: 102-109.

[138] TONDOLO F. Bond behaviour with reinforcement corrosion[J]. Construction and building materials, 2015, 93: 926-932.

[139] 范颖芳, 周晶. 考虑蚀坑影响的锈蚀钢筋力学性能研究[J]. 建筑材料学报, 2003, 6(3): 248-252.

[140] 赵羽习, 孙铭, 林红威, 等. 钢筋混凝土黏结性能拔出试验研究[J]. 工业建筑, 2016, 46(6): 128-132.

[141] LIU Y, HAO H, HAO Y F, et al. Experimental study of dynamic bond behaviour between corroded steel reinforcement and concrete[J]. Construction and building materials, 2022, 356: 129272.

[142] RICHARD B, RAGUENEAU F, CREMONA C, et al. A three-dimensional steel/concrete interface model including corrosion effects[J]. Engineering fracture mechanics, 2010, 77(7): 951-973.

[143] CHERNIN L, VAL D, CAIRNS J. A new numerical model of the corroded steel-concrete interface[J]. Magazine of concrete research, 2010, 62(6): 415-425.

[144] FANG C, LUNDGREN K, CHEN L, et al. Corrosion influence on bond in reinforced concrete[J]. Cement and concrete research, 2004, 34(11): 2159-2167.

[145] CORONELLI D, GAMBAROVA P. Structural assessment of corroded reinforced concrete beams: modeling guidelines[J]. Journal of structural engineering, 2004, 130(8): 1214-1224.

[146] JIRADILOK P, NAGAI K, MATSUMOTO K. Meso-scale modeling of non-uniformly corroded reinforced concrete using 3D discrete analysis[J]. Engineering structures, 2019, 197: 109378.

[147] ABRAMS D A. Effect of rate of application of load on the compressive strength of concrete[J]. American Society for Testing and Materials journal 1917, 17(2): 364-377.

[148] 李杰, 任晓丹. 混凝土静力与动力损伤本构模型研究进展述评[J]. 力学进展, 2010, 40(3) : 284-297.

[149] SWAN G, COOK J, BRUCE S, et al. Strain rate effects in Kimmeridge bay shale[J]. International journal of rock mechanics and mining sciences & geomechanics abstracts, 1989, 26(2): 135-149.

[150] ZHANG Q B, ZHAO J. A review of dynamic experimental techniques and mechanical behaviour of rock materials[J]. Rock mechanics rock engineering, 2014, 47(4): 1411-1478.

[151] BAŽANT Z P, BAI S P, RETTU G. Fracture of rock: effect of loading rate[J]. Engineering fracture mechanics, 1993, 45(3): 393-398.

[152] OŽBOLT J, SHARMA A, REINHARDT H W. Dynamic fracture of concrete-compact tension specimen[J]. International journal of solids and structures, 2011, 48(10): 1534-1543.

[153] OŽBOLT J, SHARMA A, İRHAN B, et al. Tensile behavior of concrete under high loading rates[J]. International journal of impact engineering, 2014, 69: 55-68.

[154] ROSSI P, TOUTLEMONDE F. Effect of loading rate on the tensile behaviour of concrete: description of the physical mechanisms[J]. Materials and structures, 1996, 29(2): 116-118.

[155] KIPP M E, GRADY D E, CHEN E P. Strain-rate dependent fracture initiation[J]. International journal of fracture, 1980, 16(5): 471-478.

[156] QI C Z, WANG M Y, QIAN Q H. Strain-rate effects on the strength and fragmentation size of rocks[J]. International journal of impact engineering, 2009, 36(12): 1355-1364.

[157] CUSATIS G. Strain-rate effects on concrete behavior[J]. International journal of impact engineering, 2011, 38(4): 162-170.

[158] 宋玉普. 混凝土的动力本构模型和破坏准则[M]. 北京: 科学出版社, 2013.

[159] 李磊, 张磊, 魏久淇, 等. 新型高强钢筋动态拉伸力学性能研究[J]. 振动与冲击, 2020, 39(19): 62-68.

[160] 乔燕, 孙传智, 李爱群, 等. 高应变率下 HRB600 高强钢筋力学性能试验研究[J]. 防灾减灾工程学报, 2019, 39(6): 905-911.

[161] QIN J G, CHEN R, WEN X J, et al. Mechanical behaviour of dual-phase high-strength steel under high strain rate tensile loading[J]. Materials science and engineering: A, 2013, 586: 62-70.

[162] CHIYATAN T, UTHAISANGSUK V. Mechanical and fracture behavior of high strength steels under high strain rate deformation: experiments and modelling[J]. Materials science and engineering: A, 2020, 779: 139125.

[163] 黄晓莹, 陶俊林. 三种建筑钢筋材料高应变率下拉伸力学性能研究[J]. 工程力学, 2016, 33(7): 184-189.

[164] JOHNSON G R, COOK W H. A constitutive model and data for metals subjected to large strains, high strain rates and high temperatures[C]// Proceedings of the 7th International Symposium on Ballistics. Hague, Netherlands: International Ballistics Society, 1983: 541-547.

[165] MORTAZAVI M, HEO Y A. Nonlinear dynamic response of steel materials and plain plate systems to impact loads: review and validation[J]. Engineering structures, 2018, 173: 758-767.

[166] JONES N. Structural Impact[M]. Cambridge: Cambridge University Press, 1997.

[167] RODRIGUEZ J, CHOCRON I S, MARTINEZ M A, et al. High strain rate properties of aramid and polyethylene woven fabric composites[J]. Composites part B, 1996, 27(2): 147-154.

[168] BARRE S, CHOTARD T, BENZEGGAGH M L. Comparative study of strain rate effects on mechanical properties of glass fibre-reinforced thermoset matrix composite[J]. Composites part A, 1996, 27(12): 1169-1181

[169] SHOKRIEH M M, OMIDI M J. Tension behavior of unidirectional glass/epoxy composites under different strain rates[J]. Composite structures, 2009, 88(4): 595-601.

[170] HOU Y Q, JIANG L L, SUN B Z, et al. Strain rate effects of tensile behaviors of 3-D orthogonal woven fabric: experimental and finite element analyses[J]. Textile research journal, 2013, 83(4): 337-354.

[171] ARMENAKAS A F, SCIAMMARELLA C A. Response of glass-fiber-reinforced epoxy specimens to high rates of tensile loading[J]. Experimental mechanics, 1973, 13(10): 433-440.

[172] ESKANDARI H, NEMES J. Dynamic testing of composite laminates with a tensile split Hopkinson bar[J]. Journal of composite materials, 2000, 34(4): 260-273.

[173] FOROUTAN R, NEMES J, GHIASI H, et al. Experimental investigation of high strainrate behaviour of fabric composites[J]. Composite structures, 2013, 106: 264-269

[174] BENLOULO I C, RODRIGUEZ J, MARTINEZ M A, et al. Dynamic tensile testing of aramid and polyethylene fiber composites[J]. International journal of impact engineering, 1997, 19(2): 135-146.

[175] GILAR A, GOLDBERG R K, ROBERTS G D. Experimental study of strain-rate-dependent behavior of carbon/epoxy composite[J]. Composites science and technology, 2002, 62(10): 1469-1476.

[176] 李国维, 葛万明, 倪春, 等. 加载速率对大直径 GFRP 筋足尺试件抗拉性能的影响[J]. 岩石力学与工程学报, 2012, 31(7): 1469-1477.

[177] 武军. 拉挤/缠绕 GFRP 筋力学性能试验研究[D]. 焦作: 河南理工大学, 2015.

[178] XU X F, RAWAT P, SHI Y C, et al. Tensile mechanical properties of basalt fiber reinforced polymer tendons at low to intermediate strain rates[J]. Composites part B, 2019, 177: 107442.

# 第 3 章　精细化数值模拟方法

混凝土材料内部结构十分复杂，其物理/力学性质与内部结构组分密切相关[1]。与理论分析方法相比，数值模拟手段能够更加精细地描述混凝土的内部结构特性和钢筋/FRP 筋的表面几何特征，从而更加合理地分析力学破坏行为。准确获取混凝土组分在环境及荷载作用（如高低温作用、动载作用及腐蚀作用等）下的力学参数是模拟分析混凝土结构和构件整体性能变化的关键。本书对于钢筋/FRP 筋-混凝土界面相互作用的数值模拟，采用“两阶段”顺序耦合模拟思想来实现环境作用与力学荷载的叠加。模拟过程可以分为以下两个步骤。

（1）环境/荷载作用下的温度场或应力场模拟，获取混凝土内部组分非线性的温度或应力状态。

（2）钢筋/FRP 筋-混凝土相互作用模拟，将上一步骤获取的温度场或应力场作为初始状态，考虑环境或荷载作用下混凝土内部组分及钢筋/FRP 筋力学参数的变化，模拟钢筋/FRP 筋-混凝土界面破坏行为。

为实现上述“两阶段”顺序耦合数值模拟方法，本章从几何模型、本构关系、参数选取及相互作用等方面简要介绍钢筋/FRP 筋-混凝土界面力学行为分析精细化数值模拟方法。

## 3.1　几 何 模 型

### 3.1.1　混凝土细观特征

混凝土是以水泥为主要胶结材料，拌合一定比例的砂、石、水以及各种添加剂，经过搅拌、振捣、养护等工序后，逐渐凝固硬化而成的准脆性复合材料[2]，混凝土材料组成如图 3.1 所示[3]。在目前绝大多数细观尺度的研究中，混凝土材料经常被简化为由骨料颗粒（aggregate）、砂浆基质（mortar matrix）及其两者之间的界面过渡区（interfacial transition zone，ITZ）组成的三相复合材料。

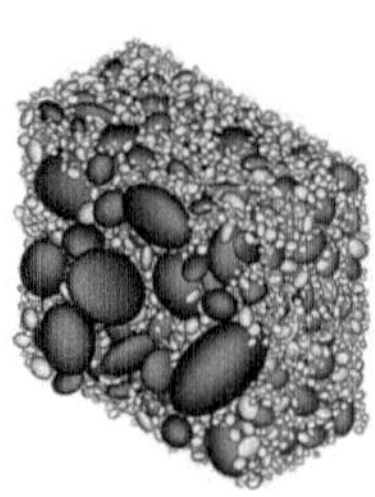

图 3.1　混凝土材料组成[3]

骨料颗粒是混凝土中起骨架和填充作用的粒状材料，其物理特征包括种类和强度、体积含量、粒径分布、形状及表面特征等均会对混凝土的宏观强度及力学性能产生影响。一般地，粒径大于 4.75mm 的骨料称为粗骨料。在普通混凝土中，粗骨料颗粒的体积分数通常为 20%～50%，总骨料的体积分数则为 50%～70%。粒径小于 4.75mm 的骨料称为细骨料，俗称砂。砂的粗细程度往往对水泥用量、和易性和收缩性影响很大，而砂颗粒形状和表面特征会影响其与水泥的粘结以及混凝土拌合物的流动性。在混凝土细观力学分析中，细骨料则往往被包含于砂浆基质中。砂浆基质除了细骨料外，还包括胶凝材料（水泥、石灰等）、水、孔隙及其他各类添加剂，也具有一定的非均质性。

界面过渡区是骨料颗粒和砂浆基质之间非常薄的区域，其典型厚度为 20～100μm。该结构与砂浆基质在形貌、成分和密度等方面有显著不同。其形成的原因是在新拌混凝土中骨料颗粒周围会有水膜形成，由石膏、石灰等化合物溶解而产生离子结合形成相对较大的晶体，从而形成一个比普通水泥砂浆基质更多孔的结构。这些结构趋向于形成定向层状排列并附着在骨料表面，随着水化过程的继续又产生新的晶体填充这些多孔结构中的孔隙，最终使得过渡区域的密实程度稍有增大[4]。因此，界面过渡区的孔隙率较高，且孔径通常比砂浆基质中的更大，含有的未水化水泥较少，定向的晶体较多，同时也存在微裂纹。这些特征会使得界面过渡区的力学性能相对于骨料颗粒、砂浆基质薄弱很多。界面过渡区的力学性能也受到很多因素的影响，其中包括骨料颗粒大小和表面特征、骨料类型和形状、水泥粒度分布、水灰比、养护环境及条件、龄期等。另外，大量研究表明界面过渡区也影响着混凝土材料的宏观力学性能（弹性模量、名义强度、耐久性、断裂特性等）。到目前为止，由于试验条件的限制，仍然很难直接得到界面过渡区的弹性模量等力学参数，因此，在很多模拟研究中，界面过渡区往往被看作一层区别于远场基体的含较高孔隙率的近场砂浆材料[5]。

结合混凝土的微细观结构特征，在细观层次上考虑混凝土材料的非均质特性，将混凝土视为由骨料颗粒、水泥砂浆及界面过渡区组成的三相复合材料。通过各国学者的不断深入研究，逐渐发展并形成了混凝土细观力学这一力学分支。细观力学分析与模拟可以直观且深入地分析混凝土受外荷载作用引起的局部变形和损伤断裂机理，能够揭示混凝土在细微观尺度下的渐进破碎和破坏过程，同时也为实现对混凝土宏观变形力学性能的理解、把握和预测提供了桥梁作用[5]。

### 3.1.2　随机骨料模型

随机骨料模型由 Wang 和 Kwan[6, 7]提出，是一种描述混凝土细观结构的典型的唯象模型，可表征骨料颗粒在空间的随机分布情况，概念比较清晰，常被用来研究混凝土的细观断裂破坏行为、宏观力学性能及扩散性能等[8, 9]。在三维混凝土模型中，骨料颗粒往往采用不同的形状，如球体、椭球体和多面体等，如图 3.2 所示。其中球体形状因其生成方便而被广泛应用，其合理性和准确性已得到验证。

因此，在本书的三维模型中，骨料颗粒被假定为球体，并采用下列的富勒（Fuller）级配曲线公式[10]来确定骨料颗粒的最佳粒径分布：

$$p(d)=100\left(\frac{d}{d_{\max}}\right)^{n} \tag{3.1}$$

式中：$p(d)$为粒径小于等于 $d$ 的骨料颗粒累积的体积分数；$d_{\max}$为骨料颗粒的最大粒径；$n$ 为方程的指数，取值范围为 0.45～0.70，本书中 $n$ 取为 0.5。

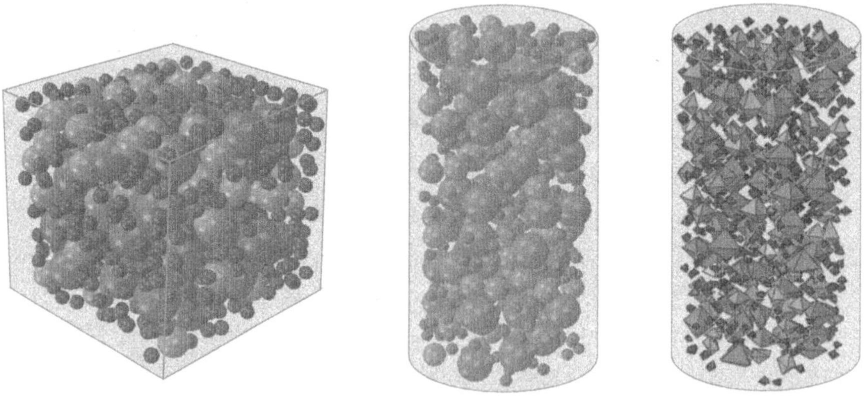

图 3.2　包含不同骨料形状的混凝土随机骨料模型

在确定骨料颗粒的粒径和数目之后，借助蒙特卡罗（Monte Carlo）方法，在空间上产生随机骨料结构，该过程一般需要满足 3 个条件：①骨料颗粒必须在试件范围内；②后生成的骨料颗粒必须不能与之前生成的骨料颗粒重叠；③两个骨料颗粒之间必须有最小的距离，即在骨料颗粒之间必须有一定厚度的砂浆基质层[12]。骨料颗粒在混凝土试件中的投放可以采用多种方法，其中应用最广泛的是“取-放”方法[7, 13]。在该方法中，将骨料颗粒按体积从大到小的顺序投放，直到达到指定的骨料体积分数。投放完毕后，将有限元网格投影到该随机骨料结构上，并分配不同的材料特性给相应单元，定义各细观结构组分的力学特性并进行计算分析。

骨料颗粒的周围被等厚度的薄层（即 ITZ）包裹。在真实混凝土中，ITZ 的厚度一般为 10～50μm。然而，当 ITZ 的厚度设置为 10～50μm 时，细观有限元分析的计算效率会很低，特别是对于大尺寸混凝土的三维模型。在目前很多的有限元模拟研究中，ITZ 的厚度一般被设定在 0.4～1.0mm 的范围内[13-15]。文献[16]的研究中也发现，在低应变率下 ITZ 的厚度对荷载-位移曲线的峰值有轻微影响，但是在高应变率下其对峰值的影响可忽略不计。鉴于此，考虑到计算效率和计算精度的平衡，本书的细观模型将 ITZ 的厚度设置成一致的单元网格尺寸。

### 3.1.3　钢筋/FRP 筋几何特征

为了准确地反映钢筋/FRP 筋表面形状对粘结应力-滑移性能的影响，建模时需要考虑钢筋/FRP 筋表面的形状特征。FRP 筋是由树脂基体和多股连续纤维按一定比例组合，经过特定的模具拉挤而成的一种新型复合筋。一般来说，FRP 筋是各向异性材料，与钢筋有较大差别，且含有不同类型纤维的 FRP 筋，其相应的力学性能也会有较大差异。在 FRP 筋生产过程中，可以采用螺旋纤维缠绕对其表面进行变形处理，使其形成凸肋和喷砂等表面形式。

为简单起见，在数值模型中将 FRP 筋视为均质材料。数值模型中钢筋及 FRP 筋（以 BFRP 筋为例）的表面几何特征如彩图 4 所示，其中筋直径、肋高度、肋宽度、肋间距等几何形状在模型中得到了充分反映。钢筋的几何形状根据规范 GB/T 1499.2—2018《钢筋混凝土用钢　第 2 部分：热轧带肋钢筋》[17]确定。例如，公称直径为 20mm 的螺纹钢筋，对应的钢筋内径为 19.3mm，螺纹肋的肋高 1.7mm、顶宽 1.2mm、肋间距 10mm，螺纹肋与钢筋表面的夹角为 45°。

彩图 5 为以 BFRP 筋为例，按照上述步骤建立的钢筋/FRP 筋-混凝土界面力学行为分析精细化数值模型。

## 3.2　温度传导模拟

### 3.2.1　热传导基本理论

1. 瞬态热传导控制方程

瞬态热传导行为由能量守恒定律得出，其弱积分形式[18]为

$$\int_V \rho \dot{U} \mathrm{d}V = \int_S q \mathrm{d}S + \int_V r \mathrm{d}V \tag{3.2}$$

式中：$V$ 为材料微元体积，其表面积为 $S$；$\dot{U}$ 为单位时间内的内能增量；$q$ 为单位面积上进入微元的热通量；$r$ 为单位体积上外部提供的热量。

其本构关系通常写为比热容的形式

$$c(T) = \frac{\mathrm{d}U}{\mathrm{d}T} \tag{3.3}$$

式中：$c$ 为比热容；$T$ 为温度；$U$ 为内能。

热传导行为由傅里叶（Fourier）定律控制，有

$$\boldsymbol{q} = -\boldsymbol{k}\frac{\partial T}{\partial \boldsymbol{x}} \tag{3.4}$$

式中：$\boldsymbol{k}$ 为导热系数矩阵，$\boldsymbol{k}=\boldsymbol{k}(T)$，可以考虑为完全各向异性、正交各向异性或各向同性；$\boldsymbol{q}$ 为热流密度；$\boldsymbol{x}$ 为空间位置向量。

2. 有限元离散化与时间积分

将式（3.4）代入式（3.2），采用标准伽辽金（Galerkin）方法获得其变分形式：

$$\int_V \rho \dot{U} \delta T \mathrm{d}V + \int_V \frac{\partial \delta T}{\partial \boldsymbol{x}} \cdot \boldsymbol{k} \cdot \frac{\partial T}{\partial \boldsymbol{x}} \mathrm{d}V = \int_V \delta T r \mathrm{d}V + \int_{S_q} \delta T q \mathrm{d}S \tag{3.5}$$

式中：$\delta T$ 为满足基本边界条件的任意变分场。

计算区域采用有限元法进行空间离散，其温度场插值函数为 $T = N^N(\boldsymbol{x})T^N$，$N=1, 2,\cdots$，其中 $T^N$ 为节点温度。在 Galerkin 方法中，令变分场 $\delta T = N^N \delta T^N$。

由此，式（3.5）的插值形式为

$$\delta T^N \left( \int_V N^N \rho \dot{U} \mathrm{d}V + \int_V \frac{\partial N^N}{\partial \boldsymbol{x}} \cdot \boldsymbol{k} \cdot \frac{\partial T}{\partial \boldsymbol{x}} \mathrm{d}V \right) = \delta T^N \left( \int_V N^N r \mathrm{d}V + \int_{S_q} N^N q \mathrm{d}S \right) \tag{3.6}$$

另外，由于 $\delta T^N$ 为任意量，则有

$$\int_V N^N \rho \dot{U} \mathrm{d}V + \int_V \frac{\partial N^N}{\partial \boldsymbol{x}} \cdot \boldsymbol{k} \cdot \frac{\partial T}{\partial \boldsymbol{x}} \mathrm{d}V = \int_V N^N r \mathrm{d}V + \int_{S_q} N^N q \mathrm{d}S \tag{3.7}$$

一般采用后差分法来求解式（3.7），即

$$\dot{U}_{t+\Delta t} = \left(U_{t+\Delta t} - U_t\right)\left(1/\Delta t\right) \tag{3.8}$$

将式（3.8）代入式（3.7），可得

$$\frac{1}{\Delta t}\int_V N^N \rho \left(U_{t+\Delta t} - U_t\right) \mathrm{d}V + \int_V \frac{\partial N^N}{\partial \boldsymbol{x}} \cdot \boldsymbol{k} \cdot \frac{\partial T}{\partial \boldsymbol{x}} \mathrm{d}V - \int_V N^N r \mathrm{d}V + \int_{S_q} N^N q \mathrm{d}S = 0 \tag{3.9}$$

有限元方法中采用修正牛顿-拉夫森（Newton-Raphson）法求解上述非线性方程组。计算求解过程中根据设定的最大温度变化量和收敛性来自动调整时间步长 $\Delta t$。

### 3.2.2 热工参数

1. 高温影响

钢筋混凝土试件表面和内部热传导方程[19, 20]：

$$Q = k \frac{\partial T}{\partial n}\bigg|_{\Gamma} = h_{\mathrm{c}}(T_{\mathrm{f}} - T_{\mathrm{c}}) + \sigma \varepsilon (T_{\mathrm{f}} - T_{\mathrm{c}}) \tag{3.10}$$

$$\rho c\frac{\partial T}{\partial t}=\frac{\partial}{\partial x}\left(k\frac{T}{\partial x}\right)+\frac{\partial}{\partial \boldsymbol{x}}\left(k\frac{T}{\partial \boldsymbol{x}}\right)+\frac{\partial}{\partial x}\left(k\frac{T}{\partial x}\right)+q \tag{3.11}$$

式中：$Q$ 为从外部传递的热量；$k$ 为导热系数；$T$ 为温度；$\varGamma$ 为传热面；$n$ 为热表面 $\varGamma$ 的外法线；$h_c$ 和 $\varepsilon$ 为对流系数和辐射系数；$T_f$ 和 $T_c$ 分别为环境温度和试件的表面温度；$\sigma=5.67\times10^{-8}$W/（$m^2\cdot K^4$）[21]，是斯特藩-玻尔兹曼常数。另外，$\rho$ 和 $c$ 分别表示密度和比热容；$t$ 代表时间；$q$ 代表试件内部产生的热量，在传热分析中，$q$=0。

常温下混凝土细观组分的热工参数如表 3.1 所示[22-24]。试验研究表明，岩石在高温下的热膨胀系数很小[25]。因此，暂不考虑高温下粗骨料密度的变化。高温下骨料、砂浆基质和及界面过渡区的热工参数分别采用文献[7]的试验结果以及 Eurocode 2[26]中的建议，如图 3.3 所示。

**表 3.1　常温下混凝土细观组分热工参数**

| 材料参数 | 导热系数 $k$/［W/（m·K）］ | 比热容 $c$/［J/（kg·K）］ | 密度 $\rho$/（$kg\cdot m^{-3}$） |
|---|---|---|---|
| 骨料 | 3.15① | 810② | 2702.9① |
| 砂浆基质 | 1.9① | 813③ | 2400 |
| 界面过渡区 | 0.7 | 906 | 2200 |

① 文献[22]中实测值。
② 文献[23]中实测值。
③ 文献[24]中实测值。

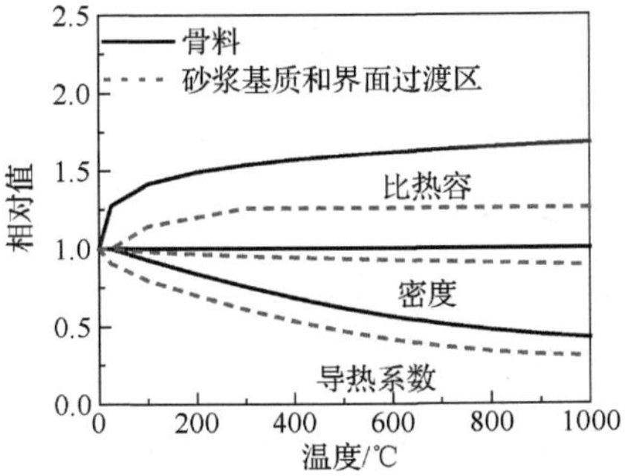


图 3.3　高温下混凝土各细观组分热工参数

《建筑钢结构防火技术规范》（CECS 200：2006）[27]中规定钢筋在高温下的热工参数基本为恒定。因此，忽略温度对钢筋的热工参数的影响，其密度、导热系数和比热容分别为 7850kg/$m^3$、45W/（m·℃）和 600J/（kg·℃）。在数值模型中，试件表面的传热系数为 25W/（$m^2$·℃），热辐射系数为 0.85[28]。

2. 低温影响

Park 等[29]在−160～40℃的温度范围内进行了一系列试验来测量岩石类材料的热工参数。花岗岩材料是骨料颗粒主要原材料之一，以其为例，图 3.4 给出了不同低温下花岗岩骨料的导热系数、比热容和热膨胀系数。

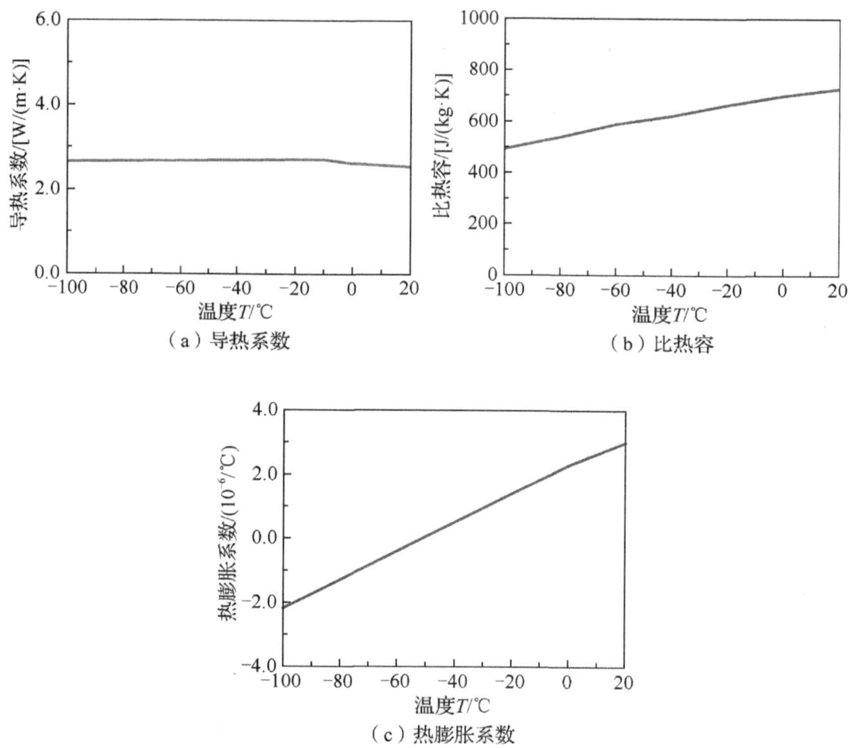


图 3.4　花岗岩骨料的热工参数

由于现有文献中缺乏砂浆基质热工参数的试验测量数据，考虑到砂浆基质与混凝土的热性质相似[30]，可使用干燥混凝土的热工参数。砂浆基质的导热系数可参考 Dahmani 等[31]的试验结果，如图 3.5 所示，他们总结了低温下不同类型混凝土的导热系数。

砂浆基质的热膨胀系数可参考 Marshall[32]的试验，如图 3.5 所示。Marshall[32]的试验结果表明，低温下混凝土的比热容与常温下的类似。因此，在细观模拟中暂不考虑砂浆基质比热容的低温依赖性。砂浆基质的比热容可参考常温下混凝土的比热容[33]，约为 800J/（kg·K）。

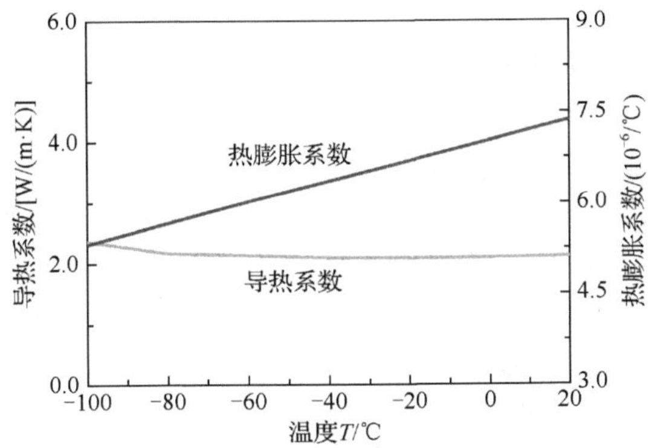


图 3.5　砂浆基质的热工参数

# 3.3　力学本构关系模型

在数值模拟中，需要合理的材料力学本构关系模型来描述不同荷载作用下的破坏行为。对应于 3.1 节中描述的几何模型，本节将依次介绍各相材料所采用的本构模型，即适用于描述混凝土细观组分的塑性损伤本构模型、钢筋的弹塑性模型，以及 FRP 材料的弹脆性。

## 3.3.1　混凝土

如前所述，在细观尺度数值模型中，混凝土通常被视为由骨料颗粒、砂浆基质和 ITZ 组成的三相材料。一般地，骨料颗粒由于其强度高于砂浆基质和 ITZ，可假定在模拟过程中不出现断裂，其力学行为可被设定为弹性[34, 35]。对于砂浆基质和 ITZ，Grote 等[36]证明砂浆基质的力学性能与混凝土相似；另外，ITZ 是骨料颗粒周围孔隙率较高的、具有相当薄厚度的砂浆层，其表观性质与砂浆基质没有本质区别[37, 38]。因此，砂浆基质和 ITZ 的力学行为均可采用塑性损伤本构模型来描述。

由 Lubliner 等[39]提出，经 Lee 和 Fenves[40]改进的塑性损伤本构模型，已被广泛地应用于模拟混凝土在不同加载情况下（如单调加载、循环加载、静态加载和动态加载等）的力学破坏行为。该本构模型不仅能反映混凝土在外荷载加载下的塑性永久变形，也能表征混凝土因损伤累积导致的刚度退化和峰值后软化力学行为。塑性损伤本构模型假定混凝土的破坏形式主要是压缩及拉伸破坏，由各向同性损伤变量描述压缩破坏及拉伸断裂导致的刚度退化，其应力–应变（$\sigma$-$\varepsilon$）关系可表示为

$$\boldsymbol{\sigma}=\left(1-d\right)\boldsymbol{D}_0^{\mathrm{el}}:(\boldsymbol{\varepsilon}-\boldsymbol{\varepsilon}^{\mathrm{pl}})\tag{3.12}$$

式中：$d$ 为各向同性损伤变量；$\boldsymbol{D}_0^{\mathrm{el}}$ 为无初始损伤的各向同性线弹性张量；$\boldsymbol{\varepsilon}^{\mathrm{pl}}$ 为塑性应变张量。压缩和拉伸损伤状态分别由两个硬化参数等效塑性应变来描述，$\tilde{\varepsilon}_{\mathrm{c}}^{\mathrm{pl}}$ 和 $\tilde{\varepsilon}_{\mathrm{t}}^{\mathrm{pl}}$（其中，下脚标“c”和“t”分别代表压缩和拉伸），其演化方程可以从单轴加载情况扩展到多轴加载情况。

图 3.6 给出了该塑性损伤本构模型在压缩和拉伸加载下典型的应力-应变响应。对于压缩情况，假定材料在达到压缩应力 $f_{\mathrm{c1}}$ 之前，应力-应变关系为线弹性，在应力 $f_{\mathrm{c1}}$ 和峰值破坏应力 $f_{\mathrm{c}}$ 之间存在应变-硬化塑性行为，在峰值破坏应力 $f_{\mathrm{c}}$ 之后存在应变软化行为，包括损伤演化和刚度退化。对于拉伸情况，材料在达到峰值拉伸应力 $f_{\mathrm{t}}$ 之前，应力-应变关系为线弹性，在峰值拉伸应力 $f_{\mathrm{t}}$ 之后出现应变软化行为。单轴压缩和拉伸应力-应变关系可以采用应力与塑性应变的形式来描述，可表达为

$$\sigma_{\mathrm{t}}=\sigma_{\mathrm{t}}\left(\tilde{\varepsilon}_{\mathrm{t}}^{\mathrm{pl}},\dot{\tilde{\varepsilon}}_{\mathrm{t}}^{\mathrm{pl}},\theta,f_i\right) \tag{3.13}$$

$$\sigma_{\mathrm{c}}=\sigma_{\mathrm{c}}\left(\tilde{\varepsilon}_{\mathrm{c}}^{\mathrm{pl}},\dot{\tilde{\varepsilon}}_{\mathrm{c}}^{\mathrm{pl}},\theta,f_i\right) \tag{3.14}$$

式中：$\dot{\tilde{\varepsilon}}_{\mathrm{t}}^{\mathrm{pl}}$ 和 $\dot{\tilde{\varepsilon}}_{\mathrm{c}}^{\mathrm{pl}}$ 分别为拉伸和压缩等效塑性应变率；$\theta$ 为温度；$f_i\left(i=1,2,\cdots\right)$ 代表其他自定义场变量。混凝土材料的刚度退化由拉伸损伤因子 $d_{\mathrm{t}}$ 和压缩损伤因子 $d_{\mathrm{c}}$ 来表征，则单轴拉伸和压缩条件下的应力-应变关系可分别转换为

$$\sigma_{\mathrm{t}}=\left(1-d_{\mathrm{t}}\right)E_0\left(\varepsilon_{\mathrm{t}}-\tilde{\varepsilon}_{\mathrm{t}}^{\mathrm{pl}}\right) \tag{3.15}$$

$$\sigma_{\mathrm{c}}=\left(1-d_{\mathrm{c}}\right)E_0\left(\varepsilon_{\mathrm{c}}-\tilde{\varepsilon}_{\mathrm{c}}^{\mathrm{pl}}\right) \tag{3.16}$$

式中：$E_0$ 为初始弹性模量。

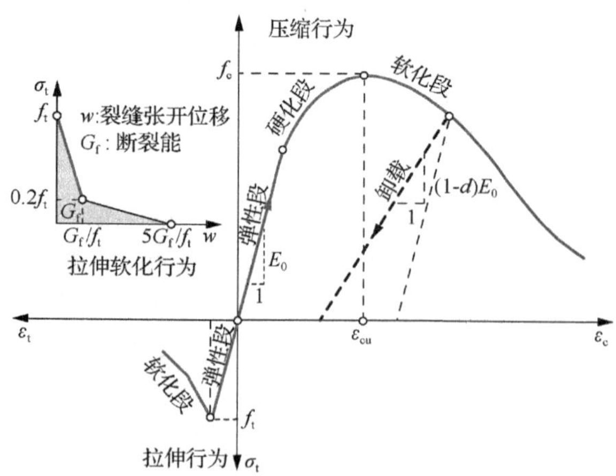


图 3.6 塑性损伤本构模型

对于多轴加载情况，则需对单轴加载情况下硬化参数的演化方程进行扩展，参考 Lee 和 Fenves[40]的研究，拉伸和压缩等效塑性应变可分别由下式计算：

$$\begin{cases}\tilde{\varepsilon}_{\mathrm{t}}^{\mathrm{pl}}=\gamma\left(\hat{\bar{\boldsymbol{\sigma}}}\right)\hat{\varepsilon}_{\max}^{\mathrm{pl}}\\ \tilde{\varepsilon}_{\mathrm{c}}^{\mathrm{pl}}=-\left[1-\gamma\left(\hat{\bar{\boldsymbol{\sigma}}}\right)\right]\hat{\varepsilon}_{\min}^{\mathrm{pl}}\end{cases}\tag{3.17}$$

式中：$\hat{\varepsilon}_{\max}^{\mathrm{pl}}$ 和 $\hat{\varepsilon}_{\min}^{\mathrm{pl}}$ 分别为塑性应变张量最大和最小特征值；$\gamma\left(\hat{\bar{\boldsymbol{\sigma}}}\right)$ 为应力权重系数，可由下式计算：

$$\gamma\left(\hat{\bar{\boldsymbol{\sigma}}}\right)=\frac{\sum_{i=1}^{3}\left\langle\hat{\bar{\sigma}}_i\right\rangle}{\sum_{i=1}^{3}\left|\hat{\bar{\sigma}}_i\right|},\quad 0\leqslant\gamma\left(\hat{\bar{\boldsymbol{\sigma}}}\right)\leqslant 1\tag{3.18}$$

式中：$\hat{\bar{\sigma}}_i$ 为主应力（二维时 $i=1$，2；三维时 $i=1$，2，3）；符号“$\langle\cdot\rangle$”定义为 $\langle x\rangle=0.5\times\left(|x|+x\right)$。

该塑性损伤本构模型采用有效应力表示的屈服函数 $F$，其形式为

$$F=F\left(\bar{\boldsymbol{\sigma}},\tilde{\varepsilon}^{\mathrm{pl}}\right)=\frac{1}{1-\alpha}\left[\bar{q}-3\alpha\bar{p}+\beta\left(\tilde{\varepsilon}^{\mathrm{pl}}\right)\left\langle\bar{\sigma}_{\max}\right\rangle-\gamma\left\langle-\bar{\sigma}_{\max}\right\rangle\right]-\bar{\sigma}_{\mathrm{c}}\left(\varepsilon_{\mathrm{c}}^{\mathrm{pl}}\right)=0\tag{3.19}$$

式中：$\bar{p}=-\frac{1}{3}\bar{\boldsymbol{\sigma}}:\boldsymbol{I}$ 为有效静压力，$\boldsymbol{I}$ 为不变应力张量；$\bar{q}=\sqrt{\frac{3}{2}\bar{\boldsymbol{S}}:\bar{\boldsymbol{S}}}$ 为米泽斯（Mises）有效应力；$\bar{\boldsymbol{S}}=\bar{\boldsymbol{p}}\boldsymbol{I}+\bar{\boldsymbol{\sigma}}$ 为有效应力张量 $\bar{\boldsymbol{\sigma}}$ 的偏分量；$\bar{\sigma}_{\max}$ 为 $\bar{\boldsymbol{\sigma}}$ 的最大特征值；$\alpha$、$\gamma$ 及函数 $\beta\left(\tilde{\varepsilon}^{\mathrm{pl}}\right)$ 分别由下式计算：

$$\alpha=\frac{\dfrac{\bar{\sigma}_{\mathrm{cc}}}{\bar{\sigma}_{\mathrm{c}}}-1}{\dfrac{2\bar{\sigma}_{\mathrm{cc}}}{\bar{\sigma}_{\mathrm{c}}}-1}\tag{3.20}$$

$$\beta\left(\tilde{\varepsilon}^{\mathrm{pl}}\right)=\frac{\bar{\sigma}_{\mathrm{c}}\left(\tilde{\varepsilon}_{\mathrm{c}}^{\mathrm{pl}}\right)}{\bar{\sigma}_{\mathrm{t}}\left(\tilde{\varepsilon}_{\mathrm{t}}^{\mathrm{pl}}\right)}\left(1-\alpha\right)-\left(1+\alpha\right)\tag{3.21}$$

$$\gamma=\frac{3\left(1-K_{\mathrm{c}}\right)}{2K_{\mathrm{c}}-1}\tag{3.22}$$

式中：$\bar{\sigma}_{\mathrm{c}}$ 为单轴初始屈服压应力；$\bar{\sigma}_{\mathrm{cc}}$ 为双轴初始屈服压应力；$K_{\mathrm{c}}$ 为屈服常数，其控制混凝土屈服面在偏平面上的投影形状，如 $K_{\mathrm{c}}=1.0$，则形状为圆形（类似于 Drucker-Prager 准则），若 $K_{\mathrm{c}}=0.5$，则为三角形［类似于兰金（Rankine）准则］。

图 3.7 给出了塑性损伤本构模型在平面应力条件下及偏平面上的屈服面。

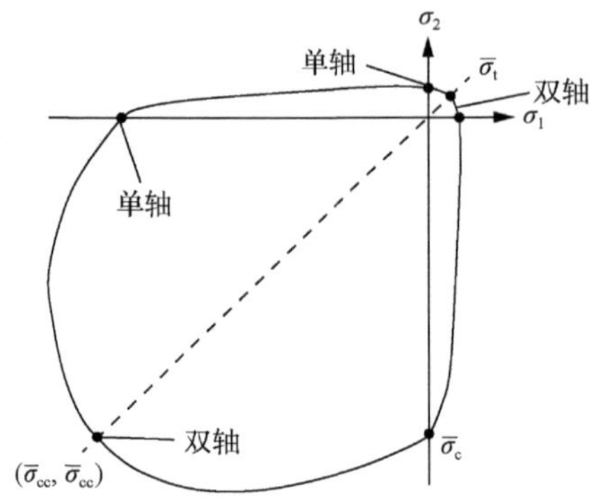


（a）平面应力条件下的屈服面

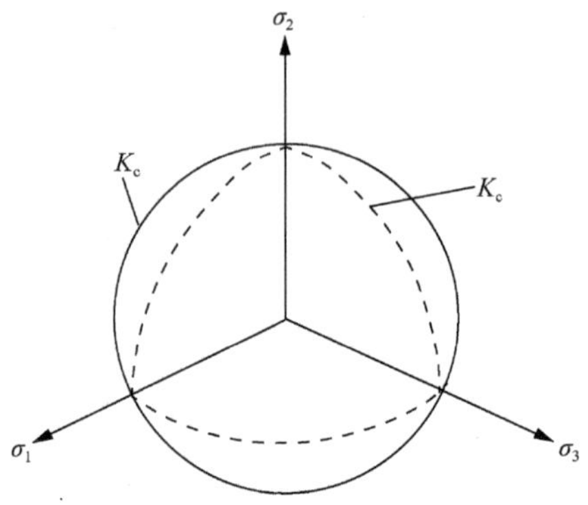


（b）偏平面上的屈服面

图 3.7　塑性损伤本构模型的屈服面

流动势函数 $G$ 采用修正的 Drucker-Prager 双曲线函数，可表示为

$$G=\sqrt{(\eta\sigma_t\tan\psi)^2+\bar{q}^2}-\bar{p}\tan\psi \tag{3.23}$$

式中：$\psi$ 为高侧限压力条件下 $p$-$q$ 面中测得的膨胀角；$\eta$ 为偏心率，即该函数接近渐近线的速率。

由于塑性流动函数是非关联的，形成的刚度矩阵不对称，故而需要求解非对称方程组。

塑性应变率 $\dot{\varepsilon}^{pl}$ 及有效塑性应变率 $\dot{\tilde{\varepsilon}}^{pl}$ 可分别表示为

$$\dot{\boldsymbol{\varepsilon}}^{pl}=\dot{\lambda}\frac{\partial G}{\partial\boldsymbol{\sigma}} \tag{3.24}$$

$$\dot{\tilde{\varepsilon}}^{pl}=\begin{bmatrix}\gamma(\hat{\bar{\boldsymbol{\sigma}}}) & 0 & 0\\ 0 & 0 & -(1-\gamma(\hat{\bar{\boldsymbol{\sigma}}}))\end{bmatrix}\cdot\dot{\varepsilon}^{pl} \tag{3.25}$$

式中：$\dot{\lambda}$ 为塑性乘子。

在塑性损伤模型中，压缩应变-硬化塑性行为和峰值后应变软化行为可采用不同的本构关系来近似描述[41, 42]。其中，《混凝土结构设计规范（2015 年版）》（GB 50010—2010）[42]中推荐的压缩硬化和峰值后软化曲线最为常用，其表达式为

$$\sigma=(1-d)E_0\varepsilon \tag{3.26}$$

$$d_e=\begin{cases}1-\dfrac{\rho_c n}{n-1+x^n}, & x\leqslant 1\\[2mm] 1-\dfrac{\rho_c}{a_c(x-1)^2+x}, & x>1\end{cases} \tag{3.27}$$

$$\rho_{\rm c} = \frac{f_{\rm c}}{E_0 \varepsilon_{\rm c}} \tag{3.28}$$

$$n = \frac{E_0 \varepsilon_{\rm c}}{E_0 \varepsilon_{\rm c} - f_{\rm c}} \tag{3.29}$$

$$x = \frac{\varepsilon}{\varepsilon_{\rm c}} \tag{3.30}$$

$$\varepsilon_{\rm c} = \left(700 + 172\sqrt{f_{\rm c}}\right) \times 10^{-6} \tag{3.31}$$

$$a_{\rm c} = 0.157 f_{\rm c}^{0.785} - 0.905 \tag{3.32}$$

式中：$d_{\rm e}$ 为损伤演化参数；$\varepsilon_{\rm c}$ 为峰值强度对应的压应变；$a_{\rm c}$ 为下降段参数。

对于拉伸软化行为，为缓解网格敏感性问题，提高细观有限元分析模型的收敛性，通常基于断裂能的准则[43]来近似，也就是采用应力-（开裂）位移关系来代替应力-应变关系。应力-（开裂）位移关系有许多类型，包括单线型关系、双线型关系和指数型关系等。本书主要采用 FIB Model Code 2010[44]定义的双线型应力-（开裂）位移关系曲线，如图 3.6 所示。

由于目前还没有普遍接受的低温下混凝土的本构模型，因此暂时将常温下的本构模型应用于低温环境[45, 46]。在低温下，损伤变量 $d$ 替换为 $d^{\rm CT}$，参考《低温环境混凝土应用技术规范》（GB 51081—2015）[47]。低温下单轴拉伸和压缩荷载的应力-应变关系可与常温的形式一致，其中，低温下的弹性模量可由下式计算：

$$E_{\rm c}^{\rm CT} = \beta_{\rm c}^{\rm CT} E_{\rm c} \tag{3.33}$$

式中：$E_{\rm c}$ 为常温下的弹性模量；$\beta_{\rm c}^{\rm CT}$ 为低温下弹性模量的增强系数，可以根据弹性模量和温度之间的关系来计算。参考 GB 51081—2015[47]，$d^{\rm CT}$ 的计算公式如下：

$$d_{\rm t}^{\rm CT} = 1 - \rho_{\rm t}^{\rm CT}\left[1.2 - 0.2\left(\frac{\varepsilon}{\varepsilon_{\rm t,r}^{\rm CT}}\right)^6\right], \quad \frac{\varepsilon}{\varepsilon_{\rm t,r}^{\rm CT}} \leqslant 1 \tag{3.34}$$

$$d_{\rm t}^{\rm CT} = 1 - \frac{\rho_{\rm t}^{\rm CT}}{\alpha_{\rm t,d}^{\rm CT}\left(\dfrac{\varepsilon}{\varepsilon_{\rm t,r}^{\rm CT}} - 1\right)^{1.7} + \dfrac{\varepsilon}{\varepsilon_{\rm t,r}^{\rm CT}}}, \quad \frac{\varepsilon}{\varepsilon_{\rm t,r}^{\rm CT}} > 1 \tag{3.35}$$

$$d_{\rm c}^{\rm CT} = 1 - \rho_{\rm c}^{\rm CT}\left[\alpha_{\rm c,a}^{\rm CT} + \left(3 - 2\alpha_{\rm c,a}^{\rm CT}\right)\frac{\varepsilon}{\varepsilon_{\rm c,r}^{\rm CT}} + \left(\alpha_{\rm c,a}^{\rm CT} - 2\right)\left(\frac{\varepsilon}{\varepsilon_{\rm c,r}^{\rm CT}}\right)^2\right], \quad \frac{\varepsilon}{\varepsilon_{\rm c,r}^{\rm CT}} \leqslant 1 \tag{3.36}$$

$$d_{\rm c}^{\rm CT} = 1 - \frac{\rho_{\rm c}^{\rm CT}}{\alpha_{\rm c,d}^{\rm CT}\left(\dfrac{\varepsilon}{\varepsilon_{\rm c,r}^{\rm CT}} - 1\right)^2 + \dfrac{\varepsilon}{\varepsilon_{\rm c,r}^{\rm CT}}}, \quad \frac{\varepsilon}{\varepsilon_{\rm c,r}^{\rm CT}} > 1 \tag{3.37}$$

式中：$d_{\mathrm{t}}^{\mathrm{CT}}$ 和 $d_{\mathrm{c}}^{\mathrm{CT}}$ 分别为低温下的拉伸损伤变量和压缩损伤变量；$\varepsilon_{\mathrm{t,r}}^{\mathrm{CT}}$ 和 $\varepsilon_{\mathrm{c,r}}^{\mathrm{CT}}$ 分别为低温下的峰值强度对应的拉应变和压应变；$\rho_{\mathrm{t}}^{\mathrm{CT}}$、$\rho_{\mathrm{c}}^{\mathrm{CT}}$、$\alpha_{\mathrm{t,d}}^{\mathrm{CT}}$、$\alpha_{\mathrm{c,a}}^{\mathrm{CT}}$ 和 $\alpha_{\mathrm{c,d}}^{\mathrm{CT}}$ 分别是应力-应变曲线的相应参数。具体计算方法可参考文献[48]。

### 3.3.2 钢筋

对于钢筋的本构模型，参考文献[49]的工作，采用双线型弹塑性模型，其单轴应力-应变关系如图 3.8 所示，“*O*—*a*”和“*a*—*b*”分别代表弹性阶段和硬化阶段。

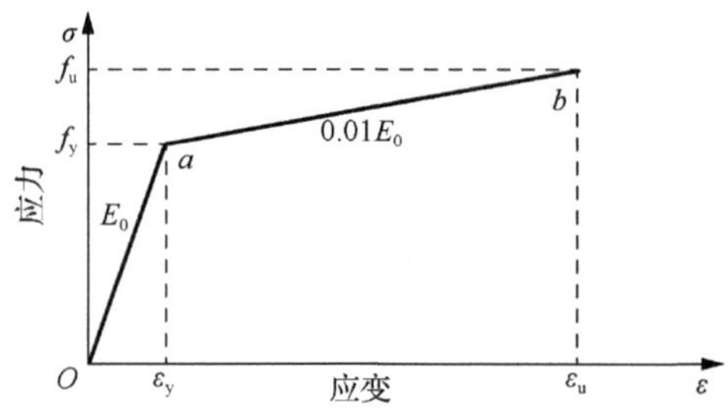


图 3.8　钢筋双折线模型

### 3.3.3 FRP 筋

FRP 筋为弹脆性材料，在破坏前其应力-应变呈线性关系。FRP 筋本构模型如图 3.9 所示，表达式为

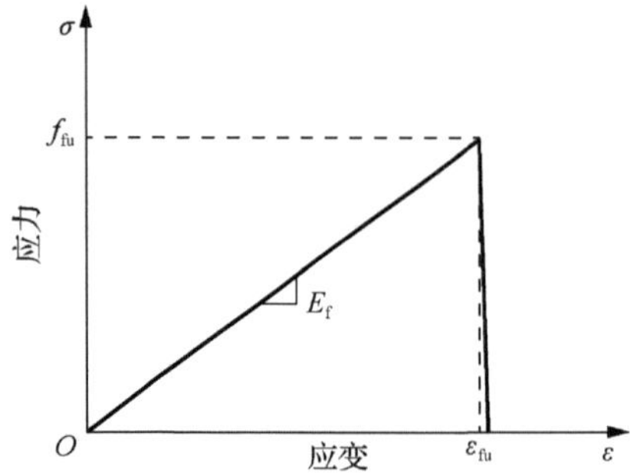


图 3.9　FRP 筋本构模型

$$\sigma_{\mathrm{f}}=E_{\mathrm{f}}\varepsilon_{\mathrm{f}}\leqslant f_{\mathrm{fu}} \tag{3.38}$$

式中：$E_{\mathrm{f}}$、$\varepsilon_{\mathrm{f}}$ 和 $f_{\mathrm{fu}}$ 分别为 FRP 筋弹性模量、应变和抗拉强度。达到极限应变时，终止计算。

FRP 筋作为箍筋使用时，由于应力集中，其弯折段的抗拉强度显著低于直线段。因此，采用式（3.39）计算 FRP 筋弯折后的抗拉强度：

$$f_{\mathrm{v}}=\left(0.05\frac{r_{\mathrm{b}}}{d_{\mathrm{b}}}+0.3\right)f_{\mathrm{fu}}\leqslant f_{\mathrm{fu}} \tag{3.39}$$

式中：$f_{\mathrm{v}}$ 为 FRP 筋弯折段的抗拉强度；$f_{\mathrm{fu}}$ 为 FRP 筋直线段的抗拉强度；$r_{\mathrm{b}}$ 为箍筋的弯折半径；$d_{\mathrm{b}}$ 为 FRP 筋的直径。

# 3.4　温 度 效 应

## 3.4.1　混凝土

### 1. 高温影响

高温导致混凝土内部发生一系列复杂的物理化学变化，进而影响材料的力学行为。因此，在数值模拟中，需要考虑温度对混凝土力学性能的影响。Grote 等[50]发现在荷载作用下，砂浆基质的力学行为类似于混凝土。界面过渡区是具有较高孔隙率的砂浆基质。因此，可采用混凝土力学行为随温度的退化规律来表征砂浆基质和界面过渡区力学性能随温度的劣化。

Khaliq 和 Taimur[51]对高温下和冷却后混凝土在静载作用下的力学行为进行了对比试验，发现高温下和冷却后混凝土力学性能随温度退化规律略有不同。因此，采用了 Khaliq 和 Taimur[51]得出的混凝土力学性能的高温退化规律描述砂浆基质和界面过渡区的力学性能，如图 3.10 所示。

在细观数值模型中，需要考虑温度变化对骨料力学性能的影响。Liu 和 Xu[52]通过试验探究了砾石在高温后抗压强度和弹性模量的变化，发现随着温度的升高，其力学性能逐渐劣化。Tian 等[53]对高温下砾石的力学性能进行了试验研究，发现当温度超过 400℃后，砾石的弹性模量和抗压强度显著降低。本书采用文献[52]和[53]的研究结果描述高温下和冷却后骨料力学性能的劣化特征，如图 3.11 所示。

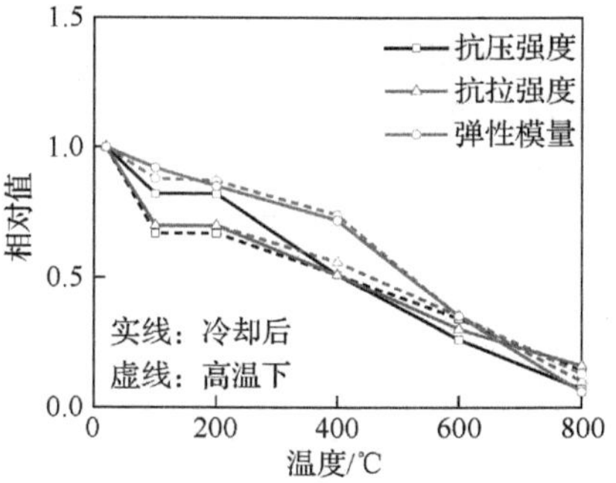


图 3.10　砂浆基质和界面过渡区的力学性能

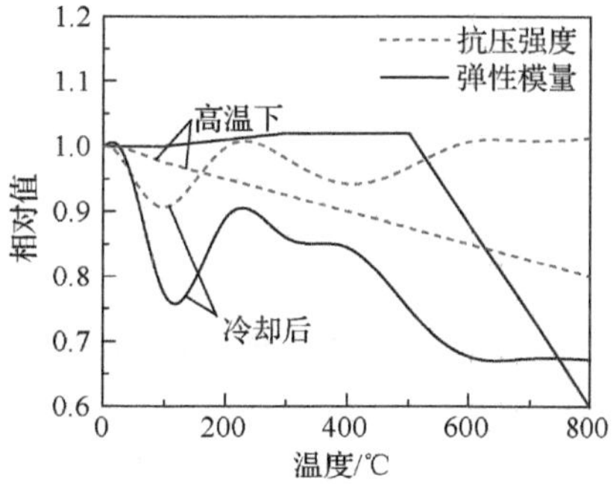


图 3.11　骨料的力学性能

### 2. 低温影响

低温下材性试验表明，低温混凝土的力学行为与常温不同。在低温下，弹性模量、抗压强度、抗拉强度等力学参数随温度的变化不可忽略。Xie 等[54]和王传星等[55]开展了低温混凝土的力学性能试验，获得了混凝土力学性能随温度的变化关系。本书采用 Xie 等[54]和王传星等[55]试验中得到的变化规律，如图 3.12 所示。

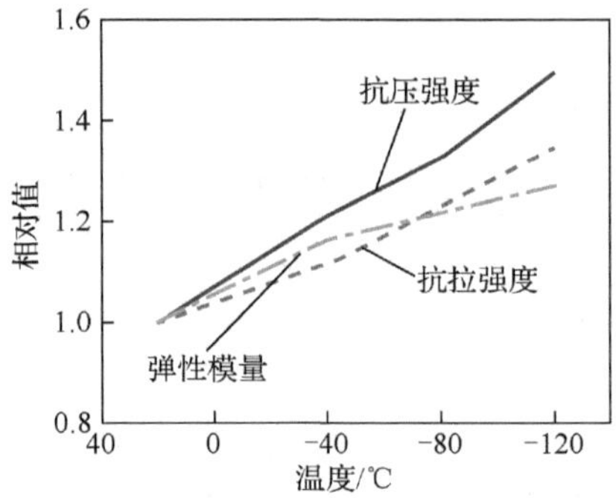


图 3.12　低温混凝土的力学性能

### 3.4.2　钢筋

1. 高温影响

钢筋在高温下的力学性能大幅度退化，而在自然冷却过程中有明显的恢复。Eurocode 2[56]和余志武等[57]分别建议了高温下和自然冷却后钢筋屈服强度和弹性模量的退化规律，如图 3.13 所示。

2. 低温影响

钢筋在低温下力学性能可显著提高。Yan 和 Xie[58]根据低温下钢筋的力学性能试验提出了钢筋强度和弹性模量随温度的变化关系，如图 3.14 所示。

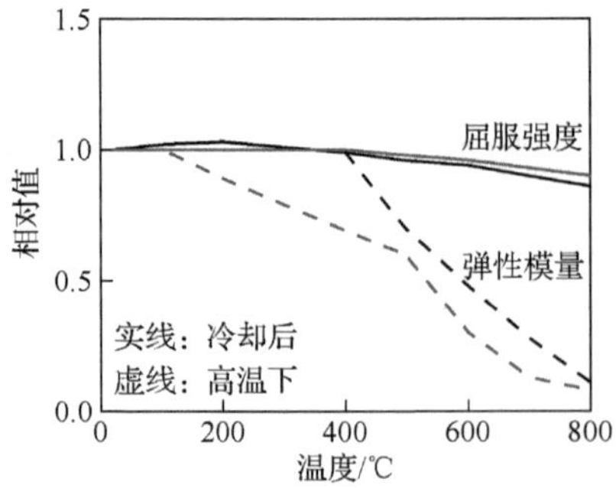


图 3.13　钢筋力学性能

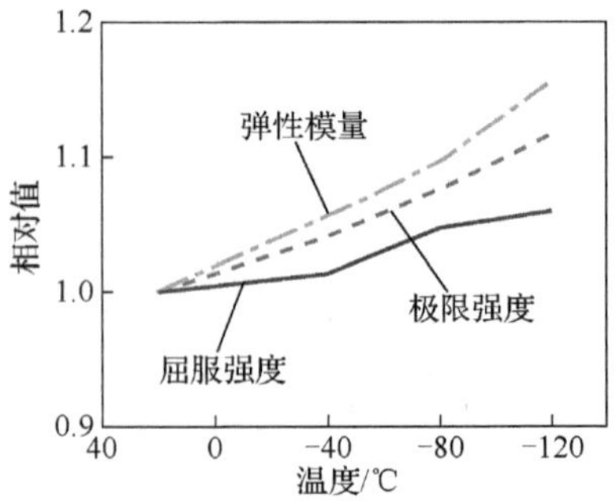


图 3.14　低温对钢筋力学性能的影响

### 3.4.3 FRP 筋

1. 高温影响

高温对 FRP 筋的物理力学性能有重要影响，且明显高于对钢筋物理力学性能的影响，这是因为 FRP 筋本质上是由树脂纤维与树脂基质制成，它存在玻璃态转变温度与热分解温度，当 FRP 筋所处的温度超过这些温度转折点时，FRP 筋的物理力学性能会发生大幅衰减[59-68]。由于 GFRP 筋、CFRP 筋具有取材广泛，制作流程简易的特点，BFRP 筋具有成本低廉、形式新颖的特点，故这里只针对以上工程建设中常见的 3 种筋材进行高温对其物理力学性能影响的总结。

Hamad 等[62]针对 GFRP 筋、CFRP 筋和 BFRP 筋做了高温作用并经历自然冷却后的试验研究。Zhou 等[69]针对 GFRP 筋进行了高温下以及经历高温并自然冷却后的试验研究。根据以上学者的试验数据得到了这 3 种筋材物理力学性能经历高温作用的变化，如图 3.15 和图 3.16 所示。由图中整理的试验结果可知，随着温度的升高 3 种筋材的弹性模量、抗拉强度、极限应变均会下降，并且随着温度的升高，不同筋材之间物理力学性能的差异在逐渐变大。不同的温度条件会明显影响筋材的物理力学性能，相比于自然冷却后，筋材在高温下其物理力学性能会衰减得更快，这说明高温下的温度条件对于筋材来说更为严苛。

2. 低温影响

目前针对低温下 FRP 筋物理力学性能的研究十分欠缺。Xie 等[70]试验成果已经表明随着温度的降低，FRP 筋的应力-应变关系曲线基本不会发生变化，这说明低温对 FRP 筋物理力学性能的影响可以忽略不计，在工程建设中常见的零下温度均可参照常温下的物理力学性能。

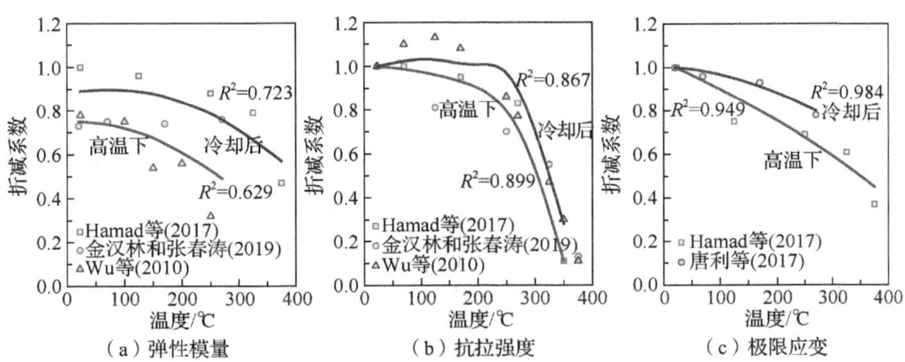


图 3.15　BFRP 筋的力学性能随温度的变化

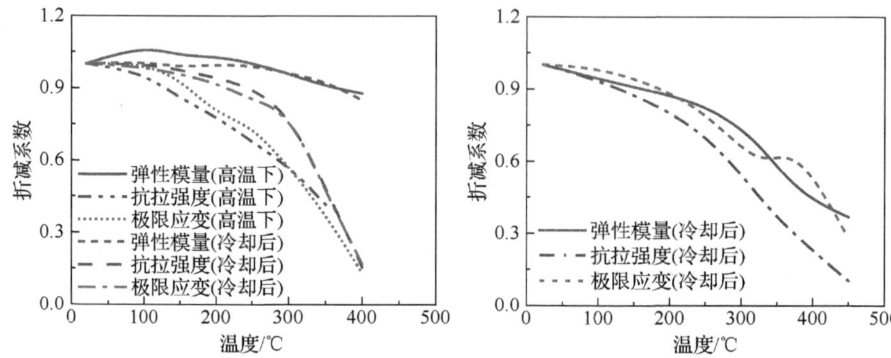


（a）GFRP筋[Zhou 等(2022)]　　（b）CFRP筋[Hamad等(2017)]

图 3.16　GFRP、CFRP 筋的力学性能随温度的变化

## 3.5　应变率效应

### 3.5.1　混凝土

混凝土是一种应变率敏感性材料。在动态荷载作用下，混凝土的名义强度和变形特性与静态荷载作用下有着显著差异[71]，并随着应变率的变化而变化，这就是所谓的应变率效应。应变率效应对材料强度影响的解释主要涉及 3 个方面：①侧向约束效应[72-74]：由于泊松效应和端部摩擦而产生的侧向惯性力限制试件的侧向变形；②裂缝演化效应[75]：在冲击荷载作用下，裂缝可以在骨料颗粒中扩展演化，而不是简单地沿力学性能薄弱区域萌生和扩展；③黏性效应[75]：混凝土内部自由水的影响导致动态荷载下裂缝扩展遇到阻力。一般可以采用霍普金森压杆试验、落锤试验等试验方法来研究混凝土强度的动态放大行为（即应变率效应行为）。

至今已经发展了许多经验公式来描述混凝土材料力学特性的应变率效应。其中，欧盟规范（CEB-FIP Model Code 1990[76]和 FIB Model Code 2010[44]）在大量已有试验数据基础上建立的破坏强度动力增大系数（DIF）与应变率的关系是最经典的经验公式之一，被广泛应用于模拟混凝土的动态力学行为。然而，该经验模型是将混凝土视为均质材料，不考虑其细观非均质性。Hao 等[84, 85]根据大量试验和模拟数据提出了适用于描述混凝土细观组分破坏强度应变率效应的经验公式。下面简要介绍这两种类型的经验模型。

在 CEB-FIP Model Code 1990[76]中，对于给定的应变率，混凝土抗压强度动力增大系数（CDIF）可由下式来计算：

$$\mathrm{CDIF} = f_{\mathrm{cd}} / f_{\mathrm{cs}} = \left(\dot{\varepsilon}_{\mathrm{d}} / \dot{\varepsilon}_{\mathrm{cs}}\right)^{1.026\alpha_{\mathrm{s}}}, \quad \left|\dot{\varepsilon}_{\mathrm{d}}\right| \leqslant 30\mathrm{s}^{-1} \tag{3.40}$$

$$\mathrm{CDIF}=f_{\mathrm{cd}}/f_{\mathrm{cs}}=\gamma_{\mathrm{s}}\left(\dot{\varepsilon}_{\mathrm{d}}/\dot{\varepsilon}_{\mathrm{cs}}\right)^{1/3},\quad \left|\dot{\varepsilon}_{\mathrm{d}}\right|>30\mathrm{s}^{-1} \tag{3.41}$$

其中：

$$\lg\gamma_{\mathrm{s}}=6.156\alpha_{\mathrm{s}}-2 \tag{3.42}$$

式中：$\dot{\varepsilon}_{\mathrm{cs}}$ 为静态应变率 $3.0\times10^{-5}\ \mathrm{s}^{-1}$；$f_{\mathrm{cs}}$ 为静态应变率 $\dot{\varepsilon}_{\mathrm{cs}}$ 加载下的抗压强度；$f_{\mathrm{cd}}$ 为动态应变率 $\dot{\varepsilon}_{\mathrm{d}}$ 加载下的抗压强度；$\alpha_{\mathrm{s}}$ 和 $\gamma_{\mathrm{s}}$ 为转化系数。

在 FIB Model Code 2010[44]中，上述的 CDIF 经过相关修正，对于给定的应变率，混凝土抗压强度动力增大系数（CDIF）可由下式来计算：

$$\mathrm{CDIF}=f_{\mathrm{cd}}/f_{\mathrm{cs}}=\left(\dot{\varepsilon}_{\mathrm{d}}/\dot{\varepsilon}_{\mathrm{s}}\right)^{0.014},\quad \left|\dot{\varepsilon}_{\mathrm{d}}\right|\leqslant30\mathrm{s}^{-1} \tag{3.43}$$

$$\mathrm{CDIF}=f_{\mathrm{cd}}/f_{\mathrm{cs}}=0.012\left(\dot{\varepsilon}_{\mathrm{d}}/\dot{\varepsilon}_{\mathrm{s}}\right)^{1/3},\quad \left|\dot{\varepsilon}_{\mathrm{d}}\right|>30\mathrm{s}^{-1} \tag{3.44}$$

在 CEB-FIP Model Code 1990[76]中，对于给定的应变率，混凝土抗拉强度的动力增大系数（TDIF）可由下式来计算：

$$\mathrm{TDIF}=f_{\mathrm{td}}/f_{\mathrm{ts}}=\left(\dot{\varepsilon}_{\mathrm{d}}/\dot{\varepsilon}_{\mathrm{ts}}\right)^{1.016\delta_{\mathrm{s}}},\quad \left|\dot{\varepsilon}_{\mathrm{d}}\right|\leqslant30\mathrm{s}^{-1} \tag{3.45}$$

$$\mathrm{TDIF}=f_{\mathrm{td}}/f_{\mathrm{ts}}=\beta_{\mathrm{s}}\left(\dot{\varepsilon}_{\mathrm{d}}/\dot{\varepsilon}_{\mathrm{ts}}\right)^{1/3},\quad \left|\dot{\varepsilon}_{\mathrm{d}}\right|>30\mathrm{s}^{-1} \tag{3.46}$$

其中：

$$\lg\beta_{\mathrm{s}}=7.112\delta_{\mathrm{s}}-2.33 \tag{3.47}$$

$$\delta_{\mathrm{s}}=1/\left(1+8f_{\mathrm{c}}'/f_{\mathrm{c0}}'\right) \tag{3.48}$$

式中：$\dot{\varepsilon}_{\mathrm{ts}}$ 为静态应变率 $3.0\times10^{-6}\mathrm{s}^{-1}$；$f_{\mathrm{ts}}$ 为静态应变率 $\dot{\varepsilon}_{\mathrm{ts}}$ 加载下的抗拉强度；$f_{\mathrm{td}}$ 为动态应变率 $\dot{\varepsilon}_{\mathrm{d}}$ 加载下的抗拉强度；$\beta_{\mathrm{s}}$ 和 $\delta_{\mathrm{s}}$ 为转化系数；$f_{\mathrm{c}}'$ 为静态抗压强度；$f_{\mathrm{c0}}'=10\mathrm{MPa}$。

然而，现有试验数据与 CEB-FIP 经验模型的比较结果表明，CEB-FIP 经验模型的 TDIF 大大低估了混凝土的 TDIF[77, 78]。在 Malvar 和 Ross[77]的研究中，基于 CEB-FIP 经验模型再根据其试验数据给出了一个修正的经验公式：

$$\mathrm{TDIF}=f_{\mathrm{td}}/f_{\mathrm{ts}}=\left(\dot{\varepsilon}_{\mathrm{d}}/\dot{\varepsilon}_{\mathrm{ts}}\right)^{\delta_{\mathrm{s}}},\quad \left|\dot{\varepsilon}_{\mathrm{d}}\right|\leqslant10\mathrm{s}^{-1} \tag{3.49}$$

$$\mathrm{TDIF}=f_{\mathrm{td}}/f_{\mathrm{ts}}=\beta_{\mathrm{s}}\left(\dot{\varepsilon}_{\mathrm{d}}/\dot{\varepsilon}_{\mathrm{ts}}\right)^{1/3},\quad \left|\dot{\varepsilon}_{\mathrm{d}}\right|>10\mathrm{s}^{-1} \tag{3.50}$$

在 FIB Model Code 2010[44]中，对于给定的应变率，混凝土抗拉强度的 TDIF 被修正为

$$\mathrm{TDIF}=f_{\mathrm{td}}/f_{\mathrm{ts}}=\left(\dot{\varepsilon}_{\mathrm{d}}/\dot{\varepsilon}_{\mathrm{ts}}\right)^{0.018},\quad \left|\dot{\varepsilon}_{\mathrm{d}}\right|\leqslant10\mathrm{s}^{-1} \tag{3.51}$$

$$\mathrm{TDIF} = f_{\mathrm{td}} / f_{\mathrm{ts}} = 0.0062\left(\dot{\varepsilon}_{\mathrm{d}} / \dot{\varepsilon}_{\mathrm{ts}}\right)^{1/3}, \quad \left|\dot{\varepsilon}_{\mathrm{d}}\right| > 10\mathrm{s}^{-1} \tag{3.52}$$

文献[79]和[80]的研究发现砂浆基质的动态力学行为与混凝土相似，混凝土的 DIF 模型也适用于砂浆基质。由于缺乏相关试验，很难获得 ITZ 的 DIF 数据。在许多研究中[78, 79]，ITZ 可以假设具有与砂浆基质相似的 DIF，这已经应用于许多细观模拟中。对于骨料颗粒的 DIF，一些学者[81-83]对岩石骨料的动态力学行为（即应变率效应）进行了试验和模拟研究。有限的研究结果表明，岩石骨料的 DIF 与混凝土的 DIF 相近。因此，在一些细观模拟中，假设混凝土细观组分材料的 DIF 模型相同是可以接受的。然而，需要明确的是，混凝土细观组分材料的应变率效应在真实混凝土中是不同的，需要做很多努力才能在模拟中更接近真实情况。为实现这一目标，一些学者根据试验和模拟结果采用不同的破坏强度 DIF 模型来描述混凝土细观组分材料的动态力学行为，尤其是砂浆基质和骨料颗粒。在这些模型中，Hao 等[85]和 Ye 等[86]推荐的 DIF 模型被广泛认可和使用。此外，在混凝土动态加载测试中获得的压缩和抗拉强度 DIF 其实包括了结构效应和材料特性，这可能会高估材料真实的应变率效应。从试验获得的数据中有效除去结构效应（惯性约束效应）以获得用于模拟计算的纯材料特性的 DIF（材料真实应变率效应）。鉴于此，Hao 等根据他们的试验和模拟结果总结并验证了适用于砂浆基质的 DIF[81-83, 86-88]。在 Hao 的模型中，对于给定的应变率，砂浆基质抗压强度动力增大系数（$\mathrm{CDIF_m}$）可由下式计算：

$$\mathrm{CDIF_m} = 0.0419\lg\dot{\varepsilon}_{\mathrm{d}} + 1.2165, \quad \dot{\varepsilon}_{\mathrm{d}} \leqslant 30\mathrm{s}^{-1} \tag{3.53}$$

$$\mathrm{CDIF_m} = 0.8988\left(\lg\dot{\varepsilon}_{\mathrm{d}}\right)^2 - 2.8255\lg\dot{\varepsilon}_{\mathrm{d}} + 3.4907, \quad \dot{\varepsilon}_{\mathrm{d}} > 30\mathrm{s}^{-1} \tag{3.54}$$

砂浆基质抗拉强度动力增大系数（$\mathrm{TDIF_m}$）可由下式计算：

$$\mathrm{TDIF_m} = 0.26\lg\dot{\varepsilon}_{\mathrm{d}} + 2.06, \quad \dot{\varepsilon}_{\mathrm{d}} \leqslant 1\mathrm{s}^{-1} \tag{3.55}$$

$$\mathrm{TDIF_m} = 2\lg\dot{\varepsilon}_{\mathrm{d}} + 2.06, \quad 1\mathrm{s}^{-1} < \dot{\varepsilon}_{\mathrm{d}} \leqslant 2\mathrm{s}^{-1} \tag{3.56}$$

$$\mathrm{TDIF_m} = 1.4433\lg\dot{\varepsilon}_{\mathrm{d}} + 2.2276, \quad 2\mathrm{s}^{-1} < \dot{\varepsilon}_{\mathrm{d}} \leqslant 150\mathrm{s}^{-1} \tag{3.57}$$

对于骨料颗粒的 DIF 模型，Hao 和 Hao[85]消除了横向惯性约束效应，推导了 3 种岩石类骨料（即花岗岩、石灰岩和凝灰岩）的真实 CDIF 公式，并在霍普金森压杆试验的模拟中进行了验证。花岗岩骨料抗压强度动力增大系数（$\mathrm{CDIF_G}$）可由下式计算：

$$\mathrm{CDIF_G} = 0.018668\lg\dot{\varepsilon}_{\mathrm{d}} + 1.291887, \quad 1\mathrm{s}^{-1} < \dot{\varepsilon}_{\mathrm{d}} \leqslant 220\mathrm{s}^{-1} \tag{3.58}$$

$$\mathrm{CDIF_G} = 1.8547\left(\lg\dot{\varepsilon}_{\mathrm{d}}\right)^2 - 7.9014\lg\dot{\varepsilon}_{\mathrm{d}} + 9.6674, \quad 220\mathrm{s}^{-1} < \dot{\varepsilon}_{\mathrm{d}} \leqslant 1000\mathrm{s}^{-1} \tag{3.59}$$

石灰岩骨料的抗压强度动力增大系数（$CDIF_L$）可由下式计算：

$$CDIF_L = 0.0262\lg\dot{\varepsilon}_d + 1.2827,\quad 1s^{-1} < \dot{\varepsilon}_d \leqslant 220s^{-1} \tag{3.60}$$

$$CDIF_L = 1.898704(\lg\dot{\varepsilon}_d)^2 - 8.46954\lg\dot{\varepsilon}_d + 10.76523,\quad 220s^{-1} < \dot{\varepsilon}_d \leqslant 1000s^{-1} \tag{3.61}$$

凝灰岩骨料的抗压强度动力增大系数（$CDIF_T$）可由下式计算：

$$CDIF_T = 0.0237\lg\dot{\varepsilon}_d + 1.2791,\quad 1s^{-1} < \dot{\varepsilon}_d \leqslant 220s^{-1} \tag{3.62}$$

$$CDIF_T = 1.297645(\lg\dot{\varepsilon}_d)^2 - 5.89126\lg\dot{\varepsilon}_d + 8.01433,\quad 220s^{-1} < \dot{\varepsilon}_d \leqslant 1000s^{-1} \tag{3.63}$$

骨料颗粒的抗拉强度动力增大系数（TDIF）关系可统一由下式计算：

$$TDIF = 0.0598\lg\dot{\varepsilon}_d + 1.3588,\quad \dot{\varepsilon}_d \leqslant 0.1s^{-1} \tag{3.64}$$

$$TDIF = 0.5605(\lg\dot{\varepsilon}_d)^2 + 1.3871\lg\dot{\varepsilon}_d + 2.1256,\quad 0.1s^{-1} < \dot{\varepsilon}_d \leqslant 50s^{-1} \tag{3.65}$$

$$TDIF = 6.100,\quad \dot{\varepsilon}_d > 50s^{-1} \tag{3.66}$$

### 3.5.2　钢筋

钢筋的应变率效应主要体现为强度和弹性模量随应变率的增加而提高[89]。本书采用 CEB[89]建议的钢筋屈服强度动力增大系数（$DIF_y$）和极限强度动力增大系数（$DIF_u$），其计算公式如下：

$$DIF_y = \frac{f_y}{f_{y0}} = 1.0 + \left(\frac{6.0}{f_{y0}}\right)\ln\left(\frac{\dot{\varepsilon}_s}{\dot{\varepsilon}_{s0}}\right) \tag{3.67}$$

$$DIF_u = \frac{f_u}{f_{u0}} = 1.0 + \left(\frac{7.0}{f_{u0}}\right)\ln\left(\frac{\dot{\varepsilon}_s}{\dot{\varepsilon}_{s0}}\right) \tag{3.68}$$

式中：$f_y$ 和 $f_u$ 分别为应变率为 $\dot{\varepsilon}_s$ 时钢筋的屈服强度和极限强度，MPa；$f_{y0}$ 和 $f_{u0}$ 分别为应变率 $\dot{\varepsilon}_{s0} = 50\times10^{-5}s^{-1}$ 时钢筋的屈服强度和极限强度，MPa。

钢筋和混凝土在火灾条件下仍表现出应变率效应[90]，但相关试验较少，且能够充分表达温度和应变率同时对材料力学性能影响的关系式较为缺乏。因此，本书暂不考虑温度对混凝土、钢筋等材料应变率效应的影响。

### 3.5.3　FRP 筋

FRP 筋为应变率敏感材料，因此在数值模型中需考虑材料的应变率效应。本书采用 Zhu 等[91]和 Zhou 等[92]获得的经验模型描述 BFRP 筋抗拉强度和弹性模量的动力增大系数，如式（3.69）和式（3.70）所示：

$$\mathrm{TDIF_{bf}}=\frac{f_{\mathrm{bf}}}{f_{\mathrm{bf0}}}=1.881-0.8814\cdot\exp\left(-\frac{\dot{\varepsilon}_{\mathrm{d}}}{8419.09}\right)\tag{3.69}$$

$$\mathrm{EDIF_{bf}}=\frac{E_{\mathrm{bf}}}{E_{\mathrm{bf0}}}=1.7089-0.7089\cdot\exp\left(-\frac{\dot{\varepsilon}_{\mathrm{d}}}{2283.10}\right)\tag{3.70}$$

式中：$f_{\mathrm{bf}}$ 和 $f_{\mathrm{bf0}}$ 分别为 BFRP 筋的动态与准静态抗拉强度；$E_{\mathrm{bf}}$ 和 $E_{\mathrm{bf0}}$ 分别为相应的动态与准静态弹性模量。由图 3.17 可知，BFRP 筋的应变率效明显弱于砂浆基质和界面过渡区。

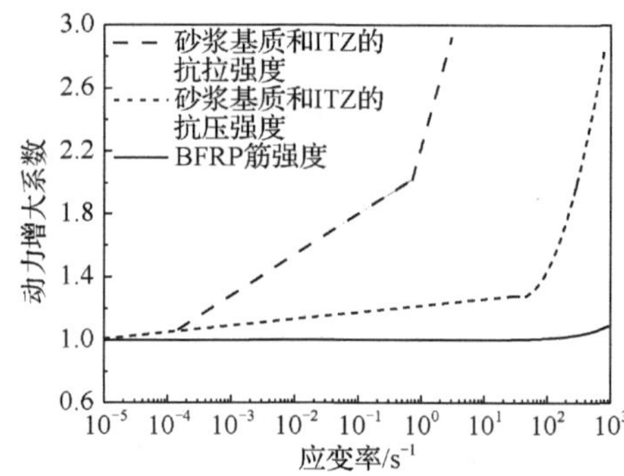


图 3.17　应变率对于材料强度的影响

对于 GFRP 筋，Gurusideswar 等[93]建议应变率不大于 $50\mathrm{s}^{-1}$ 时其抗拉强度和弹性模量的动力增大系数为

$$\mathrm{TDIF_{gf}}=\frac{f_{\mathrm{gf}}}{f_{\mathrm{gf0}}}=0.901-0.359\dot{\varepsilon}^{0.14}\tag{3.71}$$

$$\mathrm{EDIF_{gf}}=\frac{E_{\mathrm{gf}}}{E_{\mathrm{gf0}}}=0.9862+0.7162\dot{\varepsilon}^{0.429}\tag{3.72}$$

式中：$f_{\mathrm{gf}}$ 和 $f_{\mathrm{gf0}}$ 分别为 GFRP 筋的动态和准静态抗拉强度；$E_{\mathrm{gf}}$ 和 $E_{\mathrm{gf0}}$ 分别为相应的动态与准静态弹性模量。

对于 CFRP 筋，Al-Zubaidy 等[94]建议在 $2.42\times10^{-4}\sim87.4\mathrm{s}^{-1}$ 应变率范围内其抗拉强度和弹性模量的动力增大系数经验公式为

$$\mathrm{TDIF_{cf}}=\frac{f_{\mathrm{cf}}}{f_{\mathrm{cf0}}}=1+4.496\times10^{-4}\dot{\varepsilon}^{1.529}\tag{3.73}$$

$$\mathrm{EDIF_{cf}}=\frac{E_{\mathrm{cf}}}{E_{\mathrm{cf0}}}=1+5.634\times10^{-3}\dot{\varepsilon}^{0.8228} \tag{3.74}$$

式中：$f_{\mathrm{cf}}$ 和 $f_{\mathrm{cf0}}$ 分别为 CFRP 筋的动态和准静态抗拉强度；$E_{\mathrm{cf}}$ 和 $E_{\mathrm{cf0}}$ 分别为相应的动态与准静态弹性模量。

## 3.6　相互作用

在外部荷载作用下，钢筋/FRP 筋与混凝土界面产生接触变形（相对滑移），接触部位和接触力不断变化，并且是非线性的。目前处理接触面的方法一般有直接法、接触力学方法和接触面单元法[95]。直接法是直接将接触面上的相互作用问题作为一个二次规划问题考虑，即数学规划法。接触力学方法是基于接触力学原理提出的罚函数法和拉格朗日（Lagrange）乘子法，将接触面处理成一类边界条件，Lagrange 乘子法中的乘子和罚函数中罚值相当于接触面上的接触应力和接触力，求出了其中的乘子，就可以得到接触面上的力或应力分布，该法计算精度较高。接触面单元法是在接触问题的接触边界上引入接触面单元，在相邻物体间起到过渡的作用，通过增量和迭代手段调整单元本构模型中的参数，模拟其应力-应变关系。这里，综合考虑建模与参数的简便性，采用接触力学方法中的点面接触来处理钢筋/FRP 筋与混凝土之间的相互作用。其中，钢筋/FRP 筋刚度较大，其外表面为主面，混凝土体表面为从面。

### 3.6.1　接触界面条件

1. 法向接触条件

法向接触条件是判定物体是否进入接触状态以及已经进入接触状态应该遵守的条件。此条件包括运动学条件和动力学条件两个方面。

接触面间运动学方面的条件为不可贯入性，是指物体 $A$ 和物体 $B$ 的位形 $V^A$ 和 $V^B$ 在运动学过程中不允许相互贯穿（侵入或覆盖）。通常称物体 $A$ 为接触体，物体 $B$ 为目标体，$S^A$ 和 $S^B$ 分别为从接触面和主接触面。在分析中应用此性质，需要进一步具体表述。

设 ${}^t x_P^A$ 为 ${}^t S^A$ 上任一点 $P$ 在时刻 $t$ 的坐标，该点至 ${}^t S^B$ 面上最近点 $Q({}^t x_Q^B)$ 的距离 $g$ 可表示如图 3.18 所示，即

$${}^t g=g\left({}^t x_P^A,t\right)=\left|{}^t x_P^A-{}^t x_Q^B\right|=\min\left|{}^t x_P^A-{}^t x^B\right| \tag{3.75}$$

式中：${}^t x^B$ 表示 ${}^t S^B$ 面上任意点的坐标；距离 ${}^t g$ 表示成 $g\left({}^t x_P^A,t\right)$ 是因为 ${}^t S^B$ 面上的最

接近 $Q$ 点的位置 ${}^t x_Q^B$ 是依据 ${}^t S^A$ 面上的 $P$ 点位置 ${}^t x_P^A$ 而确定的。当 ${}^t S^B$ 是光滑曲面的情况下，$g$ 应沿着 ${}^t n^B$ 的方向，因此可以表示为以下形式，即

$$ {}^t g_{\mathrm{N}} = g\left({}^t x_P^A, t\right) = \left({}^t x_P^A - {}^t x_Q^B\right) \cdot {}^t n_Q^B \tag{3.76} $$

式中：${}^t g_{\mathrm{N}}$ 的下标 N 表示距离是沿法线方向系数 ${}^t n_Q^B$ 度量的。

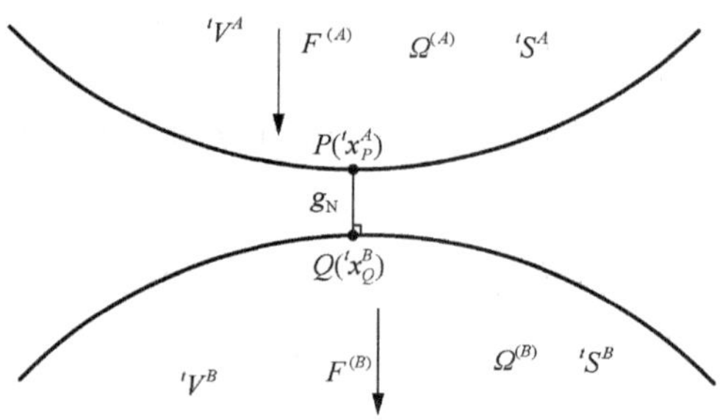


图 3.18 接触点对及点间的距离

为了满足不可贯入性要求，需满足

$$ {}^t g_{\mathrm{N}} = g\left({}^t x^A, t\right) = \left({}^t x^A - {}^t x^B\right) \cdot {}^t n^B \geqslant 0 \tag{3.77} $$

接触面间动力学方面的条件要求法向接触力为压力。在不考虑接触面间的黏附或冷焊的情况下，它们之间的法向接触力只可能是压力。接触时两接触界面上的法向力满足 ${}^t F_{\mathrm{N}}^A = -{}^t F_{\mathrm{N}}^B$，因此法向接触力为压力的条件应是

$$ {}^t F_{\mathrm{N}}^B \leqslant 0, \quad {}^t F_{\mathrm{N}}^A = -{}^t F_{\mathrm{N}}^B \geqslant 0 \tag{3.78} $$

2. 切向接触条件——摩擦力条件

切向接触条件是判断已进入接触的两个物体的接触面的具体接触状态，以及它们各自应服从的条件。

如果两个物体的接触面是绝对光滑的，或者相互间的摩擦可以忽略，这时分析可采用无摩擦模型，即认为接触面之间的切向摩擦力为零，即

$$ {}^t F_{\mathrm{T}}^A = {}^t F_{\mathrm{T}}^B = 0 \tag{3.79} $$

式中：${}^t F_{\mathrm{T}}^A$ 和 ${}^t F_{\mathrm{T}}^B$ 分别为作用在物体 $A$、$B$ 上的切向摩擦力。这时两个物体在接触面的切向可以自由地相对滑动。

如果接触面间的摩擦必须考虑，则应采用有摩擦的模型。这时首先要考虑选择哪种摩擦模型。在工程分析中，库仑（Coulomb）摩擦模型因其简单和适用性而被广泛应用。库仑摩擦模型认为其面上切向接触力，即摩擦力 ${}^t F_{\mathrm{T}}^A$ 的数值不能超过它的极限值 $\mu\left|{}^t F_{\mathrm{N}}^A\right|$，即

$$\left|{}^{t}F_{\mathrm{T}}^{A}\right|=\left[\left({}^{t}F_{1}^{A}\right)^{2}+\left({}^{t}F_{2}^{A}\right)^{2}\right]^{1/2}\leqslant\mu\left|{}^{t}F_{\mathrm{N}}^{A}\right| \tag{3.80}$$

式中：$\mu$ 为摩擦系数；$\left|{}^{t}F_{\mathrm{T}}^{A}\right|$ 和 $\left|{}^{t}F_{\mathrm{N}}^{A}\right|$ 分别是切向和法向接触力数值；${}^{t}F_{1}^{A}$ 和 ${}^{t}F_{2}^{A}$ 是切向摩擦力的两个分量。当 $\left|{}^{t}F_{\mathrm{T}}^{A}\right|<\mu\left|{}^{t}F_{\mathrm{N}}^{A}\right|$ 时，接触面之间无切向相对滑动，即当 $\left|{}^{t}F_{\mathrm{T}}^{A}\right|=\mu\left|{}^{t}F_{\mathrm{N}}^{A}\right|$ 时，接触面间将发生切向相对滑动。有时为了更好地描述摩擦现象，相应的摩擦系数 $\mu$ 可以分别用静摩擦系数 $\mu_{\mathrm{s}}$ 和动摩擦系数 $\mu_{\mathrm{d}}$ 代替，而且一般情况下是 $\mu_{\mathrm{d}}<\mu_{\mathrm{s}}$。不过为了简单起见，通常仍假设 $\mu_{\mathrm{d}}<\mu_{\mathrm{s}}=\mu$，即不区别静、动摩擦系数。

3. 摩擦模型的规则化

Coulomb 摩擦模型是高度非线性的，如图 3.19 所示。当 $|F_{\mathrm{T}}|<\mu|F_{\mathrm{N}}|$ 时，是无相对滑动的粘结情况；而当 $|F_{\mathrm{T}}|=\mu|F_{\mathrm{N}}|$ 时，可以发生大小不受限制的相对滑动，特别是当滑动速度 $V_{\mathrm{T}}$ 反向时，$F_{\mathrm{T}}$ 也立即反转。这种突然变化将造成数值计算中迭代的收敛困难。

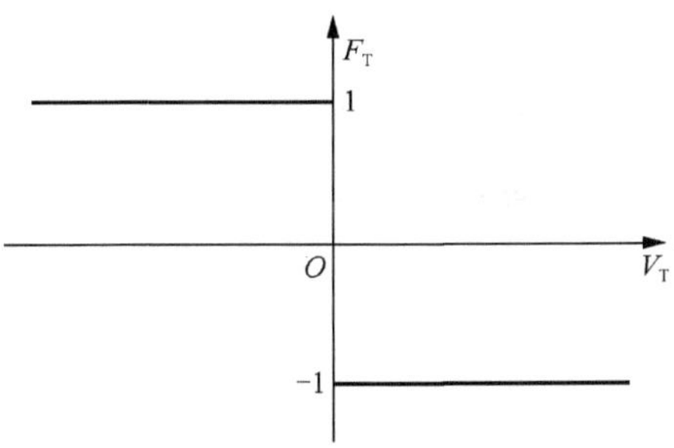


图 3.19　Coulomb 摩擦模型（$|F_{\mathrm{T}}|=1$）

因此可以采用经规则化的（即光滑化的）摩擦模型来代替 Coulomb 摩擦模型，其数学表达式为

$$F_{\mathrm{T}}=-\mu|F_{\mathrm{N}}|\frac{2}{\pi}\arctan\left(\frac{V_{\mathrm{T}}}{C}\right)\cdot e_{\mathrm{T}} \tag{3.81}$$

式中：$e_{\mathrm{T}}=V_{\mathrm{T}}/|V_{\mathrm{T}}|$，$e_{\mathrm{T}}$ 是切向相对滑动的方向系数。$C$ 是一个控制规则化摩擦模型和 Coulomb 摩擦模型接近程度的重要参数。$C$ 越小两者越接近，如图 3.20 所示。

当采用规则化摩擦模型时，在分析中不存在粘结状态，而是统一应用式（3.81）这一数学描述进行接触分析。这在物理上可以真实地描述实际摩擦现象，因为两个接触面上都存在一定的不平度，所以完全粘结接触状态是不存在的，只要有切向摩擦力的存在，总要伴随发生一定的相对滑移。

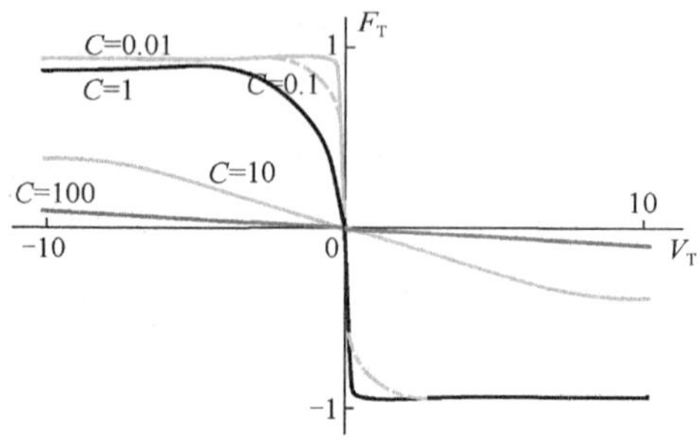


图 3.20　规则化后的摩擦模型（粘结应力-滑移近似）

### 3.6.2　接触问题的变分原理

接触过程在力学上常常同时涉及 3 种非线性，即除材料非线性和大变形引起的几何非线性以外，还有接触问题所特有的接触界面的非线性，需要采用增量迭代形式来进行求解。对于大变形问题，采用完全拉格朗日或更新的拉格朗日方法进行增量求解，即其非线性化处理后的形式同样也适用于接触问题的求解。

对于接触问题来讲，其定解条件和校核条件如表 3.2 所示。

**表 3.2　接触问题的定解条件和校核条件**

| 接触状态 | | 定解条件 | 校核条件 |
|---|---|---|---|
| 接触 | 粘结 | （1）$u_N^A - u_N^B + {}^t\bar{g}_N = 0$。<br>（2）$u_T^A - u_T^B = 0$ | （1）${}^{t+\Delta t}F_N^A > 0$，若不满足，则转为分离。<br>（2）$\lvert {}^{t+\Delta t}F_T^A \rvert - \mu \lvert {}^{t+\Delta t}F_N^A \rvert < 0$，<br>若不满足，则转为滑动 |
| | 滑动 | （1）$u_N^A - u_N^B + {}^t\bar{g}_N = 0$。<br>（2）$\lvert {}^{t+\Delta t}F_T^A \rvert - \mu \lvert {}^{t+\Delta t}F_N^A \rvert = 0$ | （1）${}^{t+\Delta t}F_N^A > 0$，若不满足，则转为分离。<br>（2）$\left(u_T^A - u_T^B\right)\cdot {}^{t+\Delta t}F_T^A < 0$，<br>$\lvert u_T^A - u_T^B \rvert > \varepsilon_s$；<br>若不满足，则转为粘结；<br>若满足，则搜寻新的接触位置 |
| 分离 | | ${}^{t+\Delta t}F_T^A = {}^{t+\Delta t}F_T^B$ =0，此条件是无接触力作用的自由边界条件 | $\left({}^{t+\Delta t}x^A - {}^{t+\Delta t}x^B\right)\bullet {}^{t+\Delta t}n^B > \varepsilon_d$，通过搜寻检查上列条件，若不满足，则转为粘结，并给出接触点对的位置 |

注：① 粘结接触的定解条件（1）中包含 ${}^t\bar{g}_N$ 是为了考虑上一次计算结束时，接触点对之间可能存在间距或相互贯入量。

② 滑动接触的校核条件（2）中增加辅助条件 $\left|u_T^A - u_T^B\right| > \varepsilon_s$（$\varepsilon_s$ 是某个规定的小量），这是为了避免小量误差影响对接触状态的判断。

③ 分离状态的校核条件右端用 $\varepsilon_d$ 代替零，是预估该点在对下一次计算中可能进入接触，以提高效率。

接触界面条件（不可侵入，法向接触力为压力及切向摩擦力的条件）都是不等式约束，也称为单边约束。可以将约束条件引入泛函的广义变分原理，以及引入单元交界面上约束条件的修正变分原理来处理。如前所述，接触面的范围和接触状态是事先未知的。此特点决定了接触问题需要采用试探——校核的迭代方法进行求解。每一个增量步的试探——校核过程可以表述如下。

（1）根据前一步的结果和本步给定的荷载条件，通过接触条件的检查和搜寻，假设此步第 1 次迭代求解时的接触面的区域和状态。

（2）根据上述对于接触区域和状态所做的假设，对于接触面上每一点，将运动学或动力学上的不等式约束改为等式约束作为定解条件引入方程并求解。

（3）利用接触面上和上述等式约束所对应的动力学或运动学的不等式约束条件作为校核条件对解的结果进行检查。如果物体表面（包括原假设中尚未进入接触的部分）的每一点都不违反校核条件，则完成本步的求解并转入下一增量步的计算；否则回到步骤（1）再次进行搜寻和迭代求解，直至每一点的解都满足校核条件。然后转入下一个增量步的求解。

将物体 $A$ 和 $B$ 作为两个求解区域，各自在接触面上的边界可以视为给定面力边界。如图 3.18 所示，两接触体 $\Omega^{(A)}$和 $\Omega^{(B)}$分别从 $\Omega^{(A)}$和 $\Omega^{(B)}$内、应力边界 $\Gamma_\sigma^{(A)}$和 $\Gamma_\sigma^{(B)}$、接触边界上取微单元体，$P^{(A)}$和 $P^{(B)}$分别是接触边界上 $\Omega^{(A)}$对 $\Omega^{(B)}$和 $\Omega^{(B)}$对 $\Omega^{(A)}$ 的作用力，于是作用在 $\Omega^{(A)}$对 $\Omega^{(B)}$上的微单元体的最终合力为 $\left(P^{(A)}-P^{(B)}\right)\mathrm{d}\Gamma$或$\left(P^{(B)}-P^{(A)}\right)\mathrm{d}\Gamma$，接触体 $\Omega^{(A)}$对 $\Omega^{(B)}$内部单元体的合力为 $\left(\sigma_{ij,j}^{(a)}+f_i^{a}\right)\mathrm{d}\Omega,\ a=A,B$，$f_i$为单元体力密度。

下面以张量形式推导接触体系的虚功方程。

由变形体虚功原理可知，变形体处于平衡状态时，微单元体上的合力所做虚功和为零，因此有

$$\sum_{a=A}^{B}\int_{\Omega^{(a)}}\left(\sigma_{ij,j}^{(a)}+f_i^{a}\right)\delta u_i^{a}\mathrm{d}\Omega+\sum_{a=A}^{B}\int_{\Gamma_\sigma^{(a)}}\left(\overline{P_i}^{(a)}-P_i^{a}\right)\delta u_i^{a}\mathrm{d}\Gamma$$
$$+\int_{\Gamma_c^{(a)}}\left(P_i^{A}-P_i^{B}\right)\delta u_i^{A}\mathrm{d}\Gamma+\int_{\Gamma_c^{(B)}}\left(P_i^{B}-P_i^{A}\right)\delta u_i^{B}\mathrm{d}\Gamma=0 \tag{3.82}$$

利用格林（Green）公式和几何物理方程有

$$\sum_{a=A}^{B}\int_{\Omega^{(a)}}\sigma_{ij}^{(a)}\delta\varepsilon_{ij}^{(a)}\mathrm{d}\Omega=\sum_{a=A}^{B}\int_{\Omega^{(a)}}f_i^{(a)}\delta u_i^{(a)}\mathrm{d}\Omega+\sum_{a=A}^{B}\int_{\Gamma^{(a)}}\overline{P_i}^{(a)}\delta u_i^{(a)}\mathrm{d}\Gamma$$
$$+\int_{\Gamma_c}\left(P_i^{(A)}\delta u_i^{B}+P_i^{(B)}\delta u_i^{A}\right)\mathrm{d}\Gamma \tag{3.83}$$

在实际问题中，接触边界上这两种接触方式通常同时存在，若以 $\Gamma_{c1}$ 和 $\Gamma_{c2}$ 分

别表示滑动和未滑动的接触边界，即 $\Gamma_c = \Gamma_{c1} \cup \Gamma_{c2}$，则接触体系的总虚功方程为

$$\begin{aligned}\sum_{a=A}^{B} \int_{\Omega(a)} \sigma_{ij}\delta\varepsilon_{ij}\mathrm{d}\Omega =& \sum_{a=A}^{B} \int_{\Omega(a)} f_i^{(a)}\delta u_i^{(a)}\mathrm{d}\Omega + \sum_{a=A^B_{\Gamma_c^{(a)}}} P_i^{(a)}\delta u_i^{(a)}\mathrm{d}\Gamma \\ &+ \int_{\Gamma_{c1}}\left[\left(P_{\mathrm{N}}^{(A)}+P_{\mathrm{N}}^{(B)}\right)\delta u_{\mathrm{N}}^{(A)} + \left(P_{\mathrm{T1}}^{(A)}+P_{\mathrm{T1}}^{(B)}\right)\delta u_{\mathrm{T1}}^{(A)}\right]\mathrm{d}\Gamma \\ &+ \int_{\Gamma_{c2}}\left[\left(P_{\mathrm{N}}^{(A)}+P_{\mathrm{N}}^{(B)}\right)\delta u_{\mathrm{N}}^{(A)} + \mu\left|P_{\mathrm{N}}^{(B)}\right|\tau_1^{(B)}\delta u_{\mathrm{T1}}^{(A)} + \mu\left|P_{\mathrm{N}}^{(B)}\right|\tau_1^{(A)}\delta u_{\mathrm{T1}}^{(B)}\right]\mathrm{d}\Gamma\end{aligned} \tag{3.84}$$

可将上式写成矩阵形式

$$\int_{\Omega}\{\sigma\}^{\mathrm{T}}\{\delta\varepsilon\}\mathrm{d}\Omega = \int_{\Omega}\{F\}^{\mathrm{T}}\{\delta u\}\mathrm{d}\Omega + \int_{\Gamma_\sigma}\{P\}^{\mathrm{T}}\{\delta u\}\mathrm{d}\Gamma + \int_{\Gamma_\sigma}\{r(u)\}^{\mathrm{T}}\{\delta u\}\mathrm{d}\Gamma \tag{3.85}$$

式中：$\Omega = \Omega^{(A)} + \Omega^{(B)}$；$\Gamma_\sigma = \Gamma_\sigma^{(A)} + \Gamma_\sigma^{(B)}$；$\Gamma_c = \Gamma_{c1} + \Gamma_{c2}$；$\{\sigma\}$、$\{\varepsilon\}$、$\{u\}$ 分别为应力向量、应变向量、位移向量；$\{F\}$、$\{P\}$ 分别为单元体力向量、单元面力向量；$\{r(u)\}$ 为接触面力向量。

### 3.6.3　接触问题有限元法的基本计算公式

在本节中，利用 3.6.2 节公式，建立接触问题的有限元计算公式。有限元法计算时，首先对求解区域进行离散化，以下是一些相关的公式及变量。

单元的节点位移为 $\{\delta\}^{\mathrm{e}}$，单元内任意一点的位移为 $\{u\}$，由下式确定

$$\{u\} = [N]\{\delta\}^{\mathrm{e}} \tag{3.86}$$

式中：$[N]$ 称为形函数矩阵。应变向量设为 $\{\varepsilon\}$，则有

$$\{\varepsilon\} = [B]\{\delta\}^{\mathrm{e}} \tag{3.87}$$

式中：$[B]$ 为应变矩阵。

将式（3.86）和式（3.87）代入接触问题的计算式（3.85），整理后得到

$$\begin{aligned}\sum\int_{\Omega^{(A)}+\Omega^{(B)}}[B]^{\mathrm{T}}\{\sigma\}\mathrm{d}\Omega =& \sum\int_{\Omega^{(A)}+\Omega^{(B)}}[N]^{\mathrm{T}}\{F\}\mathrm{d}\Omega + \sum\int_{\Gamma^{(A)}+\Gamma^{(B)}}[N]^{\mathrm{T}}\{P\}\mathrm{d}\Gamma \\ &+ \int_{\Gamma_{c1}}\left([N]^{\mathrm{T}}[T_{nt}]^{\mathrm{T}}\begin{Bmatrix}P_n\\P_t\end{Bmatrix}\right) + [N']^{\mathrm{T}}[T'_{nt}]\begin{Bmatrix}P'_n\\P'_t\end{Bmatrix}\mathrm{d}\Gamma \\ &+ \int_{\Gamma_{c2}}\Big\{\left([N]^{\mathrm{T}}[T_n]^{\mathrm{T}}P_n + [N']^{\mathrm{T}}[T'_n]P'_n\right) \\ &+ \left([N]^{\mathrm{T}}\left[TT_t^{\mathrm{T}}\right]^{\mathrm{T}}\mu|P_n| + [N']^{\mathrm{T}}[T'_t]^{\mathrm{T}}\mu|P'_n|\right)\Big\}\mathrm{d}\Gamma\end{aligned} \tag{3.88}$$

上式中

$$\sum\int_{\Gamma_{c1}}[N]^{\mathrm{T}}[T_{nt}]^{\mathrm{T}}\begin{Bmatrix}P_n\\P_t\end{Bmatrix}\mathrm{d}\Gamma=\sum\int_{\Gamma_{c1}}[N]^{\mathrm{T}}\begin{Bmatrix}P_x\\P_y\\P_z\end{Bmatrix}\mathrm{d}\Gamma=\{Q_{xyz}\}\tag{3.89}$$

$$\sum\int_{\Gamma_{c1}}[N]^{\mathrm{T}}[T'_{nt}]^{\mathrm{T}}\begin{Bmatrix}P'_n\\P'_t\end{Bmatrix}\mathrm{d}\Gamma=\sum\int_{\Gamma_{c1}}[N]^{\mathrm{T}}\begin{Bmatrix}P'_x\\P'_y\\P'_z\end{Bmatrix}\mathrm{d}\Gamma=\{Q'_{xyz}\}\tag{3.90}$$

式中：$[T_{nt}]$ 和 $[T'_{nt}]$ 为转换矩阵。式（3.89）和式（3.90）分别为 $\Omega^{(A)}$ 和 $\Omega^{(B)}$ 中应力在接触边界 $\Gamma_{c1}$（$\Gamma_{c1}$ 即接触边界上未发生相对滑动的部分）上产生的节点荷载，是通过沿边界积分的方法得到的。由 Green 公式易证下式成立。

$$\int_{\Gamma}[N]^{\mathrm{T}}\begin{Bmatrix}P_x\\P_y\\P_z\end{Bmatrix}\mathrm{d}\Gamma=\int_{\Omega}[B]^{\mathrm{T}}\{\sigma\}\mathrm{d}\Omega-\int_{\Omega}[N]^{\mathrm{T}}\begin{Bmatrix}F_x\\F_y\\F_z\end{Bmatrix}\mathrm{d}\Omega\tag{3.91}$$

故计算节点荷载的另一种方法是通过对 $\Omega^{(A)}$ 和 $\Omega^{(B)}$ 的域内积分得到，即

$$\{P_{xyz}\}=\sum\int_{\Omega}\left([B]^{\mathrm{T}}\{\sigma\}-[N]^{\mathrm{T}}\begin{Bmatrix}F_x\\F_y\\F_z\end{Bmatrix}\right)\mathrm{d}\Omega\tag{3.92}$$

$$\{P'_{xyz}\}=\sum\int_{\Omega}\left([B']^{\mathrm{T}}\{\sigma'\}-[N']^{\mathrm{T}}\begin{Bmatrix}F_x{}'\\F_y{}'\\F_z{}'\end{Bmatrix}\right)\mathrm{d}\Omega\tag{3.93}$$

式中：$\sum$ 表示对所有处在 $\Gamma_{c1}$ 上的边界单元的求和。由上述关系容易证明，当应力 $\{\sigma\}$ 在 $\Omega^{(A)}$ 和 $\Omega^{(B)}$ 内连续时，有

$$\{P_{xyz}\}=\{Q_{xyz}\},\quad \{P'_{xyz}\}=\{Q'_{xyz}\}\tag{3.94}$$

在有限元计算时，通常 $\{\sigma\}$ 仅仅在各自单元内连续，而在整个域内不连续，这样，上式通常是不成立的。但是实际计算中，应用式（3.94）计算节点荷载比应用式（3.92）更为方便，特别是计算实践表明，在接触问题的求解迭代时，若应用式（3.92），其迭代的收敛要困难得多，因此，可以近似地用式（3.94）替代式（3.92）。

由此可知，在 $\Gamma_{c1}$ 的接触节点对上，有

$$\begin{Bmatrix} P_n \\ P_t \end{Bmatrix} + \begin{Bmatrix} P_n' \\ P_t' \end{Bmatrix} = \begin{Bmatrix} 0 \\ 0 \end{Bmatrix} \tag{3.95}$$

在 $\Gamma_{c2}$ 的接触节点上，有

$$\{P_n\} + \{P_n'\} = \{0\} \tag{3.96}$$

故式（3.88）最终简化为

$$\begin{aligned} \sum \int_{\Omega^{(A)}+\Omega^{(B)}} [B]^{\mathrm{T}} \{\sigma\} \mathrm{d}\Omega &= \sum \int_{\Omega^{(A)}+\Omega^{(B)}} [N]^{\mathrm{T}} \{F\} \mathrm{d}\Omega + \sum \int_{\Gamma^{(A)}+\Gamma^{(B)}} [N]^{\mathrm{T}} \{P\} \mathrm{d}\Gamma \\ &+ \int_{\Gamma_{c2}} \left( [N]^{\mathrm{T}} [T_t]^{\mathrm{T}} \mu |P_n| + [N']^{\mathrm{T}} [T_t']^{\mathrm{T}} \mu |P_n'| \right) \mathrm{d}\Gamma \end{aligned} \tag{3.97}$$

上式中等号右端的前两项实为由体力和面力产生的节点荷载，即

$$\{R\} = \sum \int_{\Omega} [N]^{\mathrm{T}} \{F\} \mathrm{d}\Omega + \sum \int_{\Gamma^{(A)}+\Gamma^{(B)}} [N]^{\mathrm{T}} \{P\} \mathrm{d}\Gamma \tag{3.98}$$

第三项则是由接触边界上已滑动的点所引起的节点荷载。实际上，在接触体的受力、变形过程中，接触边界是在不断变化的，而且同一接触点对在不同的加载阶段可能处于粘结、滑动、张开等状态。为以后叙述方便，这里将接触边界上的节点荷载统一设为 $\{R_c\}$，其具体表达式与所处的接触状态有关。由此，式（3.97）可简写为

$$\sum \int_{\Omega^{(A)}+\Omega^{(B)}} [B]^{\mathrm{T}} \{\sigma\} \mathrm{d}\Omega = \{R\} + \{R_c\} \tag{3.99}$$

### 3.6.4　接触计算迭代流程

动力接触问题是一个非常复杂的不连续力学问题，当两种介质接触面相互接触时，法向接触力就通过在接触面对之间建立的接触约束相互传递，接触面对上建立起来的离散单元节点对之间满足位移协调条件和胡克定律；当接触面对发生分离时，接触面对之间的接触约束将会被取消，介质边界将转化为普通边界。在非线性问题的求解过程中，在每个增量分析中都必须判断接触面的接触状态，这是个循环迭代的过程，具体迭代过程如图 3.21 所示，图中 $p$ 代表接触面上节点法向接触力，$h$ 代表接触面相互侵入的距离。

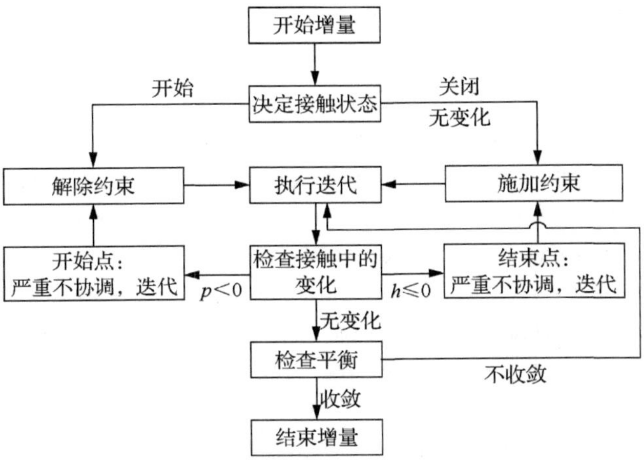


图 3.21　接触数值算法的迭代流程

# 参 考 文 献


[1] WU T, TEMIZER I, WRIGGERS P. Computational thermal homogenization of concrete[J]. Cement and concrete composites, 2013, 35(1): 59-70.

[2] 沈观林, 胡更开. 复合材料力学[M]. 北京: 清华大学出版社, 2006.

[3] HÄFNER S, ECKARDT S, LUTHER T, et al. Mesoscale modeling of concrete: geometry and numerics[J]. Computers and structures, 2006, 84(7): 450-461.

[4] MEHTA P K, MONTEIRO P J M. Concrete microstructure, properties and materials[M]. New York: McGraw-Hill Professional, 2001.

[5] 杜修力, 金浏. 混凝土细观分析方法与应用[M]. 北京: 科学出版社, 2021.

[6] KWAN A K H, WANG Z M, CHAN H C. Mesoscopic study of concrete Ⅱ: nonlinear finite element analysis[J]. Computers and structures, 1999, 70(5): 545-556.

[7] WANG Z M, KWAN A K H, CHAN H C. Mesoscopic study of concrete Ⅰ: generation of random aggregate structure and finite element mesh[J]. Computers and structures, 1999, 70(5): 533-544.

[8] 杜修力, 韩亚强, 金浏, 等. 骨料空间分布对混凝土压缩强度及软化曲线影响统计分析[J]. 水利学报, 2015, 46(6): 631-639.

[9] DU X, JIN L, MA G. A meso-scale numerical method for the simulation of chloride diffusivity in concrete[J]. Finite elements in analysis and design, 2014, 85(4): 87-100.

[10] FULLER W B, THOMPSON S E. The laws of proportioning concrete[J]. Transactions of the American Society of Civil Engineers, 1907, 59(2): 67-143.

[11] THILAKARATHNA P S M, KRISTOMBU BADUGE K S, MENDIS P, et al. Mesoscale modelling of concrete-a review of geometry generation, placing algorithms, constitutive relations and applications[J]. Engineering fracture mechanics, 2020, 231: 106974.

[12] BAŽANT Z P, TABBARA M R, KAZEMI M, et al. Random particle model for fracture of aggregate or fiber composites[J]. Journal of engineering mechanics, 1990, 116(8): 1686-1705.

[13] HUANG Y J, YANG Z J, CHEN X W, et al. Monte Carlo simulations of meso-scale dynamic compressive behavior of concrete based on X-ray computed tomography images[J]. International journal of impact engineering, 2016, 97: 102-115.

[14] SONG Z H, LU Y. Mesoscopic analysis of concrete under excessively high strain rate compression and implications on interpretation of test data[J]. International journal of impact engineering, 2012, 46(6): 41-55.

[15] CHEN H, XU B, WANG J, et al. Parametric analysis on compressive strain rate effect of concrete using mesoscale modeling approach[J]. Construction and building materials, 2020, 246: 118375.

[16] JIN L, YU W X, DU X L, et al. Meso-scale simulations of size effect on concrete dynamic splitting tensile strength: influence of aggregate content and maximum aggregate size[J]. Engineering fracture mechanics, 2020, 230: 106979.

[17] 全国钢标准化技术委员会（SAC/TC 183）. 钢筋混凝土用钢 第 2 部分: 热轧带肋钢筋: GB/T 1499.2—2018[S]. 北京: 中国标准出版社, 2018.

[18] Dassault Systèmes Simulia. ABAQUS Theory Manual, Version 6.14[Z]. Providence, RI: Dassault Systèmes, 2014.

[19] ISO. Fire resistance Test on Elements of Building Construction: ISO 834-1[S]. Geneva: International Standards Organization, 1999.

[20] PURKISS J A. Fire safety engineering design of structures[M]. 2nd ed. Oxford: Butterworth-Heineman, 2007.

[21] CHO B, PARK D, KIM J, et al. Study on the heat-moisture transfer in concrete under real environment[J]. Construction and building materials, 2017, 132: 124-129.

[22] KHAN M I. Factors affecting the thermal properties of concrete and applicability of its prediction models[J]. Building and environment, 2002, 37(6): 607-614.

[23] VOSTEEN H, SCHELLSCHMIDT R. Influence of temperature on thermal conductivity, thermal capacity and thermal diffusivity for different types of rock[J]. Physics and chemistry of the earth, 2003, 28(9): 499-509.

[24] ČERNÝ R, MADĚRA J, PODĚBRADSKÁ J, et al. The effect of compressive stress on thermal and hygric properties of Portland cement mortar in wide temperature and moisture ranges[J]. Cement and concrete research, 2000, 30(8): 1267-1276.

[25] European Committee for Standardization. Eurocode 2: design of concrete structures-part 1-2: general rules-structural fire design: EN 1992-1-2：2004[S]. Brussels: CEN, 2004.

[26] ZOTH G, HÄNEL R. Handbook of terrestrial heat-flow density determination[M]. Dordrecht: Kluwer Academic Publishers, 1988, 449-468.

[27] 中国工程建设标准化协会钢结构专业委员会 CECS/TC1. 建筑钢结构防火技术规范: CECS 200：2006[S]. 北京: 中国计划出版社, 2006.

[28] European Committee for Standardization. Eurocode 1: actions on structures - part 1-2: general actions-actions on structures exposed to fire: EN 1991-1-2：2002[S]. Brussels: CEN, 2002.

[29] PARK C, SYNN J H, SHIN H S, et al. Experimental study on the thermal characteristics of rock at low temperatures[J]. International journal of rock mechanics and mining sciences, 2004, 41(3): 1-6.

[30] 李术才, 陈云娟, 朱维申, 等. 岩石破坏非连续变形分析弹脆性本构模型的二次开发[J]. 岩土力学, 2014, 35(8): 2144-2149.

[31] DAHMANI L, KHENANE A, KACI S. Behavior of the reinforced concrete at cryogenic temperatures[J]. Cryogenics, 2007, 47(9/10): 517-525.

[32] MARSHALL A L. Cryogenic concrete[J]. Cryogenics, 1982, 22(11): 555-565.

[33] ČERNÝ R, MADĚRA J, PODĚBRADSKÁ J, et al. The effect of compressive stress on thermal and hygric properties of Portland cement mortar in wide temperature and moisture ranges[J]. Cement and concrete research, 2000, 30(8): 1267-1276.

[34] PEDERSEN R R, SIMONE A, SLUYS L J. Mesoscopic modeling and simulation of the dynamic tensile behavior of concrete[J]. Cement and concrete research, 2013, 50: 74-87.

[35] CHEN H, XU B, MO Y L, et al. Behavior of meso-scale heterogeneous concrete under uniaxial tensile and compressive loadings[J]. Construction and building materials, 2018, 178: 418-431.

[36] GROTE D L, PARK S W, ZHOU M. Dynamic behavior of concrete at high strain rates and pressures: I. experimental characterization[J]. International journal of impact engineering, 2001, 25(9): 869-886.

[37] GRONDIN F, MATALLAH M. How to consider the interfacial transition zones in the finite element modelling of concrete?[J]. Cement and concrete research, 2014, 58(58): 67-75.

[38] SCRIVENER K L, CRUMBIE A K, LAUGESEN P. The interfacial transition zone (ITZ) between cement paste and aggregate in concrete[J]. Interface science, 2004, 12(4): 411-421.

[39] LUBLINER J, OLIVER J, OLLER S, et al. A plastic-damage model for concrete[J]. International journal of solids and structures, 1989, 25(3): 299-326.

[40] LEE J, FENVES G L. Plastic-damage model for cyclic loading of concrete structures[J]. Journal of engineering mechanics, 1998, 124(8): 892-900.

[41] NADERI S, TU W, ZHANG M. Meso-scale modelling of compressive fracture in concrete with irregularly shaped aggregates[J]. Cement and concrete research, 2021, 140: 106317.

[42] 中华人民共和国住房和城乡建设部. 混凝土结构设计规范(2015 年版): GB 50010—2010[S]. 北京: 中国建筑工业出版社, 2015.

[43] HILLERBORG A, MODÉER M, PETERSSON P E. Analysis of crack formation and crack growth in concrete by means of fracture mechanics and finite elements[J]. Cement and concrete research, 1976, 6(6): 773-781.

[44] FIB. FIB Model code 2010[S]. Lausanne, Switzerland: International Federation for Structural Concrete, 2010.

[45] MASAD N, ZOLLINGER D, KIM S M, et al. Meso-scale model for simulations of concrete subjected to cryogenic temperatures[J]. Materials and structures, 2016, 49(6): 2141-2159.

[46] YAN J B, GENG Y, LUO Y, et al. Double skin composite beams at Arctic low temperatures: numerical and analytical studies[J]. Journal of constructional steel research, 2022, 193: 107286.

[47] 中华人民共和国住房和城乡建设部. 低温环境混凝土应用技术规范: GB 51081—2015[S]. 北京: 中国计划出版社, 2015.

[48] JIN L, LIU K X, ZHANG R B, et al. Effects of content and size of aggregate on the mechanical responses of concrete at cryogenic temperatures[J]. Engineering fracture mechanics, 2022, 273: 108737.

[49] JIN L, XU J D, ZHANG R B, et al. Numerical study on the impact performances of reinforced concrete beams: a mesoscopic simulation method[J]. Engineering failure analysis, 2017, 80: 141-163.

[50] GROTE D L, PARK S W, ZHOU M. Dynamic behavior of concrete at high strain rates and pressures: I. experimental characterization[J]. International journal of impact engineering, 2001, 25(9): 869-886.

[51] KHALIQ W, TAIMUR. Mechanical and physical response of recycled aggregates high-strength concrete at elevated temperatures[J]. Fire safety journal, 2018, 96: 203-214.

[52] LIU S, XU J Y. An experimental study on the physico-mechanical properties of two post-high-temperature rocks[J]. Engineering geology, 2015, 185: 63-70.

[53] TIAN H, KEMPKA T, YU S, et al. Mechanical properties of sandstones exposed to high temperature[J]. Rock mechanics and rock engineering, 2016, 49(1): 321-327.

[54] XIE J, LI X M, WU H H. Experimental study on the axial-compression performance of concrete at cryogenic temperatures[J]. Construction and building materials, 2014, 72: 380-388.

[55] 王传星, 谢剑, 李会杰. 低温环境下混凝土性能的试验研究[J]. 工程力学, 2011, 28(S2): 182-186.

[56] European Committee for Standardization. Eurocode 2: design of concrete structures - part 1-2: general rules-structural fire design: EN 1992-1-2：2004[S]. Brussels: CEN, 2004.

[57] 余志武, 王中强, 史召锋. 高温后新III级钢筋力学性能的试验研究[J]. 建筑结构学报, 2005, 26(2): 112-116.

[58] YAN J B, XIE J. Experimental studies on mechanical properties of steel reinforcements under cryogenic temperatures[J]. Construction and building materials, 2017, 151: 661-672.

[59] SOLYOM S, BENEDETTI M, GUADAGNINI M, et al. Effect of temperature on the bond behaviour of GFRP bars in concrete[J]. Composites part B, 2020, 183: 107602.

[60] ROSA I, FIRMO J, CORREIA J, et al. Influence of elevated temperatures on the bond behaviour of ribbed GFRP bars in concrete[J]. Cement and concrete composites, 2021, 122: 104119.

[61] BOROSNYOI A. Influence of service temperature and strain rate on the bond performance of CFRP reinforcement in concrete[J]. Composite structures, 2015, 127: 18-27.

[62] HAMAD R, JOHARI M A, HADDAD R. Mechanical properties and bond characteristics of different fiber reinforced polymer rebars at elevated temperatures[J]. Construction and building materials, 2017, 142: 521-535.

[63] KATZ A, BERMAN N. Modelling the effect of high temperature on the bond of FRP reinforcing bars to concrete[J]. Cement and concrete composites, 2000, 22(6): 433-443.

[64] 金汉林, 张春涛. 腐蚀及高温后 BFRP 筋力学性能研究[J]. 四川建筑科学研究, 2019, 45(5): 73-78.

[65] WANG Y C, WONG P M H, KODUR V. An experimental study of the mechanical properties of fiber reinforced polymer(FRP)and steel reinforcing bars at elevated temperatures[J]. Composite structures, 2007, 80(1): 131-140.

[66] ROSA I C, FIRMO J P, CORREIA J R. Experimental study of the tensile behaviour of GFRP reinforcing bars at elevated temperatures[J]. Construction and building materials, 2022, 324: 126676.

[67] WU J Y, LI H, XIAN G J. Influence of elevated temperature on the mechanical and thermal performance of BFRP rebar[C]// YE L P, FENG P, YUE Q R. The 5th International Conference on FRP Composites in Civil Engineering. Beijing: China Civil Engineering Society, 2010, 69-72.

[68] 唐利, 张春涛, 李彪, 等. 高温作用下 BFRP 筋力学性能试验研究[J]. 建筑科学, 2017, 33(1): 36-40.

[69] ZHOU C C, PAN J J, ZHANG Z H, et al. Comparative study on the tensile mechanical behavior of GFRP bars under and after high temperature exposure[J]. Case studies in construction materials, 2022, 16: e00905.

[70] XIE J, LIU Y, QIAO Y, et al. Bond behaviors of ribbed CFRP bars in concrete exposed to low temperatures[J]. Construction and building materials, 2022, 341: 127910.

[71] LI Q M, MENG H. About the dynamic strength enhancement of concrete-like materials in a split Hopkinson pressure bar test[J]. International journal of solids and structures, 2003, 40(2): 343-360.

[72] HAO Y F, HAO H, LI Z X. Influence of end friction confinement on impact tests of concrete material at high strain rate[J]. International journal of impact engineering, 2013, 60: 82-106.

[73] HAO Y F, HAO H, JIANG G P, et al. Experimental confirmation of some factors influencing dynamic concrete compressive strengths in high-speed impact tests[J]. Cement and concrete research, 2013, 52: 63-70.

[74] HAO Y F, HAO H, LI Z X. Numerical analysis of lateral inertial confinement effects on impact test of concrete compressive material properties[J]. International journal of protective structures, 2010, 1(1): 145-167.

[75] HAO Y F, HAO H. Finite element modelling of mesoscale concrete material in dynamic splitting test[J]. Advances in structural engineering, 2016, 19(6): 1027-1039.

[76] Euro-International Committee for Concrete. CEB-FIP Model Code 1990[S]. London: Thomas Telford Services Ltd., 1991.

[77] MALVAR L J, ROSS C A. Review of strain rate effects for concrete in tension[J]. Materials journal, 1998, 95(6): 735-739.

[78] ZHOU X Q, HAO H. Mesoscale modelling of concrete tensile failure mechanism at high strain rates[J]. Computers and structures, 2008, 86(21/22): 2013-2026.

[79] ZHOU X Q, HAO H. Modelling of compressive behaviour of concrete-like materials at high strain rate[J]. International journal of solids and structures, 2008, 45(17): 4648-4661.

[80] GROTE D L, PARK S W, ZHOU M. Dynamic behavior of concrete at high strain rates and pressures: I. experimental characterization[J]. International journal of impact engineering, 2001, 25(9): 869-886.

[81] WANG Q Z, LI W, SONG X L. A method for testing dynamic tensile strength and elastic modulus of rock materials using SHPB[J]. Pure and applied geophysics, 2006, 163(5/6): 1091-1100.

[82] LI H B, ZHAO J, LI J R, et al. Experimental studies on the strength of different rock types under dynamic compression[J]. International journal of rock mechanics and mining sciences, 2004, 41(3): 1-6.

[83] ZHAO J. Applicability of Mohr–Coulomb and Hoek–Brown strength criteria to the dynamic strength of brittle rock[J]. International journal of rock mechanics and mining sciences, 2000, 37(7): 1115-1121.

[84] HAO Y F, HUANG X, HAO H. Mesoscale modelling of concrete reinforced with spiral steel fibres under dynamic splitting tension[J]. Advances in structural engineering, 2018, 21(8): 1197-1210.

[85] HAO Y F, HAO H. Numerical investigation of the dynamic compressive behaviour of rock materials at high strain rate[J]. Rock mechanics and rock engineering, 2013, 46(2): 373-388.

[86] YE Z C, HAO Y F, HAO H. Numerical study of the compressive behavior of concrete material at high strain rate with active confinement[J]. Advances in structural engineering, 2019, 22(10): 2359-2372.

[87] CHEN G, HAO Y F, HAO H. 3D meso-scale modelling of concrete material in spall tests[J]. Materials and structures, 2015, 48(6): 1887-1899.

[88] HAO Y, HAO H. Numerical evaluation of the influence of aggregates on concrete compressive strength at high strain rate[J]. International journal of protective structures, 2011, 2(2): 177-206.

[89] Comité Euro-International du Béton. Concrete structures under impact and impulsive loading: Bulletin No. 187[S]. Lausanne, Switzerland: CEB, 1988.

[90] 张仁波, 金浏, 杜修力, 等. 冲击荷载与火灾联合作用下 SFRC 梁的力学行为[J]. 爆炸与冲击, 2019, 39(9): 093102.

[91] ZHU L T, SUN B Z, HU H, et al. Constitutive equations of basalt filament tows under quasi-static and high strain rate tension[J]. Materials science and engineering: A, 2010, 527(13/14): 3245-3252.

[92] ZHOU Y Z, LIU S F, FENG J, et al. Improved finite difference analysis of dynamic responses of concrete members reinforced with FRP bars under explosion[J]. Composite structures, 2019, 230: 111518.

[93] GURUSIDESWAR S, SRINIVASAN N, VELMURUGAN R, et al. Tensile response of Epoxy and glass/epoxy composites at low and medium strain rate regimes[J]. Procedia engineering, 2017, 173: 686-693.

[94] AL-ZUBAIDY H, ZHAO X L, AL-MAHAIDI R. Mechanical characterisation of the dynamic tensile properties of CFRP sheet and adhesive at medium strain rates[J]. Composite structures, 2013, 96: 153-164.

[95] 金浏. 断层引起的地面大变形下埋地管线非线性反应分析[D]. 南京: 南京工业大学, 2009.

# 第 4 章　温度效应对钢筋与混凝土粘结性能影响

混凝土和钢筋之间的粘结性能是影响钢筋混凝土正常使用和极限状态的重要因素之一。混凝土和钢筋粘结机制主要包括化学附着作用、摩擦作用和机械咬合作用。开始阶段主要是化学附着和静摩擦作用，出现滑移后，对于光圆钢筋，主要为摩擦作用；对于带肋钢筋，机械咬合力起主导作用。影响混凝土和钢筋粘结-滑移行为的因素众多，高温、低温可改变混凝土及钢筋的材料力学特性，是关键因素之一。

本章采用精细化数值分析方法，考虑混凝土的非均质性、变形钢筋的表面几何特性，以及混凝土和钢筋力学性能的温度效应，探究了温度和动载作用下钢筋与混凝土之间的粘结-滑移行为，揭示变形钢筋几何特性、温度和应变率对钢筋混凝土粘结性能及粘结破坏机理的影响，建立考虑温度和应变率的钢筋-混凝土粘结应力-滑移本构关系模型[1-11]。

## 4.1　数值计算模型及验证

本章关注温度效应（包括常温、高温和低温）对钢筋-混凝土界面相互作用的影响，首先建立精细化数值模型，进而将模拟结果与现有文献试验结果对比，验证数值模型的有效性。

### 4.1.1　模型概况

为了分析温度效应对变形钢筋与混凝土之间的静/动态粘结性能的影响，考虑混凝土的细观非均质性，将其视为由骨料、砂浆及二者之间界面过渡区组成的三相复合材料，同时模拟钢筋表面的几何特征，建立三维精细化数值模型。模型中考虑了材料力学特性的温度效应和应变率效应，以反映温度和动载的影响。模型介绍详见第 3 章，这里通过模拟结果与试验结果的对比，验证模型的合理性和准确性。

### 4.1.2 数值模型验证

1. 高温下静态粘结性能

采用 Diederichs 和 Schneider[12]开展的高温下钢筋-混凝土中心拉拔试验，来验证数值方法模拟高温下静态粘结性能的有效性。在数值模拟中，试件的几何尺寸、材料的热工参数和力学参数以及荷载和边界条件均与试验[12]保持一致。

骨料、砂浆基质和 ITZ 的网格尺寸对计算结果有显著影响[13]，为分析网格尺寸对粘结性能的影响，混凝土界面与钢筋的网格尺寸分别设置为 2.0mm、3.0mm 和 4.0mm。由图 4.1 可知，网格尺寸为 2.0mm 和 3.0mm 时的粘结应力-滑移曲线基本一致，并且与试验结果吻合较好。当网格尺寸为 4.0mm 时，计算得到的粘结应力和滑移均小于试验结果[12]。

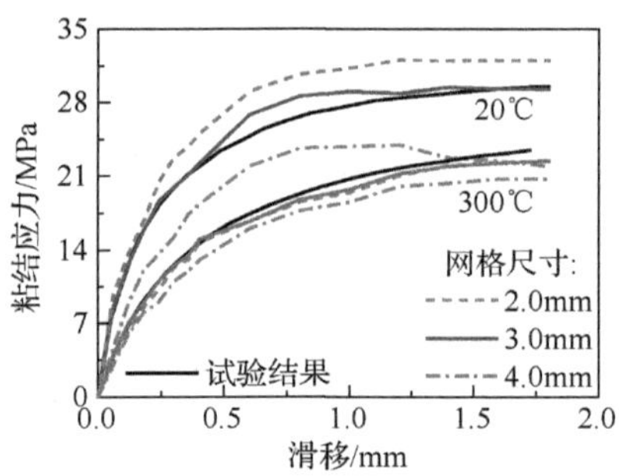


图 4.1　不同网格尺寸下模拟结果与试验[12]结果对比

图 4.2 给出了不同网格尺寸下试件的破坏模式，当混凝土与钢筋界面间的网格尺寸分别为 2.0mm 和 3.0mm 时，两种网格尺寸下试件的破坏模式基本一致。当网格尺寸为 4.0mm 时，裂缝间距明显减小，损伤区域明显增大。因此，为保证计算精度并节省计算时间，混凝土与钢筋接触部分的网格尺寸取 3.0mm。

为了进一步说明考虑混凝土非均质性的必要性，这里对比了宏观模型与精细化模型所得的粘结应力-滑移曲线和试件破坏模式。在宏观模型中，试件尺寸、材料参数和网格尺寸都与精细化模型保持一致，两者区别在于，宏观模型将混凝土视为均质材料。如图 4.3 所示，宏观模型得到的粘结应力-滑移曲线和精细化模型下的曲线相似。与宏观结果相比，随着滑移增加，精细化模型得到的曲线与试验[12]结果更为接近。此外，精细化模型得到的常温和高温下的峰值粘结强度与试验[12]结果的误差更小。由图 4.4 可知，两个模型得到的混凝土截面处的损伤几乎相同，但精细化模型可以捕捉试件内部的破坏过程以及骨料分布对混凝土裂缝扩展方向的影响，有助于反映钢筋与混凝土之间的粘结破坏机理。

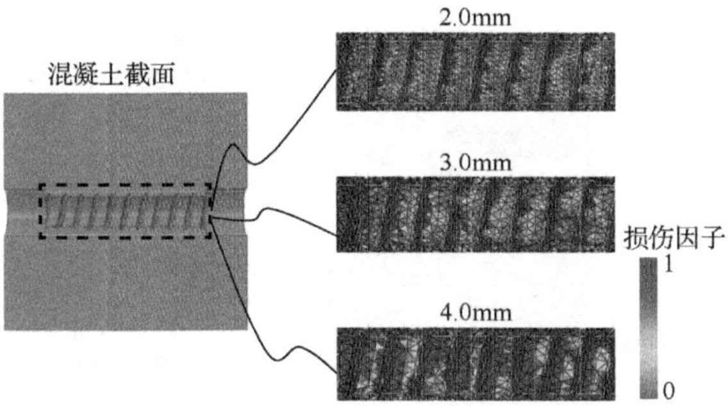


图 4.2　不同网格尺寸下钢筋-混凝土界面间损伤

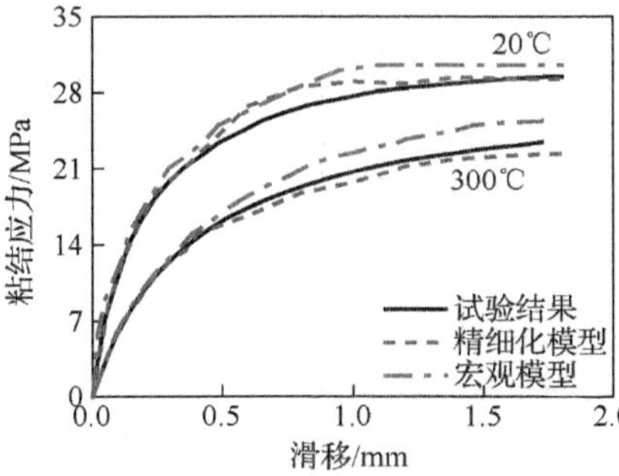


图 4.3　模拟结果粘结应力-滑移曲线与试验[12]结果对比

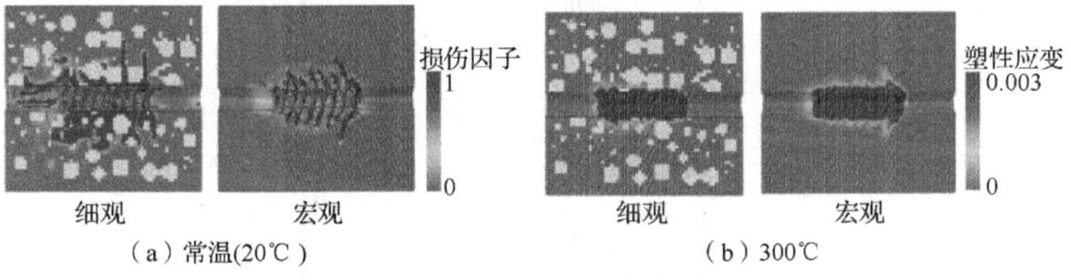


图 4.4　宏观模式与精细化模型破坏模式对比

在进行粘结应力计算时，通常假定粘结应力在钢筋上均匀分布。事实上，钢筋的应力分布并不是均匀的。在高温拉拔试验中，不同位置钢筋处的应力分布很难获得，利用精细化数值模型可以获取高温下变形钢筋的应力情况。在 300℃下钢筋各位置的应力分布如图 4.5 所示。由图可以看出靠近加载端的钢筋应力较大，且粘结区域内变形钢筋横肋的应力明显超过钢筋的屈服强度，表明变形钢筋与混凝土之间的粘结应力主要来自于钢筋横肋与混凝土的相互作用。变形钢筋的应力随着滑移的增加而增加。

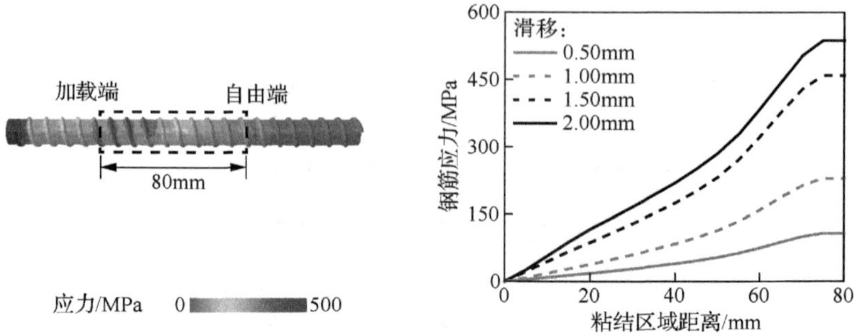


（a）钢筋应力分布　　（b）钢筋应力随滑移变化

图 4.5　钢筋应力分布

利用三维精细化数值模型还可以观察到裂缝在混凝土中的扩展路径。在钢筋拔出过程中，损伤首先出现在变形钢筋与混凝土的界面处，如彩图 6 所示，裂缝在扩展过程中形成明显的损伤区域。由于在精细化模型中考虑了混凝土的非均质性，可以清楚地观察到裂缝绕过粗骨料颗粒，在砂浆基质和 ITZ 中的扩展延伸。这与 Huang 等[14]的试验结果一致。随着滑移的增加，混凝土的损伤逐渐从加载端向自由端发展。

从图 4.6 可以看出，加载端附近的粘结应力大于其他位置。当粘结长度相同时，粘结应力随着滑移的增加逐渐增大。此外，当滑移超过 1mm 后，自由端附近的粘结应力显著增加。

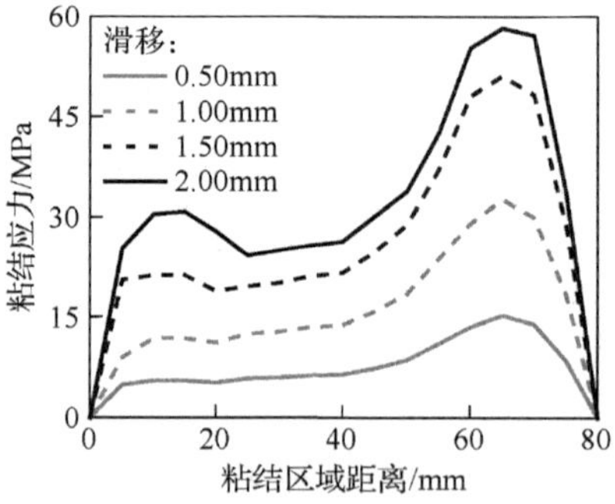


图 4.6　粘结区域内粘结应力随滑移变化

2. 高温后静态粘结性能

Yang 等[15]开展了 20℃和 300℃冷却后的拉拔试验。试验中在混凝土试块端部设置了垫板。此外，一些拉拔试验使用软橡胶垫、聚四氟乙烯薄膜[17]或油脂[18]来减少钢板与混凝土试件之间的摩擦。因此，这里考虑不同情形下垫板摩擦系数的影响，在模拟中其值分别取为 0、0.05、0.1、0.2、0.3、0.4 和 0.5[16]。

从图 4.7 可以看出，摩擦系数从 0 增加到 0.5，峰值粘结强度增加了 0.16MPa。

不同摩擦系数对粘结性能影响不大。这与 Lam 等[16]和 Jin 等[7]的结果一致。此外，具有不同摩擦系数的混凝土钢板界面的接触应力几乎没有差异，如图 4.8 所示。

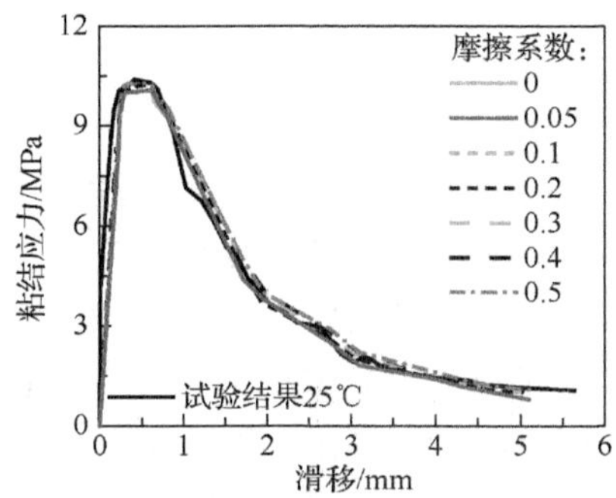


图 4.7　摩擦系数对粘结应力-滑移曲线的影响

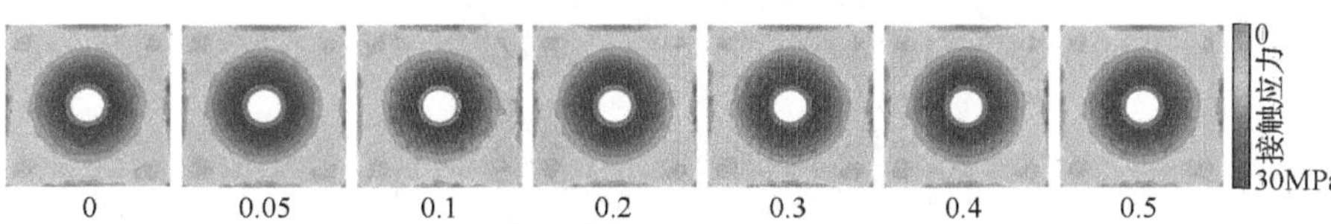


图 4.8　不同摩擦系数下钢制垫板接触应力

试件在 20℃和从 300℃冷却后的数值模拟结果与试验结果的对比如图 4.9 所示，可以看出数值模拟获得的粘结应力-滑移曲线与 Yang 等[15]的试验结果非常吻合，说明，考虑混凝土非均质性和钢筋肋的精细化模型能够有效地描述钢筋与混凝土的相互作用。

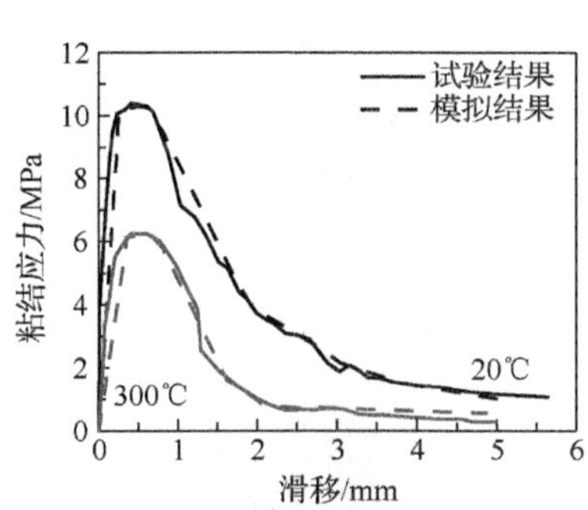


图 4.9　数值模拟结果与试验结果[15]对比

在劈裂破坏的情况下，混凝土裂缝形成的过程非常迅速，在实际试验中无法捕捉到。彩图 7 所示为精细化数值模拟中观察到的混凝土内部裂缝的发展过程和方向。可知，损伤首先出现在力学性能较弱的细观组分中，即砂浆基质和 ITZ。当裂缝遇到骨料时，裂缝的延伸路径会发生变化。但裂缝仍沿与钢筋长度方向成 45° 左右的角度发展。当达到峰值滑移 $s_p$ 时，由于滑移的增加，在与钢筋横肋相交的混凝土前方出现楔形破碎区域。随后，由于机械咬合效应减弱，混凝土损伤不再显著增加。

3. 动态粘结性能

采用 Zhang 等[19]的拔出试验来验证数值模型在不同应变率下的准确性和合理性。如图 4.10 所示，模拟得到的粘结应力-滑移曲线与试验结果[19]非常吻合，还可以观察到粘结强度和相应的峰值滑移随应变率提高而增大。图 4.11 给出了破坏模式的对比，模拟结果同样与试验结果吻合良好。钢筋位于试件拐角处时，混凝土保护层厚度仅为 25mm，混凝土内裂缝迅速扩展并延伸至混凝土表面，试件表现出劈裂破坏模式。当钢筋位于混凝土试件的中心时，混凝土保护层厚度为 75mm，可提供约束防止损伤过快发展，试件表现出拔出破坏模式。

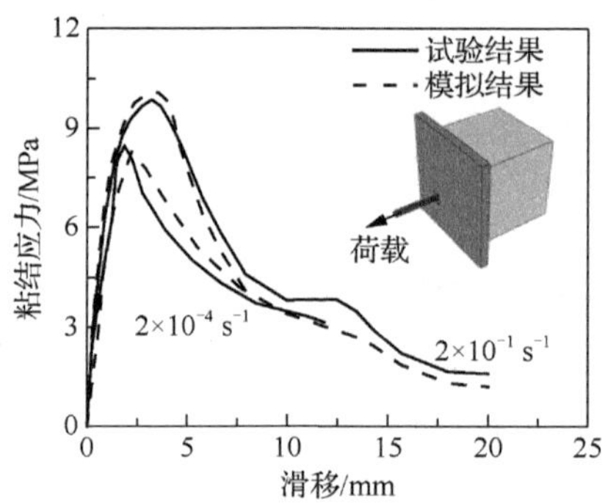


图 4.10 模拟粘结应力-滑移曲线与试验结果[19]对比

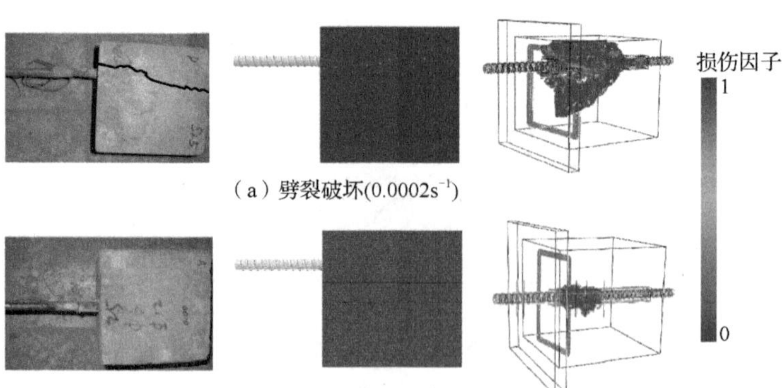


（a）劈裂破坏(0.0002s$^{-1}$)

（b）拔出破坏(0.2s$^{-1}$)

图 4.11 模拟的破坏模式与试验结果[19]对比

4. 低温下静态粘结性能

谢剑等[6]开展了低温（-80～20℃）下钢筋-混凝土的拔出试验。在试验中，立方体混凝土试件的高度为 150mm，钢筋的直径为 16mm，粘结长度为 48mm。谢剑等[6]的试验给出了常温下混凝土的力学参数，然后根据材料参数和温度之间的关系[20,21]计算出材料在低温下的力学参数。材料在不同温度下的参数总结在表 4.1 和表 4.2 中。断裂能 $G_f$ 的值可通过 FIB 规范[22]计算得到，其表示为 $G_f=73f_c^{0.18}$。此外，Zhou 等[23]开展了常温下考虑 CFRP 约束的钢筋混凝土拔出试验，可利用 Zhou 等[23]的试验来验证模型在约束条件下的适用性。

表 4.1　混凝土在不同温度下的力学参数

| 温度/℃ | 密度/（kg/m³） | 弹性模量/GPa | 泊松比 | 抗压强度/MPa | 抗拉强度/MPa | 断裂能/（N/m） |
|---|---|---|---|---|---|---|
| 20 | 2400 | 38 | 0.22 | 50.4 | 4.2 | 147.8 |
| −40 | 2400 | 44 | 0.28 | 61.7 | 4.6 | 153.3 |
| −80 | 2400 | 46 | 0.30 | 68.7 | 5.0 | 156.3 |
| −120 | 2400 | 47 | 0.34 | 72.2 | 5.3 | 157.7 |

注：常温下的力学参数来自谢剑等[6]的试验，−120～−40℃的力学参数由计算获得。

表 4.2　钢筋在不同温度下的力学参数

| 材料 | 密度/（kg/m³） | 弹性模量/GPa | 泊松比 | 屈服强度/MPa | 极限强度/MPa |
|---|---|---|---|---|---|
| 20 | 7850 | 201 | 0.3 | 398 | 597 |
| −40 | 7850 | 213 | 0.3 | 404 | 621 |
| −80 | 7850 | 226 | 0.3 | 417 | 654 |
| −120 | 7850 | 233 | 0.3 | 442 | 667 |

注：钢筋的力学参数来自 Yan 等[21]的试验。

图 4.12 和图 4.13 给出了模拟的破坏模式和曲线与试验结果的对比。由图可知，数值模型可以预测劈裂破坏模式和拔出破坏模式。模拟中粘结区混凝土的破坏面与试验结果中粘结区域的破坏面基本一致。此外，数值模型可以很好地模拟低温下的粘结应力-滑移曲线。

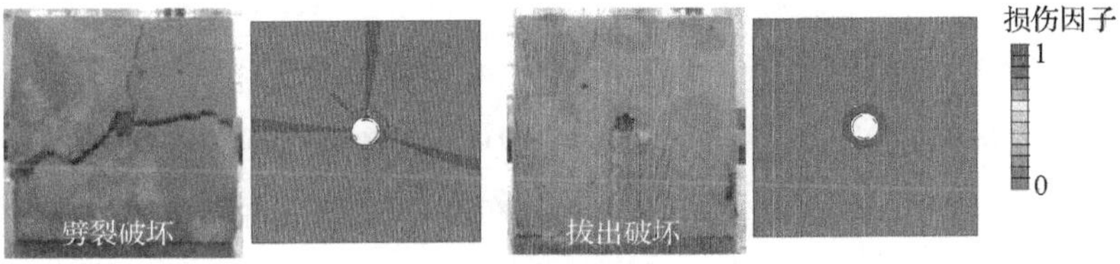

（a）破坏模式

图 4.12　模拟破坏模式与试验结果[6]对比

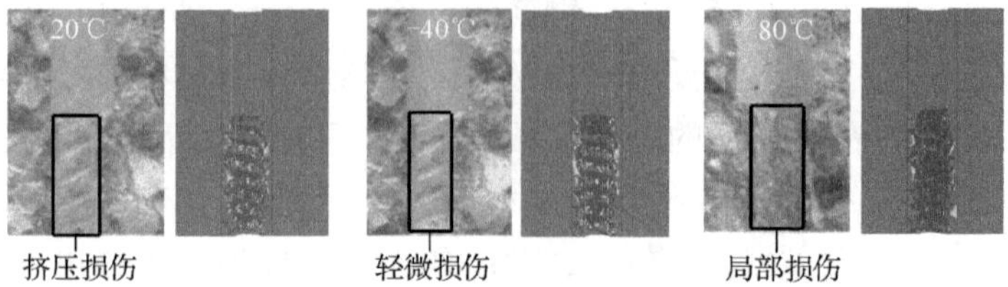


（b）粘结区域混凝土损伤

图 4.12（续）

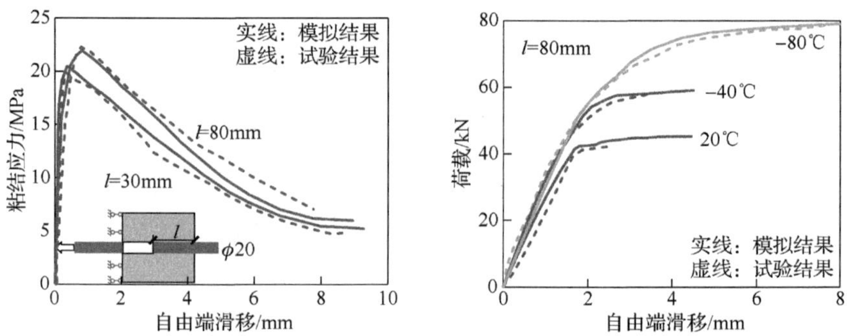


（a）粘结应力-滑移曲线　　（b）荷载-滑移曲线

图 4.13　模拟曲线与试验结果[6,23]对比

# 4.2　常温下钢筋与混凝土静、动态粘结性能

本节分析常温下钢筋混凝土界面静、动态破坏机理，并探讨环向约束作用（包括混凝土强度、保护层厚度和箍筋约束系数）、应变率等因素的影响，为分析高温/低温作用下的相互作用奠定基础。

## 4.2.1　静态粘结性能

### 1. 钢筋应力和粘结应力

为了研究带肋钢筋与混凝土之间的传力机理和钢筋粘结长度上的粘结应力分布情况，图 4.14 给出了钢筋粘结应力的分布图（钢筋的屈服强度为 363.3MPa）。可以看出钢筋肋上的应力大于光圆部分，说明钢筋肋为提高钢筋和混凝土的粘结强度起到了关键作用。

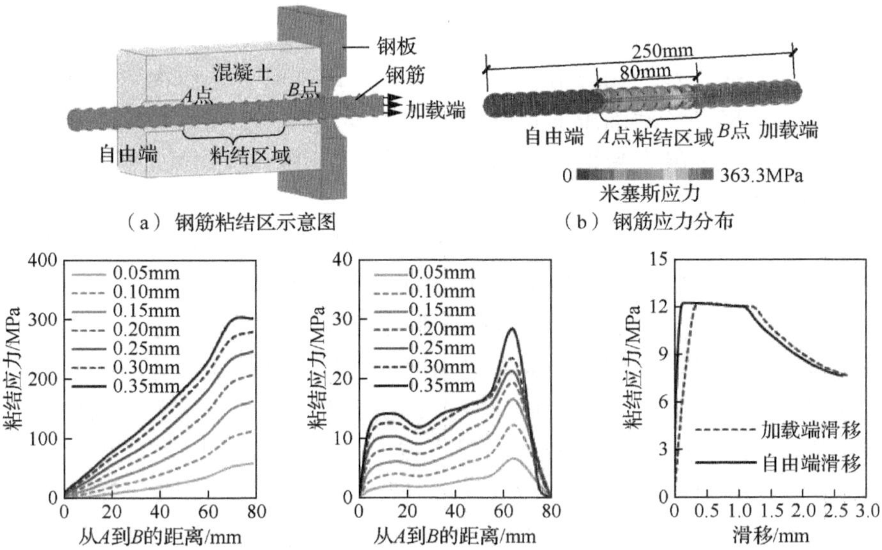


（a）钢筋粘结区示意图　（b）钢筋应力分布

（c）沿粘结区域的钢筋应力　（d）沿粘结长度上的粘结应力分布　（e）钢筋加载端和自由端粘结应力随滑移的变化

图 4.14　钢筋粘结应力

图 4.14（c）给出了粘结区域（方向从自由端 $A$ 到加载端 $B$）钢筋应力随滑移的变化。可以看出随着滑移的增加，粘结区域各点的应力均逐渐增大，并且距加载端越近，应力越大。根据各点的应力状态，钢筋粘结长度的粘结应力 $\tau$ 可由下式[24,25]计算：

$$\tau=\frac{A_s}{\pi d}\frac{\mathrm{d}\sigma_s}{\mathrm{d}x}=\frac{d}{4}\frac{\mathrm{d}\sigma_s}{\mathrm{d}x} \tag{4.1}$$

式中：$\mathrm{d}\sigma_s$ 是钢筋应力在粘结长度 $\mathrm{d}x$ 上的差值；$A_s$ 是钢筋横截面面积。根据式(4.1)，可以得到图 4.14(d)沿粘结长度上的粘结应力分布。可以看出在加载的初始阶段，粘结应力沿钢筋的粘结区域变化较小。随着滑移的不断增加，粘结区域的粘结应力分布曲线变得越来越陡，每段钢筋的粘结应力均单调增加。但从图中可以看出两个凸点的位置（$x=4l_a/5=64$mm 和 $x=l_a/8=10$mm，其中 $l_a$ 是钢筋的粘结长度，$x$ 是与钢筋加载端的距离）未发生变化。

图 4.14(e)分别给出了从钢筋加载端和自由端测得的粘结应力随滑移的变化。两端部的滑移差异可以认为是由钢筋拉伸变形引起的。可以看出随着粘结应力的增加，钢筋加载端和自由端的滑移差值先增大后减小。当粘结应力达到粘结强度时，滑移差值达到最大值。

2. 环向约束的影响

当钢筋与混凝土发生相对滑移时，变形钢筋的横肋会挤压混凝土并使之产生环向拉应力。从提高环向约束的角度出发，本节分析了混凝土强度、保护层厚度和箍筋约束系数对混凝土与钢筋之间粘结性能的影响。

1）混凝土强度

图 4.15 给出了 C20、C30、C40、C50 和 C70 的混凝土强度等级（对应的混凝土抗压强度分别为 20.0MPa、34.1MPa、39.6MPa、55.0MPa 和 70.0MPa）的试件破坏形态和钢筋的应力。可以看出混凝土强度等级为 C20 时，除了混凝土内部靠近钢筋周围有损伤外，试件的外表面上也出现平行于钢筋长度方向的裂缝。当混凝土强度等级增加到 C30 及以上时，只在钢筋周围的混凝土中观察到损伤，可以认为混凝土对钢筋的约束效果较好，发生拔出破坏。通过比较 C30、C40、C50 和 C70 这 4 组混凝土试件的破坏模式，可以看到损伤区域面积随混凝土强度等级的增加而明显减少。从图 4.15（d）可以看出劈裂破坏时钢筋应力小于拔出破坏对应的钢筋应力。

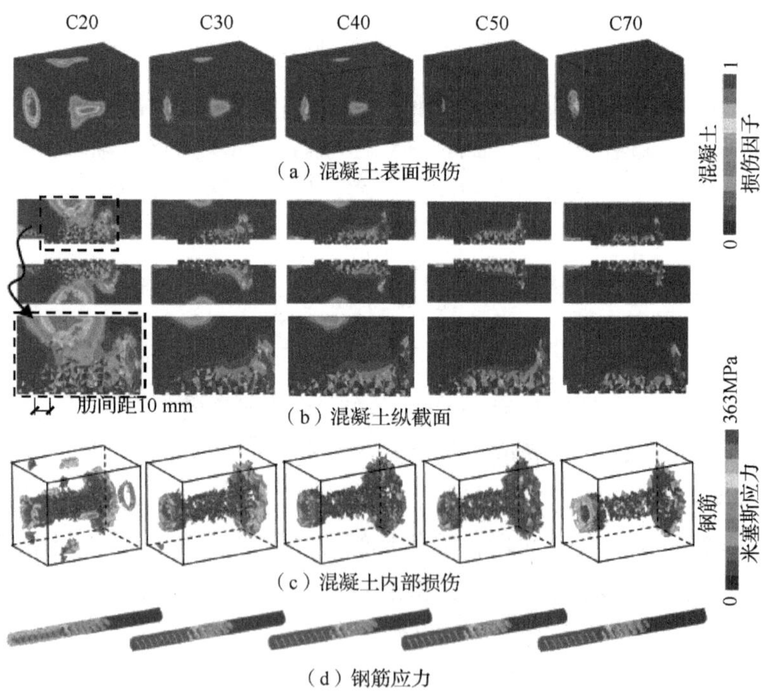

（a）混凝土表面损伤
（b）混凝土纵截面
（c）混凝土内部损伤
（d）钢筋应力

图 4.15　混凝土强度对混凝土破坏模式和钢筋应力的影响

图 4.16 给出了混凝土强度等级为 C15、C20、C25、C30、C40、C50 和 C70 的试件的粘结应力-滑移曲线。可以看出混凝土抗压强度对粘结应力-滑移曲线的

形状和粘结强度有很大影响，但对峰值滑移的影响较小。粘结强度随着混凝土抗压强度的提高而不断增大，这是因为增大混凝土强度可以提高混凝土环向抗拉性能，延迟混凝土内部开裂，从而提高粘结强度[26]。随着混凝土强度提高，曲线下降段变平缓，残余粘结强度随之变大。由于拔出破坏的破坏过程相较于劈裂破坏而言相对稳定，不会像劈裂破坏那样混凝土瞬间破坏，拔出破坏的过程是钢筋肋间的混凝土逐渐被钢筋带出，此时还存在摩擦力和残余的机械咬合力。因此拔出破坏试件的粘结应力-滑移曲线在粘结应力峰值点附近会出现一个近似平台段，试验[27-29]中同样观察到了这种粘结应力-滑移曲线形式。

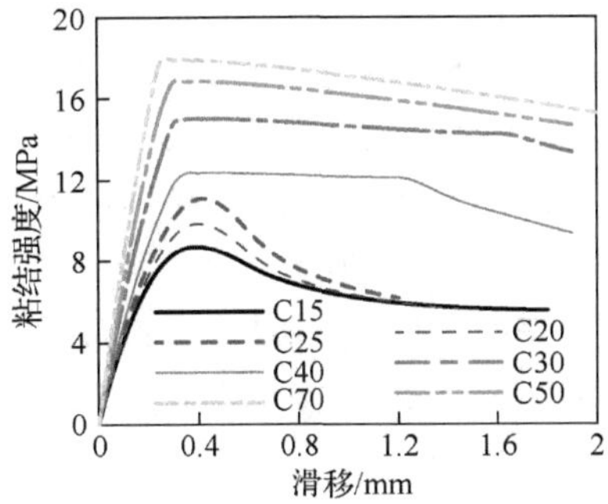

图 4.16　混凝土抗压强度对粘结应力-滑移曲线的影响

图 4.17（a）给出了不同混凝土抗压强度（以边长为 100mm 立方体的抗压强度 $f_{cu,100}$ 表示）下峰值粘结强度 $\tau_u$ 和峰值滑移 $s_u$ 的变化。可以看出峰值粘结强度随混凝土强度提高而近似线性增加，峰值滑移变化较小且未表现出明显规律。对峰值粘结强度、峰值滑移和混凝土抗压强度三组数据进行线性拟合，拟合结果良好。此外，将峰值粘结强度模拟数据和拟合结果与现有文献[22]、[30]～[32]中数据进行对比。其中，混凝土保护层厚度 $c$ 为 42mm，钢筋直径 $d$ 为 16mm，$c/d$ 为 2.625。可以看到，模拟结果分布在试验数据范围内，且峰值粘结强度随混凝土抗压强度增加的趋势与试验数据较为一致。

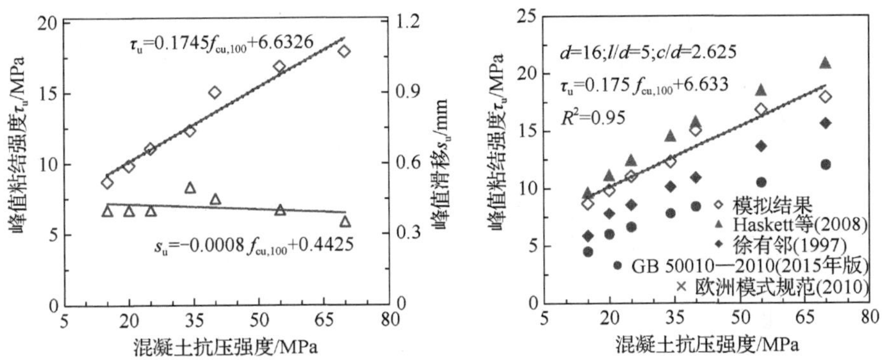

图 4.17　混凝土强度对粘结性能的影响以及与试验结果[22,30-32]的比较

2）保护层厚度

彩图 8 给出了不同混凝土保护层厚度下试件的粘结破坏模式和钢筋应力。其

中，混凝土抗压强度为 C30，钢筋直径为 16mm。试件边长分别为 90mm、100mm、120mm 和 150mm，对应的保护层厚度分别为 37mm、42mm、52mm 和 67mm，相应的 $c/d$ 分别为 2.31、2.63、3.25 和 4.19。

从彩图 8 可以看出，保护层厚度为 37mm（$c/d$=2.31）的试件外表面出现了沿钢筋长度方向的裂缝，试件发生劈裂破坏。保护层厚度大于 42mm（$c/d$ > 2.63）的试件表面无明显裂缝，钢筋肋间的混凝土发生破坏，破坏模式从劈裂破坏向拔出破坏转变。对于保护层厚度为 52mm 和 67mm 的试件，混凝土内部的损伤分布几乎完全相同。

图 4.18 给出了不同混凝土保护层厚度和混凝土抗压强度组合下钢筋-混凝土的粘结强度-滑移曲线，图 4.19 给出了混凝土强度和保护层厚度对粘结强度的影响。

由图 4.18 和图 4.19 可知，C20 混凝土试件的粘结强度随着保护层厚度的增加而明显增大。当混凝土等级为 C30 时，随着保护层厚度从 37mm 增加到 42mm，粘结应力-滑移曲线的下降段开始变得平缓，但残余强度有了很大提高。对于混凝土强度等级为 C40、C50 和 C70 的试件，当保护层厚度大于 42mm 时，粘结应力-滑移曲线的形状与粘结强度的变化较小。这说明在本节工况下，当试件的混凝土抗压强度大于 40MPa 时，混凝土保护层厚度对粘结强度的影响可以忽略。

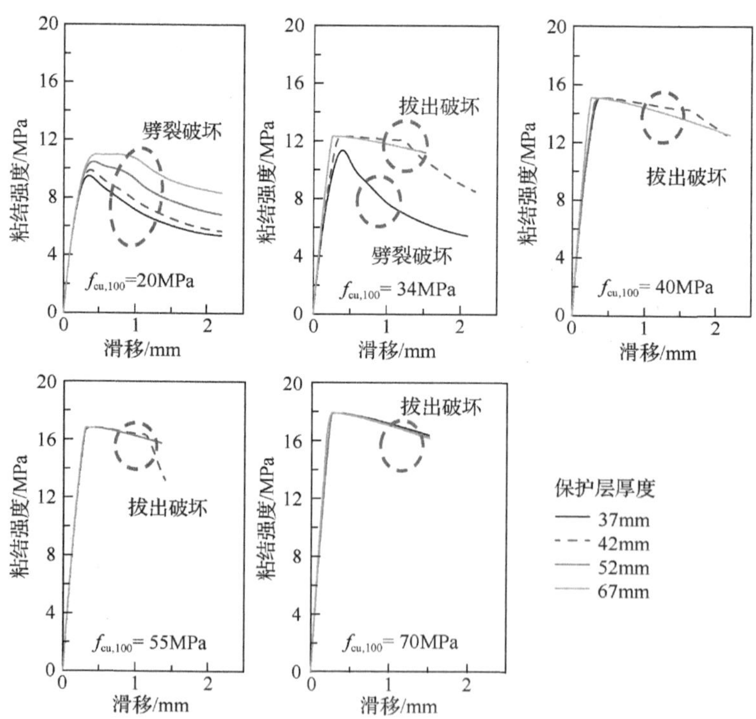


图 4.18　混凝土强度和保护层厚度对粘结应力-滑移曲线的影响

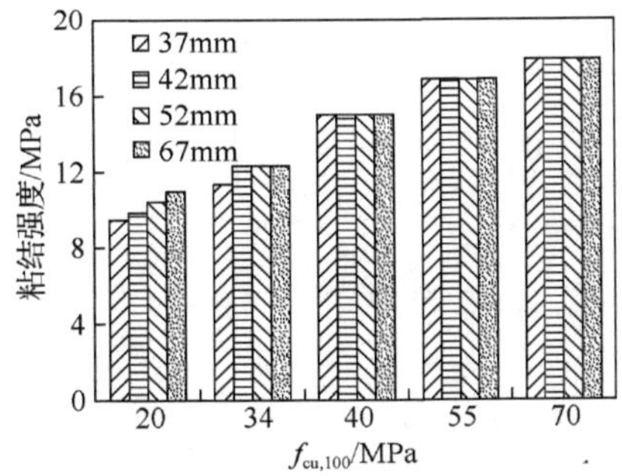


图 4.19　混凝土强度和保护层厚度对粘结强度的影响

彩图 9 给出了模拟得到的两种典型破坏模式。可以看出拔出破坏的裂缝主要集中在混凝土的肋部，而劈裂破坏的裂缝往往出现在混凝土保护层最薄弱区域，裂缝从钢筋加载端附近延伸至钢筋自由端。

3）箍筋约束系数

以混凝土强度等级 C30，保护层厚度为 37mm、42mm、52mm 和 67mm 的试件为例，探讨箍筋约束系数对粘结性能的影响。箍筋约束系数 $\rho_{st}$ 按文献[27]推荐的公式计算，箍筋约束系数的范围为 0～3.4%。

$$\rho_{st} = A_{st} / \left(cs_{st}\right) \tag{4.2}$$

式中：$A_{st}$ 是箍筋的横截面面积；$c$ 为保护层厚度；$s_{st}$ 是箍筋的间距。图 4.20 给出了不同箍筋约束系数下的粘结应力-滑移曲线。可以看出，当 $c/d$=2.31 时，不同箍筋约束系数下的粘结应力-滑移曲线的下降段都是非线性的；当 $c/d$=2.63 时，未配置箍筋（$\rho_{st}=0$）的试件的粘结应力-滑移曲线同样具有非线性特征，曲线峰值点附近没有平台段，说明试件发生劈裂破坏。在其他工况下，粘结应力-滑移曲线峰值点附近出现较明显的平台段，下降段较为平缓，残余强度较大，此时破坏模式为拔出破坏。

从图 4.20 还可知，在达到粘结强度之前，箍筋约束系数对粘结刚度和粘结强度影响较小。当混凝土保护层厚度处于中间水平时（如 $c/d$ 为 2.31 或 2.63），箍筋约束系数对粘结应力-滑移曲线的影响仅体现在曲线下降段和残余强度上。当混凝土保护层厚度较大（如 $c/d$ 为 3.25 或 4.19）时，箍筋对粘结应力-滑移曲线影响不大。从图 4.18 和图 4.20 可以看出，箍筋约束系数、厚径比及混凝土强度对峰值滑移的影响不显著。当混凝土抗压强度大于 40MPa，$c/d$ 大于等于 3.25 时，发生拉拔破坏；当 $c/d$ 小于等于 2.31 且箍筋约束系数小于 3.4%时，发生劈裂破坏。

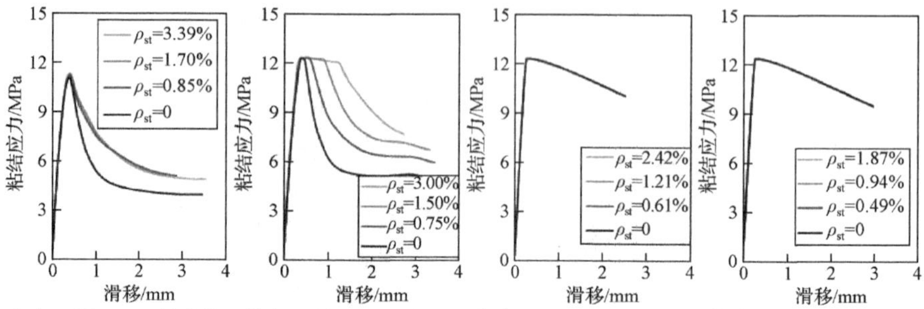


（a）$c$=37mm，$c/d$=2.31　（b）$c$=42mm，$c/d$=2.63　（c）$c$=52mm，$c/d$=3.25　（d）$c$=67mm，$c/d$=4.19

图 4.20　不同 $c/d$ 下箍筋对粘结应力-滑移曲线的影响

从以上分析可知，箍筋对粘结应力-滑移曲线峰值点后的软化段影响较大，文献[26]和[27]也得出同样的结论。对于配有箍筋的试件，峰值后的粘结应力由开裂的混凝土和箍筋共同提供。在达到粘结强度后，随着滑移的不断增加，钢筋肋间混凝土的破坏逐渐增加。当裂缝扩展至箍筋附近时，箍筋开始产生拉应力，发挥减缓裂缝发展的作用。当滑移增长到足够大时，保护层中的裂缝继续扩展，肋间混凝土被压碎，混凝土对钢筋的约束贡献减少，混凝土与钢筋之间的相互作用力减小。箍筋约束限制了裂缝的发展，钢筋和混凝土仍然存在摩擦力，粘结应力-滑移曲线的下降段发展平稳，残余粘结强度增加。

为反映不同箍筋约束系数下的峰值后粘结应力各分量随滑移的变化，做归一化处理，如图 4.21 所示，$\tau/\tau_u$ 为粘结应力与峰值粘结强度的比值，$s/s_u$ 为滑移与峰值滑移的比值。其中箍筋提供的粘结应力为箍筋约束的粘结应力与未配置箍筋（$\rho_{st}$ =0）时的粘结应力之差。混凝土保护层厚度为 52mm（$c/d$=3.25）和 67mm（$c/d$=4.19）时，箍筋约束对粘结应力的影响不明显，因此图 4.21 仅给出了保护层厚度为 37mm（$c/d$=2.31）和 42mm（$c/d$=2.63）时的结果。

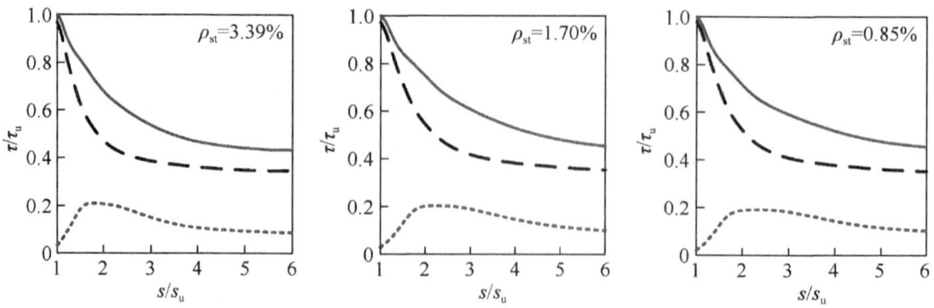


（a）边长90mm，$c/d$=2.31

图 4.21　峰值后粘结应力各分量随滑移的变化

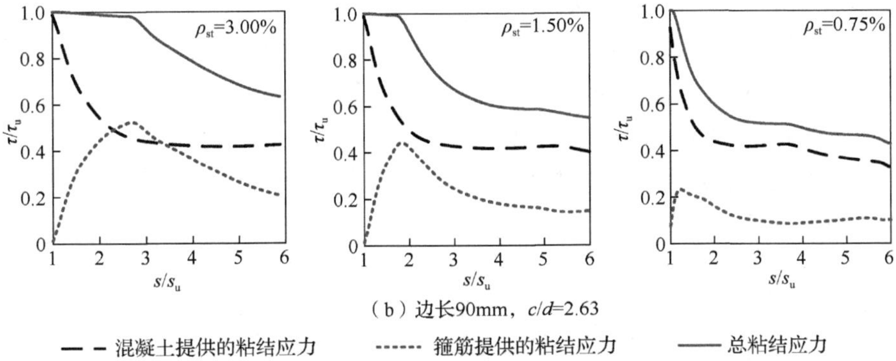


（b）边长90mm，$c/d$=2.63

图 4.21（续）

从图 4.21 可知，随着滑移发展，混凝土所提供的粘结应力显著减小，这是由于钢筋和混凝土之间的机械咬合作用随着肋间混凝土的破碎而减弱。箍筋提供的粘结应力部分的峰值点比混凝土提供的峰值点出现得稍晚。随着滑移增加，箍筋提供的粘结应力最后几乎呈线性下降。

表 4.3 列出了图 4.21 中混凝土提供的粘结应力与总粘结应力之比。从表 4.3 可以看出，在达到粘结应力-滑移曲线的峰值点时（$s/s_u$=1），混凝土提供的粘结应力比例超过 90%，这表明箍筋才刚刚开始工作。当 $s/s_u$=6 时，混凝土提供的粘结应力比例多在 70%～80%，箍筋提供的粘结应力比例为 20%～30%。

**表 4.3　混凝土提供的粘结应力与总粘结应力之比**

| $\rho_{st}$ | 保护层厚度 37mm | | $\rho_{st}$ | 保护层厚度 42mm | |
|---|---|---|---|---|---|
| | $s/s_u$=1 | $s/s_u$=6 | | $s/s_u$=1 | $s/s_u$=6 |
| 3.39% | 96.8% | 77.9% | 3.00% | 98.7% | 67.4% |
| 1.70% | 97.3% | 77.1% | 1.50% | 98.7% | 73.0% |
| 0.85% | 97.9% | 76.0% | 0.75% | 92.5% | 83.0% |

通过对比混凝土保护层厚度为 37mm 和 42mm 时箍筋的粘结应力知，当保护层厚度较小（如 37mm，$c/d$=2.31）时，箍筋提供的粘结应力有限；当保护层厚度适中（42mm，$c/d$=2.63）时，箍筋提供的粘结应力有所提高。箍筋约束系数减小时，箍筋的粘结应力比例显著降低。当保护层厚度较大（52～67mm，$c/d$ 为 3.25～4.19）时，由于混凝土的约束作用，箍筋对粘结应力滑移曲线的影响可以忽略。

图 4.22 给出了钢筋和混凝土之间的粘结应力和箍筋拉伸应变的变化曲线。可以看出，箍筋中的拉应力（拉应变）的峰值晚于粘结应力的峰值，且靠近钢筋加

载端的箍筋应变远大于靠近钢筋自由端处。因此，接下来主要分析靠近钢筋加载端的箍筋。当粘结应力达到峰值时，箍筋发挥的作用很小（箍筋的拉伸应变约为 $1\times10^{-4}$～$3\times10^{-4}$，其中屈服应变为 $1\times10^{-3}$）。当达到粘结应力峰值后，箍筋所提供的粘结应力先增大后减小，与之对应的箍筋应变同样先增加再减少。换言之，箍筋主要在试件达到粘结强度后发挥作用，钢筋拔出所引起的混凝土中的环向拉应力主要由箍筋承担，直到试件发生破坏。

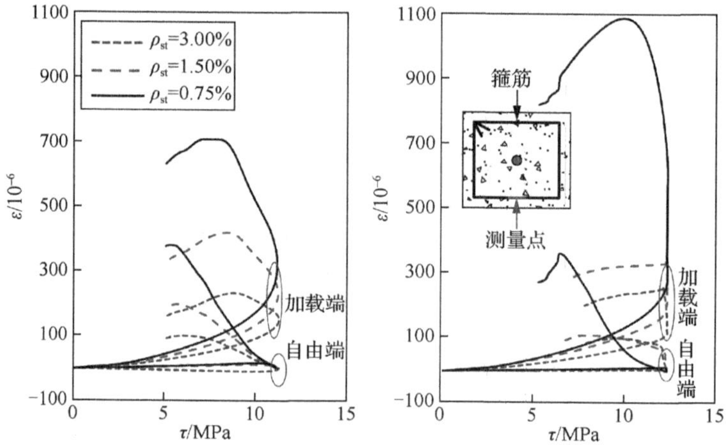


（a）保护层厚度37mm　（b）保护层厚度42mm

图 4.22　钢筋和混凝土的粘结应力 $\tau$ 和箍筋拉伸应变 $\varepsilon$ 之间的关系

随着箍筋约束系数降低，箍筋的最大拉应变显著增大。与保护层厚度为 37mm 的混凝土试件相比，保护层厚度为 42mm 试件的粘结应力达到峰值时，箍筋应变的变化更明显。可以认为混凝土保护层越厚，箍筋所能提供的约束就越大，这更有利于发挥箍筋的作用。

从图 4.22 还可知，箍筋应变达到峰值后会随着滑移的增长近似线性减小，并逐渐趋于稳定值。箍筋所提供的粘结应力分量的变化与之类似，该现象与高向玲和李杰[26]的试验结果较为一致。箍筋残余拉应变与最大拉应变之比变化不大，为 0.7～0.9。箍筋的残余应变是由裂缝张开和扩展过程中形成的小碎石颗粒所引起的不能闭合的微裂缝所致[27,33]。

总体而言，横向箍筋的存在可以延迟试件径向裂缝由内部向混凝土表面发展，限制试件中劈裂裂缝的发展，从而避免发生脆性断裂。此外箍筋还对已开裂的混凝土提供侧向约束，使钢筋横肋对混凝土的挤压压力沿钢筋环向均匀分布，从而改善其粘结能力，提高峰值粘结强度。此外，保护层的影响符合弹性理论的经典拉梅（Lamé）解[34]，同样可归结为约束作用。

### 4.2.2　动态粘结性能

1. 开裂过程

以应变率$\dot{\varepsilon}$为 $2.5\times10^{-5}s^{-1}$（准静态条件）、$1.0s^{-1}$ 和 $200s^{-1}$ 为例，试件的裂缝扩展和失效过程如彩图 10 所示。

彩图 10 中，变量 $s_u$ 表示当粘结应力达到最大值时加载端的滑移。可以看出，试件在不同应变率下的开裂过程相似。裂缝从与钢筋肋接触的混凝土区域开始，并延伸至整个接触区域。然后，裂缝进一步扩展到混凝土保护层，而一些裂缝从试件表面向内穿透混凝土保护层，与钢筋-混凝土接触区域的内部裂缝相互连接。此外，由于应力波的传播，从约束端开始的损伤加速了试件的破坏，且不可忽略。最终，产生了劈裂破坏模式。

从彩图 10 还可知，随着应变率增大，裂缝产生的时间变晚。这是由于在损伤之前或初始开裂阶段，大多数荷载都是由混凝土惯性抵抗。应变率较高时，裂缝产生的时滞更加明显。从试件固定端（右端）的反作用力曲线也可以证明这一点，如图 4.23 所示。另外，还可以观察到由应力波传播导致的反作用力和滑移之间的时间差。由此可以推测，较高的应变率可能会改变最终的破坏模式和粘结-滑移行为。此外，由于惯性效应和较高应变率下峰值反作用力的增加，粘结强度增大。

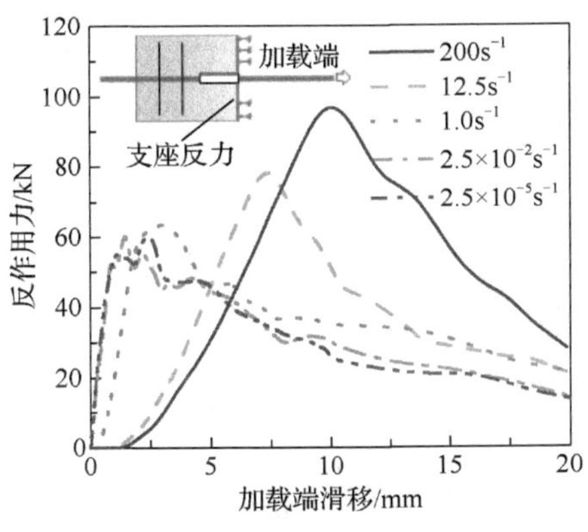


图 4.23　不同应变率下试件加载端反作用力与滑移的关系

2. 破坏模式和粘结应力-滑移曲线

图 4.24 为达到粘结强度时不同应变率下钢筋-混凝土界面的破坏模式。随着应变率增加，钢筋-混凝土界面的破坏区域减小。当应变率小于 $2.5\times10^{-2}s^{-1}$ 时，混凝土的破坏模式非常相似，均为混凝土外表面出现损伤。当应变率大于 $1.0s^{-1}$ 时，损伤主要集中在混凝土-钢筋界面，随着应变率增加，损伤区域进一步减少。这与 Li 等[35]和张伟平等[36]的试验结果一致。因此，可以认为在较高应变率时，混凝土

界面开裂所消耗的能量在拉拔荷载对试件上施加的能量中占比降低，荷载施加的能量主要由试件的惯性抵抗。

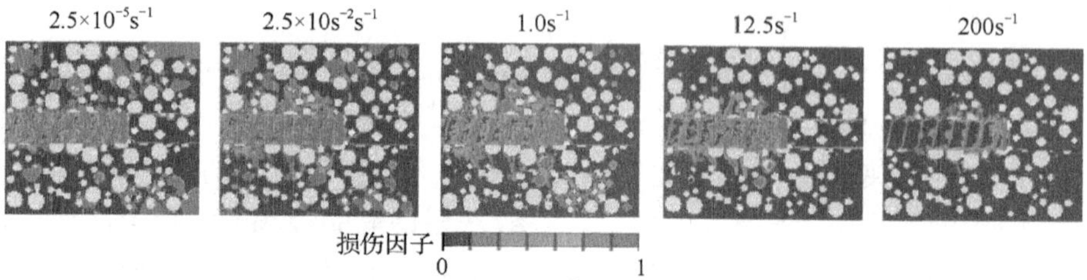


图 4.24　达到粘结强度时不同应变率下钢筋-混凝土界面的破坏模式

由图 4.25 可知，在不同的应变率下，粘结应力随滑移的变化趋势相似，即粘结应力迅速增加到峰值，然后随着滑移的增大而近似非线性减小。此外，粘结应力-滑移曲线的下降段也有一些细微的差异。当应变率低于 $5s^{-1}$ 时，下降曲线呈凹状，而当应变率进一步增加时，这种趋势不再明显。通过定量分析可知，随着应变率增加，峰值滑移有所降低，但粘结强度和残余粘结强度有所增大。粘结强度的增加幅度大于残余粘结强度的增大幅度。这与图 4.24 所示的破坏模式相对应，其中不同应变率下试件最终破坏模式之间的差异较小，但试件达到粘结强度时破坏模式的差异很大。

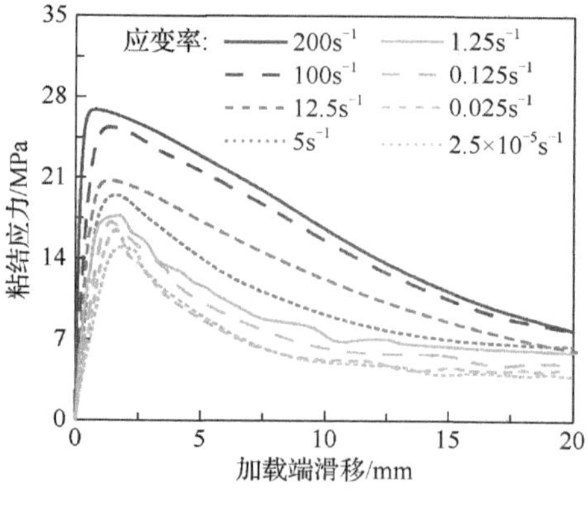


图 4.25　不同应变率下的粘结应力-滑移曲线

## 4.3　高温下钢筋与混凝土静、动态粘结性能

利用精细化数值模型，研究高温下变形钢筋与混凝土之间的静、动态粘结应力-滑移行为，并探讨了厚径比、温度、骨料类型、应变率和初始应力等主要因素对粘结性能的影响。

### 4.3.1　静态粘结性能

1. 粘结行为

如图 4.26 所示，高温冷却后试件的破坏模式为劈裂破坏。随着温度升高，混凝土截面及试件外表面的破坏面积略有减小。由钢筋的应力分布可知，钢筋应力随温度升高而降低。此外，变形钢筋受力较大的区域主要出现在靠近加载端和钢筋横肋处。以上现象说明，温度升高使钢筋更容易从混凝土中拔出。

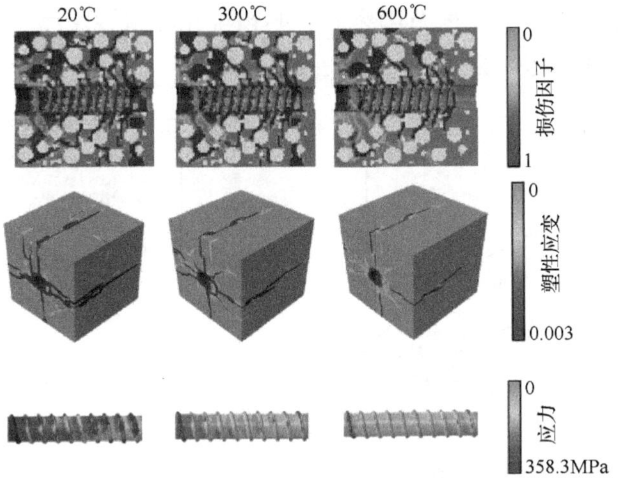


图 4.26　高温后试件破坏模式和钢筋应力

不同温度下粘结应力-滑移曲线与温度的关系如图 4.27 所示。随着温度从 20℃升高到 600℃，峰值粘结强度降低了约 25MPa。粘结强度的降低是由于高温下钢筋与混凝土的强度和弹性模量降低所致，特别是温度达到 600℃时，混凝土的抗压强度下降到常温下的 25%左右。残余粘结强度的降低程度不如峰值粘结强度显著。600℃时的残余粘结强度是 20℃时的 17%。当温度大于 400℃时，峰值粘结强度的下降明显更快，这与材料的力学性能超过 400℃后明显劣化有关。

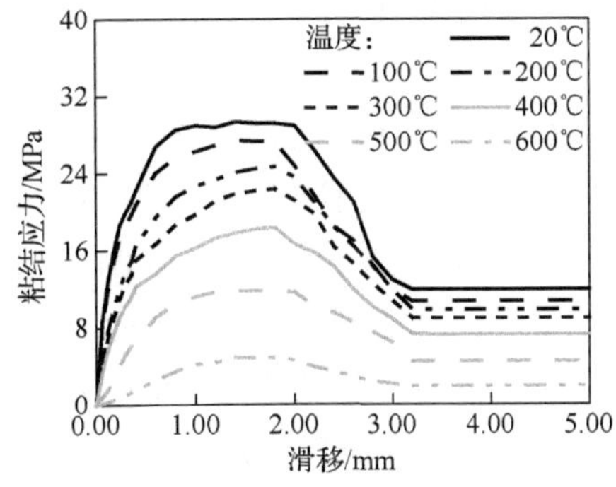


图 4.27　不同温度下粘结应力-滑移曲线

温度从 20℃增加到 600℃，峰值滑移从 1.60mm 增加到 1.85mm，即高温下峰值滑移的增加仅为 0.25mm。不同温度下，残余滑移约为 3.00mm，说明温度变化对滑移影响不大。此外，温度为 20℃时，曲线在峰值粘结强度附近有一个平台。然而，随着温度升高，平台长度逐渐减小。这是因为当温度较低时，较厚的混凝土保护层可以使钢筋混凝土保持一定完整性。然而，随着温度升高，混凝土的力学性能严重下降，导致试件更容易破坏。

如图 4.28 所示，峰值粘结强度和残余粘结强度均随温度增加明显减小。从图 4.29 可以看出，随着温度升高，相对峰值粘结强度有不同程度的降低。数值模拟的结果在试验结果[12, 37, 38]的范围内，表明精细化模拟方法能够准确描述高温下钢筋混凝土的粘结破坏行为。

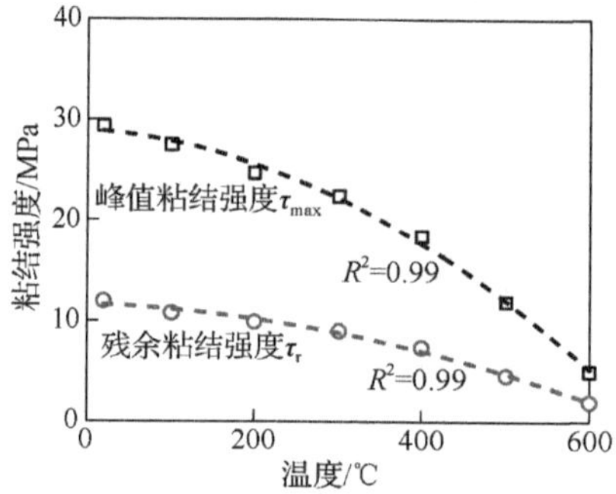


图 4.28　峰值粘结强度和残余粘结强度随温度变化关系

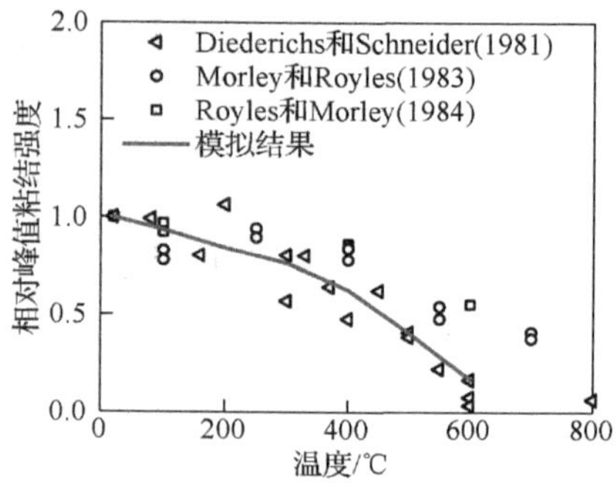


图 4.29　相对峰值粘结强度随温度变化关系

从图 4.30 可以看出，温度对峰值粘结强度和残余粘结强度以及峰值滑移和残余滑移有明显的影响。随着温度升高，粘结强度峰值附近出现平台阶段，且平台阶段长度随温度升高而增加。此外，粘结刚度在温度的影响下发生不同程度的退化。

根据图 4.31 所示的高温冷却后的粘结应力-滑移曲线可知：温度升高对粘结强度有不利影响，而滑移逐渐增大；峰值粘结强度和残余粘结强度随温度的变化大致相同。然而，温度超过 400℃时，残余粘结强度下降更多。300℃之前峰值滑移增加不明显。温度超过 300℃时，峰值滑移显著增加。从 200℃冷却后，平台部分的滑移显著增加。此外，当温度超过 500℃时，由于混凝土力学性能的退化，平台部分的相对值再次增加。

以上结果表明，温度对每个特征点的影响程度不同。从 600℃冷却后，粘结强度比常温时下降约 70%，平台部分滑移和峰值滑移分别增加了约 7 倍和 4 倍。

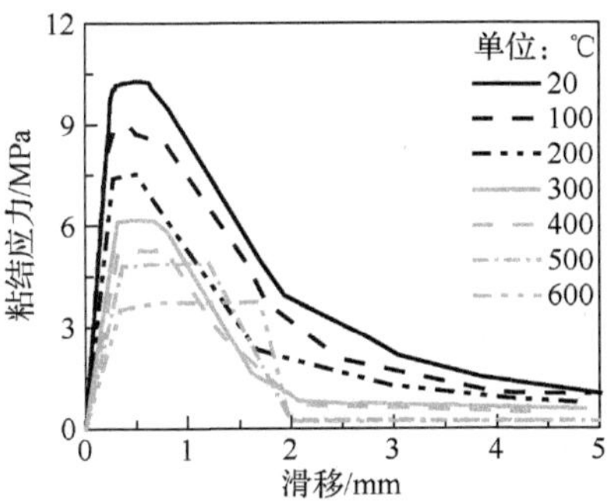


图 4.30　高温冷却后粘结应力-滑移曲线

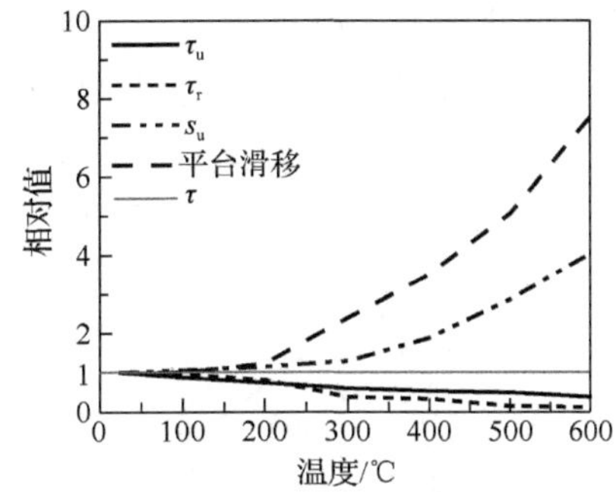


图 4.31　粘结强度和滑移在高温与常温下的相对值随温度的变化关系

2. 厚径比的影响

混凝土保护层厚度对试件的破坏模式和粘结性能有显著影响。为研究厚径比的影响，取其范围为 3.75～6.00，对应的混凝土保护层厚度为 60～96mm。利用精细化数值模型开展 20℃和 400℃下中心拔出试验模拟。

从图 4.32 可以看出，当厚径比大于 4.75 时，试件外表面未出现裂缝。因此，图 4.32 仅给出了厚径比为 3.75～5.00 的试件的破坏模式。厚径比小于 4.25 时，混凝土截面处的损伤延伸至试件表面，最终破坏模式为劈裂破坏。厚径比超过 4.75 时，混凝土截面处的损伤集中在钢筋与混凝土界面附近，试件表面未出现损伤。此外，随着厚径比增加，试件横截面和外表面的损伤面积逐渐减小。这一现象说明较大的厚径比使得裂缝无法扩展到试件表面。

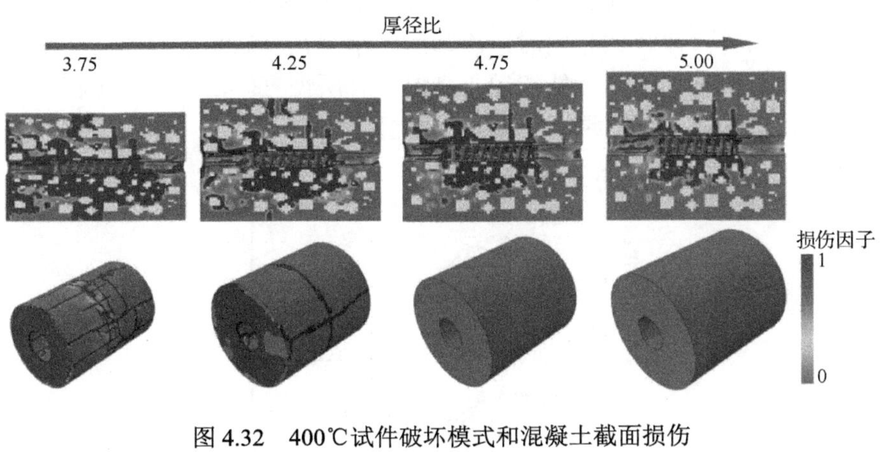


图 4.32　400℃试件破坏模式和混凝土截面损伤

不同厚径比下常温和高温下的粘结应力-滑移曲线如图 4.33 所示。常温下，厚径比从 3.75 增加到 6.00，峰值粘结强度从 17.65MPa 到 30.01MPa，残余粘结强度从 5.54MPa 增加到 12.06MPa。厚径比小于 5.00 时，峰值粘结强度随厚径比的增加而显著增加。厚径比大于 5.00 时，粘结强度不再明显增加。此外，随着厚径比增大，峰值滑移增大，而残余滑移始终稳定在 3mm 左右。

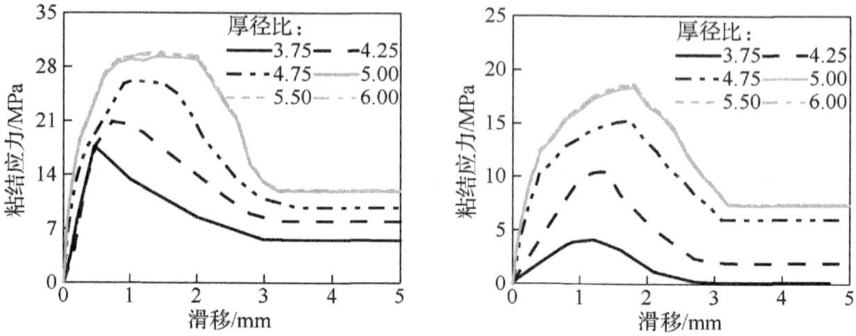


（a）常温(20℃)　　（b）400℃

图 4.33　不同厚径比的试件的粘结应力-滑移曲线

与常温相比，高温下的粘结强度受厚径比的影响更显著。厚径比为 6.00 时，试件的峰值粘结强度和残余粘结强度分别比厚径比为 3.75 时提高了约 4.5 倍和 20 倍。高温下滑移与厚径比的关系与常温下相似。值得注意的是随着厚径比增大，曲线上升段的斜率变大。这是因为保护层越厚，混凝土对钢筋的约束作用越强。

3. 冷却条件的影响

钢筋与混凝土在高温下和高温冷却后的力学行为不同，这会影响不同温度条件下（即高温下、冷却后）钢筋与混凝土的粘结-滑移行为。

图 4.34 为 400℃下和从 400℃冷却后试件的粘结应力-滑移曲线。首先，厚径比为 3.75 时，数值模拟得到的冷却后的粘结应力-滑移曲线与 Yang 等[15]的试验结果高度吻合。另外，厚径比相同时，冷却后的粘结强度略高于高温下。这是由于冷却后混凝土和钢筋的力学性能相较于高温下有所恢复。由于混凝土在高温下出现应变软化，冷却后的峰值滑移明显小于高温下。

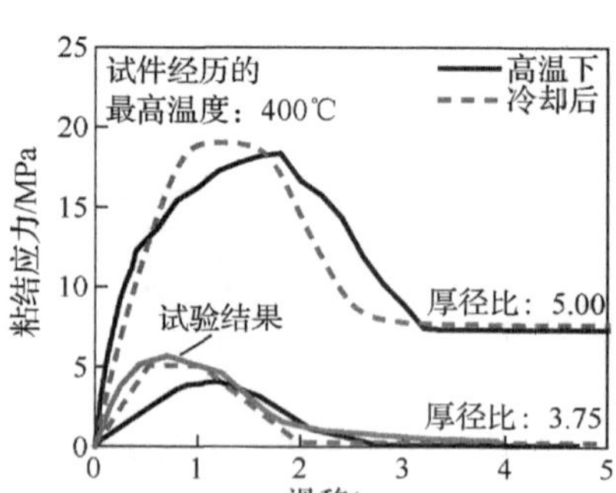


图 4.34　不同温度条件下试件的粘结应力-滑移曲线

不同温度条件下的曲线形状存在明显差异。冷却后粘结应力-滑移曲线的上升阶段斜率比高温下大，这是因为材料冷却后的弹性模量高于高温下。冷却后的曲线在峰值粘结强度附近出现一个平台段，这可以解释为试件在传热和冷却过程中累积的损伤使变形钢筋更容易拔出。

4. 骨料类型的影响

硅质骨料和钙质骨料是混凝土工程实践中经常使用的两种骨料。此外，由于一些特殊使用要求，轻骨料也是不可忽视的骨料种类之一。这里讨论了钢筋与石灰石（钙质骨料）、石英石（硅质骨料）和浮石（轻骨料）骨料混凝土的粘结性能，温度分别为 20℃和 300℃。

图 4.35 为受火 60min 时不同骨料混凝土试件截面处温度分布。由于粗骨料和砂浆基质的传热性能不同，试件横截面的等温曲线并不平滑。此外，由于骨料类型不同，试件内部同一位置的温度存在显著差异。浮石混凝土的传热性能明显差于以石灰石和石英石为粗骨料的混凝土。

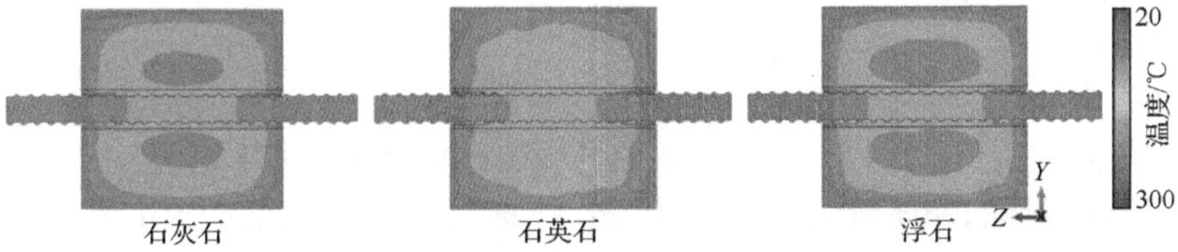


图 4.35　受火 60min 时不同骨料混凝土试件截面处温度分布

3 种骨料混凝土试件的破坏模式如图 4.36 所示。由于石灰石和石英石的力学性能几乎相同，因此两个试件的破坏模式相似，浮石混凝土的裂缝扩展路径与其他两个试件明显不同，裂缝在膨胀延伸过程中直接穿过骨料。混凝土试件在高温冷却后均出现开裂破坏。

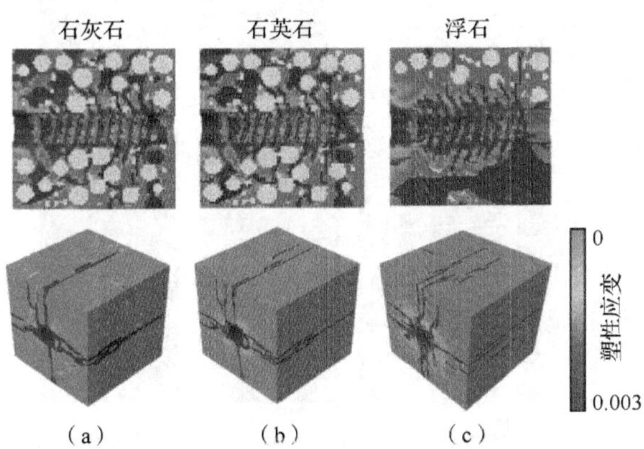


图 4.36　300℃后不同骨料试件的破坏模式

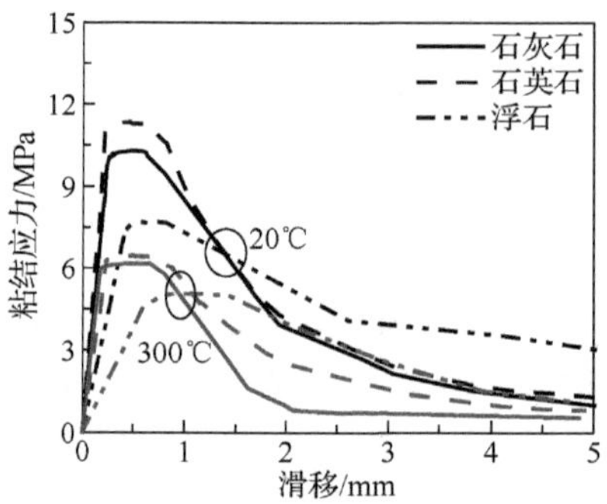


图 4.37　高温后不同骨料试件粘结应力-滑移曲线

图 4.37 为不同骨料混凝土试件的粘结应力-滑移曲线。在常温下，石英石混凝土、石灰石混凝土和浮石混凝土的峰值粘结强度依次减小。但浮石混凝土的残余粘结强度明显高于其他两种混凝土。3 种骨料混凝土试件从 300℃冷却后的残余粘结强度差异不大。与常温相比，石灰石混凝土和石英石混凝土的峰值滑移分别增加了 11.4%和 9.3%。浮石混凝土试件的峰值滑移在常温下为 0.54mm，高温冷却后为 1.07mm，几乎增加了一倍。

### 4.3.2　动态粘结性能

#### 1. 粘结失效机制

如图 4.38 所示，高温下试件的裂缝扩展过程与冷却后几乎相同。损伤首先出现在靠近加载端的钢筋与混凝土界面。随后，裂缝在荷载的持续作用下逐渐扩展。此后，当应变率较小时，加载端附近的钢筋混凝土试件外表面出现劈裂裂缝，并

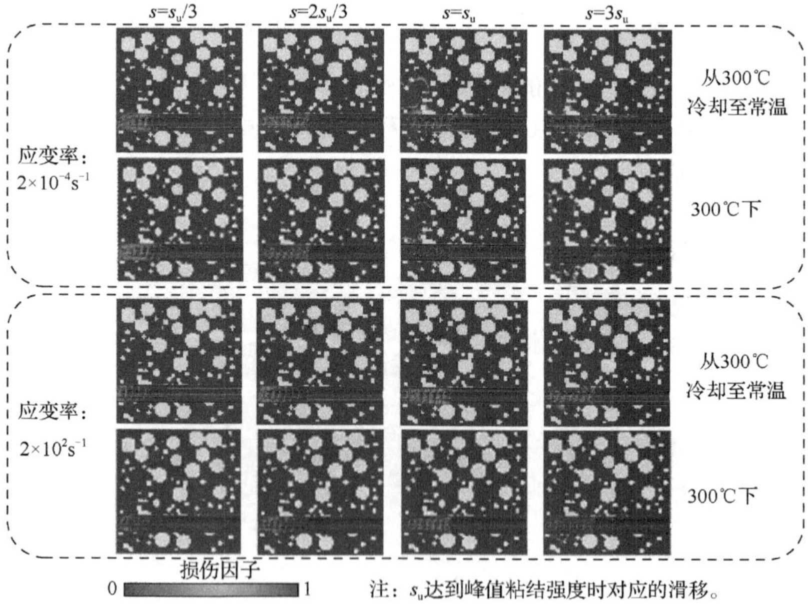


图 4.38　不同滑移下混凝土截面处动态损伤随滑移的变化

向试件内部延伸，直至与内部裂缝相互连接，形成清晰的宏观损伤，呈现劈裂破坏。然而，当应变率增加到大于 $2\times10^{-1}s^{-1}$ 时，试件外表面已看不到裂缝，出现拔出破坏。总之，钢筋混凝土试件的最终破坏模式受应变率的深刻影响。

从图 4.38 可知，与应变率为 $2\times10^{2}s^{-1}$ 相比，应变率为 $2\times10^{-4}s^{-1}$ 时，钢筋-混凝土界面损伤出现得更早，范围更大，直到滑移达到 $3s_u$ 时，该现象仍然很明显。发生这种情况是因为较高应变率下混凝土的惯性在初始阶段起着重要作用。

2. 破坏模式

图 4.39 为不同温度条件下达到峰值粘结强度时混凝土截面的破坏模式。破坏集中在钢筋-混凝土界面区域。在较低的应变率下，当试件经历相同的温度时，损伤面积随应变率增加而减小。当应变率大于 $2\times10^{-1}s^{-1}$ 时，试件损伤面积不再随应变率而显著变化。这可能是由于混凝土内部的损坏没有足够的时间完全扩展。

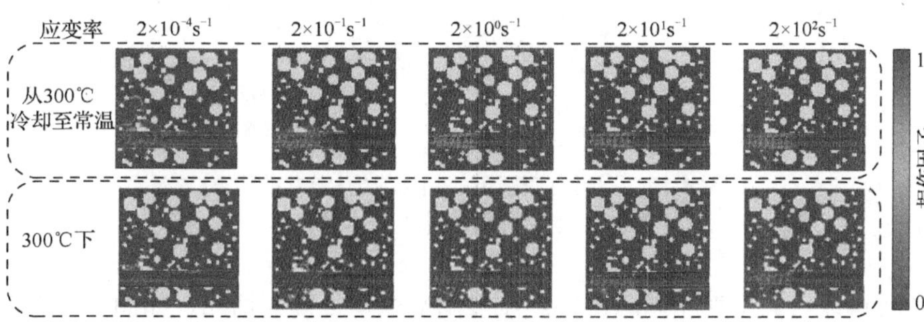


图 4.39　不同应变率下混凝土截面处的损伤

与从 300℃冷却后的试件相比，在相同的应变率下，300℃时试件的损伤面积有所增加。这是因为材料在火灾中的力学性能比冷却后的力学性能下降更明显，进一步削弱了混凝土与钢筋之间的相互作用。因此，高温钢筋比冷却后的钢筋更容易从试件中拔出。

3. 粘结应力-滑移曲线

如图 4.40 所示，在达到峰值粘结强度之前，粘结应力随着滑移的增大非线性增加。由于试件粘结区域的损伤，峰值后粘结应力随着滑移的增加呈非线性下降。在相同温度下或冷却后，峰值粘结强度、残余粘结强度和峰值滑移都随着应变率的增加而增加。

对于相同的应变率，600℃冷却后的峰值粘结强度比常温下降低了约 33%。这表明温度升高不利于粘结性能。然而，最大应变率（$200s^{-1}$）下的动态峰值粘结强度增加到静态荷载下的约 2.5 倍。因此，应变率的增加有助于提高粘结强度。温度和应变率的增加都会导致峰值滑移的非线性增加。

从图 4.40（b）可以看出，应变率小于 $200s^{-1}$ 时，600℃冷却后的曲线下降阶段呈凹形。随着应变率继续增加，这种现象不再明显。高温条件下的残余滑移出现晚于冷却条件下。这是因为与冷却后相比，钢筋和混凝土在高温下的力学性能明显降低，进一步削弱了粘结性能。然而，高温下和冷却后残余粘结强度的差异随应变率的增加而增加。这表明当温度和应变率联合作用时，温度退化对试件粘结性能的影响是主要的。

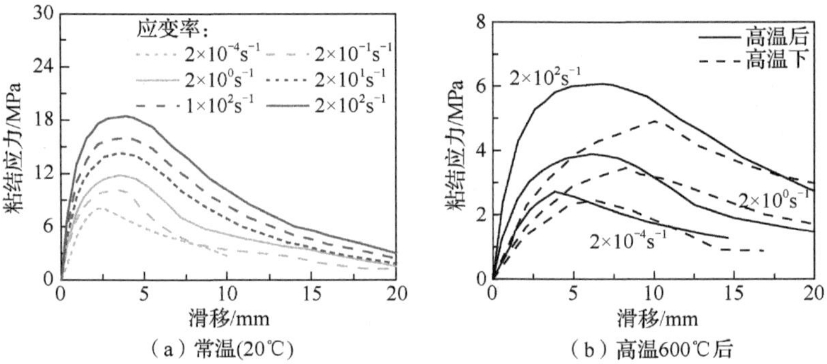


图 4.40　不同应变率下的粘结应力-滑移曲线

4. 粘结刚度

当材料经历的温度相同时，粘结刚度随应变率提高而增加，如图 4.41 所示。这是因为材料的弹性模量表现出应变率敏感性，即应变率越高，材料的弹性模量越大。当应变率增加到 $200s^{-1}$ 时，粘结刚度可以增加到初始刚度的 4 倍。当应变率一定时，温度的升高会导致材料的弹性模量下降，从而导致粘结刚度下降。此外，应变率越大，粘结刚度随温度升高的降低越明显，进一步说明温度对粘结刚度的影响大于应变率。

5. 初始应力

当初始应力不同时，常温下混凝土和钢筋之间的粘结应力-滑移曲线如图 4.42 所示。随着初始应力的增加，曲线的形状发生变化。初始应力较小时，曲线由 4 个部分组成：初始上升阶段、峰值粘结强度附近的平台阶段、非线性下降阶段和残余阶段。当初始应力达到 40%时，由于混凝土内部出现初始损伤，无法采集曲线的残余段。当初始应力增加到 60%时，只能得到上升阶段和部分平台阶段数据。此外，初始应力从 0 增加到 60%，峰值粘结强度下降 43%，峰值滑移从 6.11mm 减少到 5.42mm。这是因为初始应力的增大增加了混凝土的初始损伤，进一步削弱了混凝土对钢筋的约束力，降低了粘结强度，钢筋更容易从混凝土中被拔出。

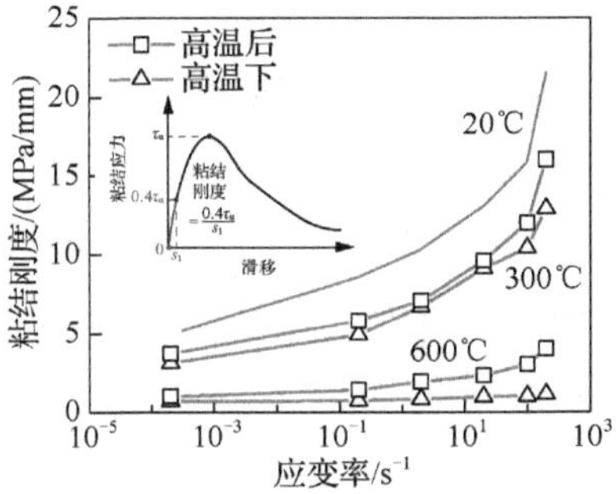


图 4.41　不同应变率下粘结刚度

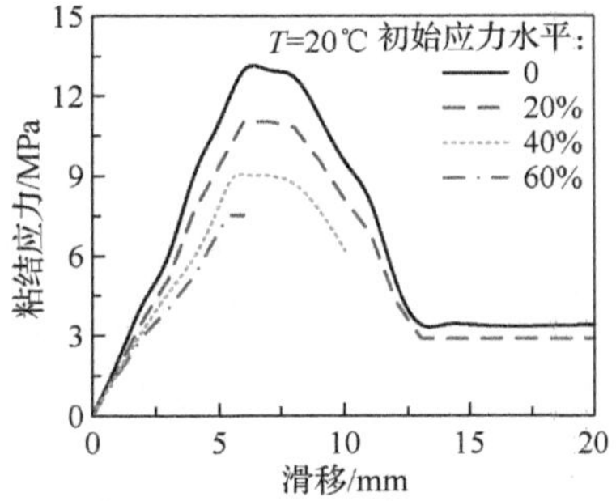


图 4.42　不同初始应力下的粘结应力-滑移曲线

在了解了常温下初始应力对粘结性能的影响之后，探究了当初始应力相同时，经历不同温度的钢筋混凝土试件的粘结性能。具体的升温加载步骤为：首先在 20℃的常温下对试件施加 60%的初始应力。然后，将试件加热至不同温度后，在相应温度下进行拉拔试验，得到钢筋混凝土试件的粘结性能。从图 4.43 可以看出，峰值粘结强度从 30℃时的 10.49MPa 下降到 110℃时的 7.60MPa。此外，当试件经历的最高温度为 110℃时，与常温相比，峰值粘结强度没有出现增长。

图 4.44 为峰值粘结强度 $\tau_{pT}$ 和残余粘结强度 $\tau_{rT}$ 以及相应的峰值滑移 $s_{pT}$ 和残余滑移 $s_{rT}$ 与温度之间的变化关系。随着试件经历的温度升高，粘结强度和滑移都呈线性下降，这是因为高温削弱了混凝土的强度，降低了混凝土对钢筋的约束能力，使钢筋在温度较高时更容易从混凝土中被拔出。与峰值粘结强度 $\tau_{pT}$ 相比，残余粘结强度 $\tau_{rT}$ 随温度升高而下降得更明显，几乎只有原来的 35%。与粘结强度相比，滑移随温度升高而降低的趋势较为平缓。峰值滑移 $s_{pT}$ 和残余滑移 $s_{rT}$ 的变化基本相同。这表明温度对粘结强度的影响明显大于滑移。

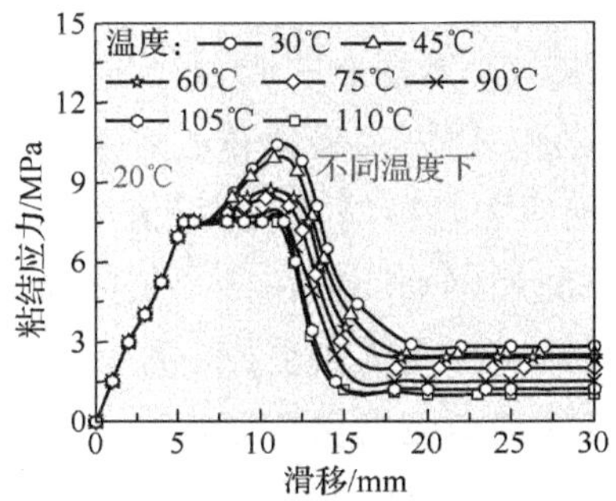


图 4.43　高温下的粘结应力-滑移曲线

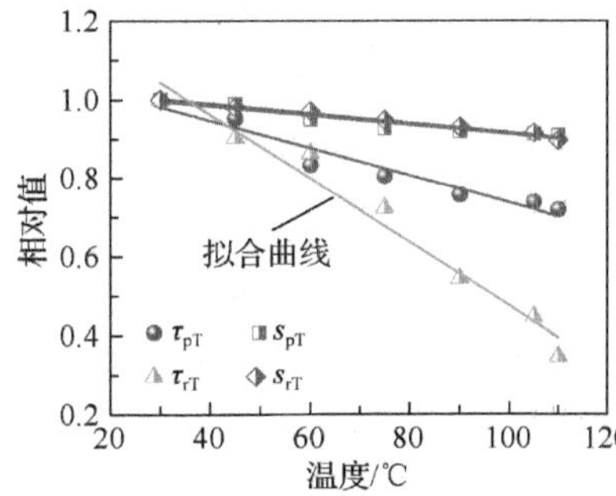


图 4.44　初始应力高温与常温下的相对值对粘结性能的影响

# 4.4　低温下钢筋与混凝土静、动态粘结性能

本节考虑低温对混凝土和钢筋力学性能影响，探讨低温下钢筋-混凝土静、动态粘结性能的变化，分析了低温下试件的粘结机理、混凝土应力及钢筋应力，阐明了低温下粘结长度、厚径比和约束对粘结性能的影响规律。

## 4.4.1　静态粘结性能

### 1. 粘结机理

低温下钢筋-混凝土粘结-滑移行为过程如彩图 11 所示。拔出破坏模式的粘结应力-滑移曲线可分为 4 个阶段：微滑移段（0～$s_0$）、上升段（$s_1$～$s_2$）、平台段（$s_1$～$s_2$）和下降段（$s_2$～$s_3$）。在微滑移段，钢筋-混凝土界面发生轻微滑移，界面处混凝土凹槽产生轻微损伤，这时粘结应力较小。粘结应力主要由化学粘结应力和冰的粘结应力组成[39]。在上升段，界面处发生相对滑移，化学粘结应力和冰的粘结应力不再发挥作用[39]。随着滑移增加，粘结应力达到峰值。钢筋肋穿透混凝土，导致内部混凝土被压碎，裂缝从加载端逐渐延伸至自由端[40]，这是由于肋和混凝土之间的微咬合作用造成的。在平台段，钢筋与混凝土发生较大的滑移，混凝土在钢筋肋之间发生压碎和剪切破坏。由于混凝土保护层的约束效应，滑移继续增加，粘结应力保持不变，试件外表面未发现损坏或裂缝。这时的粘结力由宏观的机械咬合力和界面摩擦力组成，混凝土表面的损伤面积随着滑移的增加而增加。在下降段，钢筋周围的混凝土被压碎，损伤向外扩展，试件外部可观察到明显的裂缝。粘结取决于界面摩擦力，粘结应力的降低是由于肋间混凝土的破坏。随后，粘结力与宏观的机械咬合力有关。

拉拔过程中的钢筋应力如图 4.45 所示。可以看出，钢筋上的应力分布不均匀。在 20℃时，钢筋应力随着滑移从 $s_0$ 增加到 $s_1$ 而增加，然后随着滑移的继续增加而减小。随着滑移增加，加载端和自由端钢筋之间的应力差异增大。在峰值滑移（$s_1$）之前，钢筋处于弹性阶段，应力连续且平缓[41]。随后钢筋应力在各个位置处均增加，加载端的应力接近钢筋的屈服强度。自由端的应力变化较小。$s_1$ 和 $s_2$ 之间的差异很小，两者都保持较高的应力水平。该阶段的粘结应力保持恒定。$s_2$ 之后钢筋应力的变化趋势减弱，对应的粘结应力减小。−120℃时的变化与 20℃时相似，而峰值粘结应力（$s_2$）处的钢筋应力和从峰值到残余阶段（$s_2$～$s_3$）的增量更大，这是因为钢筋的弹性模量在低温下得到增强[42]。

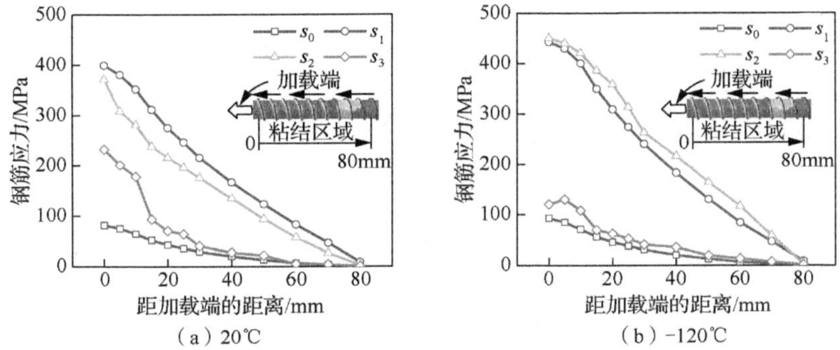


图 4.45　拔出过程中的钢筋应力变化

在拔出过程中，混凝土受到钢筋的挤压力和混凝土保护层的约束力，混凝土应力可分解为径向应力 $\sigma_\theta$ 和环向应力 $\sigma_r$。拔出过程中的混凝土应力变化如图 4.46 和图 4.47 所示。混凝土首先受到钢筋肋的挤压，环向应力和径向应力在 $s_0$ 处都是压应力。环向应力随着滑移的增加而增加，并在 $s_2$ 附近达到最大值。在 20℃时，最大拉应力为 6.5MPa，超过混凝土抗拉强度（2.6MPa）。然而，最大压应力（17.7MPa）小于混凝土的抗压强度（33.5MPa）。这表明粘结应力主要受混凝土抗拉强度的影响。混凝土在拔出过程中发生压碎和剪切破坏，这一结果与 Vandewalle[43]得出的结论一致。在−120℃时可以观察到类似的现象，而混凝土的应力高于 20℃时的应力。在−120℃时，最大拉伸应力为 8.1MPa，这也超过了低温下混凝土的抗拉强度。这是因为低温下混凝土的弹性模量大于常温下的弹性模量，因此在相同的应变下产生更大的应力。此外，混凝土在径向受压，径向应力小于混凝土的抗压强度。20℃和−120℃时的最大拉伸应力分别为 5.4MPa 和 6.8MPa，均超过抗拉强度。由此可见，低温和常温下试件的破坏没有明显差异，混凝土的受拉破坏在拔出过程中起主导作用。

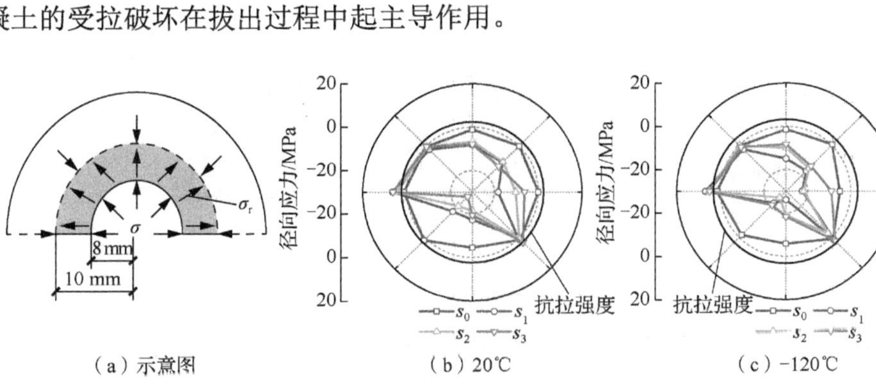


图 4.46　拔出过程中的混凝土径向应力变化

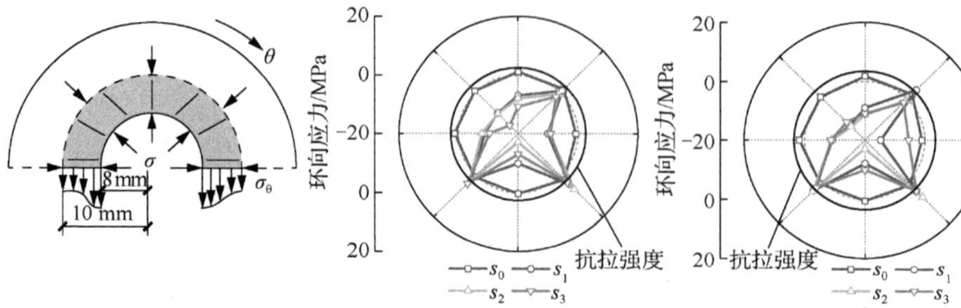


（a）示意图　（b）20℃　（c）−120℃

图 4.47　拔出过程中的混凝土环向应力变化

### 2. 粘结长度的影响

在本节中，选择了 3 种粘结长度（$l$ 为 48mm、80mm、112mm）来探讨它们对低温下试件粘结性能的影响。

试件的最终破坏模式如图 4.48 所示。粘结长度为 48mm 的试件表现出明显的劈裂破坏。粘结区域的钢筋发生相对较小的滑移，混凝土保护层发生开裂。随着粘结长度从 48mm 增加到 112mm，试件的破坏模式转变为拔出破坏，试件表面的裂缝减少。粘结长度为 112mm 时，钢筋周围的混凝土发生损伤。常温下，试件表面没有出现裂缝。低温下的破坏模式与常温下类似，出现拔出破坏模式时，混凝土表面裂缝较多。这是因为当温度降至−120℃时，由于孔隙中充满了冰，混凝土在低温下变得更致密[44]。钢筋和混凝土发生相对滑移时，混凝土产生损伤。

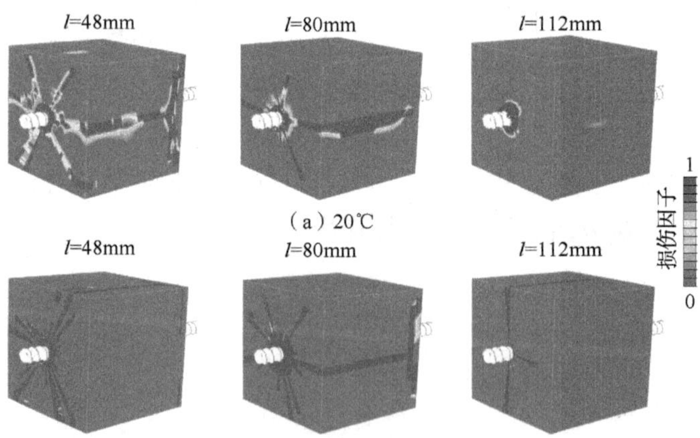


（a）20℃　（b）−120℃

图 4.48　不同粘结长度下的破坏模式

20℃和−120℃下不同粘结长度的试件粘结应力-滑移曲线如图 4.49 所示。峰值粘结强度随着粘结长度的增加而降低，而平台段滑移逐渐增加，这一趋势与谢剑等[6]的试验结果一致。粘结长度的增加降低了名义粘结应力。常温下，当粘结长度从 48mm 增加到 112mm 时，峰值粘结强度降低了 49.1%，而在−120℃下降低了 53.3%，即 20℃时的变化幅度小于−120℃时。这种现象是由于低温下材料强度提高。随着粘结长度从 80mm 增加到 112mm，20℃下的残余粘结强度从 7.97MPa 下降到 3.28MPa，下降了 58.8%，而−120℃下残余粘结强度下降了 43.2%。

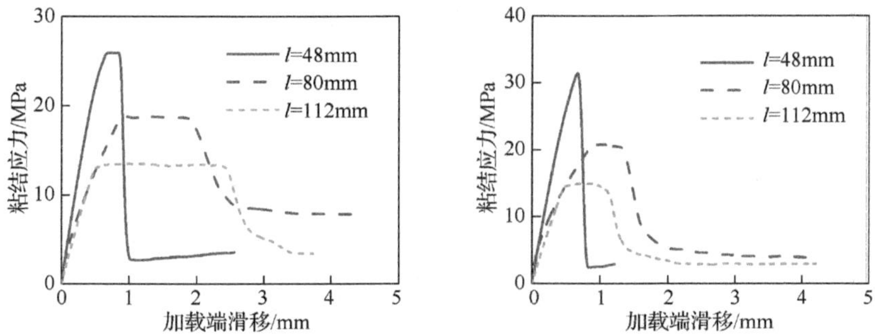

（a）20℃　（b）−120℃

图 4.49　粘结长度对粘结应力-滑移曲线的影响

不同粘结长度下的钢筋应力如图 4.50 所示。加载端的钢筋应力大于自由端的钢筋。随着粘结长度增加，钢筋应力快速增加。计算粘结应力时假设粘结应力沿钢筋均匀分布，而粘结长度的增加导致应力不均匀性的增加，从而导致较长粘结长度的粘结应力减小。低温下钢筋应力的变化趋势与常温下的变化一致，但低温下的变化幅度大于常温下的变化幅度。

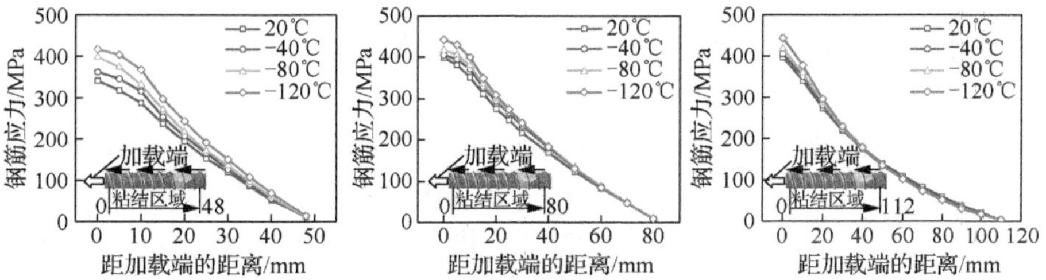

（a）l=48mm　（b）l=80mm　（c）l=112mm

图 4.50　不同粘结长度下的钢筋应力

图 4.51 和图 4.52 为不同粘结长度下的混凝土径向应力和环向应力。随着粘结长度增加，混凝土应力呈现下降趋势。当 l=48mm 时，20℃时的最大径向压应力为 36.5MPa，大于混凝土的抗压强度（33.5MPa）。这表明劈裂破坏是由混凝土的受压损伤造成的。当 l 为 80mm 和 112mm 时，径向应力和环向应力均小于混凝土的抗压强度。在 20℃时，随着粘结长度从 80mm 增加到 112mm，最大环向应力从 18.3MPa 降低到 16.4MPa，降低了 10.4%，而相应的径向应力降低了 11%。在−120℃时也可以观察到类似的变化。这是因为拉力由粘结区钢筋传递，钢筋对混凝土的挤压力随着粘结长度的增加而减小，从而导致粘结强度降低。

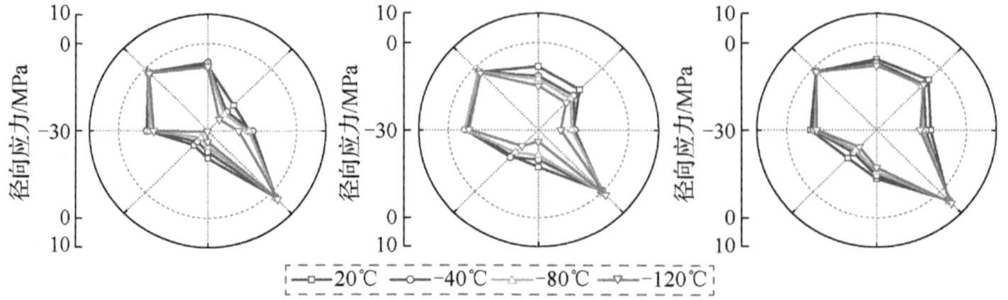


（a）$l$=48mm　　（b）$l$=80mm　　（c）$l$=112mm

图 4.51　不同粘结长度下的混凝土径向应力

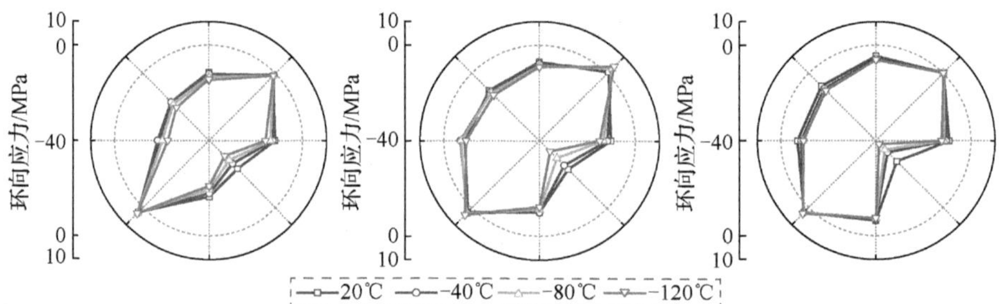


（a）$l$=48mm　　（b）$l$=80mm　　（c）$l$=112mm

图 4.52　不同粘结长度下的混凝土环向应力

3. 低温的影响

针对钢筋拔出破坏，取粘结长度为钢筋直径的 5 倍（$d$=16mm），即 80mm，分析低温对钢筋-混凝土粘结行为的影响。

混凝土横截面处的损伤如图 4.53 所示。20℃时，破坏主要发生在钢筋的凹槽边缘，破坏面积相对较小，混凝土的局部挤压破坏由钢筋的相对滑移引起。当温度下降时，钢筋肋咬合区域的损伤会扩大，凹槽逐渐消失。这主要是因为低温下混凝土的强度和脆性增强[20]，增强了混凝土对钢筋的附着力和约束力。

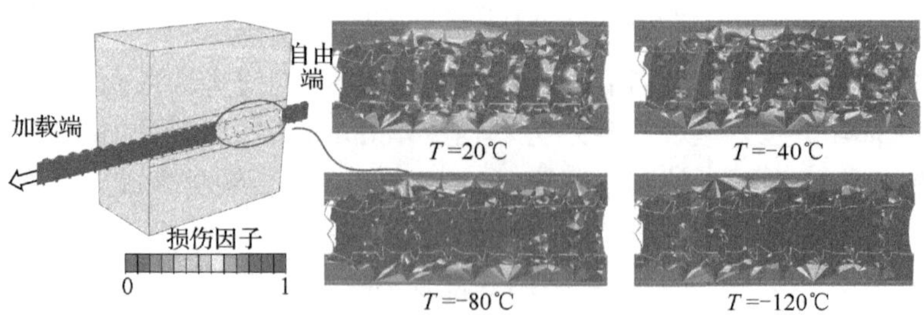


图 4.53　不同温度下粘结区域的破坏情况

图 4.54 给出了低温对粘结应力-滑移曲线和相对粘结强度（低温粘结强度与

常温粘结强度之比）-温度曲线的影响。可以发现，低温对粘结强度和滑移有很大的影响。随着温度降低，粘结应力-滑移曲线上升段斜率逐渐增大，表明低温下粘结刚度较高。这一趋势与谢剑等[6]的试验结果一致。如图 4.54（b）所示，随着温度降低，峰值粘结强度逐渐增大。峰值粘结强度随温度从 20℃降至-120℃几乎线性增大，而残余粘结强度呈线性下降趋势。随着温度从 20℃降至-120℃，峰值粘结强度增加 11.8%。粘结强度的提高可归因于低温下混凝土和钢筋的力学性能得到提高，特别是当温度从 20℃降至-120℃时，低温下混凝土的抗压强度增加了 60.1%。

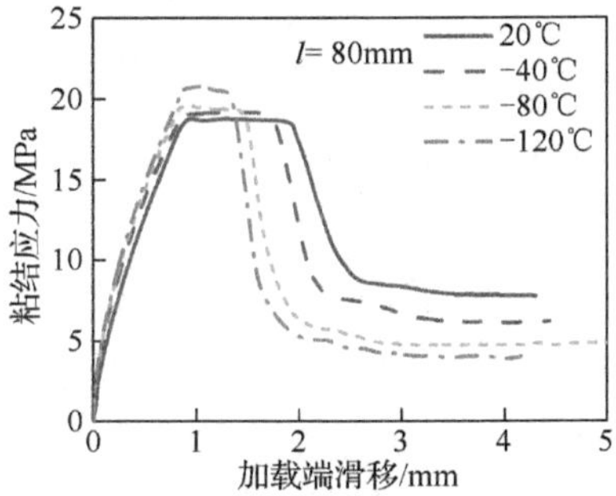


（a）粘结应力-滑移曲线

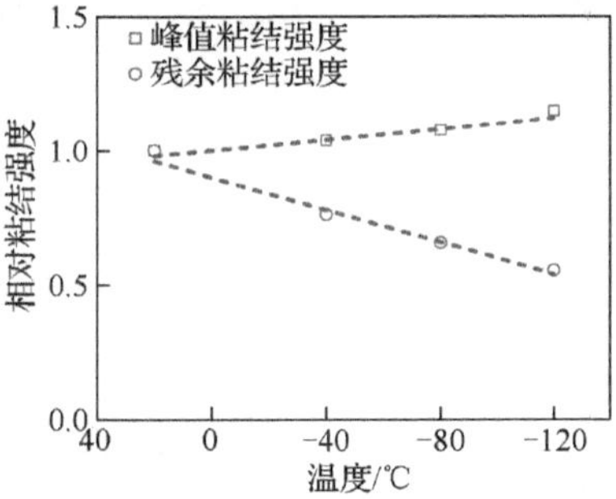


（b）相对粘结强度-温度曲线

图 4.54　低温对粘结应力-滑移曲线和相对粘结强度-温度曲线的影响

此外，平台段的滑移和峰值滑移随温度的降低而减小。随着温度从 20℃降至-120℃，平台段的滑移从 1.2mm 降至 0.3mm，降幅达 75%，而相应的峰值滑移从 1.9mm 降至 1.2mm，降幅为 36.8%。这是因为随着温度降低，混凝土变得更脆[45]，这导致钢筋肋间混凝土由于机械咬合作用而过早破坏。

4. 厚径比的影响

取粘结长度为 $5d$（80mm），分析低温下厚径比（混凝土保护层厚度 $c$ 与钢筋直径 $d$ 的比值）对粘结性能的影响，厚径比（$c/d$）的范围为 1.50～5.00。

图 4.55 给出了低温下试件的破坏模式。$c/d \leqslant 3.75$ 时，试件表现出明显的劈裂破坏。混凝土内部出现相对较小的钢筋滑移，裂缝从混凝土的内部向外扩展。随着厚径比从 3.75 增长到 4.00，20℃时的破坏模式变为拔出破坏，而-120℃时破坏模式为劈裂破坏。对于厚径比不小于 4.00 的试件，由于保护层厚度的增加，粘结界面处的混凝土被压碎，试件表面没有出现裂缝。-120℃和 20℃下的破坏模式变化较小，发生劈裂破坏的试件表面上的裂缝比 20℃时更多。这是因为混凝土中的孔隙水在低温下冻结成冰晶，导致混凝土变得致密[44]。

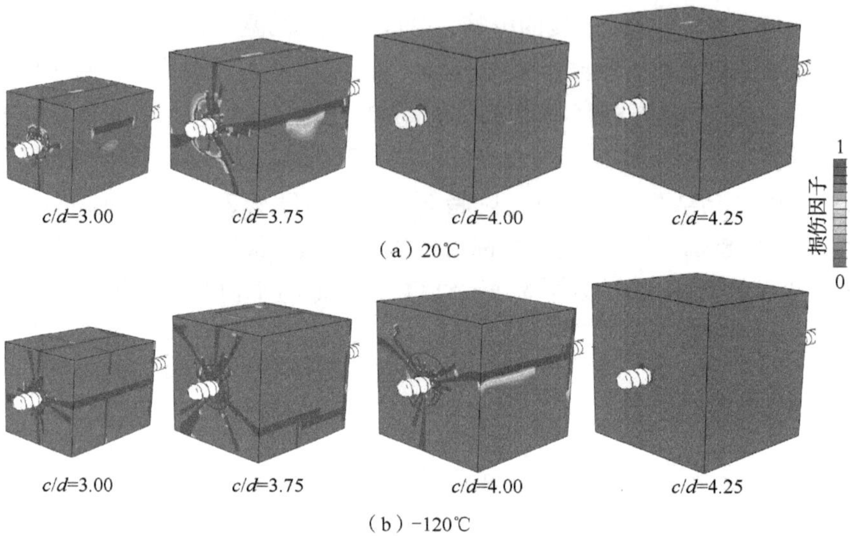


图 4.55　不同厚径比下的破坏模式

低温下不同 *c*/*d* 的粘结应力-滑移曲线如图 4.56 所示。*c*/*d* 的增加影响粘结强度和破坏模式。在常温下，对于 *c*/*d* = 3.75 的试件，曲线可分为上升段和下降段，粘结应力在钢筋产生微小滑移时达到峰值，然后由于混凝土开裂而突然下降。当 *c*/*d* ≥4.00 时，试件发生拔出破坏，由于混凝土的完整性，峰值粘结应力之后出现水平段，Li 等[46]的研究中也发现类似的现象。然而，*c*/*d* = 4.00 时，-120℃下的粘结应力在达到峰值后迅速下降，对应于图 4.55 中的劈裂破坏。这是因为当温度降至-120℃时，混凝土的脆性增加[45]。

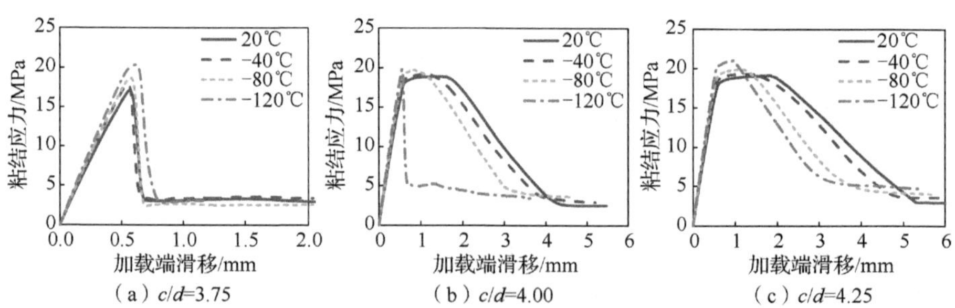


图 4.56　不同厚径比下的粘结应力-滑移曲线

钢筋应力沿粘结长度的分布如图 4.57 所示。钢筋应力在粘结区域分布不均匀，钢筋应力从加载端到自由端逐渐减小。随着 *c*/*d* 从 3.75 增加到 4.00，相同温度下的钢筋应力不断增加。然而，随着 *c*/*d* 从 4.00 增加到 4.25，钢筋应力变化较小。这是因为当 *c*/*d*≥4.00 时，试件均呈现出拔出破坏，并且 *c*/*d* 对粘结应力的影响很小。-120℃时的钢筋应力大于其他温度下的钢筋应力，粘结强度提高。

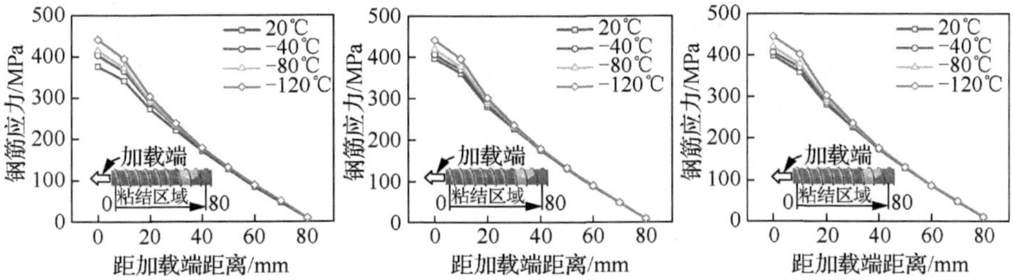


（a）$c/d$=3.75　　（b）$c/d$=4.00　　（c）$c/d$=4.25

图 4.57　不同厚径比下的钢筋应力

不同厚径比下峰值粘结应力时的混凝土应力如图 4.58 和图 4.59 所示。随着 $c/d$ 增加，由于外部混凝土提供的挤压力逐渐增大，混凝土应力趋于减小。径向应力 $\sigma_r$ 小于混凝土的抗压强度，而环向应力中的拉伸应力大于抗拉强度。可以得出结论，拔出试件的破坏由混凝土的拉伸损伤引起。在−120℃时也可以观察到类似的变化。

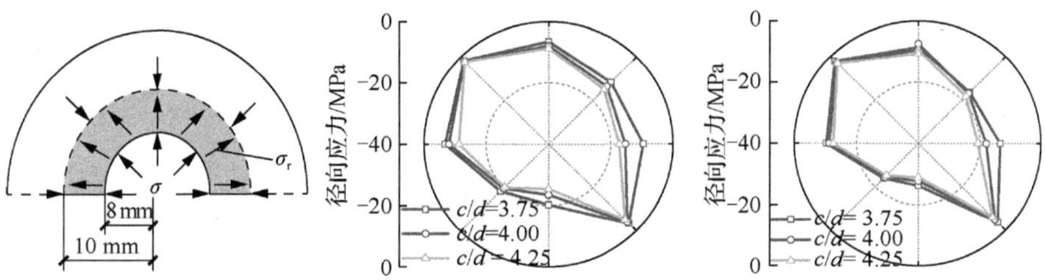


（a）示意图　　（b）20℃　　（c）−120℃

图 4.58　不同厚径比下的混凝土径向应力

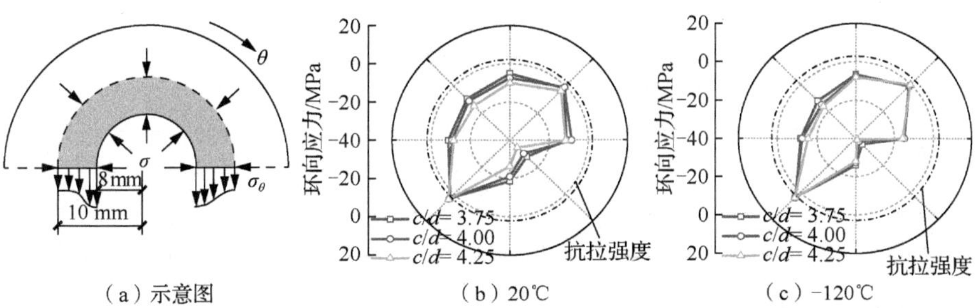


（a）示意图　　（b）20℃　　（c）−120℃

图 4.59　不同厚径比下的混凝土环向应力

为了分析不同温度下粘结强度与厚径比之间的关系，定义归一化粘结强度 $\tau_u^T / f_c^{0.5}$（低温下峰值粘结强度与混凝土抗压强度的比值）。如图 4.60 所示，归一化粘结强度的增长趋势可以分为线性增长和平缓增长两个阶段。随着厚径比增加到 3.75，归一化粘结强度线性增加。然后，归一化粘结强度随 $c/d$ 的进一步增加而不再明显变化。粘结强度的增加是由于混凝土保护层提高了混凝土的约束力和抗剪能力。对于厚径比大于 3.75 的试件，粘结强度受保护层厚度的影响较小。厚径比大于 3.75 时，约束效应产生的效果减弱。这是因为厚径比较大的试件发生拔出破坏，此时抗拔力主要受核心混凝土破坏的影响。−120℃时归一化粘结强度的变化幅度与 20℃时略有不同，但归一化粘结强度始终随温度下降而增加。根据模拟结果，低温下峰值粘结强度 $\tau_u^T$ 可表示为

$$\tau_u^T = (\alpha \times c/d - 0.5)\sqrt{f_c}, \quad 1.5 \leqslant c/d \leqslant 3.75 \tag{4.3a}$$

$$\tau_c^T = (3.6\beta \times c/d)\sqrt{f_c}, \quad c/d > 3.75 \tag{4.3b}$$

式中：$f_c$ 为 20℃时混凝土的抗压强度；$\alpha$ 和 $\beta$ 分别为低温影响系数。不同温度下的 $\alpha$ 和 $\beta$ 值根据温度与粘结强度的关系拟合得到，如表 4.4 所示。

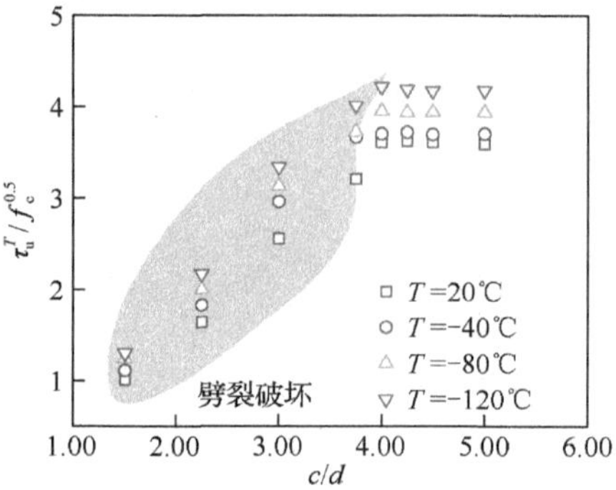


图 4.60　厚径比和温度对归一化粘结强度的影响

**表 4.4　$\alpha$、$\beta$、$\lambda$、$\mu$ 在不同温度下的取值**

| 参数 | 参数值 | | | |
|---|---|---|---|---|
| | 20℃ | −40℃ | −80℃ | −120℃ |
| $\alpha$ | 1.0 | 1.1 | 1.22 | 1.27 |
| $\beta$ | 1.0 | 1.03 | 1.10 | 1.16 |
| $\lambda$ | 1.0 | 1.16 | 1.34 | 1.52 |
| $\mu$ | 1.0 | 1.52 | 1.70 | 2.0 |

5. 约束的影响

这里分析 CFRP 约束和箍筋约束对低温下粘结性能的影响。CFRP 约束是指在试件周围包裹一层 CFRP 布，箍筋约束是指在粘结区配置间距为 30mm 的箍筋。

CFRP 对破坏模式和粘结应力-滑移曲线的影响如图 4.61 和图 4.62 所示。在厚径比为 4.00 和−120℃条件下，CFRP 约束试件的破坏模式从劈裂破坏转变为拔出破坏。对于厚径比为 3.75 的试件，CFRP 约束没有改变破坏模式。对于厚径比不小于 4.00 的试件，CFRP 提供的约束可以保持外部混凝土的完整，试件发生拉拔破坏。

20℃和-120℃下 CFRP 对粘结强度的影响如图 4.63 所示，有 CFRP 约束的粘结强度大于无 CFRP 约束时。与无 CFRP 约束的情况相比，厚径比为 1.50(3.75 和 4.25) 的试件，20℃和-120℃时 CFRP 约束试件的峰值粘结强度分别提高了 15.8%(6.4% 和 5.7%）和 18.7%（7.4%和 7.6%)，说明低温下 CFRP 约束效应增强。

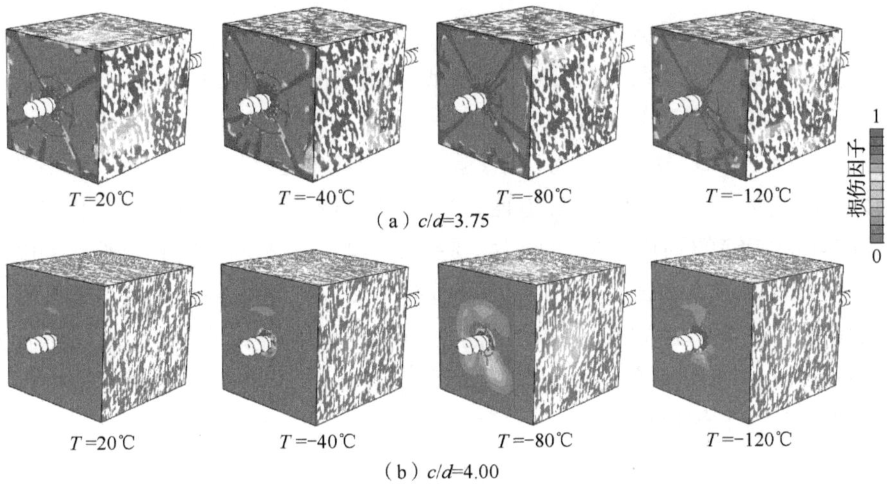


图 4.61　CFRP 约束下的破坏模式

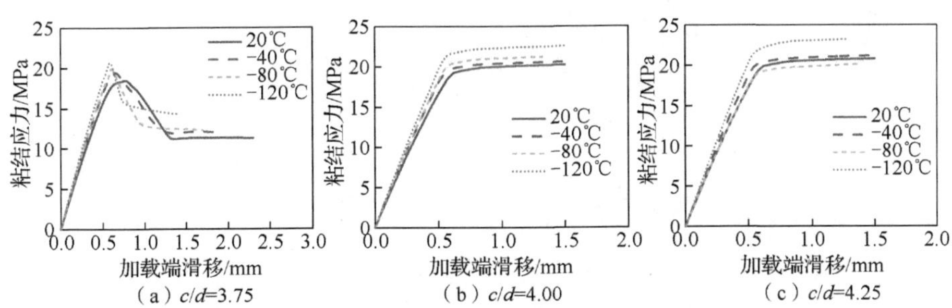


图 4.62　CFRP 约束下的粘结应力-滑移曲线

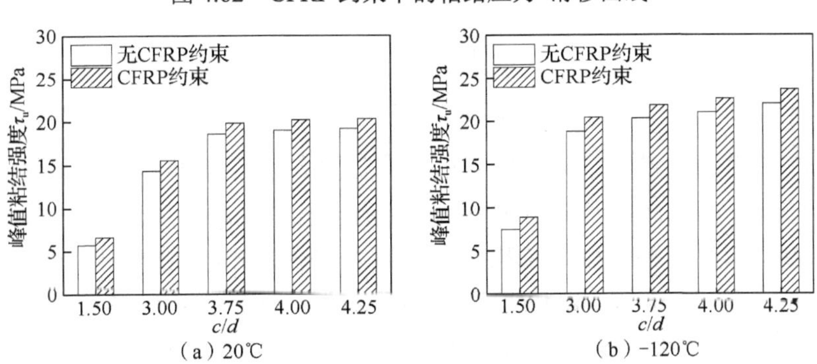


图 4.63　CFRP 约束对粘结强度的影响

考虑了 4 个配箍率（0、2.5%、5.0%和 7.5%）来研究低温下箍筋约束的影响，配箍率 $\rho_v$ 由下式定义：

$$\rho_v = \frac{A_v}{bs_{st}} \tag{4.4}$$

式中：$A_v$ 为箍筋的总横截面积；$b$ 为箍筋核心区的长度；$s_{st}$ 为箍筋的间距。

图 4.64 和图 4.65 给出了箍筋约束对破坏模式和粘结应力-滑移曲线的影响。对于劈裂破坏和拔出破坏的试件，配箍率的增加不会改变破坏模式，但会提高粘结强度。当厚径比为 3.75 时，由于箍筋约束限制了裂缝的发展，配箍率较大的试件裂缝较少。当厚径比为 4.00 时，所有试件均表现为拔出破坏，核心混凝土的局部破坏因箍筋的约束效应而增大。图 4.66 给出了配箍率对粘结强度的影响，图中 $\tau_{fs}^T$ 为箍筋约束产生的粘结强度。配箍率增加可以增大粘结强度。当配箍率从 2.5%增加到 5.0%时，20℃和−120℃下的粘结强度分别增加了 220%和 410%，在低温下，粘结强度变化幅度较大。这是因为混凝土的强度和延性通过增加配箍率而提高[46]，低温下的增量更大。

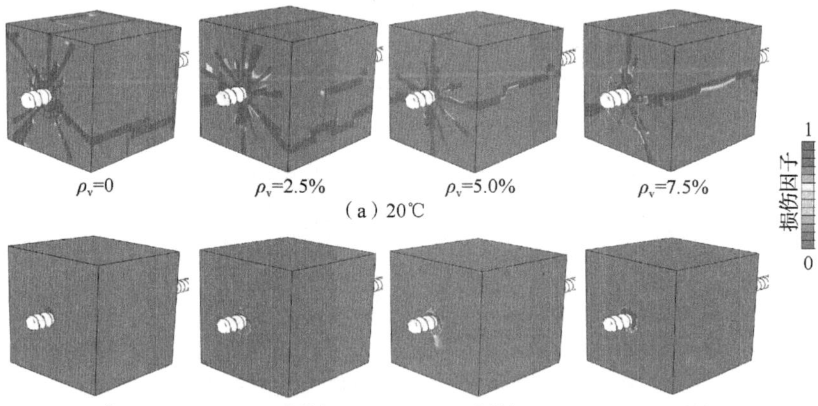


图 4.64 箍筋约束对破坏模式的影响

CFRP 约束和箍筋约束对粘结强度都有促进作用。在低温和常温下，由于约束效应，粘结强度提高，但它们的增量有所不同（图 4.66）。为了评估低温下约束对粘结强度的影响，基于模拟结果建立了考虑约束效应的粘结强度计算公式。根据 Orangun 等[47]、Zuo 和 Darwin[48]的研究，对于约束条件下的试件，峰值粘结强度 $\tau_u^T$ 可视为素混凝土和横向约束贡献的总和：

$$\tau_u^T = \tau_c^T + \tau_f^T \tag{4.5}$$

式中：$\tau_{c}{}^{T}$ 为混凝土提供的粘结强度；$\tau_{f}{}^{T}$ 为约束提供的粘结强度。$\tau_{c}{}^{T}$ 可以通过归一化粘结强度与厚径比的变化关系获得，如图 4.60 所示。

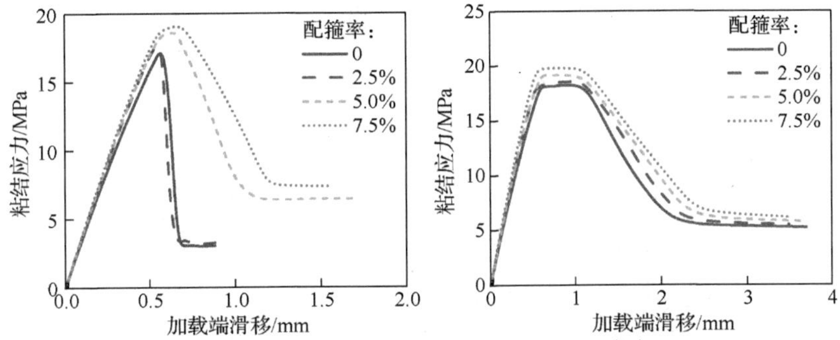


图 4.65　箍筋约束对粘结应力-滑移曲线的影响

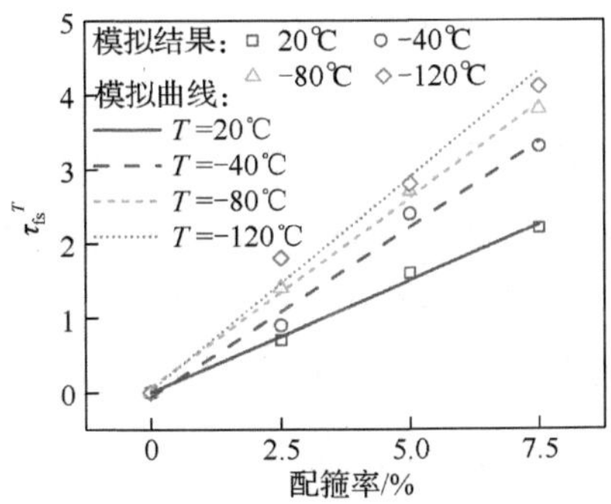


图 4.66　箍筋约束对粘结强度的影响

对于具有 CFRP 约束的试件，根据美国混凝土学会（American Concrete Institute，ACI）规范 ACI 440.2R-2017[49]中 FRP 剪切贡献的计算方法，CFRP 约束所贡献的粘结强度 $\tau_{fc}{}^{T}$ 可表示为

$$\tau_{fc}{}^{T} = \lambda k_{fc} \varepsilon_{fe} E_{f} \tag{4.6}$$

式中：$\varepsilon_{fe}$ 和 $E_{f}$ 分别为 CFRP 的有效应变和弹性模量，根据 ACI 440.2R-2017[49]，$\varepsilon_{fe}$ 取 0.004；$\lambda$ 为 CFRP 提供粘结强度的温度影响系数，见表 4.4；$k_{fc}$ 为约束调整系数，这里取 $1.0\times10^{-3}$。图 4.67（a）给出了式（4.6）计算结果与模拟结果的对比，计算值误差在±15%以内，说明理论计算公式可以合理预测 CFRP 对粘结强度的贡献。

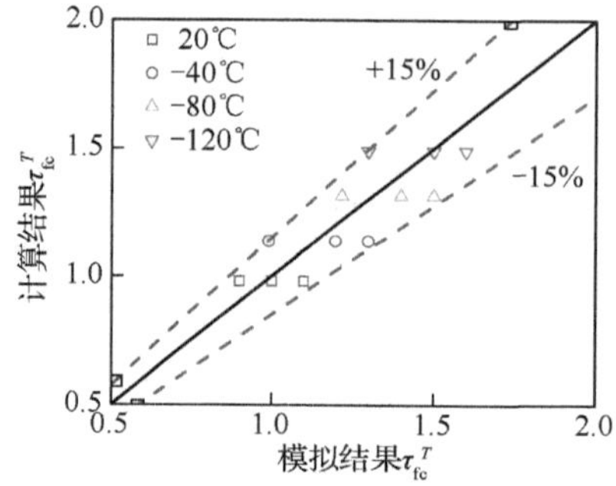

（a）CFRP提供的粘结强度

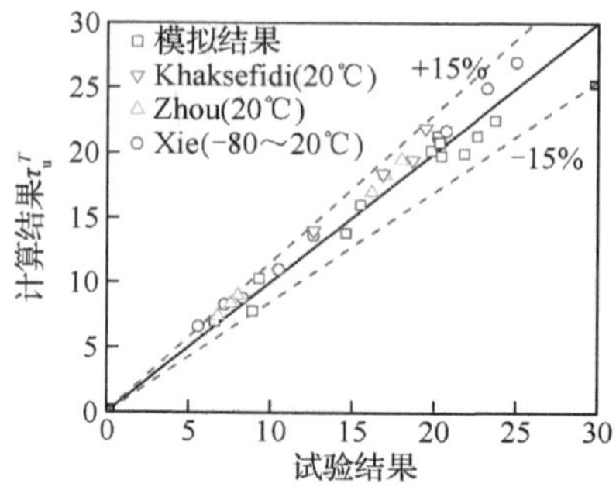

（b）粘结强度

图 4.67　计算结果与模拟结果和试验结果[6,23,51]的对比

对于箍筋约束的试件，根据 ACI 318-2019[50]中箍筋对钢筋混凝土结构抗剪承载力贡献的计算方法，箍筋约束产生的粘结强度 $\tau_{fs}{}^{T}$ 可表示为

$$\tau_{fs}{}^{T} = \mu k_{fs} \rho_{v} f_{yt} \tag{4.7}$$

式中：$\mu$ 为箍筋提供的粘结强度的温度影响系数，不同温度下的数值总结在表 4.4 中；$k_{fs}$ 为约束有效系数，在此条件下取 0.75；$\rho_{v}$ 为配箍率；$f_{yt}$ 为箍筋的屈服强度。预测粘结强度计算结果和试验结果[6,23,51]的对比如图 4.67（b）所示，误差均在±15%以内，计算值与模拟值和试验值吻合良好。这反映了所提出的强度公式能够同时考虑约束和低温的影响，准确地预测粘结强度。

### 4.4.2　动态粘结性能

1. 破坏模式

图 4.68 展示了试件在最大粘结应力时刻，不同应变率、20℃与−120℃下的破坏模式。可以观察到，低温下的破坏模式与常温一致，试件都呈现出拔出破坏模式。试件的损伤发生在钢筋周围的混凝土区域，低温下试件的损伤区域大于常温。随着应变率的增加，损伤区域逐渐减小。这也可以由粘结区域界面混凝土的损伤（图 4.69）看出，相同的应变率条件下，低温下界面混凝土的损伤区域大于常温。这是由于低温下的混凝土的密度和脆性增大。随着应变率的增加，界面混凝土的损伤区域减小。这是由于在较高的应变率下，界面混凝土的损伤所消耗的能量对抵抗拉拔力的贡献降低，拉拔力主要由系统的惯性作用抵抗。

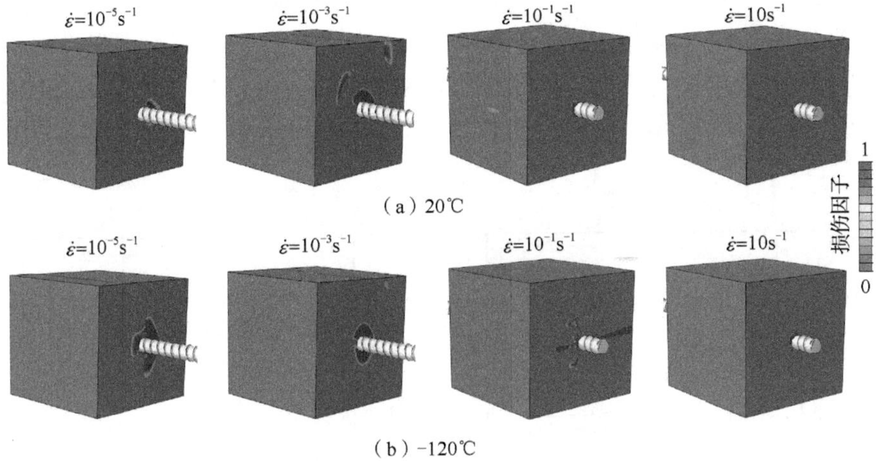


图 4.68　不同应变率、常温与低温下试件的破坏模式

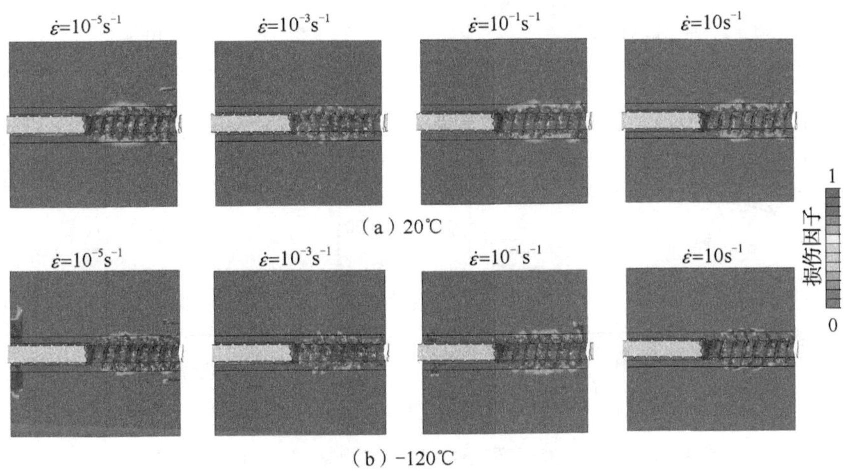


图 4.69　不同应变率、常温与低温下界面混凝土的损伤

2. 粘结强度

图 4.70 给出了在不同应变率和温度下试件的粘结应力-滑移曲线。可以观察到，在较低的应变率范围（$10^{-5}s^{-1}$～$10^{-3}s^{-1}$）内，低温对粘结强度和滑移影响较大。在较高的应变率（$10^{-1}s^{-1}$～$10^{1}s^{-1}$）下，低温的影响主要体现在粘结强度的增加。在 $10^{-5}s^{-1}$～$10^{-3}s^{-1}$ 的应变率范围内，低温与常温的曲线形式均为典型的拔出破坏曲线。在达到峰值应力前，粘结应力随着滑移线性增加。由于混凝土保护层提供的约束作用，峰值后的粘结应力产生一个平台段，在此阶段峰值应力基本保持不变。随着界面混凝土的损伤加剧，粘结应力下降至残余粘结应力。当应变率范围为 $10^{-1}s^{-1}$～$10^{1}s^{-1}$ 时，粘结应力随着滑移的增加非线性增加到峰值

应力，峰值后并未出现平台段。图 4.71 给出了不同应变率条件下，粘结强度随温度的变化关系。可以看出低温和高应变率对粘结强度都有明显增强作用。温度从 20℃降低到−120℃，在 $10^{-5}s^{-1}$ 条件下，粘结强度从 18.6MPa 增加到 20.4MPa，增量为 9.7%。$10s^{-1}$ 时粘结强度的增量为 17.8%，高应变率下低温对粘结强度的影响明显增强。

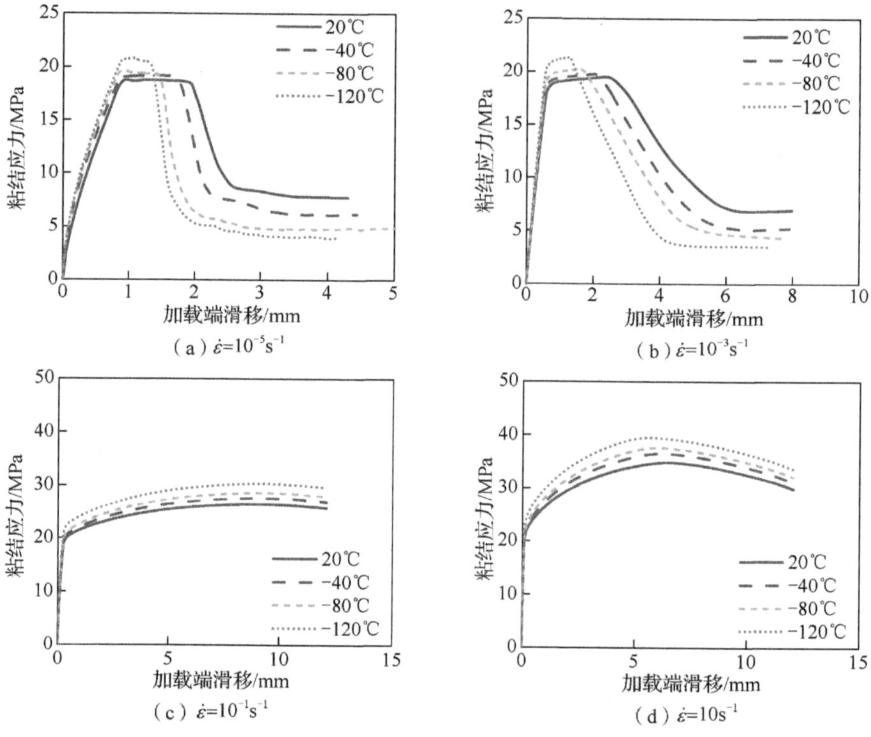


图 4.70　不同应变率和温度下试件的粘结应力-滑移曲线

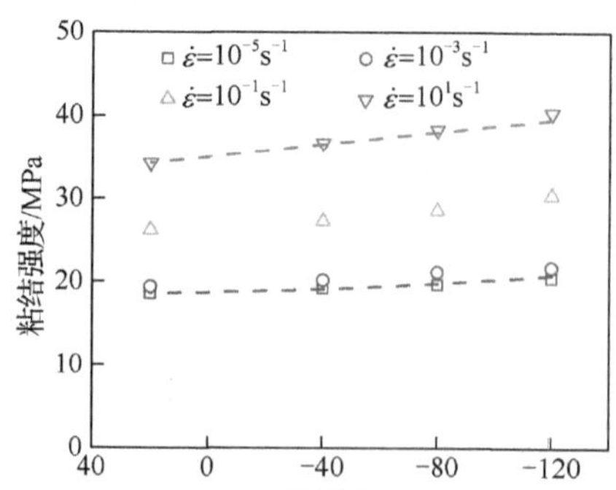


图 4.71　不同应变率下粘结强度随温度的变化关系

## 4.5　粘结应力-滑移本构关系

结合精细化数值模拟结果，本节定量分析动态荷载、高温和低温对粘结强度和滑移的影响，在规范建议的钢筋-混凝土粘结应力-滑移本构关系基础上，发展建立考虑温度影响的钢筋与混凝土的静、动态粘结应力-滑移本构关系模型。

### 4.5.1　曲线形式

静态单调荷载下，FIB 规范[22]建议的劈裂破坏时混凝土和钢筋之间的粘结应力-滑移本构关系曲线的形式如图 4.72 所示，其表达式为

$$\tau=\begin{cases}\tau_u\left(s/s_u\right)^{\alpha}, & 0\leqslant s<s_u\\ \tau_u-\left(s-s_u\right)\left(\tau_u-\tau_r\right)/\left(s_r-s_u\right), & s_u\leqslant s<s_r\\ \tau_r, & s\geqslant s_r\end{cases}\tag{4.8}$$

式中：$s_u$ 为峰值粘结应力（粘结强度）$\tau_u$ 所对应的峰值滑移；$\tau_r$ 为残余粘结强度；$s_r$ 为残余阶段起点对应的滑移；参数 $\alpha$ 为形状参数。

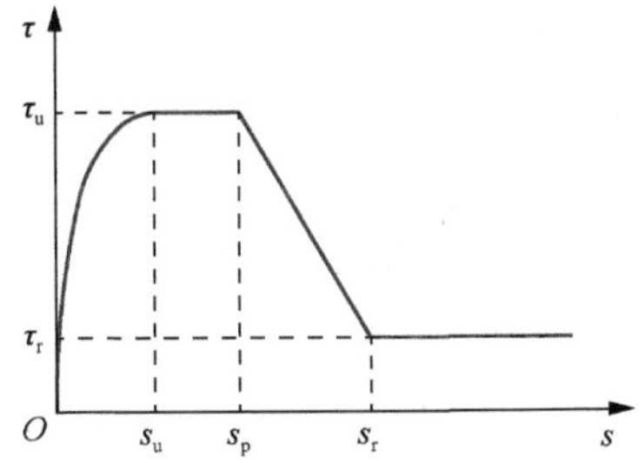


图 4.72　FIB 规范[22]的粘结应力-滑移本构关系

常温单调荷载下，FIB 规范[22]中规定的拔出破坏时粘结应力-滑移规律可分为 4 个阶段：上升段、平台段、下降段和残余段，如图 4.72 所示。粘结强度与混凝土的抗压强度 $f_{ck}$ 有关，其参数列于表 4.5 中。

**表 4.5　FIB 规范中粘结应力-滑移本构关系模型的取值**

| 特征量 | $s_u$ | $s_p$ | $s_r$ | $\tau_u$ | $\tau_r$ |
|---|---|---|---|---|---|
| 特征值 | 1.0mm | 2.0mm | $c_{clear}$ | $2.5\sqrt{f_{ck}}$ | $0.4\tau_u$ |

注：$c_{clear}$ 为钢筋肋间净距。

### 4.5.2　常温动载影响

由 4.2.2 节可知，动态荷载下粘结应力-滑移曲线与 FIB 规范推荐曲线形状接

近。因此，基于 FIB 规范[22]曲线的形式，建立了分段式粘结应力-滑移本构关系简化模型。

图 4.73 给出了粘结强度模拟结果与 Long 等[52]、Li 等[35]、Jacques[53]、Vos 和 Reinhardt[54]、Weathersby[55]、Zhang 等[19]、张伟平等[36]获得的试验结果进行比较。另外，由于一些规范中粘结强度是按混凝土强度[10]或强度平方根[22]的函数来计算的，因此也给出 FIB 规范[22]中推荐的混凝土强度动力增大系数（DIF）作为对比。

从图 4.73 可以清楚看到，由于试验设备和条件的限制，试验数据主要集中在 $10^{-5}s^{-1}$～$10^{0}s^{-1}$ 应变率范围内。虽然试验结果非常分散，但相同应变率范围内的模拟结果均在试验结果范围内，呈现出略有增长的趋势。随着应变率进一步增加（$<10^{3}s^{-1}$），粘结强度的 DIF 呈快速非线性增长。与混凝土强度 DIF 相比，应变率对粘结强度的影响介于抗拉强度和抗压强度平方根之间，但不完全一致。这一结果表明，仅考虑混凝土强度的应变率效应，用规范中建议的静态粘结强度公式计算动态粘结强度是不合适的。因此，根据模拟结果，采用与 FIB 规范[22]中混凝土强度 DIF 类似的形式，将粘结强度 DIF 拟合为静、动态应变率之比（$\dot{\varepsilon}/\dot{\varepsilon}_0$）的指数函数：

$$\mathrm{DIF}=\frac{\tau_{\mathrm{ud}}}{\tau_{\mathrm{u0}}}=1.029+5.58\times10^{-3}\left(\dot{\varepsilon}/\dot{\varepsilon}_0\right)^{0.296},\quad R^2=0.96 \tag{4.9}$$

式中，$\tau_{\mathrm{ud}}$ 和 $\tau_{\mathrm{u0}}$ 分别为动态粘结强度和静态粘结强度；$\dot{\varepsilon}_0$ 表示准静态应变率，$\dot{\varepsilon}_0=1\times10^{-5}s^{-1}$。

动态荷载下残余粘结强度与 $\tau_{\mathrm{r}}$ 和峰值粘结强度 $\tau_{\mathrm{u}}$ 的关系如图 4.74 所示。随着应变率增加，$\tau_{\mathrm{r}}/\tau_{\mathrm{u}}$ 的变化范围并不一致。然而，不同应变率下 $\tau_{\mathrm{r}}/\tau_{\mathrm{u}}$ 的大小非常接近。因此，这里取其平均值，为 0.3，标准差为 0.028。这意味着应变率对残余粘结强度的影响与粘结强度相似。

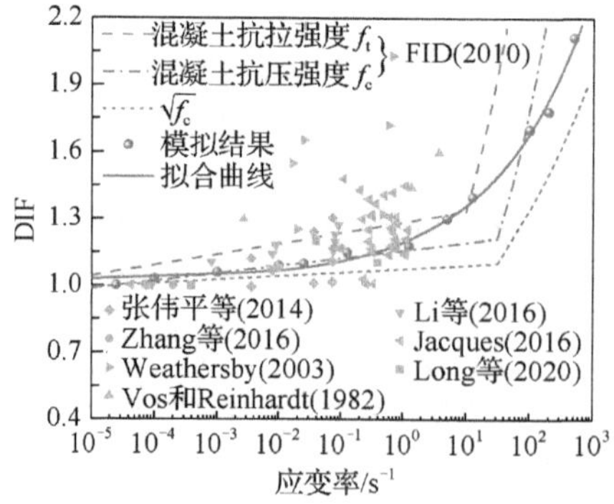


图 4.73　应变率对钢筋与混凝土粘结强度 DIF 的影响

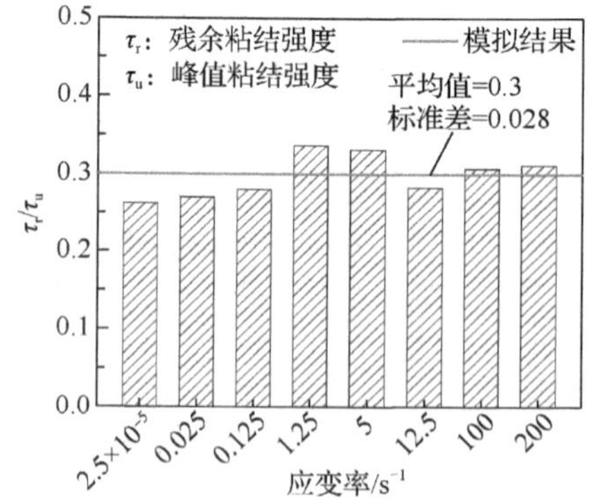


图 4.74　动态荷载下残余粘结强度和峰值粘结强度之间的关系

如前所述，粘结强度对应的峰值滑移随着应变率的增加而减小。峰值粘结强度时动态峰值滑移和静态峰值滑移之比$\eta_s$与应变率的关系如图 4.75 所示。此外，图 4.75 中还给出了 Li 等[35]、Zhang 等[19]、张伟平等[36]、Weathersby[55]的试验值。应变率在 $10^{-5}s^{-1}$～$10^{0}s^{-1}$ 范围内时，试验结果非常分散，未表现出明显规律性。通过与试验结果对比发现，随着应变率提高，模拟所得的$\eta_s$轻微下降。当应变率大于 $10^{0}s^{-1}$ 时，模拟结果中$\eta_s$显著减小。考虑到高应变率下粘结强度增大，峰值滑移随应变率的增大而减少意味着试件的粘结刚度更大。与粘结强度类似，静、动态滑移比$\eta_s$和应变率的关系表示为

$$\eta_s = s_{ud} / s_{u0} = 1.000 - 2.48\times10^{-5}\left(\dot{\varepsilon} / \dot{\varepsilon}_0\right)^{0.594},\quad R^2=0.95 \tag{4.10}$$

式中：$s_{ud}$和$s_{u0}$分别代表动态和静态下的峰值滑移。

以上给出了峰值粘结强度$\tau_u$、峰值滑移$s_u$和残余粘结强度$\tau_r$在动态荷载下的计算表达式。为了得到动态荷载作用下的粘结应力-滑移曲线，还需要确定$\alpha$和$s_r$。动态荷载下，粘结应力-滑移曲线进入残余应力阶段时并不存在明显拐点，只能观察到一个减小的趋势。当应变率小于 $100s^{-1}$ 时，随着应变率提高，滑移 $s_r$ 几乎保持不变；应变率较高时，$s_r$ 显著增加。这个变化趋势与粘结强度类似。因此，与对粘结强度的处理类似，假设动态荷载下 $s_r$ 的应变率效应与粘结强度 $\tau_u$ 相同，$s_{rd}$=DIF·$s_{r0}$，其中 DIF 的表达式如式（4.9）所示。此外，在静态荷载下 $s_{r0}$ 取为钢筋肋间距，在本研究中为 10mm。参数 $\alpha$ 的值根据 FIB 规范[22]中的建议值取 0.4。

将以上数值代入式（4.10）可以确定不同应变率下的粘结应力-滑移曲线，从而建立钢筋-混凝土动态粘结应力-滑移本构关系模型。图 4.76 给出了应变率$\dot{\varepsilon}$为 $2.5\times10^{-5}s^{-1}$、$5s^{-1}$ 和 $200s^{-1}$ 时理论计算的粘结应力-滑移曲线与模拟结果的对比。可知，除个别差异外，理论计算与模拟结果之间有很好的一致性，表明了理论模型的有效性。

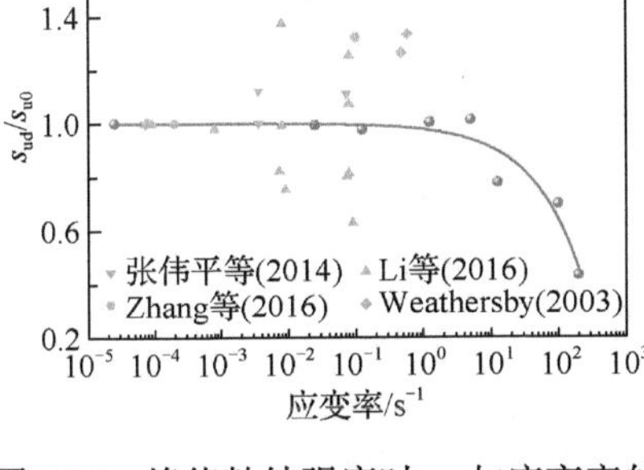


图 4.75　峰值粘结强度时 $\eta_s$ 与应变率的关系

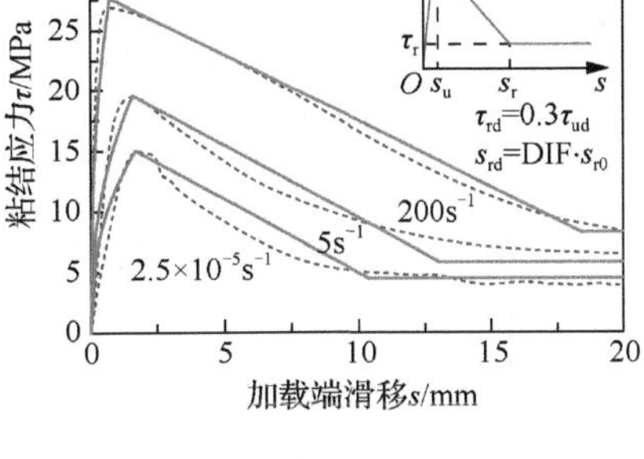


图 4.76　简化的粘结应力-滑移曲线与模拟结果的对比

### 4.5.3　高温影响

1. 高温下静态粘结应力-滑移本构模型

4.3 节中，常温下数值模拟得到的试件的破坏模式为拔出破坏。此外，粘结应力-滑移曲线上峰值粘结强度附近存在一平台段。这些特征与 FIB 规范[22]中建议的拔出破坏模式粘结应力-滑移曲线类似。FIB 规范[22]要求混凝土保护层厚度大于等于钢筋直径的 5 倍。4.3 节的工况满足 FIB 规范的要求。因此，这里基于 FIB 规范推荐的曲线，发展提出考虑高温影响的粘结应力-滑移本构关系模型。

根据 FIB 规范，常温下 $s_u$、$s_p$ 和 $s_r$ 的值分别为 1.0mm、2.0mm 和 10mm。模拟得到的不同温度下的滑移 $s_u$ 和 $s_p$ 与 FIB 规范一致，但残余滑移 $s_r$ 的值基本为 3.0mm，远小于 FIB 规范的推荐值 10mm[22]。此外，如 4.3.1 节所述，温度变化对高温下的滑移影响不大。因此，预测高温下拔出破坏的滑移可按式（4.11）确定。

图 4.77 为根据规范计算和数值模拟得到的相对粘结强度（高温下与常温下粘结强度之比）随温度的变化关系。在 400℃范围内，规范的结果可以保证建筑设计具有足够的安全性。然而，当温度超过 400℃时，现有粘结应力-滑移本构关系模型会高估粘结强度。因此，有必要考虑温度的影响，改进粘结强度的计算方法。对模拟结果进行拟合得到 20～600℃范围内峰值粘结强度 $\tau_{max}$ 的计算式，如式（4.12）所示。

$$\begin{cases} s_{u(T)} = 1.0\text{mm}, \\ s_{p(T)} = 2.0\text{mm}, \quad 20℃ \leqslant T \leqslant 600℃ \\ s_{r(T)} = 3.0\text{mm}, \end{cases} \tag{4.11}$$

$$\tau_{max(T)} / \tau_{max(20)} = \left(1 - 2.50\times10^{-4}T - 1.80\times10^{-6}T^2\right) \tag{4.12}$$

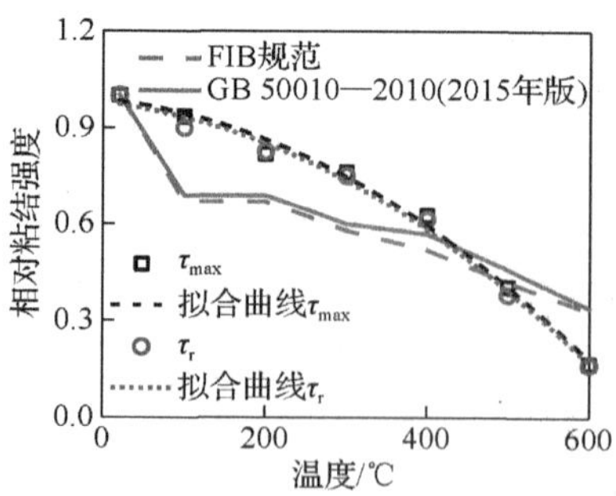


图 4.77　不同温度下相对粘结强度随温度变化

此外，根据模拟结果发现在相同温度下，残余粘结强度与峰值粘结强度之比

约为 0.4，这与 FIB 规范[22]一致。因此，高温下残余粘结应力为

$$\tau_{r(T)} = 0.4\tau_{max(T)}, \quad 20℃ \leqslant T \leqslant 600℃ \tag{4.13}$$

式中：$\tau_{max(20)}$ 表示 20℃时的峰值粘结强度。

将考虑温度影响的特征点代入 FIB 规范[22]粘结应力-滑移曲线，获得高温下钢筋与混凝土的粘结应力-滑移本构关系：

$$\tau_{0(T)} = \begin{cases} \tau_{max(T)} \times \left(\dfrac{s_{(T)}}{s_{u(T)}}\right)^{0.4}, & 0 \leqslant s_{(T)} < s_{u(T)} \\ \tau_{max(T)}, & s_{u(T)} \leqslant s_{(T)} < s_{p(T)} \\ \tau_{max(T)} - 0.6\tau_{max(T)} \times \left(s_{(T)} - s_{p(T)}\right), & s_{p(T)} \leqslant s_{(T)} < s_{r(T)} \\ 0.4\tau_{max(T)}, & s_{r(T)} \leqslant s_{(T)} \end{cases} \tag{4.14}$$

式中：$\tau_{0(T)}$和 $s_{(T)}$为粘结应力和滑移。

式（4.14）计算结果与模拟结果和试验结果[37]的对比如图 4.78 所示。可知，理论计算公式可以较好地描述高温下变形钢筋与混凝土之间的粘结应力-滑移行为。特别是当温度为 500℃时，理论计算公式得到的曲线与模拟结果吻合较好。由理论计算公式计算得到的高温峰值粘结强度与试验结果基本一致[37]，如图 4.78（b）所示。在滑移方面，计算结果与试验结果[37]略有不同。这是由于试验所用试件的厚径比仅为 2.75[37]，小于本节理论计算的厚径比 5.00。但计算得到的粘结应力-滑移曲线的趋势与试验结果基本一致[37]。结果表明，在现有模型基础上提出的考虑温度影响的理论计算公式可以预测高温下混凝土与变形钢筋之间的粘结应力-滑移行为。

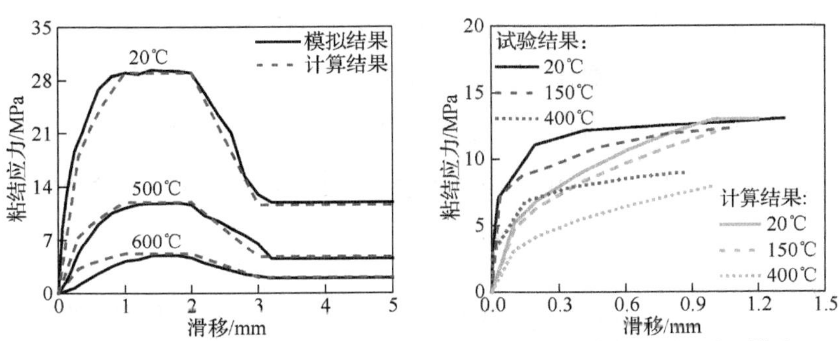


（a）计算结果与模拟结果对比　（b）计算结果与试验结果[37]对比

图 4.78　计算结果与模拟结果和试验结果[37]对比

2. 高温后静态粘结应力-滑移本构关系模型

高温冷却后粘结强度的精细化模拟结果与试验结果[12,56-60]的对比如图 4.79 所示。可知，从数值模拟中获得的相对粘结强度（$\tau_{s(T)}/\tau_s$）在试验结果的范围内。此外，数值模拟结果随温度的变化趋势也与试验结果相似。

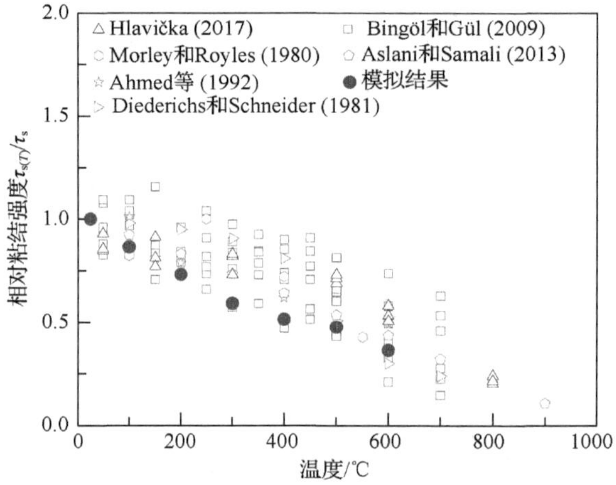


图 4.79　相对粘结强度随温度的变化模拟结果与试验结果的对比

常温下混凝土的抗压强度 $f_{ck}$ 和抗拉强度 $f_{t,r}$ 分别为 45MPa 和 3.5MPa。根据第 3 章给出的混凝土力学性能随温度的退化规律，以及规范[22,32]中粘结强度的计算公式，分别计算出高温下的粘结强度。两个模型的计算结果如图 4.80（a）所示。数值模拟得到的峰值粘结强度更接近于 GB 50010—2010（2015 年版）[32]的计算值。对于残余粘结强度，数值模拟结果的变化与 GB 50010—2010（2015 年版）模型相似。然而，理论计算结果大于模拟值。因此，在工程设计中根据理论计算模型可能会高估钢筋混凝土构件的受力性能，这对构件的安全十分不利。因此，这里参照 GB 50010—2010（2015 年版）[32]的模型计算高温冷却后的峰值粘结强度：

$$\tau_{p(T)} = 3f_{t,r(T)} = \begin{cases} 3f_{t,r(T)}(-0.00375T+1.075), & 20℃ \leqslant T < 100℃ \\ 2.1f_{t,r(T)}, & 100℃ \leqslant T < 200℃ \\ 3f_{t,r(T)}(-0.001T+0.9), & 200℃ \leqslant T < 600℃ \end{cases} \tag{4.15}$$

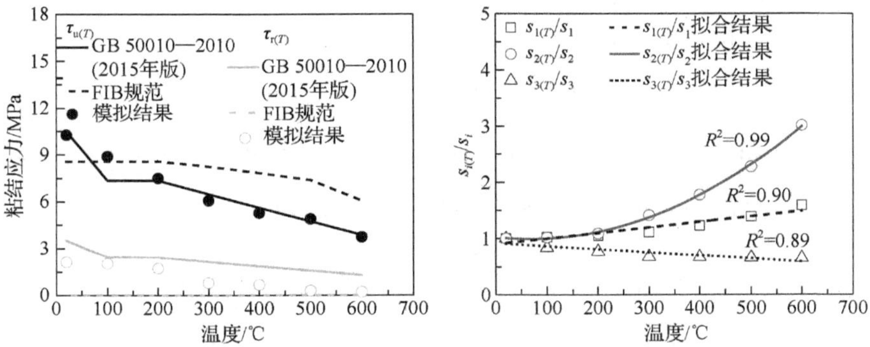


（a）粘结强度随温度变化　　（b）滑移随温度变化

图 4.80　高温下粘结强度、滑移随温度的变化

高温冷却后的残余粘结强度计算公式为

$$\tau_{\mathrm{r}(T)} = 0.2 f_{\mathrm{t,r}(T)} = \begin{cases} 0.2 f_{\mathrm{t,r}(T)}(-0.00375T + 1.075), & 20℃ \leqslant T < 100℃ \\ 1.4 f_{\mathrm{t,r}(T)}, & 100℃ \leqslant T < 200℃ \\ 0.2 f_{\mathrm{t,r}(T)}(-0.001T + 0.9), & 200℃ \leqslant T \leqslant 600℃ \end{cases} \tag{4.16}$$

式中：$f_{\mathrm{t,r}(T)}$ 为高温冷却后混凝土的抗拉强度[61]；$f_{\mathrm{t,r}}$ 为常温下混凝土的抗拉强度；$T$ 为试件经历的最高温度。

### 3. 高温下动态粘结应力-滑移本构关系模型

高温下动力加载作用下滑移的理论计算模型包含 3 个主要组成部分：常温下滑移的影响、温度的影响、应变率的影响。动态滑移预测模型的基本形式为

$$s_{\mathrm{d}i} = s_i \cdot \gamma \cdot \beta \tag{4.17}$$

式中：$s_{\mathrm{d}i}$ 表示动态滑移，其中下标 $i$ 分别表示劈裂点 cr、峰值点 u 和残余点 r，后同；$s_i$ 表示常温静载下的滑移；$\gamma$ 表示滑移的温度影响系数；$\beta$ 表示滑移的动态增强因子。

常温下的粘结应力-滑移曲线结果表明开裂滑移、峰值滑移和残余滑移分别为 1.33mm、2.1mm 和 10mm。为简化计算，常温下的开裂滑移 $s_{\mathrm{cr}}$ 和峰值滑移 $s_{\mathrm{u}}$ 分别取为 1.0mm 和 2.0mm。此外，这里残余滑移 $s_{\mathrm{r}}$ 为 8.0mm，在数值上等于变形钢筋的肋间距。

动态滑移的温度影响系数 $\gamma$ 通过拟合模拟试验结果确定，如图 4.81（a）所示。为了便于计算，这里选择简单的非线性函数进行拟合：

$$\gamma = 1 + 2.5\times10^{-6}T^2,\quad 20℃\leqslant T\leqslant 600℃ \tag{4.18}$$

从图 4.81（b）可以看出，在相同温度下，动态滑移随着应变率的增加而增加。对模拟结果进行回归分析后，滑移的动态增强因子 $\beta$ 可表示为

$$\beta = 0.84 + 0.16\left(\frac{\dot{\varepsilon}}{\dot{\varepsilon}_0}\right)^{0.13},\quad 2\times10^{-4}\text{s}^{-1}\leqslant \dot{\varepsilon} \leqslant 2\times10^{2}\text{s}^{-1} \tag{4.19}$$

式中：$\dot{\varepsilon}_0$ 为准静态应变率，其值为 $2\times10^{-4}\text{s}^{-1}$。

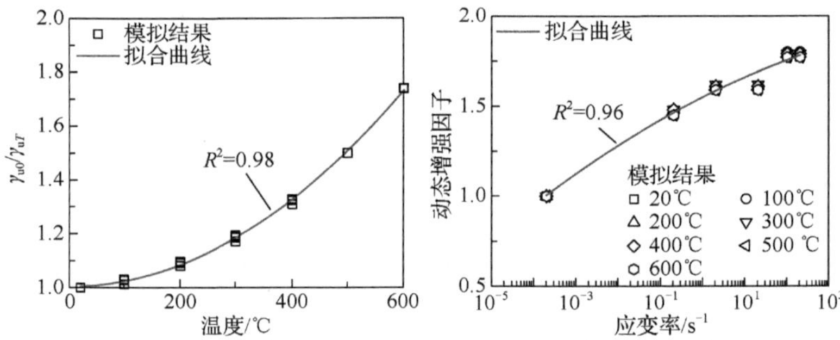


（a）温度的影响　　（b）应变率的影响

图 4.81　不同温度和应变率下动态滑移

理论模型中动态劈裂和峰值粘结强度的确定与滑移相似：

$$\tau_{di} = \tau_i \cdot \alpha \cdot \eta \tag{4.20}$$

式中：$\tau_{di}$ 表示动态粘结强度；$\tau_i$ 表示常温下静态加载作用下的粘结强度；$\alpha$ 表示动态粘结强度的温度影响系数；$\eta$ 表示应变率影响系数。

通过相对粘结强度与温度的关系进行拟合来确定 $\alpha$ 和 $\eta$，如图 4.82（a）所示。为了简化计算，这里使用线性函数

$$\alpha = 1.02 - 0.001T,\quad 20℃\leqslant T\leqslant 600℃ \tag{4.21}$$

$$\eta = 0.84 + 0.16\left(\frac{\dot{\varepsilon}}{\dot{\varepsilon}_0}\right)^{0.15},\quad 2\times10^{-4}\text{s}^{-1}\leqslant \dot{\varepsilon} \leqslant 2\times10^{2}\text{s}^{-1} \tag{4.22}$$

残余粘结强度约为峰值粘结强度 $\tau_u$ 的 30%，如图 4.83 所示。因此，冷却后不同应变率下的动态残余粘结强度 $\tau_{dr}$ 为

$$\tau_{dr} = 0.3\tau_{du} \tag{4.23}$$

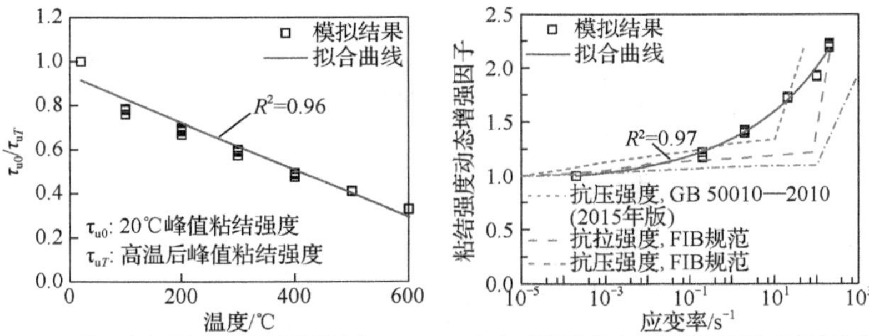


（a）相对粘结强度随温度变化　（b）粘结强度动态增强因子随应变率变化

图 4.82　不同温度和应变率下的相对粘结强度和粘结强度动态增强因子

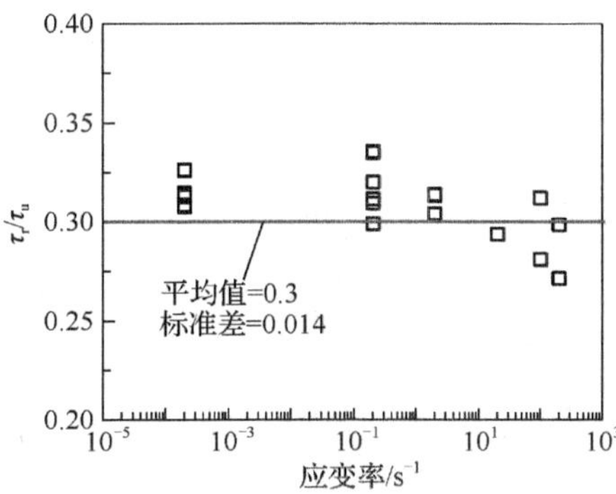


图 4.83　残余粘结强度 $\tau_r$ 与峰值粘结强度 $\tau_u$ 之比随应变率的变化

根据上述理论计算模型，不同应变率和温度下的粘结应力-滑移曲线如图 4.84（a）所示。结果表明理论计算模型的结果与模拟结果之间具有良好的一致性。此外，理论计算结果和试验结果[56, 62, 63]的比较进一步表明，所提出的理论计算模型可以合理地表征应变率和温度对粘结性能的影响，如图 4.84（b）和（c）所示。

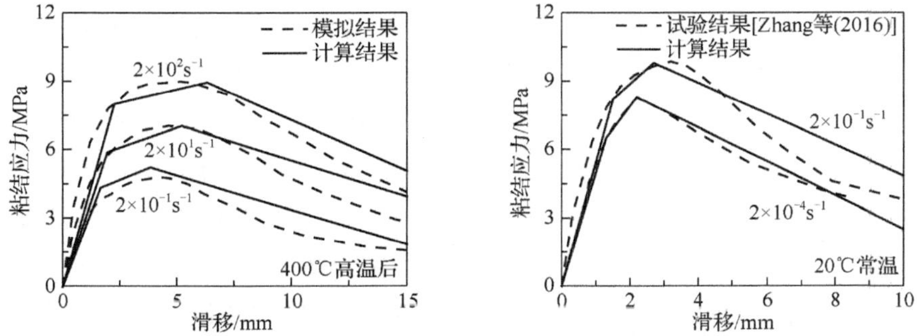


（a）粘结应力-滑移曲线计算结果与模拟结果对比　（b）粘结应力-滑移曲线计算结果与试验结果对比

图 4.84　计算结果与模拟结果和试验结果对比

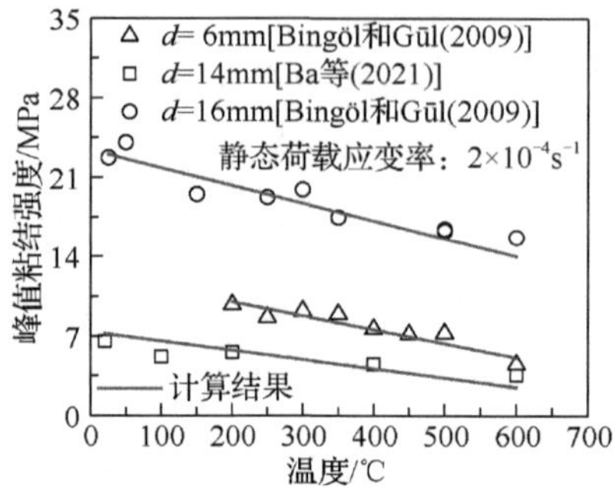


（c）峰值粘结强度计算结果与试验结果对比

图 4.84（续）

### 4.5.4　低温影响

1. 粘结强度

FIB 规范[22]中没有给出低温下粘结强度的公式，但它给出了低温下混凝土的抗压强度 $f_{ck}^{T}$ 的计算公式，即式（4.25）和式（4.26）。低温下的峰值粘结强度 $\tau_{u}^{T}$ 可由混凝土的抗压强度计算得到：

$$f_{ck}^{T}=f_{ck}^{20℃}+\Delta f_{ck} \tag{4.24}$$

$$\Delta f_{ck}=12m\left[1-\left(\frac{T+170}{170}\right)^{2}\right],\quad -170℃\leqslant T\leqslant 0℃ \tag{4.25}$$

$$\tau_{u}^{T}=2.5\sqrt{f_{ck}^{T}} \tag{4.26}$$

式中：$f_{ck}^{20℃}$ 为常温（20℃）下混凝土的抗压强度；$m$ 为混凝土的含水量（单位：%），根据试验[20]中给出的混凝土含水量，这里取为 3.0。模拟结果和基于 FIB 规范计算的相对粘结强度（低温下与常温下的粘结强度之比）如图 4.85 所示。可知，FIB 规范计算结果高估了粘结强度，不利于建筑结构的安全。因此，基于 FIB 规范[22]中提出的曲线形式，建立考虑低温影响的粘结应力-滑移本构关系曲线。所提出的理论计算模型可分为 4 个阶段，并由峰值粘结强度、残余粘结强度和

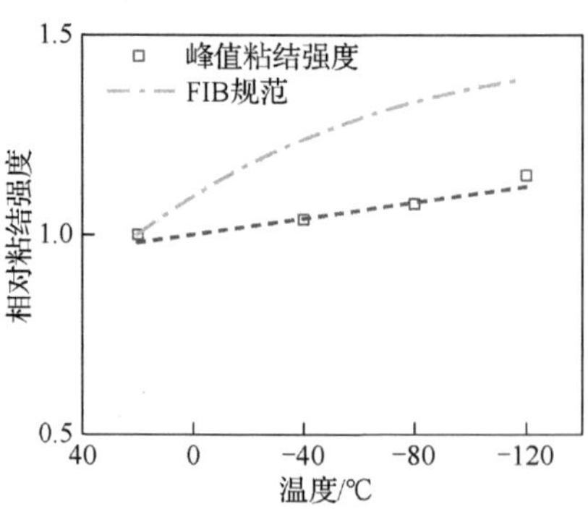


图 4.85　相对粘结强度与温度的关系

对应的滑移来确定曲线的形状。低温和约束条件的影响可以通过粘结强度和对应的滑移来反映。

在低温环境下，峰值粘结强度与 $c/d$ 和约束条件有关，4.4.1 小节给出了峰值粘结强度与温度之间的关系。可知，残余粘结强度 $\tau_{\mathrm{r}}^{T}$ 受 $c/d$ 的影响较小，但随着低温和配箍率的变化而显著变化。相对残余粘结强度与温度、配箍率之间的关系如图 4.86 所示。20℃时，相对残余粘结强度随配箍率的增大而线性增加，但受温度影响较小。为了简化计算，假设低温下约束对残余粘结强度的影响与常温下一致。根据模拟结果，考虑低温和配箍率影响的残余粘结强度可分别表示为

$$\tau_{\mathrm{r}}^{T}=\tau_{\mathrm{r}}^{20℃}(-0.005T+1.1),\quad -120℃\leqslant T\leqslant 20℃ \tag{4.27}$$

$$\tau_{\mathrm{r}}^{\rho}=\tau_{\mathrm{r}}^{20℃}(7.0\rho+1),\quad 0<\rho\leqslant 7.5\% \tag{4.28}$$

式中：$\tau_{\mathrm{r}}^{\rho}$ 为箍筋约束下的残余粘结强度；$\tau_{\mathrm{r}}^{20℃}$ 为 20℃下无箍筋约束试件的残余粘结强度。峰值粘结强度 $\tau_{\mathrm{u}}^{T}$ 和残余粘结强度 $\tau_{\mathrm{r}}^{T}$ 的计算公式：

$$\tau_{\mathrm{u}}^{T}=\tau_{\mathrm{u}}^{20℃}(-0.001T+1.02),\quad -120℃\leqslant T\leqslant 20℃ \tag{4.29}$$

$$\tau_{\mathrm{r}}^{T}=\tau_{\mathrm{r}}^{20℃}(-0.003T+0.94),\quad -120℃\leqslant T\leqslant 20℃ \tag{4.30}$$

$$\tau_{\mathrm{r}}^{20℃}=0.4\tau_{\mathrm{u}}^{20℃},\quad -120℃\leqslant T\leqslant 20℃ \tag{4.31}$$

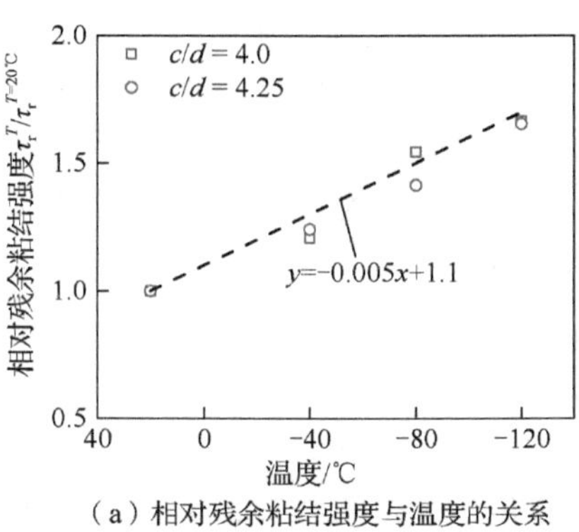


（a）相对残余粘结强度与温度的关系

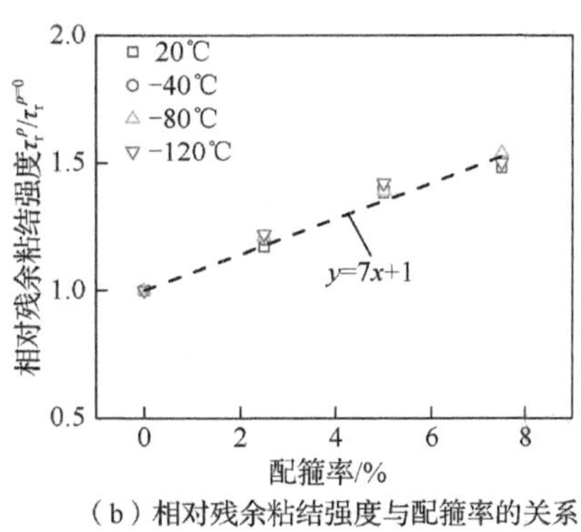


（b）相对残余粘结强度与配箍率的关系

图 4.86　相对残余粘结强度与温度和配箍率的关系

在低温静态荷载下粘结应力-滑移本构关系的基础上，引入应变率的影响，考虑应变率对粘结性能的增强作用，建立了考虑低温与应变率影响的粘结应力-滑移本构关系模型。不同应变率条件下，低温对相对粘结强度的影响如图 4.87 所示。可以发现低温对粘结强度的增强作用随着应变率的增大而增强，以 $10^{-5}\mathrm{s}^{-1}$ 准静态应变率为基准，拟合了应变率对低温的增强系数。不同应变率下粘结强度可由下式计算得出：

$$\tau_{u}^{\dot{\varepsilon}} = \tau_{u}^{\dot{\varepsilon}_s}(\gamma T + 0.986) \tag{4.32}$$

$$\gamma = 7\times10^{-4}\left(\frac{\dot{\varepsilon}}{\dot{\varepsilon}_s}\right)^{0.05}, \quad 10^{-5}\text{s}^{-1} \leqslant \dot{\varepsilon} \leqslant 10^{1}\text{s}^{-1} \tag{4.33}$$

式中：$T$ 为温度；$\gamma$ 为应变率对低温下粘结强度的影响系数；$\dot{\varepsilon}/\dot{\varepsilon}_s$ 为动态应变率与静态应变率的比值。

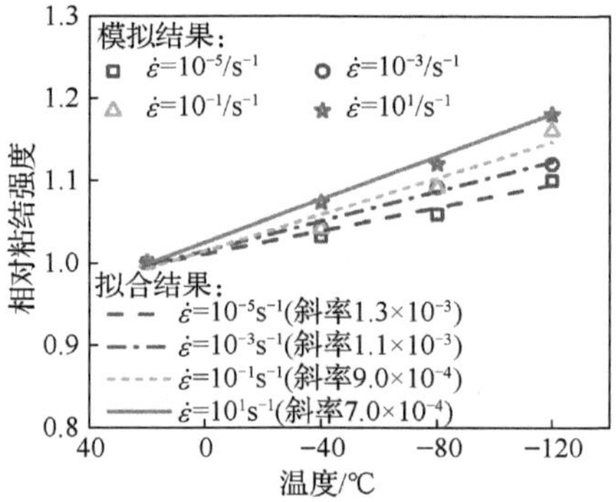


图 4.87　动态荷载下低温对相对粘结强度的影响

2. 滑移

对于有约束的试件，不同约束条件下的滑移没有显著差异，其他研究也得到了类似结论[23,50]。然而，不同温度下的临界滑移不同。图 4.88 给出了相对滑移与温度之间的关系。可以发现，$s_p$ 和 $s_r$ 随温度的降低而减小，而 $s_u$ 随温度变化较小。$s_u$ 在−120～20℃之间近似线性变化。根据模拟结果，得到 $s_p$ 和 $s_r$ 低温与常温的取值之比 $s^T$ 为

$$s^T = 0.002T + 0.96, \quad -120℃ \leqslant T \leqslant 20℃ \tag{4.34}$$

3. 粘结应力-滑移本构关系模型

考虑低温对粘结强度和滑移的影响，采用 FIB 规范模型曲线的形式，得到低温下钢筋-混凝土的粘结应力-滑移本构关系：

$$\tau^T = \begin{cases} \tau_u^T \times (s^T / s_u^T)^{0.8}, & s^T < s_u^T \\ \tau_u^T, & s_u^T \leqslant s^T < s_p^T \\ \tau_u^T - (\tau_u^T - \tau_r^T)\times(s^T - s_p^T)/(s_r^T - s_u^T), & s_p^T \leqslant s^T < s_r^T \\ \tau_r^T, & s^T \geqslant s_r^T \end{cases} \tag{4.35}$$

式中：$\tau^T$ 和 $s^T$ 分别表示低温下的粘结强度和滑移；$\tau_u^T$ 和 $\tau_r^T$ 分别表示低温下的峰值粘结强度和残余粘结强度；$s_u^T$、$s_p^T$ 和 $s_r^T$ 分别为各个特征点所对应的滑移。

计算结果与模拟结果和试验结果[6]的比较如图 4.89 所示。结果表明，理论计算模型可以较好地预测低温下的粘结-滑移行为。此外，如图 4.89（b）所示，理论计算的峰值粘结强度与试验结果吻合较好。因此，所建立的粘结应力-滑移本构关系模型可以合理反映低温下钢筋-混凝土的粘结应力-滑移行为。

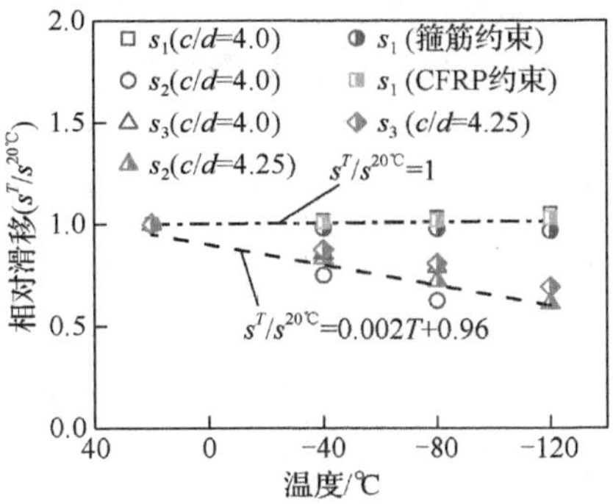


图 4.88　相对滑移与温度的关系

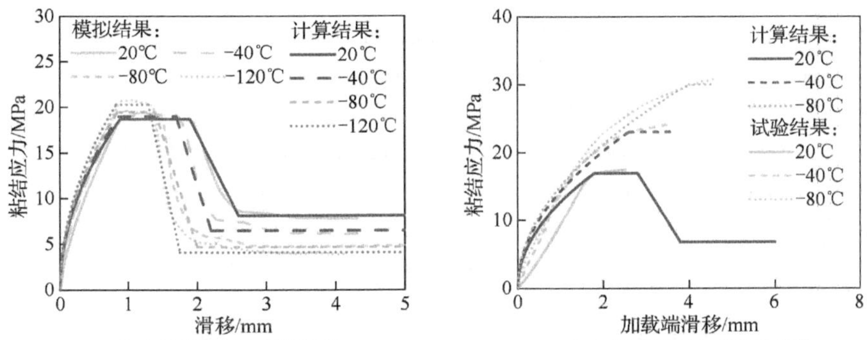


（a）计算结果与模拟结果　　（b）计算结果与试验结果[6]

图 4.89　计算结果与模拟结果和试验结果[6]的对比

## 4.6　小　　结

本章开展了钢筋-混凝土粘结性能精细化数值模拟，探讨了温度效应（常温、高温和低温）对钢筋-混凝土界面粘结-滑移性能的影响。基于规范给出常温下粘结应力-滑移本构关系，考虑温度及应变率的影响，发展建立了能反映高温/低温影响的钢筋-混凝土静、动态粘结应力-滑移本构关系。得出以下结论。

（1）箍筋约束系数、$c/d$、骨料种类和混凝土强度等均可改变混凝土对钢筋的约束作用，从而影响混凝土-钢筋界面的破坏模式和粘结性能。常温下，随着应变率提高，粘结应力-滑移曲线的形状保持相似，粘结强度显著增加，而峰值滑移有所减少。残余粘结应力与峰值粘结应力的比值不受应变率影响。

（2）当厚径比相同时，试件高温冷却后的粘结强度略高于高温下，而滑移则呈相反趋势。粘结应力-滑移曲线的形状在高温下和高温后有显著差异。随着应变率提高，混凝土截面处损伤面积减小，且试件从劈裂破坏转变为拔出破坏；高温下峰值粘结强度和滑移随着应变率提高而显著增加。

（3）低温下粘结区域混凝土的损伤比常温下更严重，但试件的最终破坏模式与常温一致。低温下峰值粘结强度和粘结刚度显著增强，残余粘结强度和峰值滑移随温度的降低而线性减小。与常温相比，低温下粘结长度和厚径比对粘结强度的影响增强，而箍筋和 CFRP 约束的影响在低温下变化较小。

（4）本章在现有的常温下粘结应力-滑移曲线的基础上，考虑温度和应变率效应的影响，发展建立了改进的钢筋-混凝土粘结应力-滑移本构关系模型，可以合理地反映不同温度下钢筋-混凝土的静、动态粘结性能。

## 参 考 文 献

[1] JIN L, LI X Y, ZHANG R B, et al. Modelling of bond behavior of deformed bar embedded in concrete after heating to high temperatures: a mesoscale study[J]. Construction and building materials, 2022, 334: 127456.

[2] JIN L, LI X Y, ZHANG R B, et al. Bond-slip behavior between concrete and deformed rebar at elevated temperature: mesoscale simulation and formulation[J]. International journal of mechanical sciences, 2021, 205: 106622.

[3] LI X Y, ZHANG R B, JIN L, et al. Post-fire dynamic bond behavior of concrete and deformed bar: mesoscale simulation and constitutive modeling[J]. Engineering structures, 2022, 267: 114681.

[4] 李潇雅, 张仁波, 金浏, 等. 不同高温工况对变形钢筋-混凝土黏结性能影响的细观数值分析[J]. 建筑结构学报, 2022, 43(12): 300-310.

[5] 李潇雅, 张仁波, 金浏, 等. 高温效应对钢筋-混凝土动态黏结性能的影响: 精细化模拟[J]. 振动工程学报, 2023, 36(4): 1062-1072.

[6] 谢剑, 李会杰, 聂治盟, 等. 低温下钢筋与混凝土黏结性能的试验研究[J]. 土木工程学报, 2012, 45(10): 31-40.

[7] JIN L, LIU M J, ZHANG R B, et al. 3D meso-scale modelling of the interface behavior between ribbed steel bar and concrete[J]. Engineering fracture mechanics, 2020, 239: 107291.

[8] ZHANG R B, JIN L, LIU M J, et al. Mesoscale modelling of bond performance between deformed steel bar and concrete subjected to dynamic loads[J]. International journal of impact engineering, 2022, 163: 104159.

[9] 金浏, 刘梦佳, 黄景琦, 等. 带肋钢筋-混凝土界面黏结破坏行为细观模拟[J]. 中国科学: 技术科学, 2019, 49(4): 445-454.

[10] JIN L, LIU K X, ZHANG R B, et al. Bond behavior between steel bar and concrete considering cryogenic temperatures and confinement[J]. Case studies in construction materials, 2023, 18: e01856.

[11] ZHANG R B, LIU K X, JIN L, et al. Bond-slip behavior between deformed rebar and concrete at cryogenic temperatures[J]. Journal of materials in civil engineering, 2023, 35(10): 04023356.

[12] DIEDERICHS U, SCHNEIDER U. Bond strength at high temperatures[J]. Magazine of concrete research, 1981, 33(115): 75-84.

[13] KIM S M, AL-RUB R K A. Meso-scale computational modeling of the plastic-damage response of cementitious composites[J]. Cement and concrete research, 2011, 41(3): 339-358.

[14] HUANG Y J, HE X J, SUN H S, et al. Effects of coral, recycled and natural coarse aggregates on the mechanical properties of concrete[J]. Construction and building materials, 2018, 198: 330-347.

[15] YANG H F, LAN W, QIN Y, et al. Evaluation of bond performance between deformed bars and recycled aggregate concrete after high temperatures exposure[J]. Construction and building materials, 2016, 112: 885-891.

[16] LAM D, DAI X H, HAN L H, et al. Behaviour of inclined, tapered and STS square CFST stub columns subjected to axial load[J]. Thin-Walled structures, 2015, 54: 94-105.

[17] CHU S H, KWAN A K H. A new method for pull out test of reinforcing bars in plain and fibre reinforced concrete[J]. Engineering structures, 2018, 164: 82-91.

[18] YOO D, SHIN H, YANG J M, et al. Material and bond properties of ultra high performance fiber reinforced concrete with micro steel fibers[J]. Composites part B: engineering, 2014, 28: 122-133.

[19] ZHANG W P, CHEN H, GU X L. Bond behaviour between corroded steel bars and concrete under different strain rates[J]. Magazine of concrete research, 2016, 68(7): 364-378.

[20] XIE J, LI X M, WU H. Experimental study on the axial-compression performance of concrete at cryogenic temperatures[J]. Construction and building materials, 2014, 72: 380-388.

[21] YAN J B, XIE J. Experimental studies on mechanical properties of steel reinforcements under cryogenic temperatures[J]. Construction and building materials, 2017, 151: 661-672.

[22] FIB. Model Code 2010 Vol1[S]. Lausanne: International Federation For Structural Concrete, 2013.

[23] ZHOU Y W, FU H, LI P D, et al. Bond behavior between steel bar and engineered cementitious composite(ECC)considering lateral FRP confinement: test and modeling[J]. Composite structures, 2019, 226: 111206.

[24] MA Y F, GUO Z Z, WANG L, et al. Experimental investigation of corrosion effect on bond behavior between reinforcing bar and concrete[J]. Construction and building materials, 2017, 152: 240-249.

[25] FILIPPOU F C, POPOV E P, BERTERO V V. Modeling of R/C joints under cyclic excitations[J]. Journal of structural engineering, 1983, 109(11): 2666-2684.

[26] 高向玲，李杰. 钢筋与混凝土粘结强度的理论计算与试验研究[J]. 建筑结构, 2005, 35(4): 10-12.

[27] LIN H W, ZHAO Y X, OZBOLT J, et al. Analytical model for the bond stress-slip relationship of deformed bars in normal strength concrete[J]. Construction and building materials, 2019, 198: 570-586.

[28] HARAJLI M H, HOUT M, JALKH W. Local bond stress-slip behavior of reinforcing bars embedded in plain and fiber concrete[J]. Materials journal, 1995, 92(4): 343-353.

[29] TORRE-CASANOVA A, JASON L, DAVENNE L, et al. Confinement effects on the steel–concrete bond strength and pull-out failure[J]. Engineering fracture mechanics, 2013, 97: 92-104.

[30] HASKETT M, OEHLERS D J, MOHAMED ALI M S. Local and global bond characteristics of steel reinforcing bars[J]. Engineering structures, 2008, 30(2): 376-383.

[31] 徐有邻. 钢筋混凝土粘滑移本构关系的简化模型[C]//龙驭球. 第六届全国结构工程学术会议论文集. 南宁: 广西大学, 1997: 34-37.

[32] 中华人民共和国住房和城乡建设部. 混凝土结构设计规范: GB 50010—2010(2015 年版)[S]. 北京: 中国建筑工业出版社, 2015.

[33] BAMONTE P, GAMBAROVA P. High-bond bars in NSC and HPC: study on size effect and on the local bond stress-slip law[J]. Journal of structural engineering, 2007, 133(2): 225-234.

[34] WU C L, CHEN G D. Unified model of local bond between deformed steel rebar and concrete: indentation analogy theory and validation[J]. Journal of engineering mechanics, 2015, 141(10): 04015038.

[35] LI X X, WU Z S, ZHENG J J, et al. Effect of loading rate on bond behavior of deformed reinforcing bars in concrete under biaxial lateral pressures[J]. Journal of structural engineering, 2016, 142(6): 04016027.

[36] 张伟平, 罗丹羽, 陈辉, 等. 不同加载速率下钢筋与混凝土间粘结性能试验[J]. 中国公路学报, 2014, 27(12): 58-64.

[37] MORLEY P D, ROYLES R. Response of the bond in reinforced concrete to high temperatures[J]. Magazine of concrete research, 1983, 35(123): 67-74.

[38] ROYLES R, MORLEY P D. Acoustic emission and bond degradation in reinforced concrete due to elevated temperatures[J]. Matériaux et construction, 1984, 17(99): 185-191.

[39] YAN J B, XIE W, ZHANG L, et al. Bond behaviour of concrete-filled steel tubes at the Arctic low temperatures[J]. Construction and building materials, 2019, 210: 118-131.

[40] LI L J, MAI G H, HE S H, et al. Experimental study on bond behaviour between recycled aggregate concrete and basalt fibre-reinforced polymer bars under different strain rates[J]. Construction and building materials, 2021, 290: 123218.

[41] AL-NEGHEIMISH A I, AL-ZAID R Z. Effect of manufacturing process and rusting on the bond behavior of deformed bars in concrete[J]. Cement and concrete composites, 2004, 26(6): 735-742.

[42] MACLEAN T J, LLOYD A. Compressive stress–strain response of concrete exposed to low temperatures[J]. Journal of cold regions engineering, 2019, 33(4): 04019014.

[43] VANDEWALLE L. Bond between a reinforcement bar and concrete at normal and cryogenic temperatures[J]. Journal of materials science letters, 1989, 8(2): 147-149.

[44] WU Q Y, MA Q, ZHANG J S. Mechanical properties and damage constitutive model of concrete under low-temperature action[J]. Construction and building materials, 2022, 348: 128668.

[45] JIANG Z W, HE B, ZHU X, et al. State-of-the-art review on properties evolution and deterioration mechanism of concrete at cryogenic temperature[J]. Construction and building materials, 2020, 257: 119456.

[46] LI P, JIN L, ZHANG R B, et al. Static bond performance between BFRP bars and concrete with stirrup confinement: a refined modelling[J]. Engineering structures, 2022, 262: 114379.

[47] ORANGUN C O, JIRSA J O, BREEN J E. A reevaluation of test data on development length and splices[J]. Journal proceedings, 1977, 74(3): 114-122.

[48] ZUO J, DARWIN D. Splice strength of conventional and high relative rib area bars in normal and high-strength concrete[C]. Farmington Hills: American concrete institute, 2000.

[49] ACI. Guide for the design and construction of externally bonded FRP systems for strengthening concrete structures: ACI 440. 2R-2017[S]. Farmington Hills: ACI, 2008.

[50] ACI. Building code requirements for structural concrete, Technical Committee Document: ACI 318-19[S]. Farmington Hills: ACI, 2019.

[51] KHAKSEFIDI S, GHALEHNOVI M, DE BRITO J. Bond behaviour of high-strength steel rebars in normal(NSC) and ultra-high performance concrete(UHPC)[J]. Journal of building engineering, 2021, 33: 101592.

[52] LONG X, WANG C Y, ZHAO P, et al. Bond strength of steel reinforcement under different loading rates[J]. Construction and building materials, 2020, 238: 117749.

[53] JACQUES E. Characteristics of reinforced concrete bond at high strain rates[D]. Ottawa: University of Ottawa, 2016.

[54] VOS E, REINHARDT H W. Influence of loading rate on bond behaviour of reinforcing steel and prestressing strands[J]. Matériaux et constructions, 1982, 15(1): 3-10.

[55] WEATHERSBY J H. Investigation of bond slip between concrete and steel reinforcement under dynamic loading conditions[D]. Baton Rouge: Louisiana State University, 2003.

[56] BINGÖL A F, GÜL R. Residual bond strength between steel bars and concrete after elevated temperatures[J]. Fire safety journal, 2009, 44(6): 854-859.

[57] HLAVIČKA É L. Bond after fire[J]. Construction and building materials, 2017, 133: 210-218.

[58] MORLEY P D, ROYLES R. The influence of high temperature on the bond in reinforced concrete[J]. Fire safety journal, 1980, 2(4): 243-255.

[59] ASLANI F, SAMALI B. Predicting the bond between concrete and reinforcing steel at elevated temperatures[J]. Structural engineering and mechanics, 2013, 48(5): 643-660.

[60] AHMED A E, AL-SHAIKH A H, ARAFAT T I. Residual compressive and bond strength of limestone aggregate concrete subjected to elevated temperatures[J]. Magazine of concrete research, 1992, 44(159): 117-125.

[61] KHALIQ W, TAIMUR. Mechanical and physical response of recycled aggregates high-strength concrete at elevated temperatures[J]. Fire safety journal, 2018, 96: 203-214.

[62] UNGER J F, ECKARDT S. Multiscale modeling of concrete[J]. Archives of computational methods in engineering, 2011, 18(3): 341-393.

[63] BA G Z, WENG X Y, LIU C W, et al. Bond strength of corroded reinforcements in concrete after high-temperature exposure[J]. Construction and building materials, 2021, 270: 121400.

# 第 5 章　腐蚀效应对钢筋与混凝土粘结性能影响

在腐蚀环境（如沿海、除冰盐等氯盐环境）中，腐蚀介质经混凝土保护层到达钢筋表面，引发钢筋锈蚀并发生体积膨胀，从而在削减钢筋截面的同时，导致周围混凝土发生损伤开裂，进而影响钢筋与混凝土之间的粘结性能。为了揭示腐蚀效应对钢筋-混凝土粘结性能的影响，本章考虑混凝土细观结构的非均质性和钢筋表面的几何特征，采用精细化数值模拟方法，模拟分析了锈蚀钢筋与混凝土的静、动态粘结性能，揭示了界面的失效破坏机制，并发展建立了考虑锈蚀效应的钢筋-混凝土静、动态粘结应力-滑移本构关系模型[1-6]。

## 5.1　数值计算模型

钢筋发生锈蚀后，在造成本身有效截面减小的同时，导致周围混凝土发生损伤，从而减弱钢筋-混凝土粘结性能。为了反映这一过程，这里采用“两阶段”数值模拟思想来分别开展保护层开裂行为分析和锈蚀钢筋中心拔出模拟。本节介绍整体模拟思想以及两阶段模拟中的钢筋锈蚀膨胀作用和锈蚀产物、几何尺寸的处理、相互作用参数确定等模型细节。

### 5.1.1　模拟思想

氯化物、二氧化碳等腐蚀介质可穿过混凝土保护层到达钢筋表面，积累达到阈值后，钢筋钝化膜会被破坏，钢筋发生锈蚀。随着时间推移，锈蚀产物体积逐渐增加，导致混凝土开裂、保护层剥落，其对钢筋的约束作用逐渐减弱，二者之间机械咬合力显著降低，宏观表现为钢筋和混凝土之间的粘结性能降低。为了揭示腐蚀效应对钢筋-混凝土粘结性能的影响，本章采用两阶段分析方法。

第一阶段：钢筋锈蚀膨胀致混凝土保护层开裂分析。对钢筋周围混凝土施加径向位移，模拟钢筋锈胀过程混凝土保护层开裂行为，获得周围混凝土的损伤状态和应力水平。

第二阶段：锈蚀钢筋-混凝土粘结-滑移行为分析。基于第一阶段混凝土的损伤状态和应力水平，模拟锈蚀钢筋-混凝土中心拔出行为，得到界面破坏机制和粘结应力-滑移本构关系曲线。

1. 钢筋锈蚀膨胀作用

钢筋发生锈蚀后，锈蚀产物首先填充钢筋与混凝土界面的空隙过渡区（void transition zone，VTZ）（该界面多孔疏松），如图 5.1 所示。在此阶段，混凝土不受应力作用，不会发生变形。锈蚀产物的总体积 $V_1$ 可表示为

$$V_1 = 2\pi r\delta_0 + V_{s1} \tag{5.1}$$

式中：$r$ 为钢筋的名义半径；$V_{s1}$ 为锈蚀所消耗的铁的体积；$\delta_0$ 为 VTZ 的厚度，$\delta_0$ 取值范围为 10～20μm[7, 8]。这里，$\delta_0$ 取值与 Liu 等[7]研究中相同，为 $\delta_0 = 12.5\mu m$。

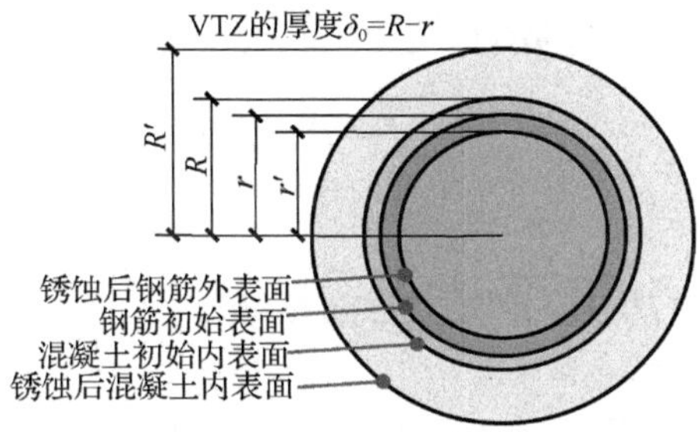


图 5.1　钢筋锈蚀前后与混凝土位置示意图

一旦锈蚀深度超过一定大小（$r-r'$），钢筋继续发生锈蚀的体积用 $V_{s2}$ 来表示。在此阶段，混凝土会受压向外膨胀。由压缩荷载、位移 $u$ 形成额外空隙过渡区（additional void transition zone，AVTZ）。附加锈蚀产物的总体积（$V_2$）可表示为

$$V_2 = 2\pi ru + V_{s2} \tag{5.2}$$

因此，锈蚀钢筋 $V_s$ 和锈蚀产物 $V_r$ 的总体积可分别表示为

$$V_s = V_{s1} + V_{s2} \tag{5.3}$$

$$V_r = 2\pi ru + 2\pi r\delta_0 + V_s \tag{5.4}$$

取钢筋锈蚀产物的膨胀率 $\rho=3$[8, 9]，有

$$V_r = \rho V_s \tag{5.5}$$

将式（5.5）代入式（5.4）中得到

$$V_s = \frac{2\pi r\left(\delta_0 + u\right)}{\rho - 1} \tag{5.6}$$

钢筋的锈蚀水平 $\eta$ 为

$$\eta = \frac{V_s}{\pi r^2} = \frac{2\left(\delta_0 + u\right)}{r\left(\rho - 1\right)} \tag{5.7}$$

$\eta$ 和 $u$ 之间的对应关系如表 5.1 所示。

**表 5.1　锈蚀水平与均匀径向锈胀位移的对应关系**

| 锈蚀水平 $\eta$ /% | 1.24 | 1.52 | 3.20 | 7.00 | 10.00 | 12.00 |
|---|---|---|---|---|---|---|
| 均匀径向锈胀位移 $u$/μm | 61.9 | 78.7 | 179.5 | 405.1 | 587.5 | 707.5 |

2. 界面摩擦系数

钢筋锈蚀后，由于锈蚀产物的存在，锈蚀钢筋与混凝土界面的摩擦系数 $\mu(x)$ 发生变化，它取决于锈蚀深度 $x$，可按文献[10]～[12]中的公式计算：

$$\mu = \mu(x) = 0.37 - 0.26(x - x_{cr}) \tag{5.8}$$

式中：$x_{cr}$ 表示钢筋的临界锈蚀深度，$x_{cr} = 0.058\text{mm}$[10]。

3. 锈蚀产物的模拟

为了分析锈蚀产物对钢筋-混凝土界面粘结行为的影响，采用 3 种方式来模拟锈蚀产物，如彩图 12 所示。

（1）显式模拟钢筋与混凝土之间的铁锈，将其视为单独一相。假定铁锈与钢筋联系更紧密，在模拟中认为二者之间不发生相对位移，采用“绑定”考虑铁锈与混凝土之间的相互作用。

（2）与第（1）种方式相似，仍显式模拟铁锈，将其视为单独一相。假定铁锈与混凝土联系更紧密，在模拟中认为二者之间不发生相对位移，采用“绑定”考虑铁锈与钢筋之间的相互作用。

（3）考虑到锈蚀产物的厚度和弹性模量明显小于钢筋[13]，在数值模型中不模拟锈蚀产物，直接对锈蚀钢筋和混凝土之间设置“接触”。

### 5.1.2　几何模型

由于混凝土材料的非均质性、结构环境的不稳定性以及钢筋的受力程度不同，钢筋在混凝土中的锈蚀通常是不均匀的。局部的点蚀会在钢筋发生拉伸过程中引起应力集中。在试验中，往往钢筋的锈蚀程度越大，锈坑越明显、越深，应力集中越显著。尽管如此，为了简化后续的计算和解析公式的推导，这里假设肋轮廓各个尺寸的缩减比例与锈蚀钢筋的内径相同，这与文献[10]、[11]、[14]的处理相同。

假设钢筋的锈蚀水平 $\eta$ 等于钢筋质量或体积的减少比例[15]，则几何尺寸与锈蚀水平的关系为

$$\eta = \frac{S_\eta}{S_0} = \frac{R_0^2 - R_\eta^2}{R_0^2} \tag{5.9}$$

$$\delta = \frac{R_0 - R_\eta}{R_0} = 1 - \sqrt{1-\eta} \tag{5.10}$$

$$R_\eta = (1-\delta)R_0 = R_0\sqrt{1-\eta} \tag{5.11}$$

式中：$\delta$ 为半径减小比例；$S_0$ 和 $S_\eta$ 为钢筋的原始面积和损失截面；$R_0$ 和 $R_\eta$ 为锈蚀前、后钢筋的半径。

未发生锈蚀时，螺纹钢筋的几何参数根据《钢筋混凝土用钢 第 2 部分：热轧带肋钢筋》（GB/T 1499.2—2018）[16]选取：公称直径为 12mm 的钢筋，内芯直径为 11.5mm，内芯半径为 5.75mm，螺旋肋的高度为 1.2mm，肋间距为 8mm。

钢筋发生锈蚀后，几何尺寸按式（5.11）计算，如图 5.2（a）所示。此外，肋间距被视为一个常量，锈蚀肋轮廓的几何尺寸缩减比例与内径变化一致。表 5.2 给出了不同锈蚀程度下带肋钢筋的几何尺寸变化。图 5.2（b）给出了名义直径为 12mm 的钢筋在不同锈蚀程度下的几何轮廓。

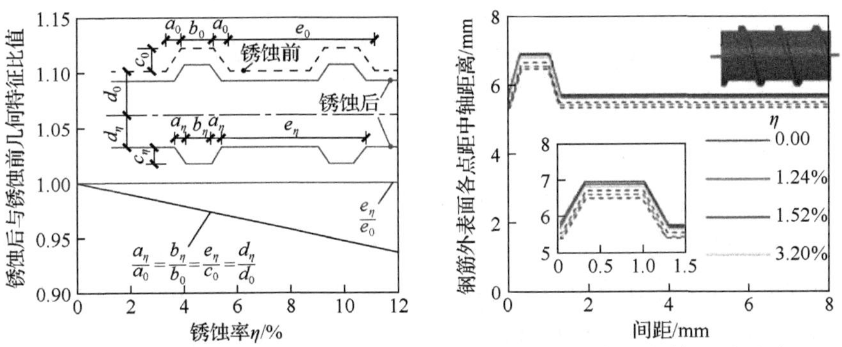


（a）锈蚀钢筋的几何尺寸　（b）锈蚀后钢筋的几何轮廓

图 5.2 钢筋锈蚀对肋尺寸影响的示意图

**表 5.2 锈蚀钢筋的几何尺寸**

| $\eta$/% | 0.00 | 1.24 | 1.52 | 3.20 | 7.00 | 10.00 | 12.00 |
|---|---|---|---|---|---|---|---|
| $\delta$/% | 0.00 | 0.62 | 0.76 | 1.61 | 3.56 | 5.13 | 6.19 |
| $a$/mm | 0.30 | 0.30 | 0.30 | 0.30 | 0.29 | 0.28 | 0.28 |
| $b$/mm | 0.70 | 0.70 | 0.69 | 0.69 | 0.68 | 0.66 | 0.66 |
| $c$/mm | 1.20 | 1.19 | 1.19 | 1.18 | 1.16 | 1.14 | 1.13 |
| $d$/mm | 5.75 | 5.71 | 5.71 | 5.66 | 5.55 | 5.46 | 5.39 |
| $e$/mm | 8.00 | 8.00 | 8.00 | 8.00 | 8.00 | 8.00 | 8.00 |

注：$a = a_0 - a_\eta$，$b = b_0 - b_\eta$，$c = c_0 - c_\eta$，$d = d_0 - d_\eta$，$e = e_0 - e_\eta$。

为探讨锈蚀钢筋混凝土锈蚀开裂的机理以及锈蚀钢筋与混凝土之间的非线性

粘结行为，建立了三维精细化有限元模型，如图 5.3 所示。模型由球形骨料（最小等效粒径为 4mm，最大等效粒径为 10mm）、ITZ、砂浆基质、铁锈和钢筋等五相材料组成。试件的边长为150mm，钢筋的总长度为290mm，钢筋的直径为12mm。ITZ 的厚度设置为 1mm（与第 4 章工况相同）。在模拟中对螺纹肋的形状和尺寸进行了精细化的模拟。钢筋锈蚀后的几何轮廓根据式（5.10）和式（5.11）确定。

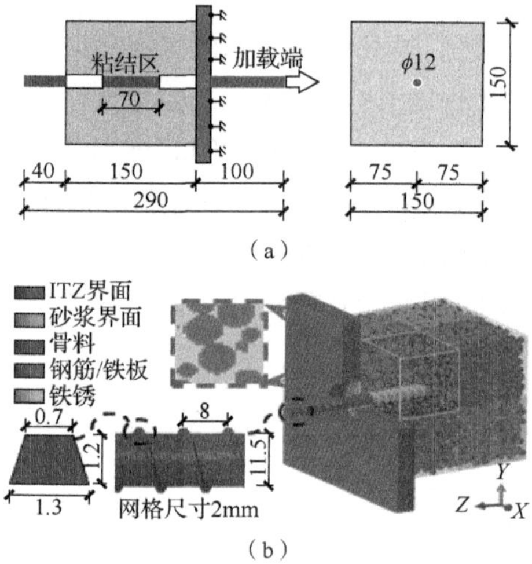


图 5.3　三维精细化有限元模型（单位：mm）

砂浆基质和骨料通过 8 节点线性减缩积分单元进行划分，网格尺寸从钢筋/砂浆界面处的 2mm 逐渐增加到钢筋混凝土结构外表面处的 4mm，生成约 60 万个单元；钢筋采用网格尺寸为 2mm 的 10 节点修正二次四面体单元进行划分，共约 2.7 万个单元。

### 5.1.3　本构关系

混凝土细观组分中骨料的力学行为采用线弹性模型描述，砂浆基质和 ITZ 采用塑性损伤本构模型，钢筋采用理想弹塑性模型，详见本书第 3 章。

### 5.1.4　相互作用

由于化学胶结力对锈蚀钢筋混凝土结构的力学响应几乎没有影响，且其往往仅存在于非滑动阶段，因此在锈蚀钢筋与混凝土的粘结行为模拟中只考虑机械咬合力和摩擦力[14, 17, 18]，通过图 5.4 所示的接触特性来描述。法向接触设置为“硬接触”（即非侵入性条件：当表面接触时，面和面之间能传递接触压力；当面和面分开时，接触压力降至零，无法传递任何接触压力）。切向接触采用库仑摩擦[18]。不同锈蚀水平下的摩擦系数由式（5.8）确定。

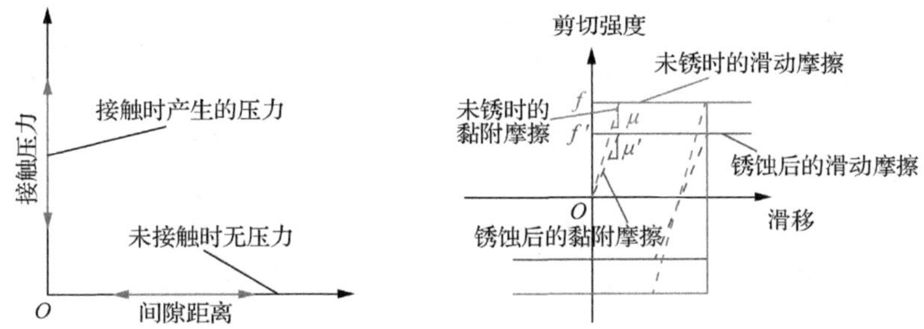


（a）法向压力-接触过盈量关系　（b）切向摩擦行为

图 5.4　接触特性

### 5.1.5　荷载与边界条件

在钢筋锈胀致保护层混凝土开裂行为模拟中，对钢筋周围混凝土施加径向位移 $u$；在拉拔过程模拟中，在三维细观模型的一侧建立钢板来约束试件的移动，混凝土和钢板之间的相互作用采用 5.1.4 节的接触实现。在钢筋的加载端施加沿钢筋轴向线性增加的位移荷载，实现中心拔出加载。

### 5.1.6　数值模型验证

为了验证三维精细化模型，以 Coccia 等[19]的试验为参考，建立有限元数值模型。在 Coccia 等[19]的试验中，直径为 12mm 的变形钢筋置于立方体试样（150mm×150mm×150mm）的正中心，其中粘结长度为 70mm。细骨料（0～4mm）、中骨料（4～8mm）和粗骨料（8～12mm）的用量分别为 1100kg/m$^3$、520kg/m$^3$ 和 130kg/m$^3$。混凝土的抗压强度为 29MPa[19]，变形钢筋的屈服强度为 507.5MPa。表 5.3 给出了混凝土细观组分（砂浆基质、ITZ、骨料）、铁锈和钢筋的力学参数。

表 5.3　混凝土细观组分和锈蚀钢筋的力学参数

| 力学参数 | 砂浆基质 | ITZ | 骨料 | 铁锈 | 钢筋 |
|---|---|---|---|---|---|
| 抗压强度/MPa | 29① | 23.4① | | | |
| 抗拉强度/MPa | 2.5① | 2.2① | | | |
| 弹性模量/MPa | 33500 | 31500 | 70000 | 130③ | 200000 |
| 泊松比 | 0.2 | 0.2 | 0.2 | 0.3③ | 0.3 |
| 断裂能/（N/m） | 140② | 136② | | | |
| 屈服强度/MPa | | | | | 507.5④ |

① 数据通过反复试算获得。
② 数据通过 CEB-FIP 规范[20]中的公式进行估算。
③ 数据引用文献[13]。
④ 数据引用文献[19]。

图 5.5 为锈蚀水平为 1.24%和 7.00%时试件破坏模式模拟结果与试验[19]中试验结果的对比。从图 5.5 可以看出，由于锈蚀膨胀压力，在混凝土锈胀过程中混凝土外表面已生成了锈蚀裂缝。在随后的拉拔过程中，裂缝沿着原锈胀开裂路径继续扩展，直到混凝土完全开裂。另外，混凝土内部的裂缝主要沿混凝土中薄弱区域（ITZ）发展，且开裂路径受骨料尺寸、位置和分布形式的影响。另外，锈蚀产物的 3 种模拟方式（5.1.1 节）对混凝土外表面开裂模式影响很小。

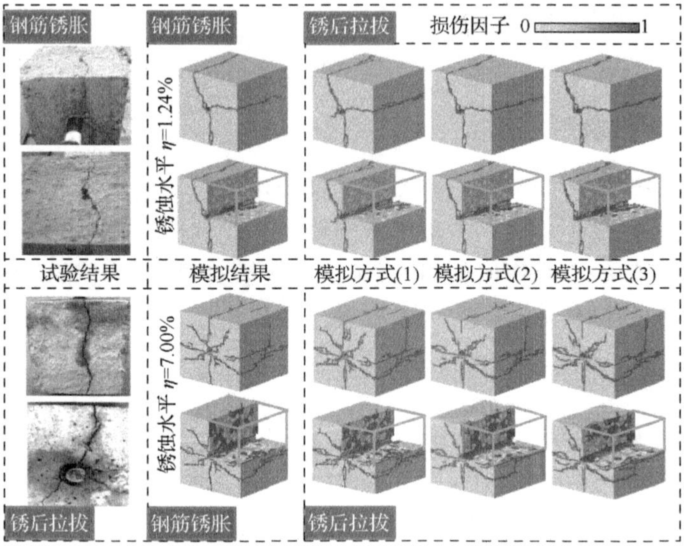


图 5.5 混凝土破坏模式精细化模拟结果与 Coccia 等[19]的试验结果的对比

图 5.6 和图 5.7 分别给出了试件的粘结应力-滑移曲线以及粘结应力达到峰值时钢筋和锈蚀产物的应力分布。在粘结应力-滑移曲线中，假定粘结应力沿粘结区均匀分布，即

$$\tau = \frac{P}{\pi dl} \tag{5.12}$$

式中：$P$ 为钢筋加载端的拔出力；$l$ 为粘结长度；$d$ 为钢筋直径。

结合图 5.6 和图 5.7 可以发现，3 种锈蚀产物模拟方式的预测结果相差不大，且模拟所得的粘结应力-滑移曲线均与试验结果吻合良好。为了简化建模和计算，在接下来的分析中均采用模拟方式（3），即模型中不显式模拟铁锈。

为了进一步验证精细化模型对于配置箍筋试件的适用性，以 Zhang 等[21]的试验为验证对象，建立数值模型。Zhang 等[21]的试验对象为角部位置布置螺纹钢筋的立方体试件（150mm×150mm×150mm），其中粘结长度为 5$d$（$d$ 为钢筋直径，$d$=12mm）。28d 混凝土的轴向抗压强度为 29.5MPa。其他参数，如钢筋和箍筋的位置，见文献[21]。表 5.4 给出了模拟研究中各组分的力学参数。通过这些力学参数，计算得到的混凝土宏观抗压强度 $f_c$ 为 30MPa。

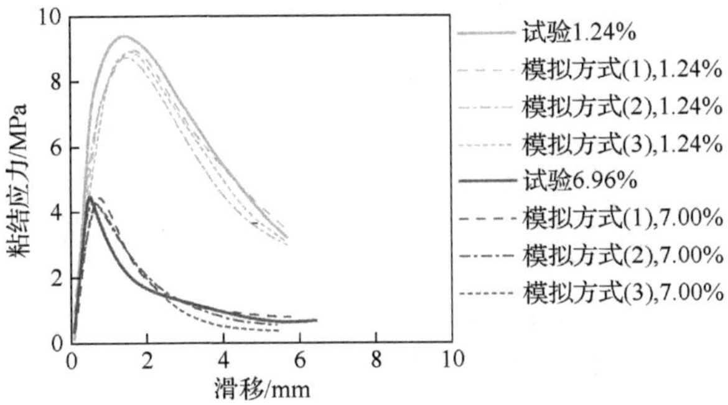


图 5.6　3 种模拟方式和试验观察结果[19]的粘结应力–滑移曲线对比

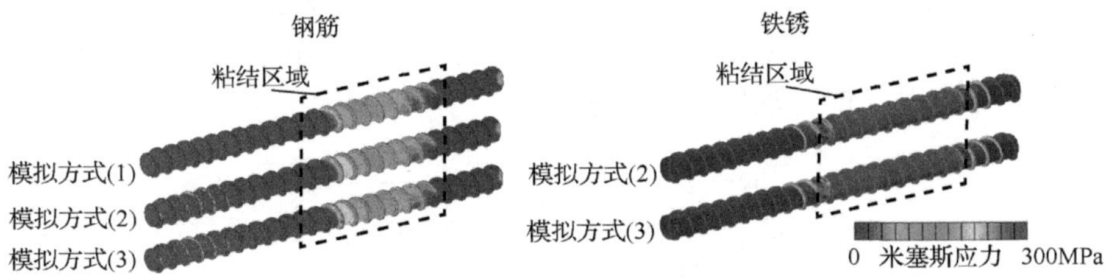


图 5.7　峰值滑移时钢筋和锈蚀产物应力分布

**表 5.4　Zhang 等[21]试验中混凝土和锈蚀钢筋的力学参数**

| 力学参数 | 砂浆基质 | ITZ | 骨料 | 铁锈 | 钢筋 |
|---|---|---|---|---|---|
| 抗压强度/MPa | 29① | 23.4① | | | |
| 抗拉强度/MPa | 2.5① | 2.2① | | | |
| 弹性模量/MPa | 33500 | 31500 | 70000 | 130③ | 191000④ |
| 泊松比 | 0.2 | 0.2 | 0.2 | 0.3③ | 0.3 |
| 断裂能/（N/m） | 140② | 136② | | | |
| 屈服强度/MPa | | | | | 336④ |

① 数据通过反复试算获得。
② 数据通过 CEB-FIP 规范[20]中的公式进行估算。
③ 数据引用文献[13]。
④ 数据引用文献[21]。

图 5.8 对比了模拟结果和试验中试件破坏模式[21]（锈蚀水平为 0 和 8.1%）。从图 5.8 可以看出，模拟和试验破坏图中混凝土表面近乎同一位置处出现明显裂缝，模拟结果与试验结果在破坏模式上吻合良好。当钢筋拔出时，混凝土损坏仍然沿着锈胀裂缝发展，试件发生典型的锈后拔出破坏。

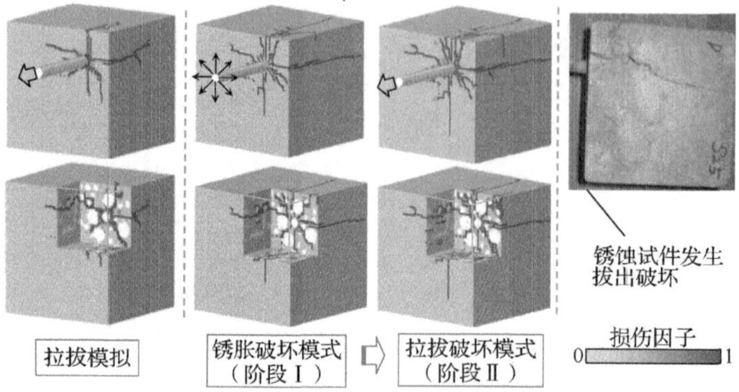


图 5.8　模拟结果与 Zhang 等[21]试验中混凝土破坏模式的对比

图5.9给出了通过试验和模拟得到的锈蚀水平为0和8.1%的试样的粘结应力-滑移曲线。结合图 5.8 和图 5.9 可以看出，数值模拟结果与试验结果验证较好，说明了精细化数值模型的合理性和有效性。

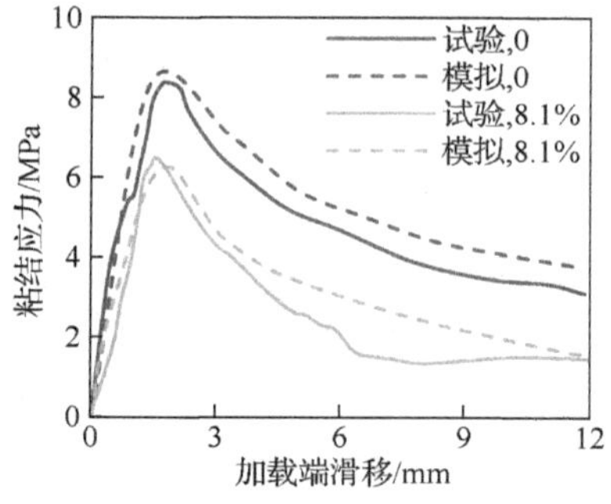


图 5.9　模拟结果和 Zhang 等[21]的试验获得的粘结应力-滑移曲线对比

此外，以 Wu 等[22]试验中的锈蚀钢筋混凝土梁为参考，验证精细化数值模型的有效性。试件长 1500mm，宽 120mm，高 200mm（图 5.10）。纵筋采用 HRB400 带肋钢筋，直径 $d$ 为 20mm，屈服强度为 454MPa，极限强度为 653MPa，弹性模量为 $2.0\times10^5$N/mm$^2$；箍筋采用 HPB300 光圆钢筋，直径为 8mm。为了保证钢筋和混凝土之间良好粘结，试件两侧粘结区长度 $l$ 均取 7.5$d$（$d$ 为纵筋直径），即 150mm。非粘结区域采用 PVC 套管使钢筋和混凝土之间不产生接触。在梁的两端分别设置长 100mm 的凹槽，以测量钢筋应变以及钢筋与混凝土之间的相对滑移。在试件浇筑前，对箍筋和架立筋表面涂抹环氧树脂进行防锈蚀处理，以保证在通电加速锈蚀过程中仅纵筋产生锈蚀。混凝土采用 C40 商品混凝土，水胶比 0.39，混凝土配合比如表 5.5 所示。混凝土 28d 立方体抗压强度为 42MPa。试件破坏模式和粘结应力-滑移曲线的数值模拟结果和试验结果对比，分别如图 5.11 和图 5.12 所示，图中 $v$ 为加载速率，$\eta$ 为锈蚀水平。可以发现，数值模拟结果和试验结果吻合较好。

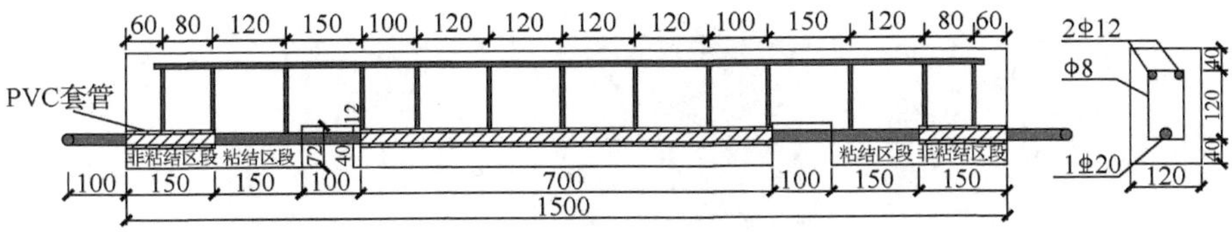


图 5.10　试件尺寸及配筋图（单位：mm）

表 5.5　混凝土配合比　　（单位：kg/m³）

| 水泥 | 砂 | 碎石 | 水 | 粉煤灰 | 矿粉 | 减水剂 |
|---|---|---|---|---|---|---|
| 249 | 758 | 1046 | 162 | 75 | 91 | 9.1 |

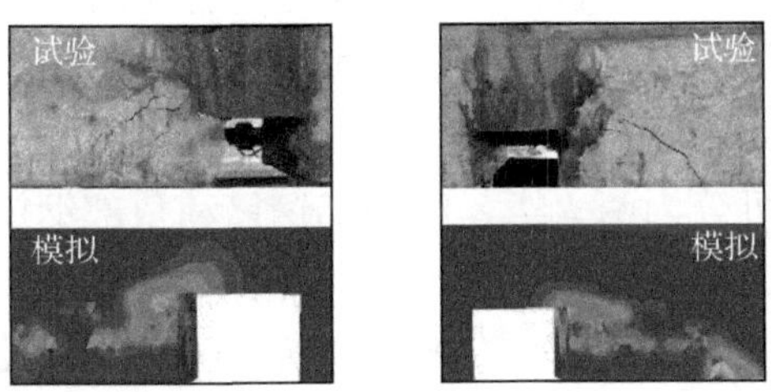


（a）$v$=30mm/min, $\eta$=8.7%　（b）$v$=300mm/min, $\eta$=6.1%

图 5.11　试件破坏模式对比

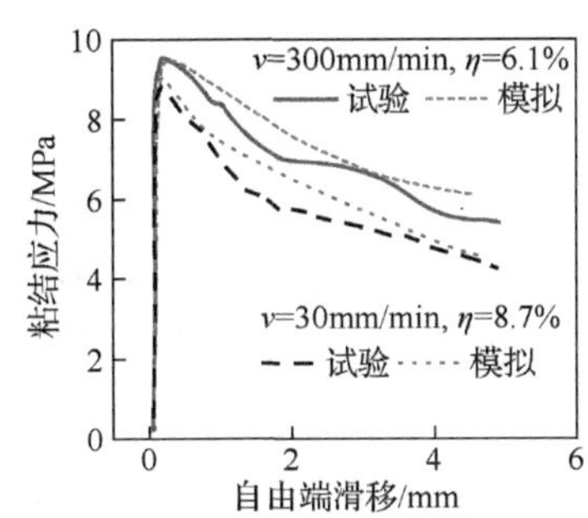


图 5.12　粘结应力-滑移曲线的对比

# 5.2　混凝土保护层锈胀开裂行为

钢筋锈蚀后，体积发生膨胀，对周围混凝土产生挤压，导致保护层开裂，从而影响混凝土与钢筋的粘结性能。为反映这一影响，本节对钢筋锈胀所致的保护层混凝土开裂行为开展数值模拟，并探讨钢筋锈蚀膨胀模式、钢筋直径和保护层厚度的影响。

## 5.2.1　数值模型

图 5.13 为依据 Zhao 等[23]的试验所建立的数值模型，试件边长为 150mm，钢筋直径为 16mm。模型中在钢筋所在位置预留圆孔，以施加强制径向位移模拟钢

筋的锈蚀膨胀。骨料颗粒的体积分数约为 35%，最小等效粒径为 5mm，最大等效粒径为 35mm。使用 8 节点线性缩减积分单元来对混凝土三维细观尺度力学模型进行网格划分。平均网格尺寸为 2mm，对应的单元数约为 42 万。

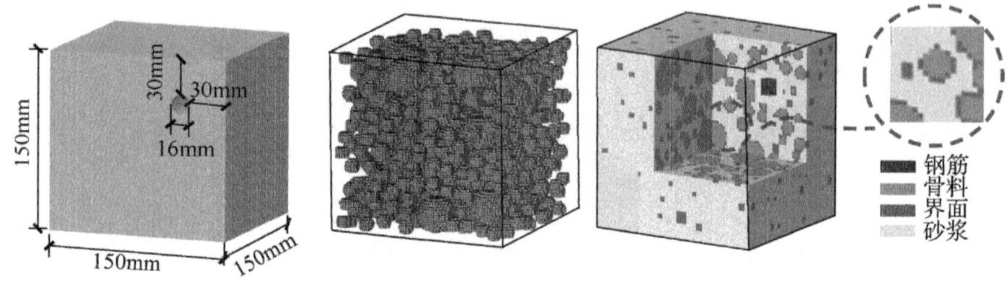


图 5.13　三维细观数值模型

混凝土细观组分的本构关系模型同第 3 章，即骨料设为弹性，砂浆和薄弱界面过渡区 ITZ 的力学行为由塑性损伤模型描述。

在模拟混凝土保护层锈胀开裂过程的研究中，强制位移法得到了广泛的应用[24-26]，该方法实施方便，能描述不同锈胀位移模式。因此这里同样未对钢筋和铁锈进行显式建模，而采用对与钢筋接触的混凝土内表面施加径向位移来模拟钢筋锈胀过程，径向位移的表达式见式（5.13）和式（5.14）。

根据钢筋在混凝土试件中的位置，可分为两大类，即中部钢筋和角部钢筋。由于钢筋所在位置的不同，其所受到的边界条件也有所差异，外界有害离子扩散到钢筋表面的路径也会不同，从而会有不同的锈层分布形态和保护层开裂模式。

对于中部钢筋，靠近试件外表面一侧的锈蚀程度更严重，所引起的锈胀压力亦较大[24, 27]。这种不均匀锈蚀引起的膨胀压力会对混凝土保护层的开裂模式产生不利影响，减少开裂所需要的时间并最终缩短结构的使用寿命[24]。Yuan 和 Ji[28]的实测数据（图 5.14）表明，中部钢筋的锈蚀产物分布近似于一个半椭圆形。锈蚀产物截面和钢筋发生锈蚀前后截面的形状示意图如图 5.14 所示。Du 和 Ji[29]在研究中对中部和角部位置的钢筋均采用半椭圆半圆形的非均匀锈蚀分布模式（图 5.14），极坐标下的表达式为

$$u_\theta = \begin{cases} \dfrac{(R+u_1)\cdot(R+u_2)}{\sqrt{(R+u_1)^2\cos^2\theta+(R+u_2)^2\sin^2\theta}} - R, & 0 \leqslant \theta < \pi \\ u_2, & \pi \leqslant \theta \leqslant 2\pi \end{cases} \tag{5.13}$$

式中：$R$ 为钢筋的原始半径；$u_\theta$ 是极坐标 $\theta$ 角处的锈蚀产物外表面和钢筋原表面之间的距离（锈层位移）；$u_1$ 是混凝土保护层附近一侧的最大锈层位移；$u_2$ 是远离混凝土保护层一侧的最小锈层位移，一般取 $u_1=(1/30\sim1/20)u_2$[24]。

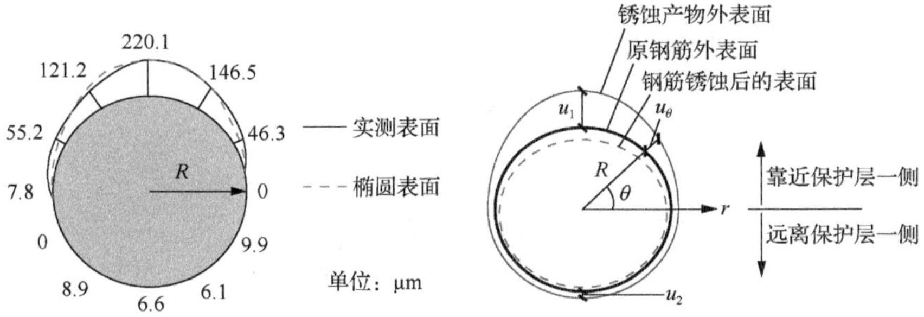


图 5.14　锈蚀钢筋截面轮廓

对于角部钢筋，有害离子会从两个方向侵入，考虑到表面氯化物含量分布和中部钢筋的区别，其锈层轮廓曲线可以假设为中部钢筋的锈层 M-I 轮廓曲线和 M-II 轮廓曲线两者叠加[30]（图 5.15）。

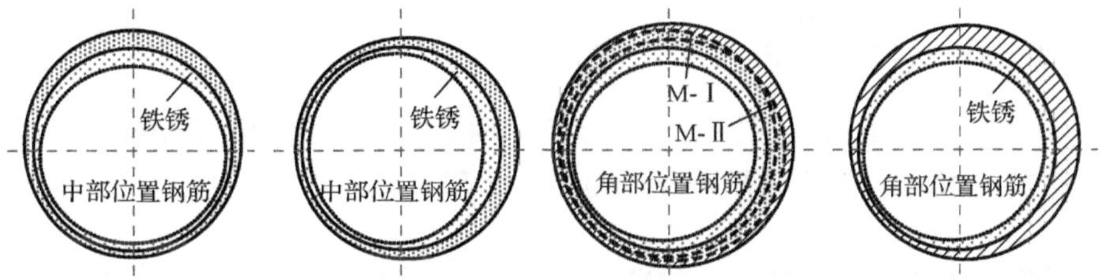


（a）中部位置钢筋锈层分布(M-I)　（b）中部位置钢筋锈层分布(M-Ⅱ)　（c）M-Ⅰ和M-Ⅱ叠加　（d）角部位置钢筋锈层分布

图 5.15　钢筋的锈层轮廓曲线

基于图 5.15（d）中角部钢筋锈层的分布，其非均匀锈胀位移（图 5.16）为

$$u_\theta=\begin{cases}u_1, & 0\leqslant\theta<\dfrac{\pi}{2}\\ \dfrac{(R+u_1)\cdot(R+u_2)}{\sqrt{(R+u_1)^2\cos^2\theta+(R+u_2)^2\sin^2\theta}}-R, & \dfrac{\pi}{2}\leqslant\theta<\pi\\ u_2, & \pi\leqslant\theta<\dfrac{3\pi}{2}\\ \dfrac{(R+u_1)\cdot(R+u_2)}{\sqrt{(R+u_1)^2\sin^2\theta+(R+u_2)^2\cos^2\theta}}-R, & \dfrac{3\pi}{2}\leqslant\theta\leqslant 2\pi\end{cases}\tag{5.14}$$

式中：$u_\theta$ 是极坐标为 $\theta$ 角度处混凝土的锈胀位移；$u_1$ 是局部坐标系中最大的锈胀位移；$u_2$ 是局部坐标系中最小的锈胀位移，$u_2=(1/30\sim1/20)u_1$[28]；$R$ 为钢筋的半径。Du 等[31]认为当 $u_1/u_2$ 大于10 时，$u_1/u_2$ 的大小对锈胀开裂模式的影响可忽略。

因此这里取 $u_1/u_2=30$。锈层分布模型的合理性是本书验证工作的前提，式（5.14）的验证及与 Zhao 等[23]的试验数据和拟合公式的对比可见于文献[4]。

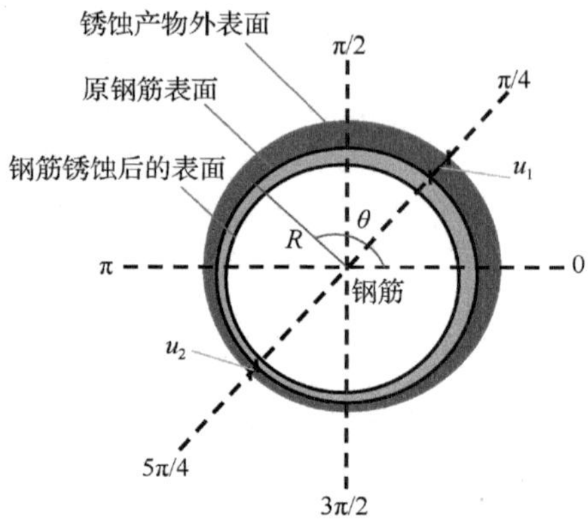


图 5.16　非均匀腐蚀下角部钢筋的轮廓线模型

## 5.2.2　开裂过程和锈胀压力

图 5.17 给出了混凝土保护层外部和几个剖面中混凝土裂缝发展过程，其中混凝土保护层厚度 $c$ 和钢筋直径 $d$ 分别为 30mm 和 16mm。

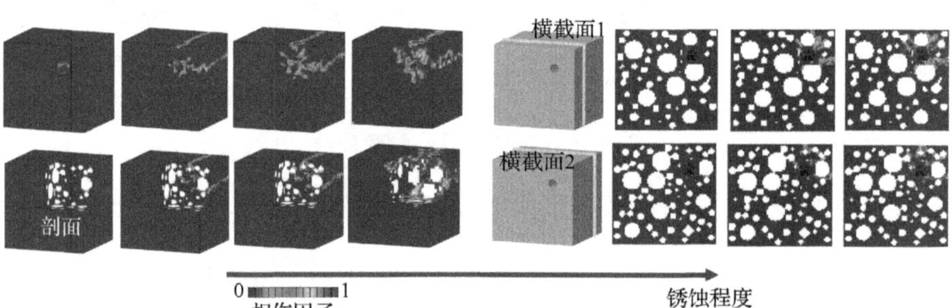


图 5.17　混凝土试件开裂过程（$c$=30mm，$d$=16mm）

从图 5.17 可以看出，混凝土的损伤区域沿着混凝土中的薄弱区（如界面过渡区）发展。利用 3D 细观尺度模型可以更加生动真实地揭示裂缝的发展路径，也体现了考虑混凝土细观非均质性在混凝土破坏模拟中的重要性。

从图 5.17 还可知，主裂缝是沿着钢筋表面到保护层外侧的最短路径发展的。随着锈蚀程度逐渐增加，会导致被主裂缝包围的角部混凝土剥落。有研究[32]表明，混凝土锈胀裂缝是先由钢筋周边的混凝土产生的，随之发展到混凝土保护层的外表面。然而，目前也有研究发现，一些锈胀裂缝是从混凝土保护层的外侧向内侧发展[13]。从原因来讲，一方面是由于保护层的表面处于受拉状态；另一方面，在工程实践中，由于孔隙、混凝土中微裂缝或混凝土中骨料分布不均匀，混凝土保护层的表面可能会发生应力集中，使得裂缝从混凝土保护层的表面产生。

图 5.18 反映了钢筋 45° 角方位处混凝土所受锈胀压力与锈胀位移的关系及相应的开裂状态。锈层厚度-锈胀压力曲线的 0—$a$ 段接近于一条直线。随着锈层厚度的增加，混凝土外表面出现裂缝（点 $b$）；最终，混凝土内裂缝和外裂缝贯通。

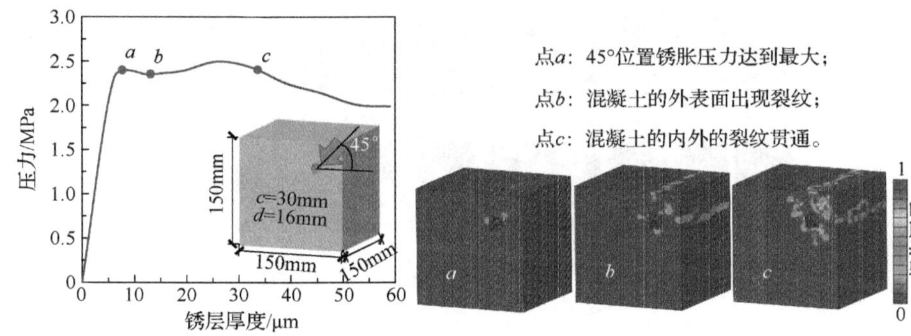


图 5.18　钢筋 45° 角处混凝土锈胀压力发展过程（$c$=30mm，$d$=16mm）

图 5.19 给出了锈蚀钢筋混凝土梁模型粘结区混凝土内部和外部(混凝土侧面）锈胀损伤情况。可以发现，同一锈蚀水平下，非均匀锈蚀导致的钢筋两侧的混凝土锈胀开裂情况明显不同。锈胀损伤首先在保护层的近侧产生，随着锈蚀水平提高，混凝土的锈胀损伤分别向保护层远侧及试件表面蔓延，相较于锈蚀水平为 3%的试件，锈蚀水平为 12%的试件表面损伤面积明显增加（约为其 6 倍）。

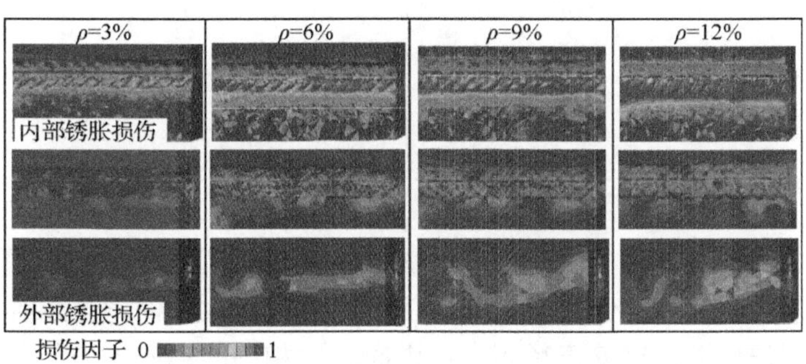


图 5.19　试件粘结区锈胀损伤（侧面）

粘结区梁试件横截面的锈胀损伤情况如图 5.20 所示。可见，混凝土内部首先出现锈胀损伤，随着锈蚀程度的不断加重，损伤逐渐发展到混凝土外部，即出现锈胀裂缝，随后损伤（裂缝）逐渐贯穿混凝土保护层。

图 5.21 给出了混凝土锈胀开裂前后以及锈胀开裂时，不同纵筋锈蚀水平对应

的粘结区混凝土锈胀压力。可以发现，混凝土锈胀开裂前，锈蚀水平从 3%增大至 12%时，锈胀压力从 14.9MPa 增大至 25.5MPa。当锈胀压力超过混凝土的抗拉能力时，混凝土保护层锈胀开裂，此时锈胀压力约为 10.2MPa。混凝土锈胀开裂后，混凝土内部锈胀压力普遍降低，且锈蚀水平越高，混凝土内部锈胀压力越小。

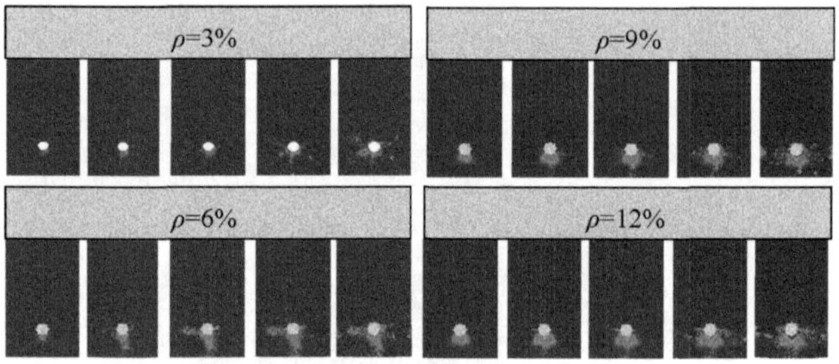


图 5.20　试件粘结区锈胀损伤（横截面）

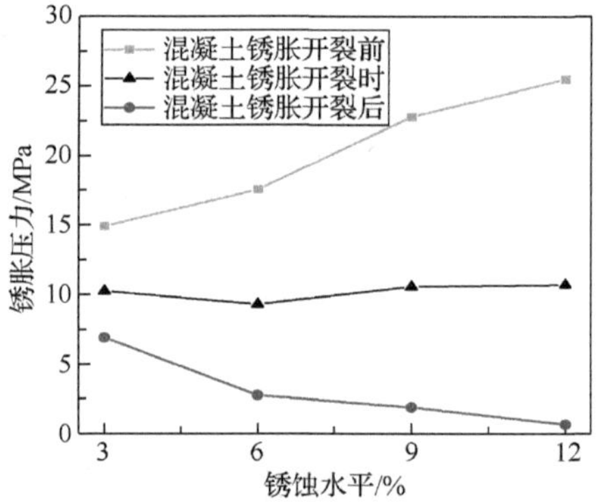


图 5.21　锈胀压力

### 5.2.3　保护层厚度和钢筋直径的影响

从彩图 13 可以看出，在相同保护层厚度下，最大锈胀压力随着钢筋直径增加而减小。换言之，在相同保护层厚度下，钢筋直径越大，保护层越容易开裂。这是因为在相同条件下，钢筋直径越大，混凝土中相同的钢筋损失量所产生的应变能越大[33]。从彩图 13 还可以看出，混凝土保护层的厚度越大，锈胀压力越大。可以理解为保护层越厚，其开裂过程中消耗的能量就越多。随着保护层厚度的增加，裂缝分布也越来越复杂，开裂路径的数量随着保护层厚度的增加而明显增加。同时可以看到，混凝土保护层的厚度越大，剥落面积越大，这也与有关研究结论[33]一致。从图 5.22 可以看出，当保护层厚度保持不变时，不同钢筋直径（16mm、20mm 和 25mm）下混凝土保护层的破坏模式非常相似。

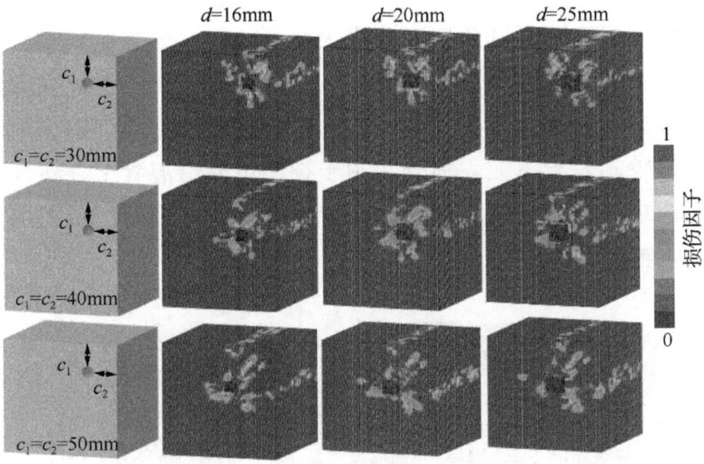


图 5.22　保护层厚度和钢筋直径对外部开裂模式的影响

当钢筋直径和混凝土保护层厚度同时发生变化时，锈胀压力的峰值点仍集中在 105°、210° 和 345°。不同 $c/d$ 下的最大锈胀压力 $P_{max}$ 如图 5.23 所示。由图可知，本书的模拟数据与试验数据吻合良好。另外可以从图 5.23 中看出，随着 $c/d$ 的增加，混凝土的最大锈胀压力也随之增加。这也说明在实际工程中，增加 $c/d$ 对提高结构的耐久性有显著的作用。

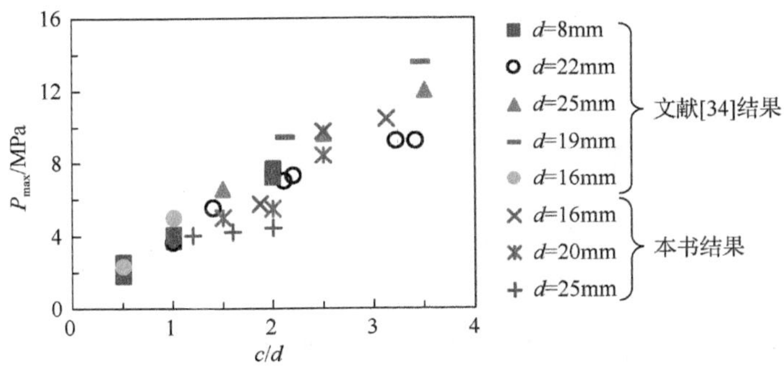


图 5.23　最大锈胀压力 $P_{max}$ 与 $c/d$ 关系细观模拟结果与试验[34]的对比

## 5.2.4　非均匀锈蚀的影响

本节讨论钢筋均匀锈蚀和非均匀锈蚀对混凝土开裂形态的影响。其中均匀锈蚀模式通过对混凝土中施加均匀径向位移来实现的，即式（5.14）中的 $u_1$ 等于 $u_2$ 的情况。非均匀锈胀径向位移按式（5.14）中 $u_1/u_2=30$ 来计算。

从图 5.24 中混凝土与钢筋界面沿非均匀锈蚀钢筋纵向的锈蚀压力可以看出，锈胀力在不同纵向深度和不同角度变化很大。两种钢筋锈蚀模式对应的混凝土锈胀压力分布如图 5.25 所示。从图 5.25 可以看出，锈胀压力沿钢筋纵向方向变化不大，但总体呈现出中间稍大、两侧偏小的趋势。这可能是因为钢筋周围混凝土的边界条件沿钢筋轴向差异不大。另外，由于裂缝主要沿混凝土骨料与砂浆之间的薄弱界面分布，裂缝所在区域为混凝土应变能释放区，因而，锈胀压力大小与钢筋周围混凝土骨料的分布有关。

图 5.24　混凝土与钢筋界面上的纵向锈胀压力

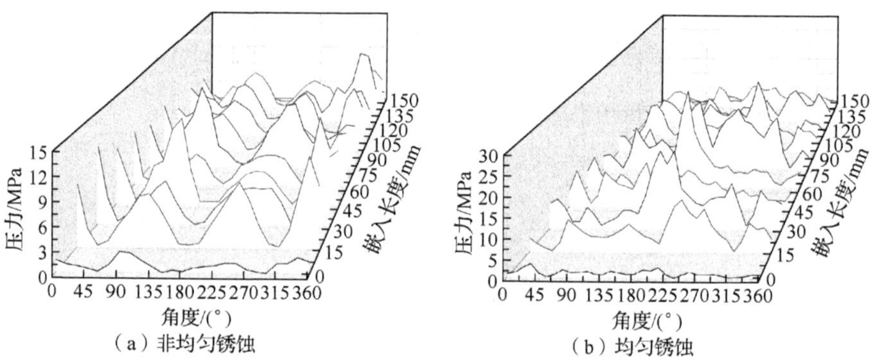


图 5.25　钢筋锈蚀模式对锈胀纵向扩展压力的影响

从图 5.25 可以看出，均匀锈蚀模式下的锈胀压力大于非均匀锈蚀模式。混凝土的锈胀压力沿非均匀锈蚀圆周上的分布也是不均匀的。在 105°、210° 和 345° 等 3 处，锈胀压力明显大于其他位置；然而，钢筋均匀锈胀时，这种锈胀压力集中现象不明显。

图 5.26 为钢筋均匀与非均匀锈蚀时混凝土试件的破坏模式。此外，图 5.26 还给出了宏观模型与细观模型结果的对比。结果表明，非均匀锈蚀时，试件的裂缝分布更加集中。相应的锈胀压力如图 5.27 所示。可知，非均匀锈胀时锈胀压力更小，试样比均匀锈蚀的情况更容易开裂，同样可以发现 3 个主要方向（105°、210°

和 345°）的锈胀压力明显大于其他位置。类似的结论也反映在文献[24]中。钢筋均匀锈蚀时的锈胀压力几乎沿钢筋截面圆周均匀分布。当然，混凝土材料的非均质性和钢筋周围保护层约束的不同也会引起锈胀压力的变化。

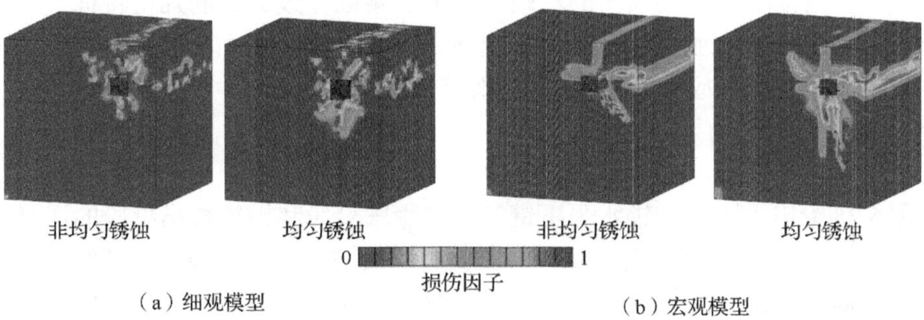


图 5.26　混凝土试件的破坏模式

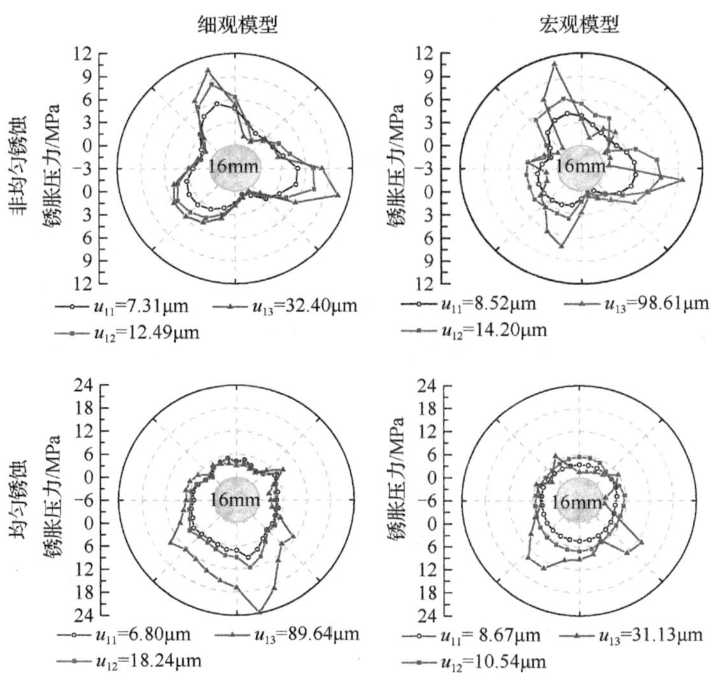


图 5.27　4 个混凝土试件的锈胀压力分布

从前面的分析可知，细观模型与宏观模型相比具有两个优势：①可直接表征骨料分布和细观结构的不同材料特性；②能观察到混凝土细部结构的破坏过程，如混凝土内部微裂缝的产生和发展。

# 5.3 腐蚀作用下钢筋与混凝土静态粘结性能

在保护层混凝土开裂损伤的基础上，考虑腐蚀导致的钢筋几何特征及相关力学性能变化，开展锈蚀钢筋-混凝土静态加载粘结性能分析，并探讨了界面破坏模式、粘结应力及钢筋应力、粘结应力-滑移曲线的变化。

## 5.3.1 界面破坏模式

图 5.28 给出了不同锈蚀水平下钢筋锈蚀膨胀阶段和钢筋拔出阶段的混凝土破坏模式。从图 5.28 可以看出，裂缝主要从靠近钢筋周围的混凝土处开始出现，再扩展到钢筋混凝土试件的外表面。对于已发生锈蚀的试件，在钢筋拔出的过程中混凝土内部的损伤沿着锈胀裂缝继续发展，试件发生典型的锈后拔出破坏。随着锈蚀水平的提高，混凝土的损伤面积明显增大。

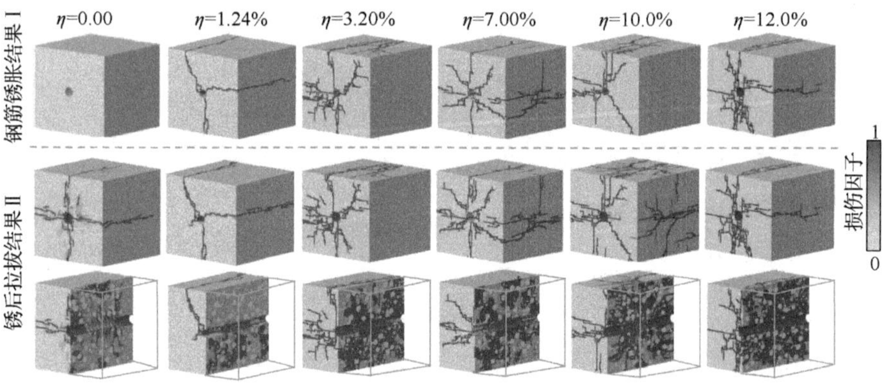


图 5.28　混凝土试件的破坏模式

另外从图 5.28 可以清楚地看出，由于 ITZ 力学性能较弱，混凝土内部裂缝主要在 ITZ 和砂浆基质中发展，开裂路径比较曲折。因此可以认为，考虑混凝土非均匀性的精细化模拟方法可以更好地反映钢筋-混凝土界面复杂的损伤破坏过程。

## 5.3.2 粘结应力及钢筋应力

试验中测得的粘结应力是粘结长度中粘结应力的平均值。为了阐明粘结应力的分布规律，探讨钢筋与混凝土之间的应力传递原理，图 5.29（a）给出了 7%锈蚀水平下沿粘结长度（从自由端到荷载端）钢筋的米塞斯应力。从图中可以看出，随着滑移增加，钢筋的应力逐渐增大，但最大值始终保持在钢筋加载端。根据钢筋中的应力，沿钢筋粘结长度的粘结应力 $\tau$ 可表示为

$$\tau = \frac{A_s}{\pi d}\frac{\mathrm{d}\sigma_s}{\mathrm{d}x} = \frac{d}{4}\frac{\mathrm{d}\sigma_s}{\mathrm{d}x} \tag{5.15}$$

式中：$\mathrm{d}\sigma_s$ 表示粘结长度 d$x$ 处的钢筋应力差；$A_s$ 为钢筋的横截面积。

图 5.29（b）给出了根据式（5.15）计算的粘结应力。可以看出，初始阶段沿钢筋粘结区的粘结应力略有变化。随着滑移增加，粘结应力曲线变得更陡。两个凸点的位置($x = 9l_a / 10 = 63$mm 和 $x = l_a / 5 = 12$mm，其中 $l_a$ 表示钢筋的粘结长度，$x$ 表示与自由端的距离）没有改变。由于混凝土的非均质性和锈蚀钢筋膨胀导致的混凝土裂缝分布不均匀，粘结区域的粘结应力分布不均匀，在拔出钢筋时波动很大。此外，当锈蚀水平为 7%时，粘结应力在达到峰值滑移之前单调增加。

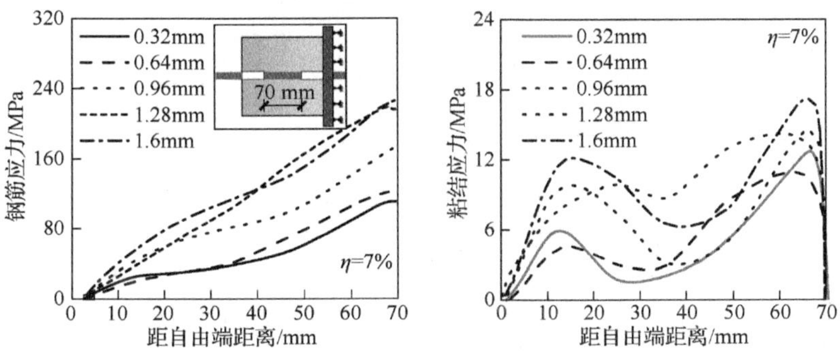

（a）沿粘结区域的钢筋应力　　（b）沿粘结区域界面处的粘结应力

图 5.29　钢筋应力和粘结应力分布

不同锈蚀水平下钢筋应力的变化如图 5.30 所示。可以看出，随着锈蚀水平提高，钢筋内的应力逐渐变小。这是因为在钢筋的锈蚀膨胀导致混凝土保护层开裂后，混凝土对钢筋的握裹力随之降低，粘结区域钢筋的应力相应减小。

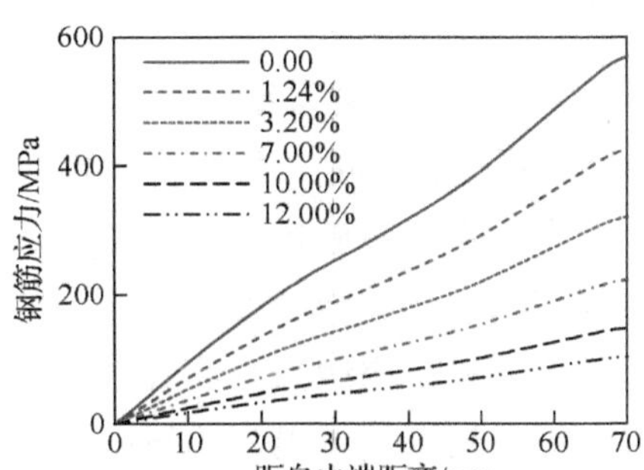


图 5.30　不同锈蚀水平下钢筋应力的变化

### 5.3.3　粘结应力-滑移曲线

图 5.31 给出了不同锈蚀水平下钢筋和混凝土之间的粘结应力-滑移曲线。从图 5.31 可以看出锈蚀水平不会改变曲线形状，但随着锈蚀水平提高，曲线中的粘结强度和峰值滑移均降低。这是因为随着锈蚀发展，混凝土保护层不断开裂、钢筋肋高度逐渐减少，混凝土中不断出现锈蚀膨胀裂缝，混凝土对钢筋的约束作用迅速减弱，导致钢筋和混凝土之间的机械咬合力和摩擦力下降，最终导致粘结性能减弱。

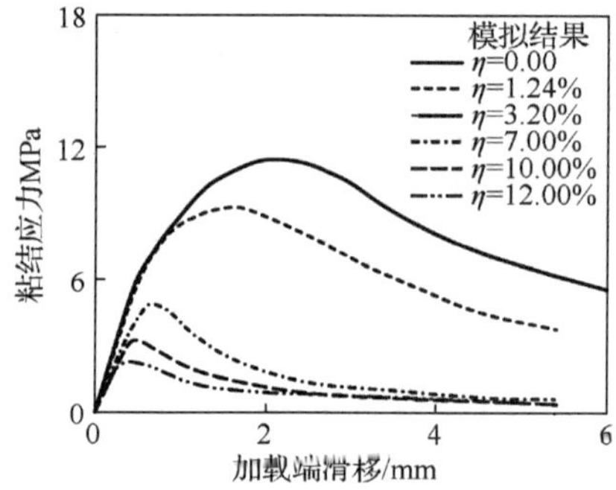


图 5.31　锈蚀水平对粘结应力-滑移曲线的影响

## 5.4　腐蚀作用下钢筋与混凝土动态粘结性能

与 5.3 节对应，本节从开裂过程及破坏模式、钢筋应力、粘结应力-滑移曲线等方面分析动态加载作用下锈蚀钢筋与混凝土的粘结性能。

### 5.4.1　开裂过程及破坏模式

以 2%锈蚀水平为例，加载应变率对混凝土粘结失效模式的影响如图 5.32 所示。图中，$s_u$ 表示钢筋荷载端的峰值滑移（达到粘结强度时的相应滑移）。由图可知，试件发生典型的混凝土保护层开裂破坏，主裂缝几乎平行于混凝土试件的棱边。在准静态条件下，裂缝较多，在其他应变率下，裂缝较少，混凝土的破坏模式差别不大。该现象可以解释为应变率越高，达到粘结强度时试件中的劈裂裂缝发展越不充分，且径向裂缝的发展滞后于钢筋的拔出。因此，其他应变率下的裂缝数量小于准静态条件下。混凝土对角部钢筋的约束作用弱于中部钢筋，因此不同应变率下裂缝发展和分布的变化不大。

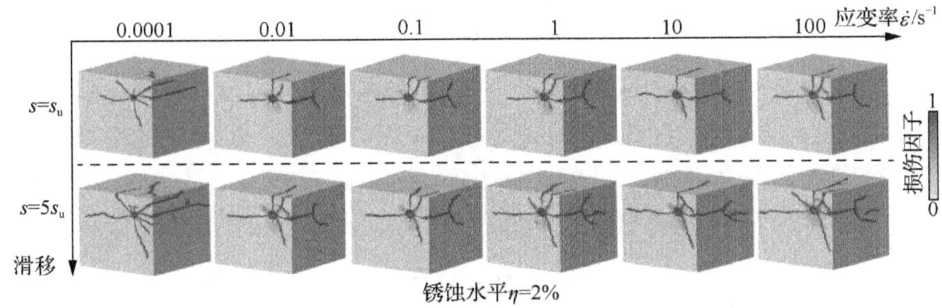


图 5.32　2%锈蚀水平下加载应变率对粘结失效模式的影响

与图 5.32 相对应，图 5.33 给出了应变率为 1s$^{-1}$ 时钢筋锈蚀水平对混凝土粘结失效模式的影响。由图可知，随着锈蚀发展，混凝土的损伤面积明显增加。随着加载端部滑移增大，混凝土保护层中沿钢筋长度的锈胀裂缝继续发展，直至混凝土发生劈裂破坏。

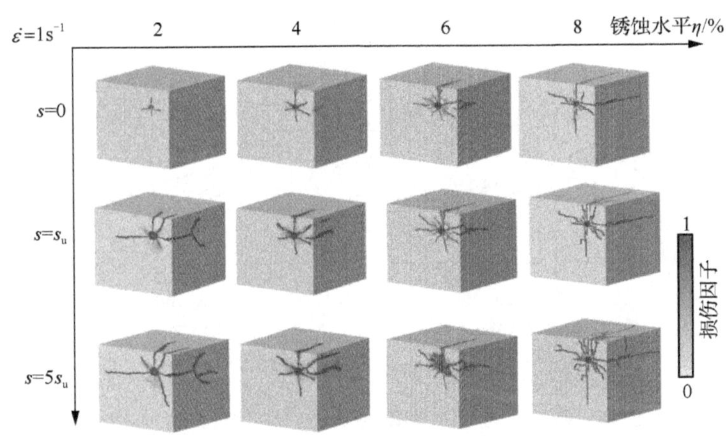


图 5.33　钢筋锈蚀水平对应变率为 1s$^{-1}$ 下粘结失效模式的影响

### 5.4.2　钢筋应力

彩图 14 分别给出了不同应变率下粘结区域钢筋的应力分布［彩图 14（a）］和钢筋应力分布曲线［彩图 14（b）］。可以发现，在应变率为 10$^{-4}$s$^{-1}$ 时，钢筋应力从加载端到自由端分布比较均匀；当应变率增加到 10$^{-1}$s$^{-1}$ 时，钢筋应力峰值主要集中在加载端。这主要是由于当应变率较低（10$^{-4}$s$^{-1}$）时，从加载端到自由端的钢筋应力传递比较充分，而当应变率增加到 10$^{-1}$s$^{-1}$ 时，钢筋应力未能向自由端充分传递，试件便发生破坏。随着应变率从 10$^{-4}$s$^{-1}$ 增加至 10$^{-1}$s$^{-1}$，钢筋峰值应力增加约 44%。

### 5.4.3　粘结应力-滑移曲线

除了混凝土破坏模式之外，锈蚀水平和应变率对粘结应力-滑移曲线也有很大影响，如图 5.34 所示。结合图 5.32 和图 5.34 可以看出，随着应变率增加，混凝土沿钢筋径向的裂缝数量小于准静态条件下。这和高应变率下的粘结应力-滑移曲线初始刚度、峰值粘结强度和残余粘结强度均大于低应变率下的现象相符。

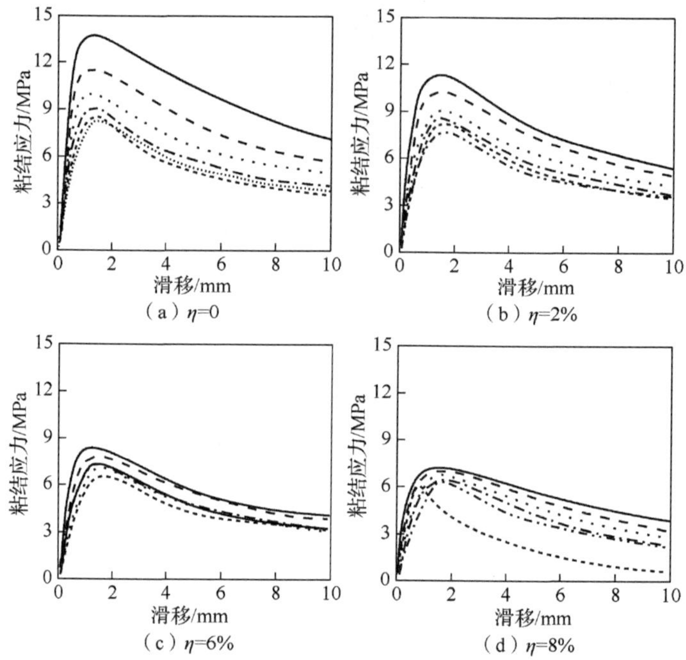


注：········ $0.0002s^{-1}$；· · · · $1s^{-1}$；----- $0.01s^{-1}$；– – · $10s^{-1}$；–·–· $0.1s^{-1}$；—— $100s^{-1}$。

图 5.34　锈蚀水平和应变率对粘结应力-滑移曲线的影响

从图 5.32 和图 5.34 还可知，随锈蚀水平提高，钢筋锈蚀引起的混凝土保护层锈胀裂缝越来越多。开裂后混凝土保护层对钢筋的约束作用降低。因此，试样锈蚀后粘结强度的应变率效应明显下降。此外，应变率对峰值滑移的影响远小于对粘结强度的影响。

## 5.5　腐蚀钢筋与混凝土粘结应力-滑移本构关系

结合 5.3 节和 5.4 节的模拟结果，本节定量分析锈蚀水平、应变率等因素的影响，在规范建议的钢筋-混凝土粘结应力-滑移本构关系基础上，发展建立腐蚀钢筋与混凝土的静、动态粘结应力-滑移本构关系模型。

### 5.5.1　曲线形式

为了描述钢筋和混凝土之间的粘结-滑移行为，我国规范 GB 50010—2010[35] 建议了如图 5.35 所示的四折线模型，该模型得到了广泛应用，其表达式为

$$\tau=\begin{cases}(\tau_{cr}/s_{cr})s, & 0\leqslant s<s_{cr}\\ \tau_{cr}+(\tau_u-\tau_{cr})(s-s_{cr})/(s_u-s_{cr}), & s_{cr}\leqslant s<s_u\\ \tau_u+(\tau_r-\tau_u)(s-s_u)/(s_r-s_u), & s_u\leqslant s<s_r\\ \tau_r, & s_r\leqslant s\end{cases}\tag{5.16}$$

式中：$\tau_{cr}$ 为开裂点的粘结应力；$\tau_u$ 为峰值粘结强度；$\tau_r$ 为残余粘结强度；$s_{cr}$ 为开裂点的滑移；$s_u$ 为峰值滑移；$s_r$ 为残余滑移。

图 5.36 给出了不同锈蚀水平下的粘结应力-滑移曲线模拟结果。从图 5.36 可以看出，锈蚀水平对粘结应力-滑移曲线的形状几乎没有影响，且模拟得到的粘结应力-滑移曲线的形状与图 5.35 较为相似。因此，本节采用规范 GB 50010—2010[35] 推荐的四折线粘结应力-滑移本构关系模型，通过考虑锈蚀水平和应变率对粘结应力-滑移曲线各特征点的影响，建立锈蚀钢筋与混凝土的静、动态粘结应力-滑移本构关系模型。

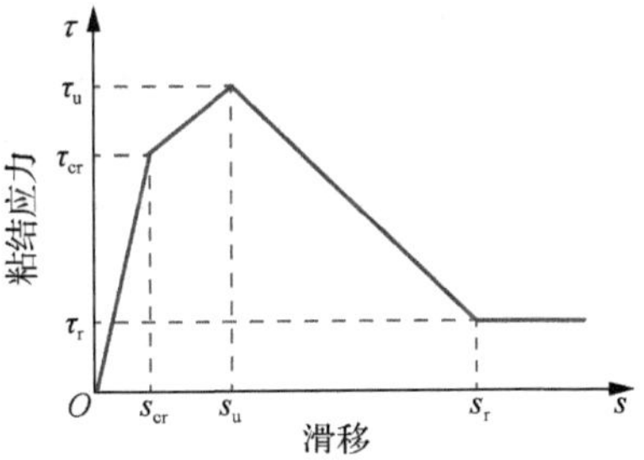


图 5.35　四折线粘结应力-滑移本构关系模型[35]

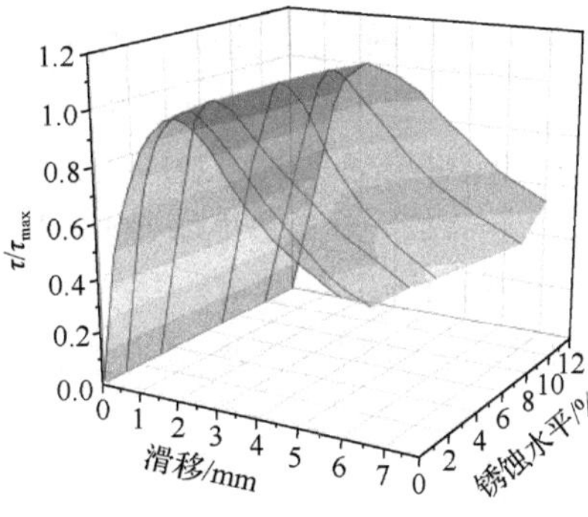


图 5.36　不同锈蚀水平下粘结应力-滑移曲线模拟结果

### 5.5.2　锈蚀作用影响

图 5.37 给出了粘结强度和峰值滑移随锈蚀水平的变化情况。由图 5.37 可以看到，随着锈蚀水平的增加，粘结强度和峰值滑移的下降速率逐渐减小。该变化趋势与相关试验研究结果[36]一致。

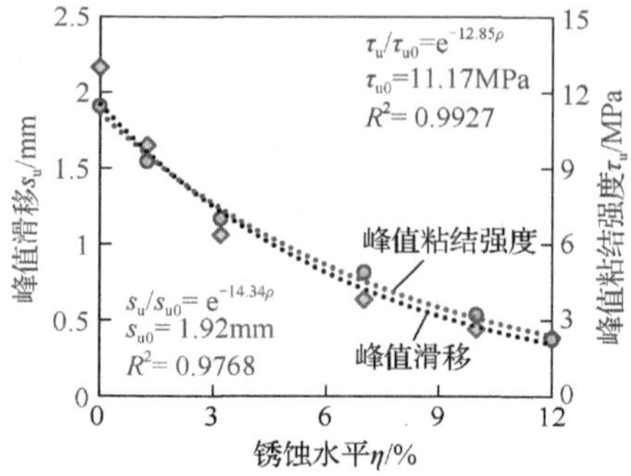


图 5.37　不同锈蚀水平下的峰值粘结强度和峰值滑移

观察图 5.37 可知，粘结强度和峰值滑移随锈蚀水平的变化趋势较符合指数函数，因此，峰值滑移和峰值粘结强度与锈蚀水平之间的关系用下式表示：

$$s_u / s_{u0} = e^{-14.34\rho} \tag{5.17}$$

$$\tau_u / \tau_{u0} = e^{-12.85\rho} \tag{5.18}$$

式中：$s_{u0}$为未锈蚀试样的峰值滑移；$\tau_{u0}$为未锈蚀试样的峰值粘结强度，本节中 $s_{u0}$ 和 $\tau_{u0}$分别为 1.92mm 和 11.17MPa。根据式（5.17）和式（5.18），峰值滑移减少比例达到 50%时对应的锈蚀水平为 4.5%，峰值粘结强度减少比例达到 50%时对应的锈蚀水平为 7.0%。

图 5.38 和图 5.39 给出了由式（5.17）和式（5.18）计算得到的相对粘结强度和相对峰值滑移（$s_{ud}/s_{u0}$，$s_{ud}$为动态荷载作用下的峰值滑移）与文献试验数据[37-49]的对比。从图 5.38 和图 5.39 可知，数值模拟获得的粘结强度和峰值滑移在试验结果[37-49]范围内。计算结果中粘结强度和峰值滑移随锈蚀水平的变化趋势亦与试验结果较为相似。因此，可以认为式（5.17）和式（5.18）可以较好地定量描述锈蚀水平对粘结强度和峰值滑移的影响。

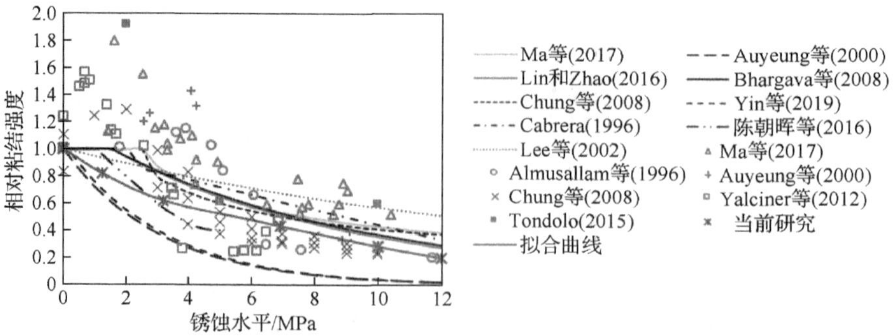


图 5.38　锈蚀水平对相对粘结强度的影响

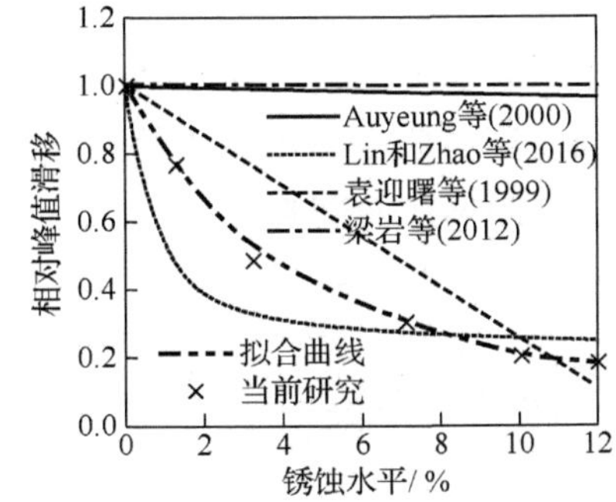


图 5.39　锈蚀水平对相对峰值滑移的影响

基于上述分析，可以确定锈蚀情况下裂缝点、极限点和残余点的粘结应力和滑移，进而结合规范中未锈蚀状态下的粘结应力-滑移本构关系，可得到锈蚀钢筋-混凝土的粘结应力-滑移本构模型。图 5.40 为预测结果与精细化模拟结果的对比，二者吻合良好。图 5.41 为预测结果与 Kivell[50]试验结果的对比（试验中混凝土抗拉强度$f_{t,r}$= 7.1MPa，钢筋直径 $d$=20mm）。从图 5.41 可知，3.20%和 5.90%锈蚀水平$\eta$下预测结果与试验结果差异较小，从而说明了本节所建立粘结应力-滑移本构关系的准确性和合理性。

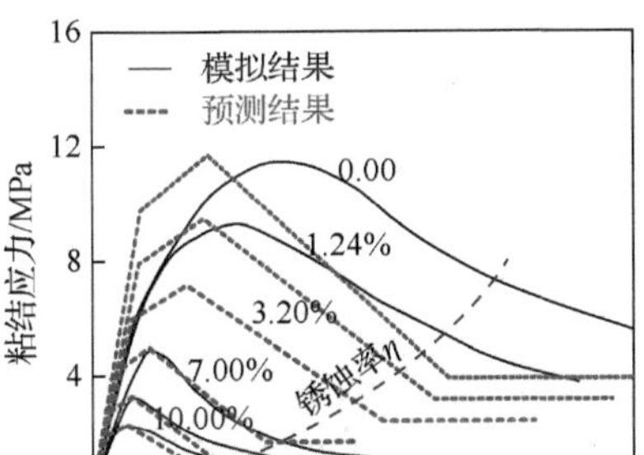


图 5.40　粘结应力-滑移曲线预测结果与精细化模拟结果的对比

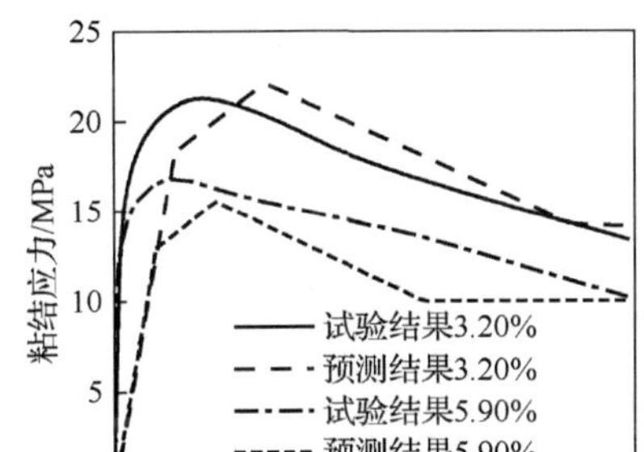


图 5.41　粘结应力-滑移曲线预测结果与 Kivell[52]试验结果的对比

### 5.5.3　动态加载影响

1. 粘结强度

图 5.42 反映了粘结强度动力增大系数（DIF）模拟结果和文献试验结果[51-57]的对比。由图可知，模拟结果大致分布在试验数据范围内，且模拟结果的变化趋势和试验数据吻合良好。图 5.43 给出了在不同应变率下归一化粘结强度

$\tau(\dot{\varepsilon},\eta)/\tau(\dot{\varepsilon}_0,\eta_0)$随锈蚀水平的变化。结合图 5.42 和图 5.43 可知，低锈蚀水平时粘结强度随锈蚀水平的增大下降速度较快；但高锈蚀水平时粘结强度的下降趋势逐渐变缓。此外，随着锈蚀发展，应变率对峰值粘结强度的影响逐渐减弱，锈蚀对粘结强度的影响则随应变率的增加而增强。

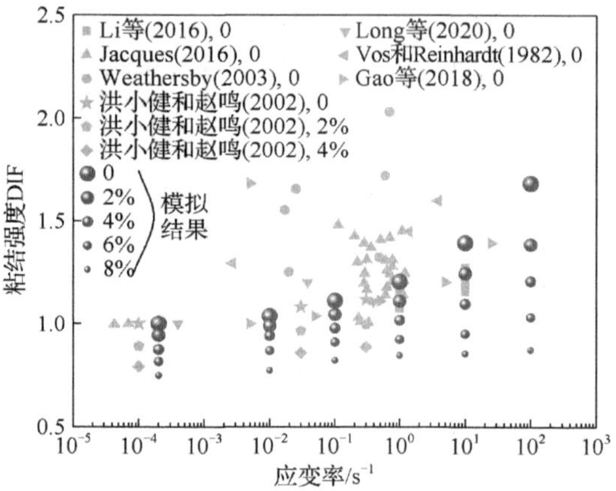


图 5.42　不同锈蚀水平下应变率对粘结强度 DIF 的影响

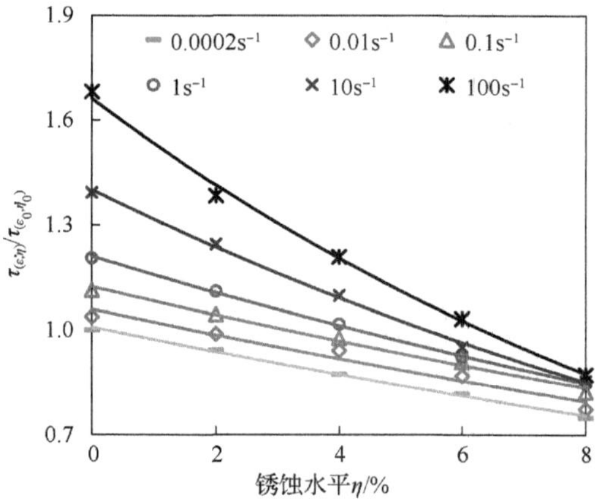


图 5.43　应变率和锈蚀水平对粘结强度的影响

与静载（应变率为 0.0002s$^{-1}$）作用下相似，动载作用下粘结强度随锈蚀水平近似呈指数下降。随着应变率增加，粘结强度随锈蚀水平提高而减小的变化幅度逐渐增大。因此，采用指数关系描述锈蚀水平对粘结强度的影响，如式（5.19）所示，这一类关系得到了广泛应用[37, 41, 58]。

$$\frac{\tau_{(\dot{\varepsilon},\eta)}}{\tau_{(\dot{\varepsilon}_0,\eta_0)}}=a\mathrm{e}^{-b\eta} \tag{5.19}$$

式中：$\tau_{(\dot{\varepsilon},\eta)}$ 为锈蚀钢筋与混凝土的动态粘结强度；$\tau_{(\dot{\varepsilon}_0,\eta_0)}$ 为未锈蚀钢筋在静载（$\dot{\varepsilon}_0$=0.0002$s^{-1}$）下的粘结强度；$a$ 和 $b$ 为拟合参数。

图 5.43 为应变率 $\dot{\varepsilon}$ 和锈蚀水平 $\eta$ 对粘结强度 $\tau_{(\dot{\varepsilon}_0,\eta_0)}$ 的影响。可以发现，不同应变率下的曲线并不平行，说明系数 $a$ 和 $b$ 随应变率而变化。因此，与 CEB 规范[20]中混凝土强度动力增大系数的表达式类似，本节将系数 $a$ 和 $b$ 随应变率的变化表示为应变率比 $\dot{\varepsilon}/\dot{\varepsilon}_0$ 的指数函数，如图 5.44 所示，其表达式为

$$a = 0.039(\dot{\varepsilon}/\dot{\varepsilon}_0)^{0.22} + 0.97 \tag{5.20}$$

$$b = 0.21(\dot{\varepsilon}/\dot{\varepsilon}_0)^{0.27} + 3.2 \tag{5.21}$$

式中：$\dot{\varepsilon}_0$ 为静态应变率。从图 5.44 可以看出，曲线的拟合情况较理想。

式（5.19）预测值（灰色曲面）与模拟结果及试验结果[45, 51, 57]的对比如图 5.45 所示。可以发现，大多数试验数据点落在灰色表面上，粘结强度预测值与试验结果差异很小，表明修正的粘结强度预测公式［式（5.19）］能够很好地描述应变率和锈蚀水平对钢筋与混凝土粘结强度的综合影响。

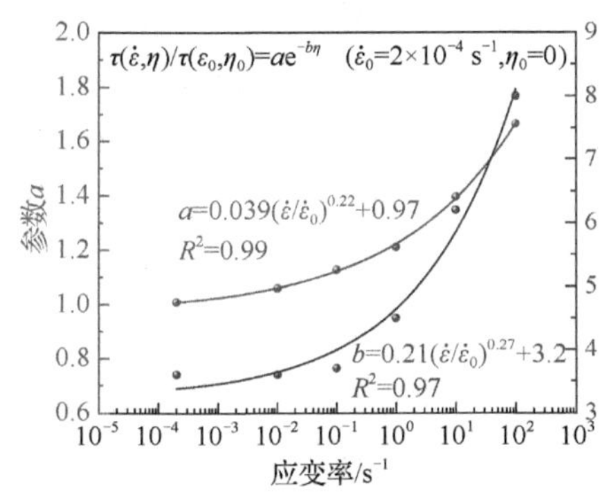


图 5.44　参数 $a$ 和 $b$ 与应变率的关系

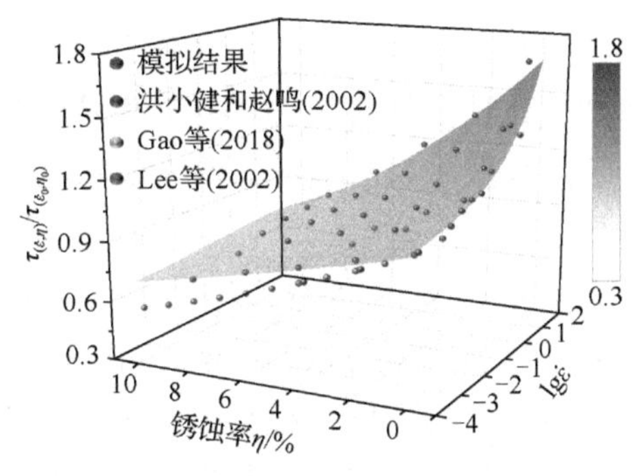


图 5.45　粘结强度预测结果与模拟结果及试验结果的对比

2. 峰值滑移

图 5.46 为相对峰值滑移模拟结果和试验结果[53, 56, 59, 60]的对比。由图可知，试验数据比较分散，但模拟结果在试验数据的数值范围内。

图 5.47 给出了不同应变率下锈蚀水平对相对峰值滑移的影响。从图 5.47 可以看出，锈蚀水平和应变率均减小了峰值滑移，并且在不同的应变率下，峰值滑移随锈蚀水平提高而减小的趋势几乎相同。这里同样采用指数表达式来拟合不同应变率下锈蚀钢筋和混凝土之间的峰值滑移。

$$\frac{s_{(\dot{\varepsilon},\eta)}}{s_{(\dot{\varepsilon}_0,\eta_0)}} = c\mathrm{e}^{-d\eta} \tag{5.22}$$

式中：$s_{(\dot{\varepsilon}_0,\eta_0)}$ 为静载下未锈蚀工况下的峰值滑移（$\dot{\varepsilon}_0$=0.0002$s^{-1}$, $\eta_0=0$）；$c$ 和 $d$ 是拟合参数。

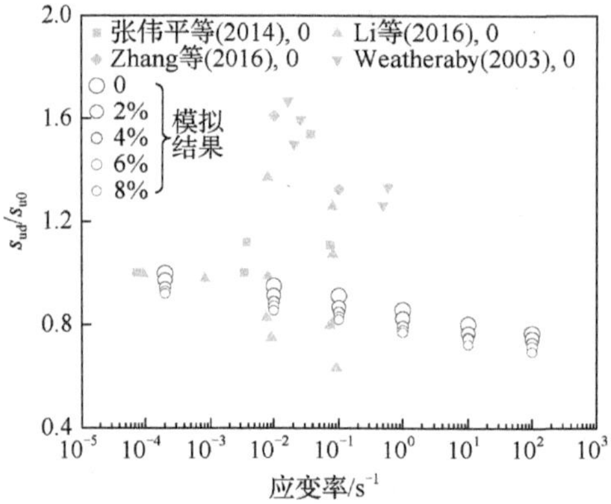

图 5.46　不同锈蚀水平下相对峰值滑移模拟结果和试验结果的对比

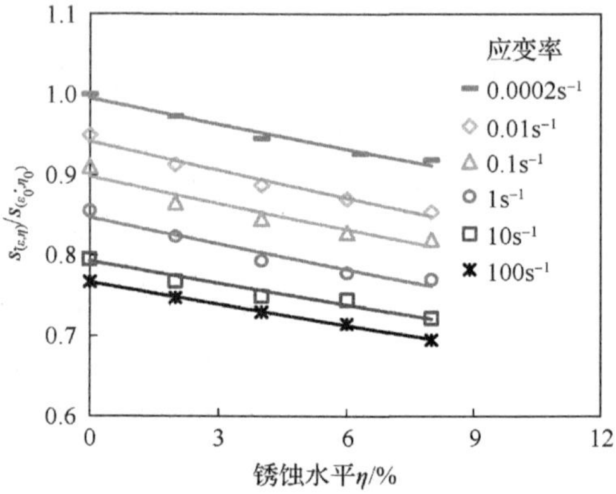

图 5.47　不同应变率下锈蚀水平对相对峰值滑移的影响

由图 5.47 可知不同应变率下各条曲线并不平行，说明系数 $c$ 和 $d$ 随应变率变化。因此，与粘结强度的拟合关系［式（5.19）］类似，本节将系数 $c$ 和 $d$ 随应变率的变化情况拟合为与静、动态应变率比 $\dot{\varepsilon}/\dot{\varepsilon}_0$ 相关的指数函数，具体如图 5.48 所示，系数 $d$ 为常数，其值为 1.2，系数 $c$ 的表达式为

$$c=-1.40\left(\dot{\varepsilon}/\dot{\varepsilon}_0\right)^{0.01}+2.37 \tag{5.23}$$

图 5.49 为式（5.22）预测结果与模拟结果和试验结果[42, 53]的对比，其中灰色曲面为预测结果。从图 5.49 可知，峰值滑移的预测结果与试验数据之间差异很小，且变化趋势与数值模拟结果及试验结果相似，表明式（5.22）可以很好地描述应变率和锈蚀水平对峰值滑移的综合影响。

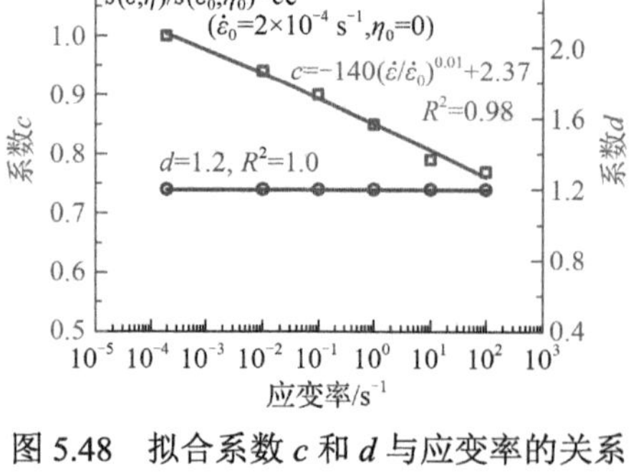

图 5.48　拟合系数 $c$ 和 $d$ 与应变率的关系

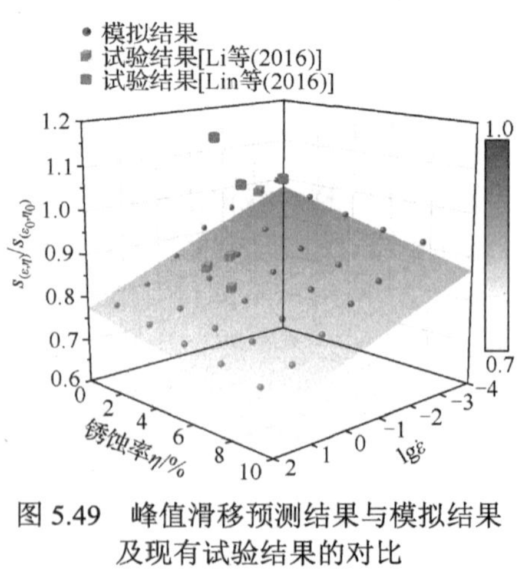

图 5.49　峰值滑移预测结果与模拟结果及现有试验结果的对比

结合上述分析，可采用式（5.19）和式（5.22）确定应变率和锈蚀水平对粘结应力-滑移曲线各特征点（粘结应力和相应的滑移）的影响，从而建立锈蚀钢筋与混凝土的动态粘结应力-滑移曲线模型。由图 5.50 为粘结应力-滑移曲线模型结果与数值结果的对比可知，发现二者之间具有良好的一致性，表明了所建立的粘结应力-滑移曲线模型的合理性和有效性。

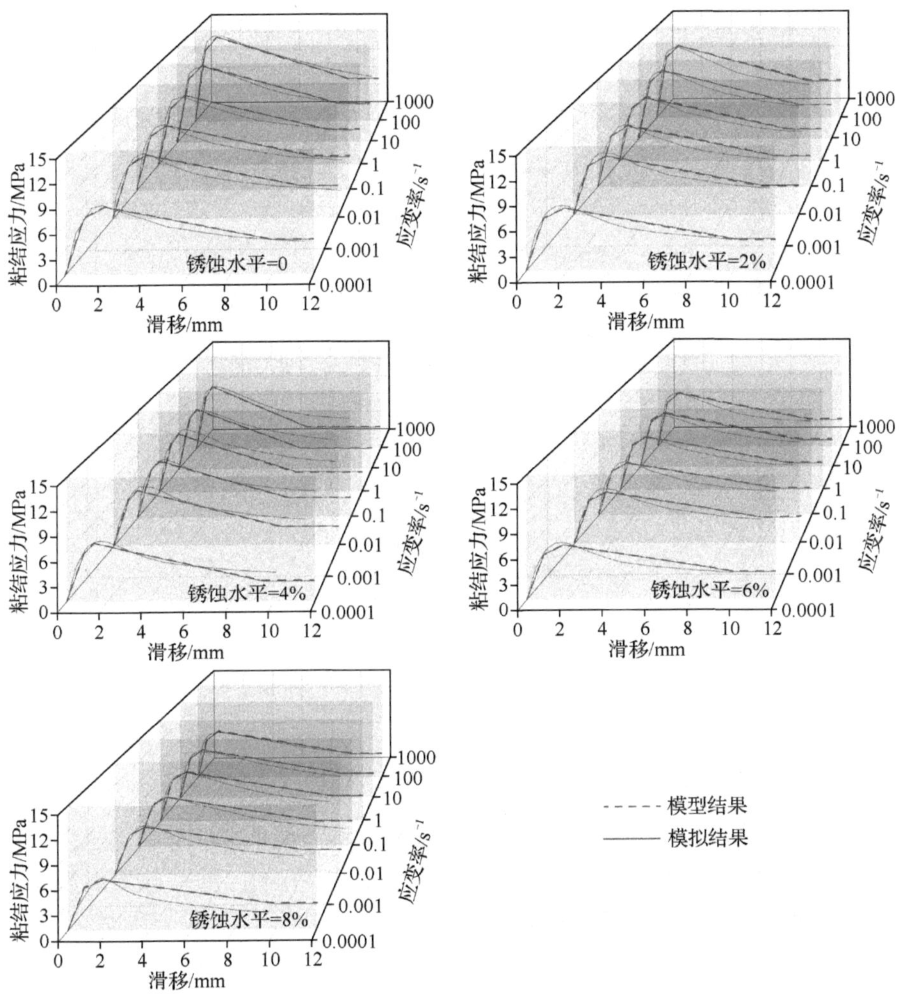


图 5.50　粘结应力-滑移曲线模型结果与数值模拟结果的对比

## 5.5.4　其他因素影响

图 5.51 给出了不同厚径比（保护层厚度与钢筋直径之比）和锈蚀水平下的粘结应力-滑移曲线。可见，粘结强度和残余粘结强度随厚径比的增大而增大，且增

大幅度随锈蚀水平的提高而增加。厚径比由 1.9 增加到 3.79，锈蚀水平为 0 的模型粘结强度增加了 22.2%，残余粘结强度增加了约 20%；锈蚀水平为 10.3%的梁模型粘结强度增加了近 70%，残余粘结强度增加了近 80%，说明锈蚀水平为 10.3%时，厚径比为 1.9 时比厚径比为 3.79 时导致了更多的粘结损失。厚径比由 1.9 增加到 3.79，相对于未锈蚀构件，锈蚀构件的粘结强度和残余粘结强度增加程度更大。

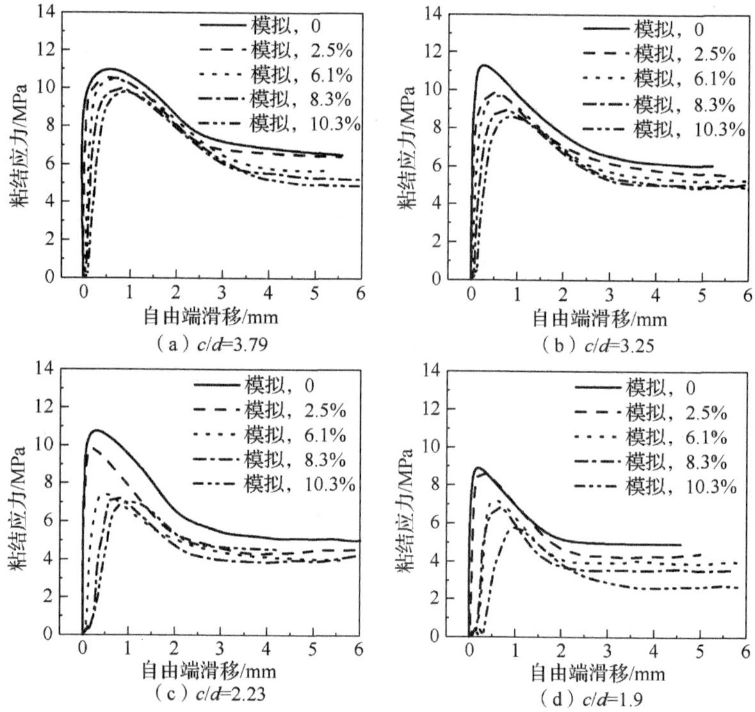


图 5.51　不同厚径比和锈蚀水平下的粘结应力-滑移曲线

为研究箍筋的约束作用对锈蚀钢筋混凝土粘结性能的影响，取厚径比为 2.5 的钢筋混凝土梁，改变粘结区的箍筋间距。根据文献[61]，箍筋约束对粘结性能的影响，可通过箍筋约束系数 $\rho_{st}$ 来表征：

$$\rho_{st}=\frac{A_{st}}{cs_{st}} \tag{5.24}$$

式中：$A_{st}$ 为穿过劈裂面的箍筋截面面积；$c$ 为保护层厚度；$s_{st}$ 为箍筋间距。

梁模型中箍筋约束情况分别为：无箍筋、1 根箍筋、2 根箍筋（间距 50mm）、4 根箍筋（间距 30mm）、6 根箍筋（间距 20mm）、9 根箍筋（间距 15mm）。对应的箍筋约束系数分别为 0、0.0166、0.025、0.0417、0.0625、0.0833。

图 5.52 给出了不同箍筋约束系数和锈蚀水平下的粘结应力-滑移曲线。箍筋约束系数分别为 0、0.025、0.0417、0.0625 时，不同锈蚀水平下残余粘结强度分别在 2.8～4.2MPa、4.7～6.2MPa、6.0～7.8MPa 和 7.2～8.0MPa 区间，可见箍筋约束系数影响残余粘结强度。同时，箍筋约束系数对粘结应力-滑移曲线的形状也有一定影响，且这种影响随着锈蚀水平的提高而增大。随着箍筋约束系数的增加，粘结应力-滑移曲线下降段的斜率明显减小。当锈蚀水平达到 8.3%和 10.3%时，随着箍筋约束系数增加，下降段斜率逐渐趋近于 0。

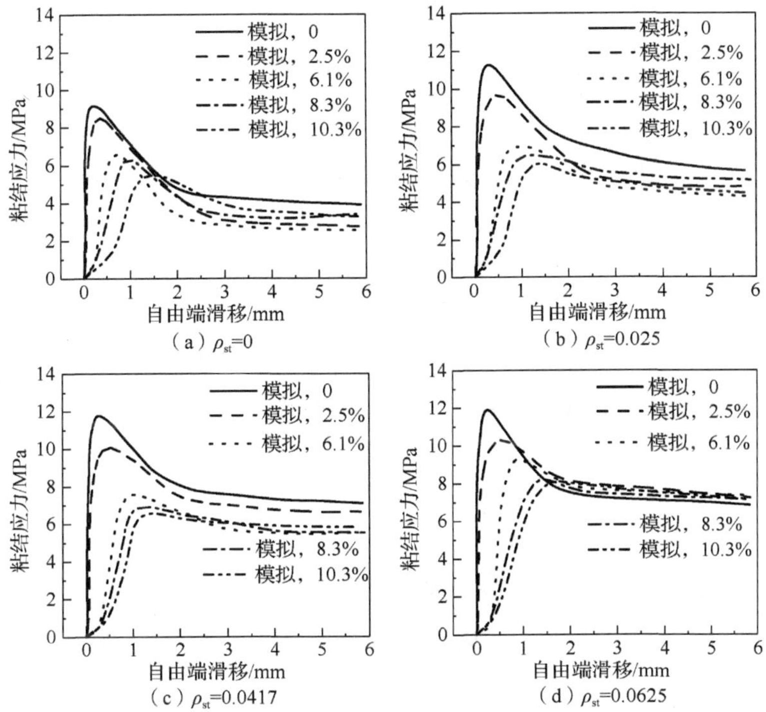


图 5.52　不同箍筋约束系数和锈蚀水平下的粘结应力-滑移曲线

箍筋和混凝土保护层对钢筋产生约束作用，进而影响钢筋与混凝土的粘结，基于文献[62]，将箍筋及保护层对钢筋约束作用的影响定义为整体约束系数 $K$：

$$K = \frac{c}{d} + 69\rho_{st} \tag{5.25}$$

定义考虑整体约束的未锈蚀钢筋混凝土的相对粘结强度 $R_K$ 为

$$R_K = \frac{\tau_K}{\tau_{K=3.65}} \tag{5.26}$$

式中：$\tau_K$ 为整体约束系数为 $K$ 时的粘结强度；$\tau_{K=3.65}$ 为整体约束系数为 3.65 时的粘结强度，在模拟结果中 $\tau_{K=3.65}=11\,\text{MPa}$。整体约束系数 $K$ 对相对粘结强度的影响如图 5.53 所示，可以看出，随着整体约束系数 $K$ 的增加，相对粘结强度 $R_K$ 呈非线性增加。当拟合优度 $R^2$ 为 0.92 时，考虑整体约束影响的相对粘结强度 $R_K$ 与整体约束系数 $K$ 的关系为

$$R_K=1.24-1.17\times0.65^K \tag{5.27}$$

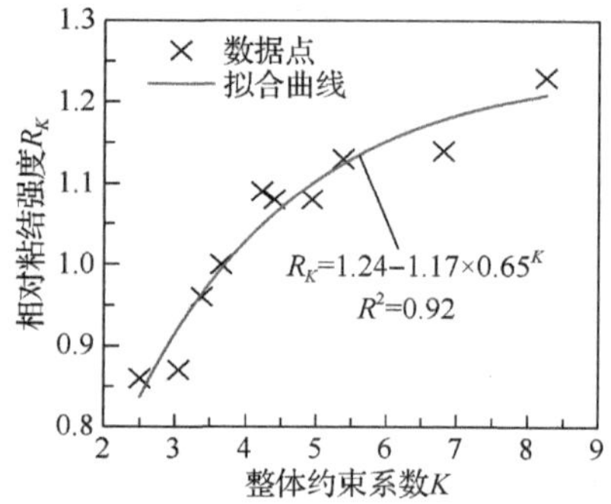


图 5.53　整体约束系数 $K$ 对相对粘结强度的影响

定义在不同约束下，考虑锈蚀的相对粘结强度 $R_\eta$ 为

$$R_\eta=\frac{\tau_\eta}{\tau_0} \tag{5.28}$$

式中：$\tau_0$ 和 $\tau_\eta$ 分别为整体约束下未锈蚀与锈蚀钢筋混凝土的粘结强度。由现有文献[37]、[46]、[52]、[63]可知，考虑锈蚀的粘结强度退化公式往往采用指数形式：

$$R_\eta=\mathrm{e}^{-a\eta} \tag{5.29}$$

式中：$a$ 为粘结强度退化系数。

图 5.54 为不同整体约束系数 $K$ 下相对粘结强度退化规律，可见在不同整体约束情况下粘结强度退化规律有较大不同，即相对粘结强度的退化系数 $a$ 不同。对 $a$ 与 $K$ 做线性回归分析（图 5.55）得：$a$=15.5×0.63$^K$。基于式（5.25）、式（5.27）、式（5.29），可以得到考虑厚径比、箍筋约束系数及锈蚀水平的相对粘结强度计算公式为

$$\tau=\tau_{K=3.65}\left(1.24-1.17\cdot0.65^{\frac{c}{d}+69\rho_{\mathrm{st}}}\right)\mathrm{e}^{-\eta\left[1.19+1.38\left(\frac{c}{d}+69\rho_{\mathrm{st}}\right)\right]} \tag{5.30}$$

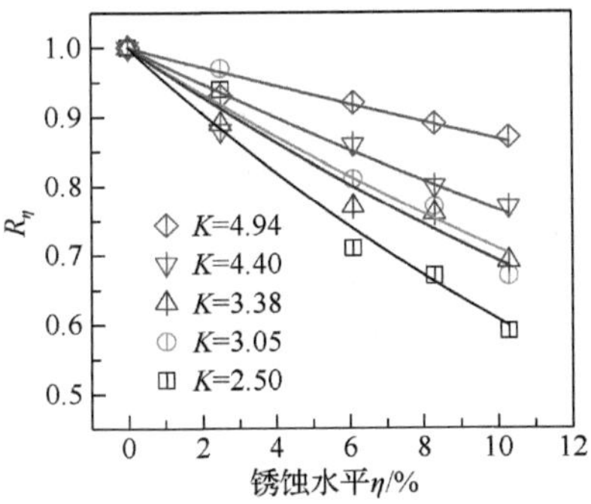


图 5.54　不同 $K$ 下相对粘结强度退化规律

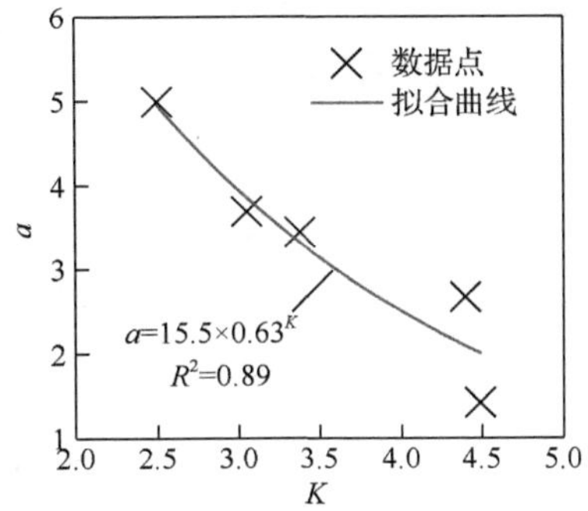


图 5.55　不同 $K$ 下 $a$ 的拟合公式

图 5.56 是粘结强度预测值与试验值的对比，可以发现该公式对粘结强度的预测误差在 30%以内。

文献[64]中考虑约束组合效应系数的峰值滑移公式形式，拟合得到考虑整体约束系数 $K$ 的未锈蚀钢筋混凝土的峰值滑移公式（图 5.57），又由式（5.25）得考虑厚径比和箍筋约束系数的峰值滑移公式：

$$s_{\mathrm{u0}}=\frac{-1.51+\left(\dfrac{c}{d}+69\rho_{\mathrm{st}}\right)}{-0.95+3.2\left(\dfrac{c}{d}+69\rho_{\mathrm{st}}\right)} \tag{5.31}$$

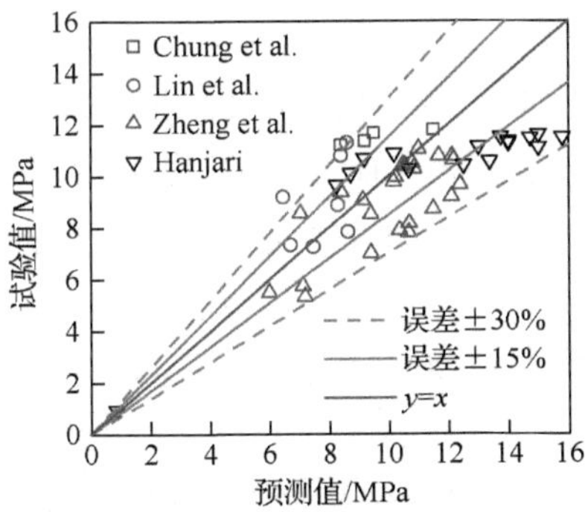


图 5.56　粘结强度预测值与试验值的对比

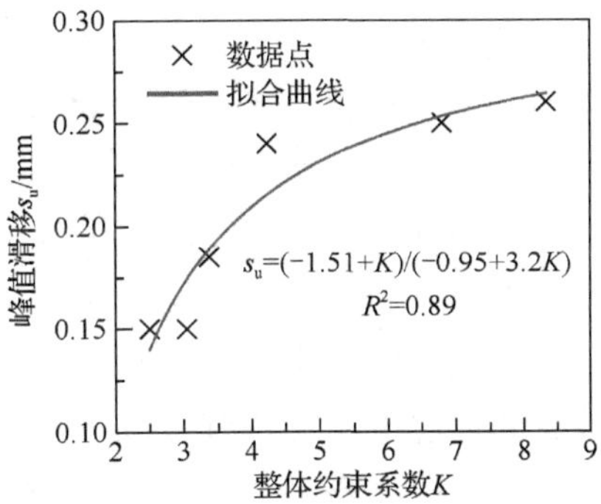


图 5.57　$K$ 对未锈蚀时峰值滑移的影响

由于峰值滑移一般很小且难以捕捉，关于锈蚀对峰值滑移影响的结论并不统一。这里得到的滑移随锈蚀水平的变化也具有一定的离散性，故采用 Wu 等[22]得到的峰值滑移与锈蚀水平的关系：

$$s_{\mathrm{u}}(\eta)=s_{\mathrm{u0}}\left(0.7\mathrm{e}^{-3\left(0.04\mathrm{e}^{36\eta}-0.04\right)}+0.3\right) \tag{5.32}$$

由式（5.25）、式（5.31）和式（5.33）可以得到考虑厚径比、箍筋约束系数及锈蚀水平的峰值滑移计算公式：

$$s_{\mathrm{u}}(\eta)=\frac{-1.51+\left(\dfrac{c}{d}+69\rho_{\mathrm{st}}\right)}{-0.95+3.2\left(\dfrac{c}{d}+69\rho_{\mathrm{st}}\right)}\times\left(0.7\mathrm{e}^{-3\left(0.04\mathrm{e}^{36\eta}-0.04\right)}+0.3\right) \tag{5.33}$$

## 5.6 小 结

本章考虑严酷环境钢筋锈蚀所导致的保护层开裂、表面几何特征变化及力学性能退化对钢筋-混凝土粘结性能的影响，建立三维精细化数值模型，基于两阶段分析框架模拟分析了锈蚀钢筋与混凝土之间的静、动态粘结行为，讨论了界面的破坏机制，并发展建立了锈蚀钢筋-混凝土静、动态粘结应力-滑移本构关系模型。获得的主要结论如下。

（1）三维精细化模型可以很好地反映钢筋锈胀过程中混凝土内部裂缝的发展。骨料的随机分布对混凝土保护层的开裂模式和压力分布影响不大，但显著影响细小裂缝的扩展路径。随着厚径比增大，混凝土的最大锈胀压力增大。钢筋直径越大，混凝土保护层越容易开裂，但开裂模式的影响可忽略。混凝土保护层越厚，剥落面积越大。

（2）钢筋锈蚀水平对粘结应力-滑移曲线的形状影响不大。当锈蚀水平较低时，可以观察到峰值滑移、粘结强度和残余强度的显著退化。对于更高的锈蚀水平，峰值滑移和粘结强度的下降仍在继续，但速度较慢。当锈蚀水平为 4.5%和 7%时，锈蚀后的峰值滑移和粘结强度分别降低 50%；当锈蚀水平为 12%时，峰值滑移和粘结强度分别降低到未锈蚀时的 18%和 20%。

（3）在较低锈蚀水平时，粘结强度随锈蚀水平的增加而迅速下降，但在锈蚀水平较高的情况下，粘结强度的下降趋势逐渐变缓。应变率对峰值粘结强度的影响随锈蚀水平提高而减小，而锈蚀引起的粘结强度下降趋势随应变率增加而增大。随着锈蚀水平提高，峰值滑移逐渐减小。在不同应变率下，随着锈蚀水平提高，峰值滑移的下降速率几乎相同。

（4）不同锈蚀程度下粘结强度和残余粘结强度随厚径比的增加而有不同程度的增加。箍筋约束系数影响残余粘结强度水平，箍筋约束系数分别为 0、0.025、0.0417、0.0625 时，不同锈蚀水平下残余粘结强度分别在 2.8～4.2MPa、4.7～6.2MPa、6.0～7.8MPa 和 7.2～8.0MPa 区间；同时也会对粘结应力-滑移曲线产生影响，锈蚀水平达到 8.3%和 10.3%时，曲线下降段斜率趋近 0，残余粘结强度趋近于粘结强度。最后，拟合得到有关厚径比和箍筋约束系数的粘结强度和峰值滑移计算公式。

## 参 考 文 献


[1] LIU M J, JIN L, CHEN F J, et al. 3D meso-scale modelling of the bonding failure between corroded ribbed steel bar and concrete [J]. Engineering structures, 2022, 256: 113939.

[2] LIU M J, JIN L, ZHANG R B, et al. Combined effect of corrosion and strain rate on the bond behavior: a two-stage simulation [J]. International journal of mechanical sciences, 2022, 227: 107438.

[3] JIN L, LIU M J, ZHANG R B, et al. Cracking of cover concrete due to non-uniform corrosion of corner rebar: a 3D meso-scale study [J]. Construction and building materials, 2020, 245: 118449.

[4] JIN L, ZHANG R B, DU X L, et al. Investigation on the cracking behavior of concrete cover induced by corner located rebar corrosion [J]. Engineering failure analysis, 2015, 52: 129-143.

[5] DU X L, JIN L, ZHANG R B. Modeling the cracking of cover concrete due to non-uniform corrosion of reinforcement [J]. Corrosion science, 2014, 89: 189-202.

[6] 金浏，张仁波，杜修力，等. 角部钢筋锈蚀引发混凝土保护层开裂行为研究[J]. 建筑材料学报，2016，19(2): 255-261.

[7] LIU Y P, WEYERS R E. Modeling the time-to-corrosion cracking in chloride contaminated reinforced concrete structures[J]. Materials journal, 1998, 95(9): 675-681.

[8] LU C H, JIN W L, LIU R G. Reinforcement corrosion-induced cover cracking and its time prediction for reinforced concrete structures[J]. Corrosion science, 2011, 53(4): 1337-1347.

[9] CHERNIN L, VAL D, VOLOKH K. Analytical modelling of concrete cover cracking caused by corrosion of reinforcement[J]. Materials and structures, 2010, 43(4): 543-556.

[10] WANG X H, LIU X L. Bond strength modeling for corroded reinforcements[J]. Construction and building materials, 2006, 20(3): 177-186.

[11] WANG X H, LIU X L. Modeling bond strength of corroded reinforcement without stirrups[J]. Cement and concrete research, 2004, 34(8): 1331-1339.

[12] CORONELLI D. Corrosion cracking and bond strength modeling for corroded bars in reinforced concrete[J]. Structural journal, 2002, 99(3): 267-276.

[13] CARÉ S, NGUYEN Q T, L'HOSTIS V, et al. Mechanical properties of the rust layer induced by impressed current method in reinforced mortar[J]. Cement and concrete research, 2008, 38(8/9): 1079-1091.

[14] 徐有邻. 钢筋混凝土粘滑移本构关系的简化模型[C]//龙驭球. 第六届全国结构工程学术会议论文集. 南宁: 广西大学, 1997: 34-38.

[15] FANG C Q, LUNDGREN K, PLOS M, et al. Bond behaviour of corroded reinforcing steel bars in concrete[J]. Cement and concrete research, 2006, 36(10): 1931-1938.

[16] 全国钢标准化技术委员会(SAC/TC 183). 钢筋混凝土用钢 第 2 部分 热轧带肋钢筋: GB/T 1499.2—2018[S]. 北京: 中国建筑工业出版社, 2018.

[17] 徐有邻，沈文都，汪洪. 钢筋砼粘结锚固性能的试验研究[J]. 建筑结构学报, 1994, 15(3): 26-37.

[18] MOHAMAD M, IBRAHAM I, ABDULLAH R, et al. Friction and cohesion coefficients of composite concrete-to-concrete bond[J]. Cement and concrete composites, 2015, 56: 1-14.

[19] COCCIA S, IMPERATORE S, RINALDI Z. Influence of corrosion on the bond strength of steel rebars in concrete[J]. Materials and structures, 2016, 49(1/2): 537-551.

[20] FIB. Model Code 2010[S]. Lausanne, Switzerland: International Federation for Structural Concrete, 2010.

[21] ZHANG W P, CHEN H J, GU X L. Bond behaviour between corroded steel bars and concrete under different strain rates[J]. Magazine of concrete research, 2016, 68(7): 364-378.

[22] WU J Q, GUO L, JIN L, et al. Experimental investigation of the bond performance between nonuniformly corroded reinforcing bar and concrete[J]. Journal of materials in civil engineering, 2022, 34(12): 04022346.

[23] ZHAO Y X, HU B Y, YU J, et al. Non-uniform distribution of rust layer around steel bar in concrete[J]. Corrosion science, 2011, 53(12): 4300-4308.

[24] JANG B S, OH B H. Effects of non-uniform corrosion on the cracking and service life of reinforced concrete structures[J]. Cement and concrete research, 2010, 40(9): 1441-1450.

[25] ZHANG J H, LING X, GUAN Z. Finite element modeling of concrete cover crack propagation due to non-uniform corrosion of reinforcement[J]. Construction and building materials, 2017, 132: 487-499.

[26] AAVIJA B, LUKOVIĆ M, PACHECO J, et al. Cracking of the concrete cover due to reinforcement corrosion: a two-dimensional lattice model study[J]. Construction and building materials, 2013, 44: 626-638.

[27] PAN T Y, LU Y. Stochastic modeling of reinforced concrete cracking due to non-uniform corrosion: FEM-based cross-scale analysis[J]. Journal of materials in civil engineering, 2012, 24(6): 698-706.

[28] YUAN Y S, JI Y S. Modeling corroded section configuration of steel bar in concrete structure[J]. Construction and building materials, 2009, 23(6): 2461-2466.

[29] DU X L, JIN L. Meso-scale numerical investigation on cracking of cover concrete induced by corrosion of reinforcing steel[J]. Engineering failure analysis, 2014, 39: 21-33.

[30] 张仁波. 氯盐扩散及诱发的混凝土保护层锈胀开裂行为细观数值研究[D]. 北京: 北京工业大学, 2015.

[31] DU X L, JIN L, MA G W. Numerical simulation of dynamic tensile-failure of concrete at meso-scale[J]. International journal of impact engineering, 2014, 66: 5-17.

[32] LIU Y P. Modeling the time-to-corrosion cracking of the cover concrete in chloride contaminated reinforced concrete structures[D]. Blacksburg: Virginia Polytechnic Institute and State University, 1996.

[33] ZHAO Y X, YU J, JIN W L. Damage analysis and cracking model of reinforced concrete structures with rebar corrosion[J]. Corrosion science, 2011, 53(10): 3388-3397.

[34] WILLIAMSON S J, CLARK L A. Pressure required to cause cover cracking of concrete due to reinforcement corrosion[J]. Magazine of concrete research, 2000, 52(6): 455-467.

[35] 中华人民共和国住房和城乡建设部. 混凝土结构设计规范(2015 年版): GB 50010—2010[S]. 北京: 中国建筑工业出版社, 2015.

[36] AUYEUNG Y, BALAGURU P, CHUNG L. Bond behavior of corroded reinforcement bars[J]. Materials journal, 2000, 97(2): 214-220.

[37] TONDOLO F. Bond behaviour with reinforcement corrosion[J]. Construction and building materials, 2015, 93: 926-932.

[38] 袁迎曙, 余索, 贾福萍. 锈蚀钢筋混凝土的粘结性能退化的试验研究[J]. 工业建筑, 1999, 29(11): 47-50.

[39] CABRERA J G. Deterioration of concrete due to reinforcement steel corrosion[J]. Cement and concrete composites, 1996, 18(1): 47-59.

[40] 梁岩, 罗小勇, 肖小琼, 等. 锈蚀钢筋混凝土粘结滑移性能试验研究[J]. 工业建筑, 2012, 42(10): 95-100.

[41] MA Y F, GUO Z Z, WANG L, et al. Experimental investigation of corrosion effect on bond behavior between reinforcing bar and concrete[J]. Construction and building materials, 2017, 152: 240-249.

[42] LIN H W, ZHAO Y X. Effects of confinements on the bond strength between concrete and corroded steel bars[J]. Construction and building materials, 2016, 118: 127-138.

[43] CHUNG L, JAY KIM J H, YI S T. Bond strength prediction for reinforced concrete members with highly corroded reinforcing bars[J]. Cement and concrete composites, 2008, 30(7): 603-611.

[44] YIN S P, HU C H, LV H L. Interfacial properties and bond strength model of TRC-confined concrete and deformed reinforcement under corrosion[J]. Composite interfaces, 2019, 26(6): 551-569.

[45] LEE H, NOGUCHI T, TOMOSAWA F. Evaluation of the bond properties between concrete and reinforcement as a function of the degree of reinforcement corrosion[J]. Cement and concrete research, 2002, 32(8): 1313-1318.

[46] ALMUSALLAM A, Al-GAHTANI A, AZIZ A, et al. Effect of reinforcement corrosion on bond strength[J]. Construction and building materials, 1996, 10(2): 123-129.

[47] 陈朝晖, 谭东阳, 曾宇, 等. 锈蚀钢筋混凝土粘结强度试验[J]. 重庆大学学报, 2016, 39(1): 79-87.

[48] AMLEH L, GHOSH A. Modeling the effect of corrosion on bond strength at the steel-concrete interface with finite-element analysis[J]. Canadian journal of civil engineering, 2006, 33(6): 673-682.

[49] YALCINER H, EREN O, SENSOY S. An experimental study on the bond strength between reinforcement bars and concrete as a function of concrete cover, strength and corrosion level[J]. Cement and concrete research, 2012, 42(5): 643-655.

[50] KIVELL A. Effects of bond deterioration due to corrosion on seismic-performance of reinforced concrete structures[D]. Christchurch: University of Canterbury, 2012.

[51] GAO X L, REN X D, LI J, et al. Bond behavior between steel reinforcing bars and concrete under dynamic loads[J]. Structural concrete, 2018, 19(6): 1806-1817.

[52] LONG X, WANG C Y, ZHAO P Z, et al. Bond strength of steel reinforcement under different loading rates[J]. Construction and building materials, 2020, 238: 117749.

[53] LI X X, WU Z M, ZHENG J J, et al. Effect of loading rate on bond behaviour of deformed reinforcing bars in concrete under biaxial lateral pressures[J]. Journal of structural engineering, 2016, 142(6): 04016027.

[54] JACQUES E. Characteristics of reinforced concrete bond at high strain rates[D]. Ottawa: University of Ottawa, 2016.

[55] VOS E, REINHARDT H W. Influence of loading rate on bond behaviour of reinforcing steel and prestressing strands[J]. Matériaux et constructions, 1982, 15(1): 3-10.

[56] WEATHERSBY J H. Investigation of bond slip between concrete and steel reinforcement under dynamic loading conditions[D]. Baton Rouge: Louisiana State University, 2003.

[57] 洪小健, 赵鸣. 加载速率对锈蚀钢筋与混凝土粘结性能的影响[J]. 同济大学学报(自然科学版), 2002, 30(7): 792-796.

[58] LIN H W, ZHAO Y X, FENG P, et al. State-of-the-art review on the bond properties of corroded reinforcing steel bar[J]. Construction and building materials, 2019, 213: 216-233.

[59] LI Y, LIU J L, WANG Z G, et al. Axial compression mesoscale modelling of RC columns after reinforcement-electrochemical chloride extraction[J]. Structures, 2021, 31: 876-890.

[60] 张伟平, 罗丹羽, 陈辉, 等. 不同加载速率下钢筋与混凝土间粘结性能试验[J]. 中国公路学报, 2014, 27(12): 58-64.

[61] 徐有邻. 变形钢筋-混凝土粘结锚固性能的试验研究[D]. 北京: 清华大学, 1990.

[62] 林红威. 单调及重复荷载作用下锈蚀钢筋混凝土粘结性能试验研究[D]. 杭州: 浙江大学, 2017.

[63] BHARGAVA K, GHOSH A K, MORI Y. Suggested empirical models for corrosion-induced bond degradation in reinforced concrete[J]. Journal of structural engineering, 2008, 134(2): 221-230.

[64] WU Y F, ZHAO X M. Unified bond stress-slip model for reinforced concrete[J]. Journal of structural engineering, 2013, 139(11): 1951-1962.

# 第 6 章　温度效应对 FRP 筋与混凝土粘结性能影响

FRP 筋因轻质高强、抗腐蚀、耐疲劳等优点，越来越广泛地应用到土木工程建设中。FRP 筋与混凝土之间的粘结性能是影响 FRP 筋混凝土结构强度和耐久性的关键和基础。由于表面形式特征以及组成材料的差异，FRP 筋与混凝土的粘结性能和钢筋与混凝土的粘结性能有所不同。

FRP 筋混凝土结构在服役过程中不可避免地会受到碰撞、冲击、爆炸等动态荷载，以及受到温度变化（高温及低温）的影响。温度或动载作用下，材料的力学行为与常温或静态荷载下存在差异，进而影响 FRP 筋与混凝土之间的粘结性能，使工程结构无法达到设计使用寿命。因此，探讨温度及应变率对 FRP 筋与混凝土间粘结性能的影响对保证 FRP 筋混凝土结构的安全具有十分重要的意义。

本章采用与第 4 章相似的思路，建立考虑 FRP 筋表面特征的精细化数值模型，探究不同温度作用下 FRP 筋与混凝土之间的静、动态粘结性能，揭示相关因素的影响机制与规律，建立了粘结强度公式及粘结应力-滑移本构关系模型[1-4]。

## 6.1　数 值 模 型

### 6.1.1　几何模型

为了研究不同温度作用下 FRP 筋-混凝土静、动态粘结性能，以现有文献中 FRP 筋混凝土粘结性能试验为参考建立了三维精细化数值模型[5-8]。数值模型的建立及各材料本构模型的选取详见第 3 章。

### 6.1.2　数值模型验证

在将数值结果与试验数据进行比较之前，研究了网格尺寸及界面摩擦系数对模拟结果的影响。以 $v = 700$mm/s（应变率为 3.68$s^{-1}$）为例，将局部粘结区域划分为 5 种网格尺寸（即 1mm、2mm、3mm、4mm 和 5mm），开展了相应的模拟，获得的破坏模式和粘结应力-滑移曲线分别如图 6.1 和图 6.2 所示。从图 6.1 可以看出，不同网格尺寸下 BFRP 筋-混凝土界面的破坏模式相似，均在粘结区域及其附近产生损伤。然而，当平均网格尺寸不大于 2mm 时，模拟所得的破坏模式更相似。

相应地，不同网格尺寸下粘结应力-滑移曲线的形状没有明显差异。然而，峰值粘结应力随网格尺寸而变化，如图 6.2（a）所示。当网格尺寸小于 3mm 时，峰值粘结应力模拟结果收敛。因此，为了降低计算成本并保证计算精度，在本章数值模拟中将网格尺寸取为 2mm。

如图 6.2（b）所示，随着摩擦系数增大，试件粘结强度逐渐提高，这与试验结果[7, 9, 10]一致。另外，当摩擦系数为 0.3 时，数值模拟结果与试验结果最为接近。

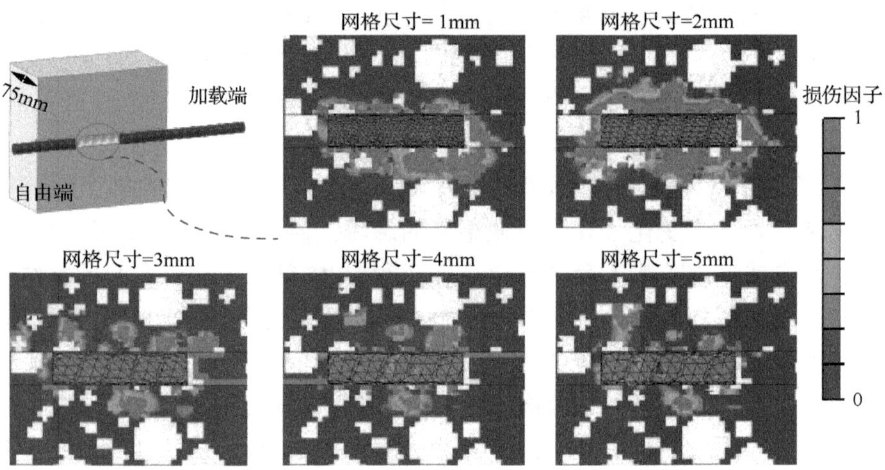


图 6.1　不同网格尺寸下 BFRP 筋-混凝土界面破坏模式

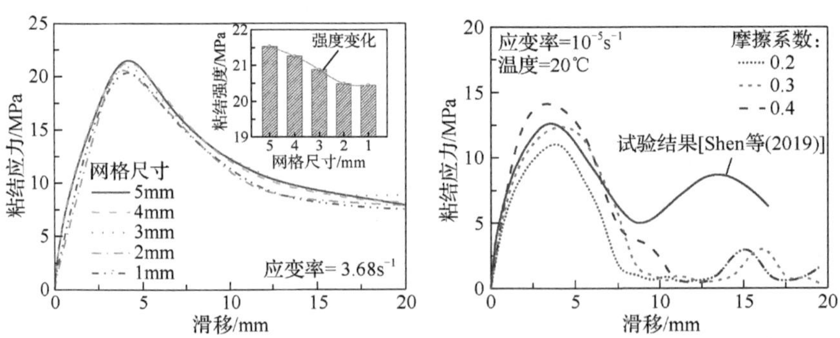


（a）网格尺寸的影响　　（b）界面摩擦系数的影响

图 6.2　BFRP 筋-混凝土粘结应力-滑移曲线

1. 常温静载作用

为了验证数值模型在静态荷载下的有效性，以王言磊等[5]试验中试件 D16L0 为依据建立了数值模型。其中，混凝土圆柱体的直径和高度分别为 85mm 和 200mm，GFRP 筋的直径和粘结长度分别为 16mm 和 80mm。数值模拟中的加载条件与试验加载条件保持一致，模拟和试验中获得的破坏模式对比如彩图 15 所示。可以看出，试验和模拟中混凝土表面均出现纵向和横向裂缝，将混凝土保护层分割成若干碎块，试件最终发生混凝土劈裂破坏，模拟结果与试验结果吻合良好。

为了进一步验证数值模型的有效性，将模拟结果与 Ahmed 等[6]的 BFRP 筋-混凝土界面粘结性能试验结果进行比较，如图 6.3 所示。其中，立方体混凝土试件的边长为 150mm。试验中 BFRP 筋的直径分别为 12mm 和 16mm，混凝土立方体抗压强度为 45MPa。从图 6.3（a）可以看出，BFRP 筋直径为 16mm 时，试件因混凝土劈裂而破坏，试验及模拟获得的粘结应力-滑移曲线均在峰值点后出现突然下降。BFRP 筋直径为 12mm 时，试件发生拔出破坏，模拟与试验得到的粘结应力-滑移曲线下降段较缓。总体来说，模拟得到的破坏模式及粘结应力-滑移曲线与试验结果吻合良好，说明了精细化数值模型的准确性和可靠性。

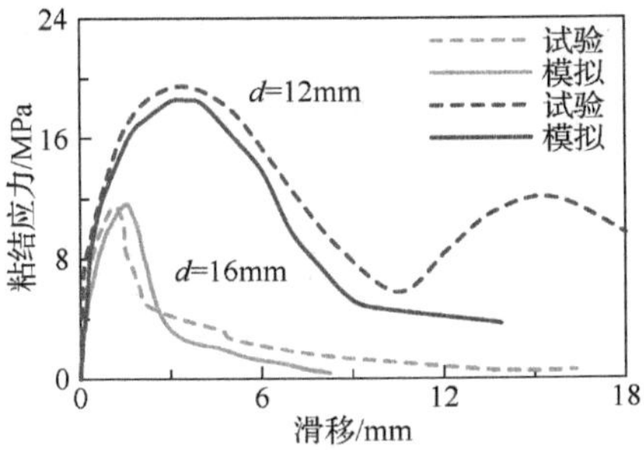

（a）粘结应力-滑移曲线

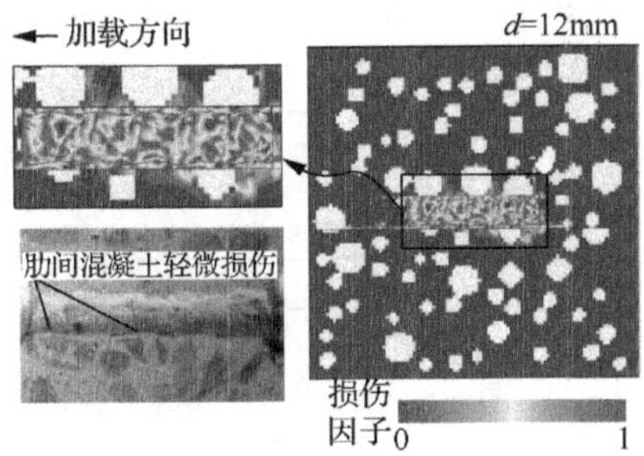

（b）破坏模式

图 6.3　模拟结果与 Ahmed 等[6]试验结果的对比

2. 常温动载作用

为了验证动态荷载作用下数值模型的有效性，将模拟结果与 Shen 等[7]的 BFRP 筋-混凝土粘结性能试验结果（应变率范围为 $3.68\times10^{-4}s^{-1}$～$3.68\times10^{-1}s^{-1}$）进行了比较。混凝土的配合比为水∶水泥∶砂∶粗骨料=0.4∶1∶1.6∶2.8。混凝土的最大骨料粒径为 30mm，粗骨料的表观密度为 2660kg/m$^3$，粗骨料体积分数为 44%。标准养护 28d 后，立方体和圆柱体试件的抗压强度分别为 43.6MPa 和 34.4MPa，劈裂抗拉强度为 3.65MPa。基于反演方法，确定了精细模拟中混凝土细观组分的力学参数。在试验中，使用的 BFRP 筋为螺旋缠绕型，其名义直径为 10mm。

保持模型几何结构、边界、荷载条件和材料特性与试验一致，将网格尺寸为 2mm 的试件的模拟结果与 Shen 等[7]的试验结果进行比较，以验证数值模型的合理性，如图 6.4 和图 6.5 所示。从图 6.4 可以看出，在模拟和试验中，BFRP 筋和混凝土之间的损伤集中在二者接触的局部混凝土区域内。从图 6.5 中的粘结应力-滑移曲线可以看出，粘结应力快速增加至其峰值，然后随着滑移增加而降低。

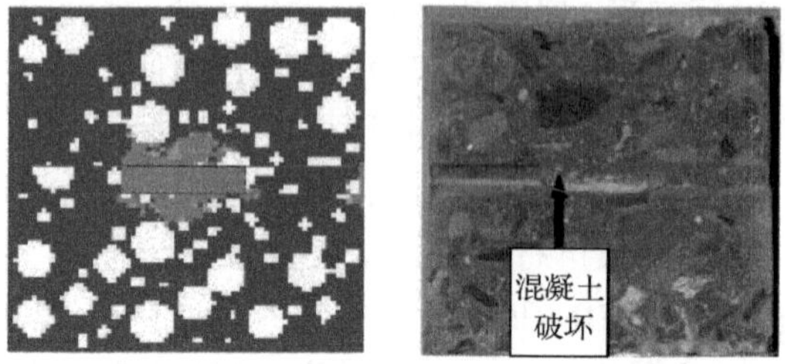


图 6.4　破坏模式模拟结果与 Shen 等[7]试验结果的对比

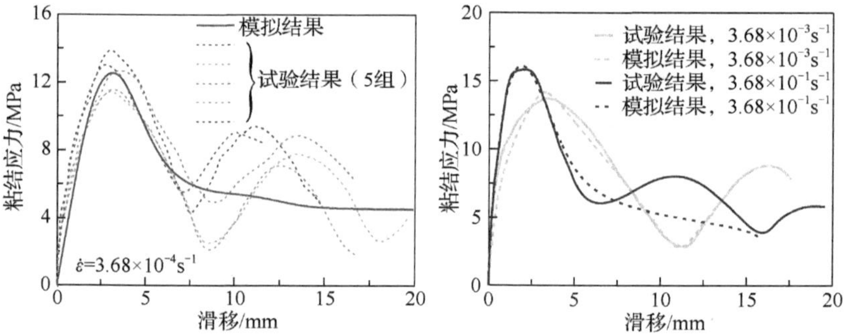


图 6.5　粘结应力-滑移曲线模拟结果与 Shen 等[7]试验结果的对比

3. 高温静载作用

为验证精细化数值模型模拟高温作用下 FRP 筋-混凝土粘结性能的有效性，将模拟结果与现有文献[7]、[11]～[15]试验结果进行对比，如图 6.6 所示。可以看出，模拟所得粘结应力-滑移曲线与试验结果基本一致。如图 6.7 所示，数值模拟得到破坏模式与试验结果[16]吻合良好，说明了 FRP 筋-混凝土粘结性能精细化数值模型的准确性和合理性。此外，自然冷却后试件的开裂及损伤程度比高温下更为严重。

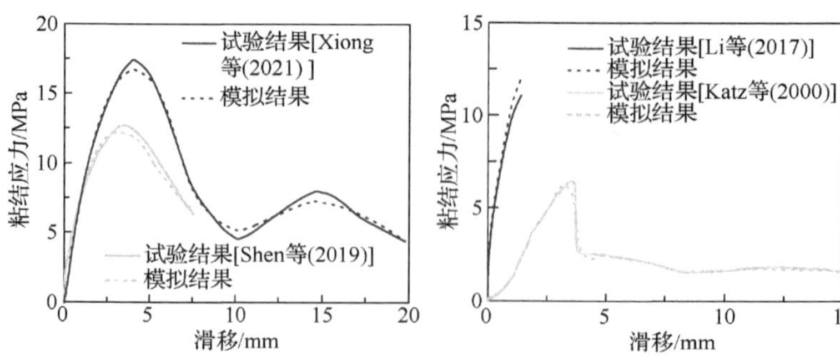


图 6.6　粘结应力-滑移曲线模拟结果与试验结果的对比

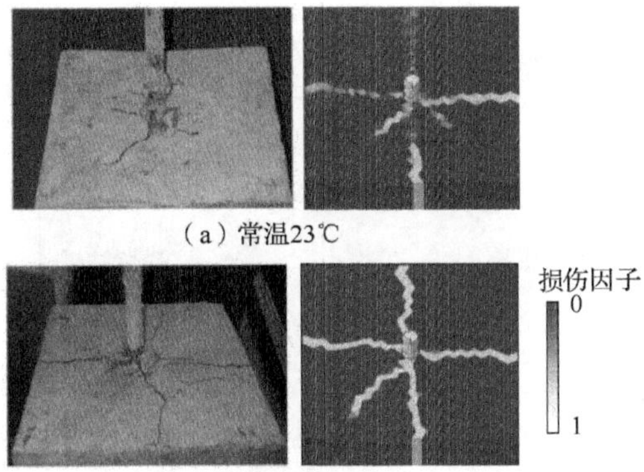


图 6.7　破坏模式模拟结果与试验结果的对比

4．高温动载作用

从图 6.8 可以看出，模拟所得的自然冷却后的粘结应力-滑移曲线与 Li 等[11]的试验结果一致。此外，彩图 16 给出了经历 120℃与 220℃的高温并自然冷却后试件的破坏模式，可知，数值模拟结果与试验结果基本一致。

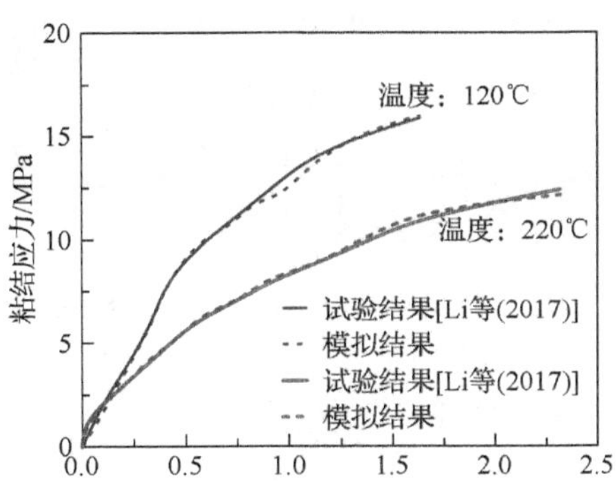


图 6.8　自然冷却后粘结应力-滑移曲线模拟结果与试验结果的对比

5．低温动载作用

从图 6.9 知，低温作用下粘结应力-滑移曲线模拟结果与 Xie 等[17]试验结果一致。图 6.10 给出了常温与-60℃的低温作用下试件的破坏模式，可以看出数值模拟结果与试验结果基本一致。

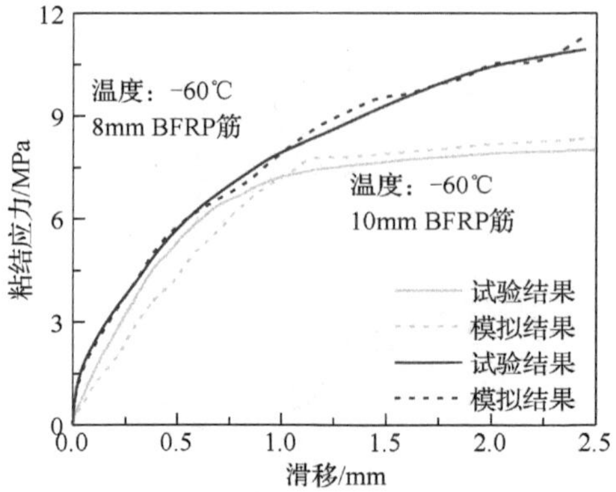


图 6.9　低温下粘结应力-滑移曲线模拟结果与试验结果[17]的对比

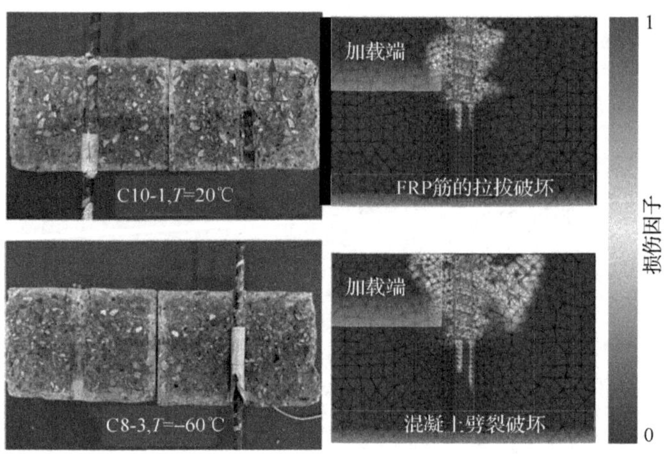


图 6.10　低温下破坏模式模拟结果与试验结果[17]的对比

# 6.2　常温下 FRP 筋与混凝土静、动态粘结性能

基于已验证的精细化数值模型，模拟 FRP 筋与混凝土的粘结性能，探讨分析厚径比、箍筋约束、粘结长度、FRP 筋类型和表面特征、应变的影响规律。

## 6.2.1　静态粘结性能

采用前述精细化数值模型，模拟静态荷载作用下 FRP 筋与混凝土的粘结行为，并探讨了厚径比（$c/d$）、粘结长度（$l_d$）和配箍率（$\rho_f$）等主要参数对混凝土和 BFRP 筋之间粘结性能的影响。

1. 厚径比的影响

本节对不同保护层厚度下的 BFRP 筋-混凝土粘结性能进行模拟，采用的厚径比（$c/d$）从低到高分别为 1.50、2.25、3.00、3.75、4.50 和 5.25。BFRP 筋和混凝土之间的粘结长度设置为 80mm（即钢筋直径的 5 倍）。图 6.11 给出了厚径比分别为 2.25、3.00、3.75 和 4.50 的试件最终破坏模式。如图 6.11 所示，厚径比对试件的破坏模式影响显著，破坏模式分为两种：BFRP 筋的拔出破坏及混凝土劈裂破坏。当厚径比较小时，混凝土内的损伤延伸至试件表面，由于混凝土保护层缺乏足够的抗拉强度，试件因混凝土劈裂而破坏。当厚径比大于 3 时，混凝土的损伤主要集中于 BFRP 筋与混凝土接触的局部区域内，混凝土保护层足以抑制裂缝的发展及传播，试件因 FRP 筋拔出而破坏。

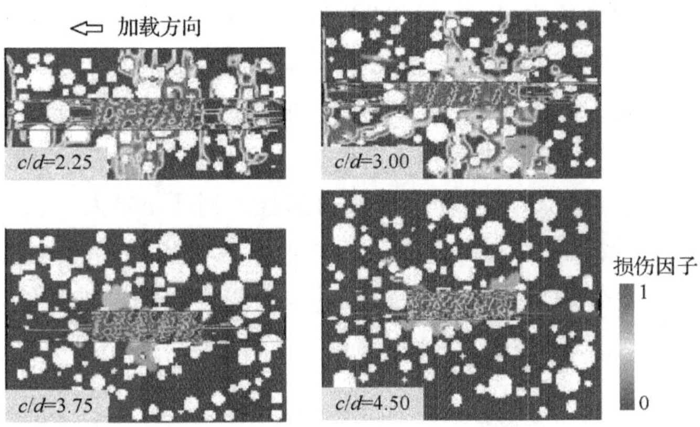


图 6.11　厚径比对破坏模式的影响

图 6.12 给出了不同厚径比（$c/d$）下的粘结应力-滑移曲线。厚径比对初始刚度几乎没有影响，但对曲线峰值点及下降段的影响较显著。厚径比较小时，由于试件发生脆性劈裂破坏，粘结应力-滑移曲线突然终止。然而，当厚径比大于 3 时，试件发生延性的拔出破坏，粘结应力-滑移曲线包括上升段、下降段和残余段 3 部分。

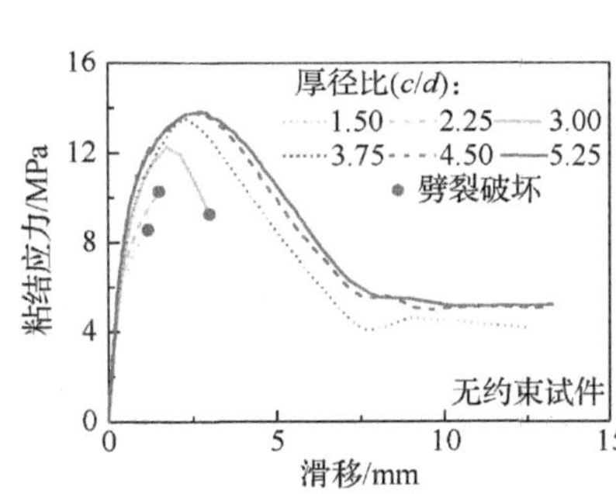


图 6.12　厚径比对粘结应力-滑移曲线的影响

2. 箍筋约束的影响

为探究箍筋约束对 BFRP 筋与混凝土间粘结性能的影响，对不同配箍率（0、

3.2%、5.7%和 8.9%）的试件开展数值模拟。其中，BFRP 筋的粘结长度为 80mm，BFRP 箍筋间距保持不变（40mm），通过改变 BFRP 筋直径来改变配箍率。配箍率 $\rho_f$ 的定义为

$$\rho_f = \frac{A_f}{s_{st} D_s} \tag{6.1}$$

式中：$A_f$ 为箍筋的横截面积；$s_{st}$ 为箍筋间距；$D_s$ 为环形箍筋直径。

不同配箍率下（$c/d$ 为 2.25）的试件破坏模式如彩图 17 所示，粘结应力-滑移曲线如图 6.13 所示。在 BFRP 筋拔出过程中，箍筋提供的约束可以抑制混凝土的横向变形，减缓裂缝扩展，从而使试件具有更好的粘结性能。因此，如彩图 17 所示，混凝土的损伤程度随着配箍率增加而逐渐减弱。配箍率为 0 和 3.2%的试件发生劈裂破坏，而配箍率为 5.7%和 8.9%的试件发生拔出破坏。由此可知，约束作用强的试件通常发生拔出破坏，而混凝土保护层厚度较小、横向约束较弱的试件往往发生劈裂破坏。由图 6.13（a）可知，对于 $c/d$ 为 2.25 的试件，箍筋提供的约束效应对粘结应力-滑移曲线具有显著影响。随着配箍率增加，曲线上升段基本相同，但曲线的峰值点更高，下降段更具有延性；对于 $c/d$ 为 3.75 的试件，不同配箍率下粘结应力-滑移曲线基本相似，峰值粘结应力和相应的滑移变化不大。总而言之，箍筋的约束作用可以改善 BFRP 筋与混凝土间的粘结性能，但当配箍率超过一定值后，这种改善作用不明显。

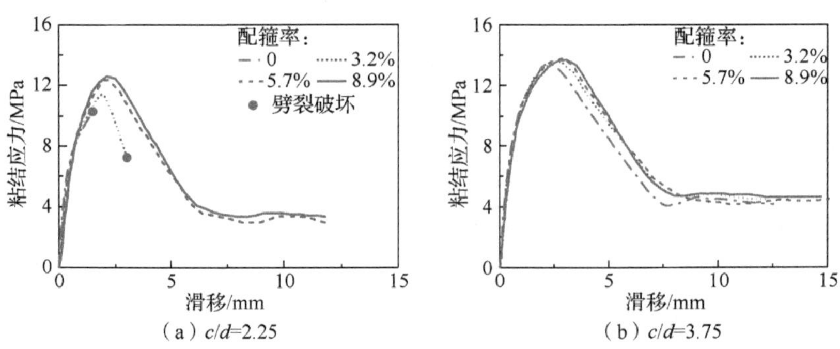


图 6.13　BFRP 筋配箍率对粘结应力-滑移曲线的影响

图 6.14 所示为不同厚径比和配箍率下试件的粘结应力与横向 BFRP 箍筋拉应变的关系。其中，横向 BFRP 箍筋的拉应变指试件中部沿箍筋均匀分布的 4 个点的拉应变平均值。在加载初期，保护层混凝土未受损，箍筋应变非常小。当混凝土开裂后，箍筋开始对混凝土产生约束作用，并抑制裂缝扩展。因此，与箍筋混凝土试件相比，BFRP 箍筋约束试件的破坏更加缓慢。在图 6.14（a）中，峰值粘结

应力处的箍筋应变随配箍率增大而减小，说明箍筋的约束作用有所减弱。此外，当厚径比从 2.25 增加到 3.75 时，峰值粘结应力处的箍筋应变降低。

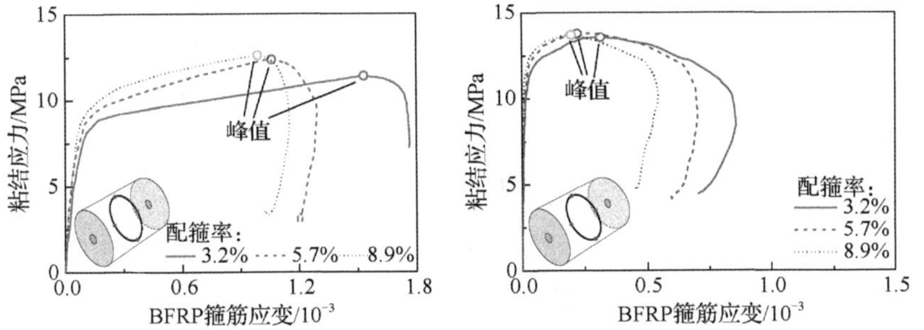


（a）$c/d$=2.25 （b）$c/d$=3.75

图 6.14 粘结应力-BFRP 箍筋应变曲线

3. 粘结长度的影响

足够的粘结长度对于 FRP 筋与周围混凝土之间的应力传递至关重要。为研究粘结长度（$l_d$）对 BFRP 筋和无箍筋混凝土粘结性能的影响，本节选取的粘结长度和厚径比（$c/d$）范围分别为 $5d$～$11d$ 和 3.00～4.50。图 6.15 和图 6.16 分别给出了厚径比为 3.75 时，不同粘结长度试件的破坏模式及粘结应力-滑移曲线。

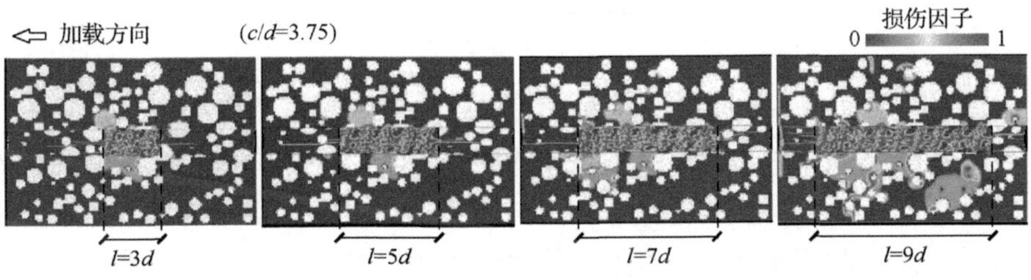


图 6.15 粘结长度对破坏模式的影响

随着粘结长度增加，混凝土损伤更加严重（图 6.15）。粘结长度为 $3d$、$5d$ 和 $7d$ 的试件表现出延性拔出破坏，而粘结长度为 $9d$ 的试件发生劈裂破坏。在图 6.16 中，随着粘结长度增大，试件峰值粘结应力逐渐降低。这是由于粘结应力沿长度分布不均匀所致，且粘结长度越大，分布不均匀越明显。

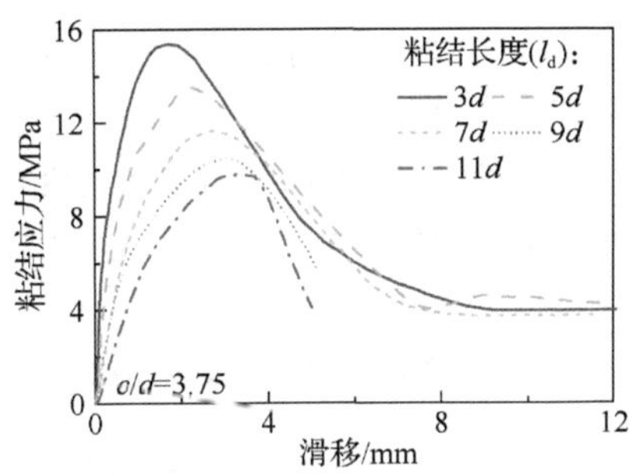


图 6.16 粘结长度对粘结应力-滑移曲线的影响

4. 粘结强度模型

图 6.17 给出了不同配箍率试件（粘结长度为 5$d$）归一化粘结强度（$\tau_u/\sqrt{f_c}$）与厚径比（$c/d$）的关系。对于具有相同配箍率的试件，当厚径比从 1.50 增加到 3.75 时，粘结强度显著增加。然而，当厚径比从 3.75 增加到 5.25 时，粘结强度的增加不明显。例如，对于无箍筋试件，当厚径比从 1.50 增加到 2.25、3.00 和 3.75 时，归一化粘结强度（$\tau_u/\sqrt{f_c}$）分别增加了 19.8%、43.3%和 57.5%；而厚径比从 3.75 变为 4.50 和 5.25 时，归一化粘结强度（$\tau_u/\sqrt{f_c}$）分别仅增加了 2.1%和 2.3%。随着保护层厚度增大，混凝土对 BFRP 筋的约束作用变强，同时保护层混凝土的抗剪性能提高，因而粘结强度增大。然而，当厚径比较大时，试件因 BFRP 筋拔出而破坏，此时粘结应力受混凝土保护层开裂的影响很小。

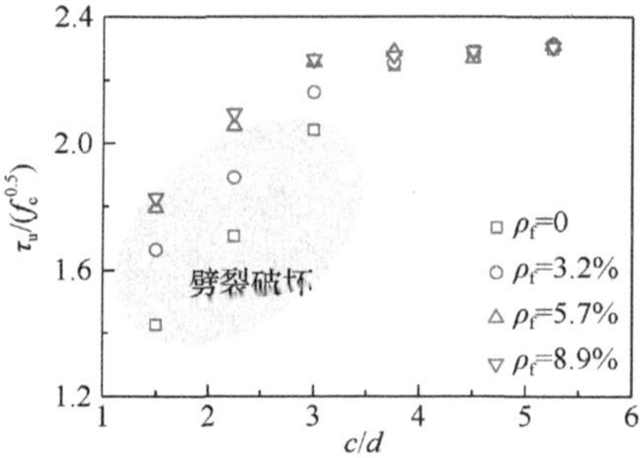


图 6.17　厚径比和配箍率对归一化粘结强度的影响

如图 6.17 所示，对于厚径比小于 3.75 的试件，归一化粘结强度随配箍率（$\rho_f$）增大而提高。然而，当配箍率超过 5.7%时，粘结强度的增加不明显。当厚径比超过 3.75 后，无论配箍率如何，箍筋的约束作用对粘结强度几乎无影响。对于不同厚径比的试件，箍筋的约束作用对粘结强度的影响程度不同。这是由于试件破坏模式改变造成的，当试件发生劈裂破坏时（厚径比较小），箍筋的约束作用对粘结强度的影响较大；而当试件发生拔出破坏时（厚径比较大），配箍率的增加对粘结强度几乎无影响。

已有规范 ACI 440.1R-15[18]、CSA S806-12[19]和 CSA S6-19[20]中给出了 FRP 筋与混凝土粘结强度的计算公式，其中规范 CSA S806-12[19]和 CSA S6-19[20]中的设计公式未考虑粘结长度的影响。ACI 440.1R-15[18]中的计算公式考虑了混凝土强度、保护层厚度和粘结长度的影响，其表达式如下：

$$\frac{\tau_u}{\sqrt{f_c}} = 0.332 + 0.025\frac{c}{d} + 8.3\frac{d}{l_d} \tag{6.2}$$

式中：$\tau_u$ 为粘结强度；$f_c$ 为混凝土轴心抗压强度。

图 6.18 给出了归一化粘结强度（$\tau_u / \sqrt{f_c}$）与粘结长度的关系、ACI 440.1R-15[18]公式预测曲线以及基于模拟和试验数据[11, 21]回归分析获得的最佳拟合曲线。如图 6.18 所示，规范 ACI 440.1R-15[18]公式高估了粘结长度为 3*d* 的试件的粘结强度，同时低估了粘结长度较大的试件的粘结强度。

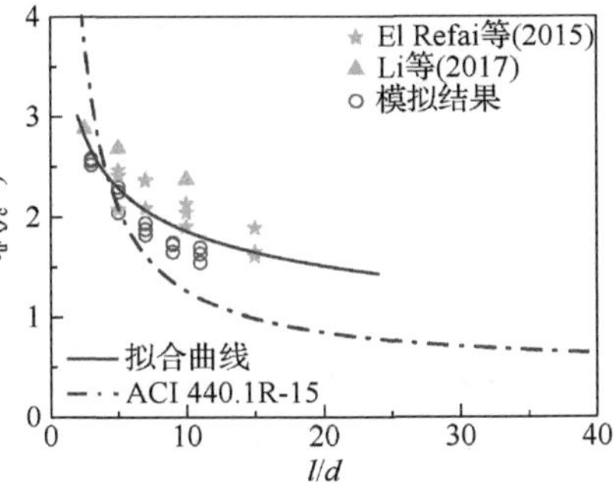


图 6.18　归一化粘结强度与粘结长度的关系

根据前面的分析，BFRP 筋和混凝土之间的粘结强度受厚径比、粘结长度和配箍率的影响。此外，对于约束混凝土，粘结强度通常由混凝土和横向箍筋共同提供[23]。然而，预测 BFRP 筋与约束混凝土粘结强度的公式很少，且考虑因素不全面。因此，本节建立了考虑箍筋约束效应的粘结强度模型。

对于约束混凝土，粘结强度 $\tau_u$ 可定义为混凝土提供的粘结强度 $\tau_c$ 与箍筋提供的粘结强度 $\tau_f$ 之和，其表达式为

$$\tau_u = \tau_c + \tau_f \tag{6.3}$$

对于无约束情况，粘结强度可通过 $\tau_c$ 进行计算。

图 6.19 给出了无约束混凝土归一化粘结强度（$\tau_c / \sqrt{f_c}$）与厚径比的关系，图中数据点为模拟结果及文献[11]、[21]、[23]、[24]中的试验结果。如图 6.19 所示，归一化粘结强度随着厚径比的增大而逐渐增大。可知，归一化粘结强度随厚径比的变化趋势存在差异。当厚径比超过某一临界值后，厚径比对粘结强度的影响显著降低。根据图 6.19 中的拟合结果，选择 $c/d$ = 3.75 作为 BFRP 筋和混凝土之间粘结行为的临界值。因而，素混凝土提供的粘结强度可表示为

$$\frac{\tau_c}{\sqrt{f_c}} = \begin{cases} 0.91\ln(c/d) + 2.9(d/l_d)^{0.7} + 0.03, & c/d \leqslant 3.75 \\ 0.014(c/d) + 2.9(d/l_d)^{0.7} + 1.18, & c/d > 3.75 \end{cases} \tag{6.4}$$

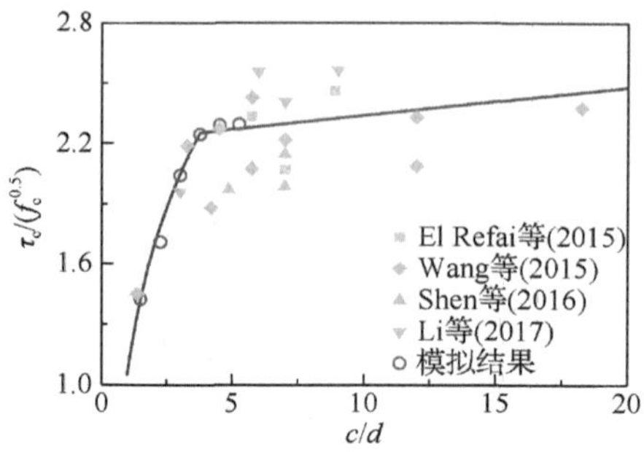


图 6.19　无箍筋混凝土 $\tau_c/\sqrt{f_c}$ 与 $c/d$ 的关系

式（6.4）是一个趋势方程，可以描述模拟结果和已有试验结果的规律。此外，Torre-Casanova 等[25]探讨了保护层厚度和混凝土强度对钢筋-混凝土粘结性能的影响，并将厚径比临界值定义为混凝土材料性能的函数（即混凝土抗拉强度和抗压强度之比）。对于 BFRP 筋-混凝土的粘结性能，该临界值的准确性仍需进一步验证。

如上所述，箍筋的约束作用会抑制混凝土裂缝的扩展，从而提高 BFRP 筋与混凝土的粘结强度。为了准确计算横向箍筋提供的粘结强度 $\tau_f$，横向约束应力的确定非常重要。这里采用 Mander 等[26]提出的等效约束应力概念，横向约束应力基于“拱作用”的假设进行计算，将混凝土分为有效约束区和非有效约束区（彩图 18），有效约束面积与总截面积之比定义为有效约束系数。

这里改进 Mander 等[26]的有效约束模型，来预测 BFRP 箍筋对混凝土的有效侧向约束应力。根据 Mander 等[26]的研究，有效侧向约束应力 $f_l$ 可表示为

$$f_l = k_e \frac{2A_f E_f \varepsilon_f}{sD_s} \tag{6.5}$$

式中：$E_f$ 为 BFRP 箍筋弹性模量；$\varepsilon_f$ 为 BFRP 箍筋环向应变；$k_e$ 为有效约束系数。$k_e$ 可通过式（6.6）获得。

$$k_e = A_e / A_c \tag{6.6}$$

式中：$A_e$ 为有效约束区混凝土面积；$A_c$ 为由箍筋中心线包围的混凝土截面积。其中，有效约束区的边界为二次抛物线，抛物线的初始角度取为 45°。$A_e$ 和 $A_c$ 的表达式分别为

$$A_e = \frac{\pi}{4}\left[\left(D_s - \frac{s'}{2}\right)^2 - d^2\right] \tag{6.7}$$

$$A_c = \pi\left(D_s^{\ 2} - d^2\right)/4 \tag{6.8}$$

式中：$s'$ 为横向箍筋净间距；$d$ 为 BFRP 筋直径。

基于式（6.5）～式（6.8）和箍筋侧向应变，可以计算出 BFRP 箍筋提供的有效侧向应力。图 6.20 给出了模拟结果中峰值粘结应力处有效侧向约束应力随厚径比的变化规律。很明显，厚径比和配箍率对有效侧向约束应力影响显著。配箍率相同时，有效约束应力随厚径比增大而减小。这与之前分析一致，即横向箍筋的约束作用随厚径比增加而减弱。

图 6.21 给出了归一化粘结强度 $\tau_f/\sqrt{f_c}$ 随有效侧向应力 $f_l$ 的变化规律。BFRP 箍筋提供的粘结强度 $\tau_f$ 通过约束混凝土试件的总粘结强度减去相箍筋试件的粘结强度获得。在图 6.21 中，$\tau_f/\sqrt{f_c}$ 随 $f_l$ 的增加而增大；但随着 $f_l$ 增加，$\tau_f/\sqrt{f_c}$ 增大的程度逐渐减缓。对模拟结果进行拟合，得到 $\tau_f/\sqrt{f_c}$ 和 $f_l$ 间的关系方程如式（6.9）。此外，图 6.21 中拟合结果的相关系数 $R^2$ 为 0.86，表明拟合曲线与模拟结果吻合良好。

$$\tau_f/\sqrt{f_c} = 0.16\ln f_l + 0.25 \tag{6.9}$$

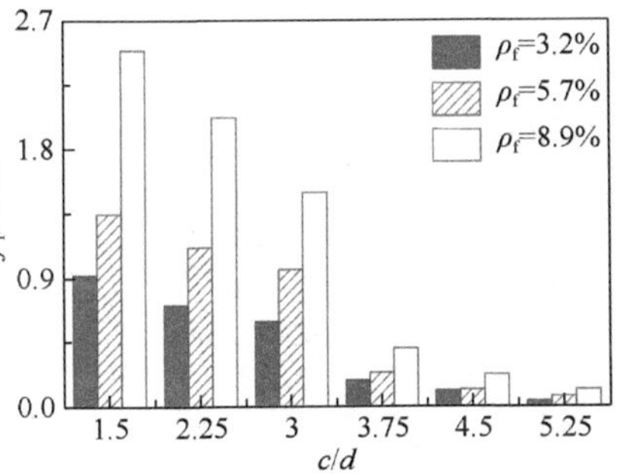


图 6.20　有效侧向约束应力随厚径比的变化

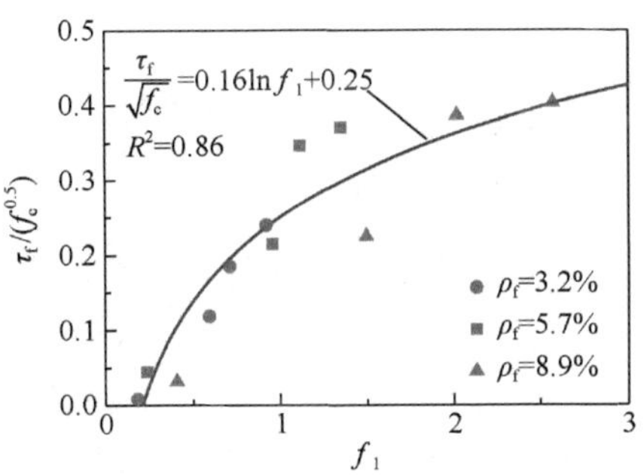


图 6.21　$\tau_f/\sqrt{f_c}$ 与 $f_l$ 的关系曲线

图 6.22 给出了预测结果和模拟结果的比较。可以看出，预测公式可以很好地预测 BFRP 筋与混凝土粘结强度随厚径比和有效约束应力的变化规律。为了进一步验证提出的公式，将预测结果与现有文献[11]、[21]、[23]、[24]中试验结果进行比较，如图 6.23 所示。预测值与实测粘结强度之比的平均值为 0.99，标准差和变异系数分别为 0.13 和 0.12，说明提出的公式可以准确地预测 BFRP 筋与混凝土之间的粘结强度。因为缺乏对 BFRP 筋与约束混凝土间粘结性能的研究，图 6.23 中的试验数据均为 BFRP 筋与无箍筋混凝土的粘结强度。因而，对于 BFRP 筋与约束混凝土之间的粘结强度，预测公式的有效性仍需进一步验证。

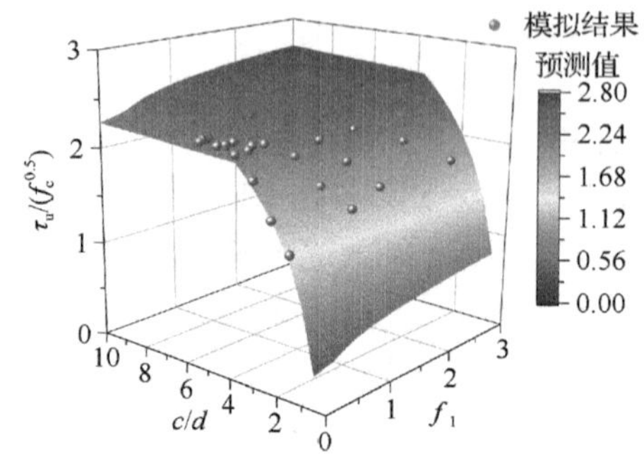


图 6.22　粘结强度预测曲面与模拟结果的对比

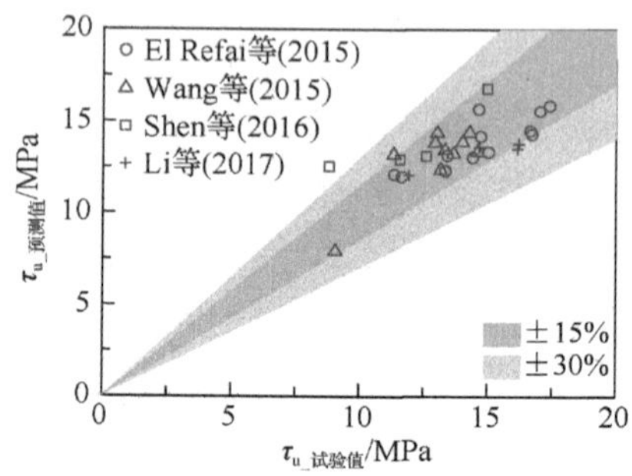


图 6.23　粘结强度预测值与试验结果的对比

## 6.2.2　动态粘结性能

借助经验证的精细数值模型，对 FRP 筋与混凝土间的动态粘结行为进行模拟和分析。此外，还讨论了 FRP 筋的类型、表面特征和应变率的影响[19]。

### 1. FRP 筋与混凝土界面的开裂过程

图 6.24 给出了应变率 $3.68\times10^{-4}s^{-1}$ 和 $36.8s^{-1}$（分别代表准静态和高速动态荷载）下 BFRP 筋与混凝土间界面的损伤演化过程。

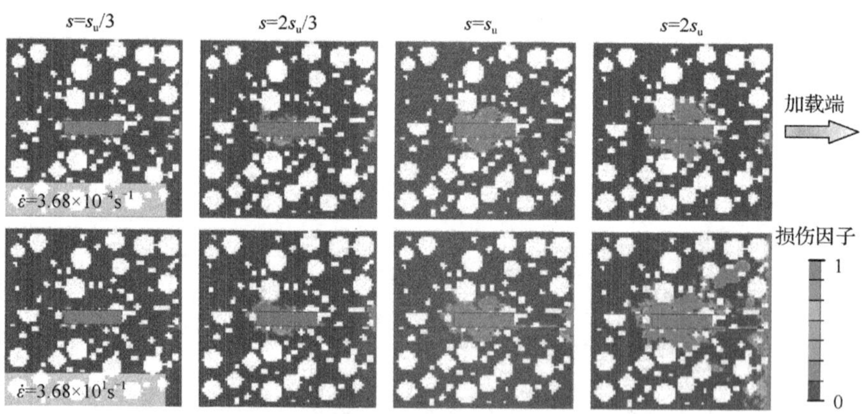


注：$s_u$为粘结应力达到峰值时对应的滑移。

图 6.24　FRP 筋-混凝土界面的损伤发展过程

从图 6.24 可以看出，在峰值粘结应力之前，两种荷载条件下 BFRP 筋与混凝土界面的损伤非常相似。由于考虑了混凝土的非均质性，损伤从局部接触区域开始，并扩展到相邻的砂浆基质和 ITZ。在峰值粘结应力之后，损伤进一步发展，两种加载工况之间的差异更加显著。在准静态荷载下，力从接触界面传递到支撑边界（即右端面）需要的时间较长，并且在此过程中消耗了更多的能量。因此，边界区域的破坏很小。然而，在动态荷载作用下，较大的力在较短时间内传递到边界，边界区混凝土的损伤更加严重。

2. FRP 筋类型的影响

将 FRP 视为均质材料，常见类型的 FRP 材料（如 AFRP、BFRP、CFRP 和 GFRP）之间的差异主要体现在密度、弹性模量和极限抗拉强度等方面。为了研究 FRP 筋类型的影响，考虑了以下弹性模量和密度组合：35GPa-1250kg/m$^3$，35GPa-2000kg/m$^3$、50GPa-1250kg/m$^3$、50GPa-2000kg/m$^3$、65GPa-1250kg/m$^3$、65GPa-2000kg/m$^3$、120GPa-1500kg/m$^3$、200GPa-1500kg/m$^3$ 和 300GPa-1500kg/m$^3$。这些组合可涵盖上述 4 种类型的 FRP 筋。作为对比，同时对钢筋-混凝土粘结性能进行了模拟。在数值模拟中，不同弹性模量和密度组合下的 FRP 筋的表面特征保持不变，而钢筋的表面特征与这些 FRP 筋有所不同。在应变率为 0.368s$^{-1}$、3.68s$^{-1}$ 和 36.8s$^{-1}$ 的拉拔荷载下，BFRP 筋与混凝土之间的界面破坏区域连接成片，而钢筋-混凝土界面的损伤更加分散，如彩图 19 所示。这是因为 FRP 筋上肋的高度较小，而宽度较大，其表面更平滑，因此接触区域的损伤更加均匀；而钢筋的肋形状更尖锐，其损伤分布不均匀。

FRP 筋类型对粘结应力-滑移曲线、粘结强度和峰值滑移的影响分别如图 6.25 和图 6.26 所示。不同类型 FRP 筋的粘结应力-滑移曲线形状大致相似。然而，弹性模量和密度均会影响粘结强度，且前者的影响更为显著。具体而言，随着筋材弹性模量增加，粘结应力-滑移曲线上升段的斜率变得更陡，表明粘结刚度增加。密度对粘结刚度的影响可忽略。仔细观察和比较可以得出，对于弹性模量较高的 FRP 筋，粘结强度略有降低，峰值滑移明显减小。另外，对于密度较大的 FRP 筋，粘结强度和峰值滑移都略有增加。粘结强度和峰值滑移的具体变化如图 6.26 所示。由于表面特征不同，钢筋试件结果并不完全符合上述规律。

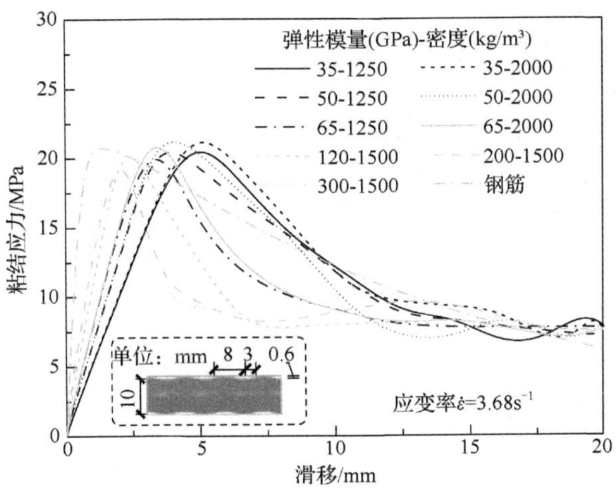


图 6.25　FRP 筋类型对粘结应力-滑移曲线的影响

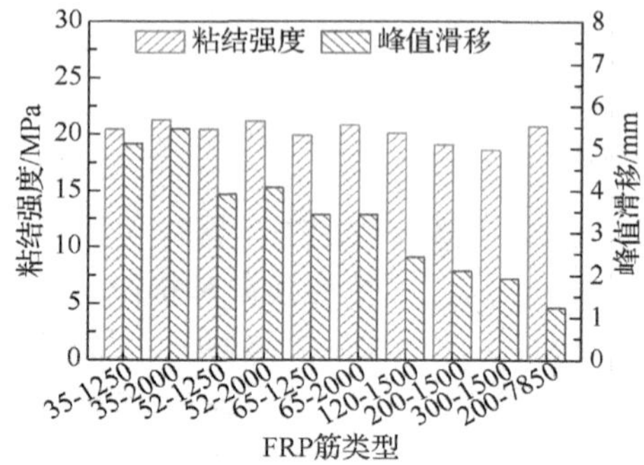


注：-两侧单位分别为GPa和kg/m³，如35-1250表示35GPa-1250kg/m³。

图 6.26　FRP 筋类型对粘结强度及峰值滑移的影响

3. FRP 筋表面特征的影响

精细建模方法的优势之一是可以方便模拟 FRP 筋表面特征的影响。这里以 BFRP 筋为对象，模拟了肋高度和间距的影响。如图 6.27 所示，参考 Xiong 等[12]和 Yang 等[27]的工作设定了 BFRP 筋的原始尺寸，其中肋高度 $h$=0.6mm。从图 6.27 可以发现，肋高度较高或间距较窄时混凝土和 BFRP 筋之间的界面开裂的差异并不明显。

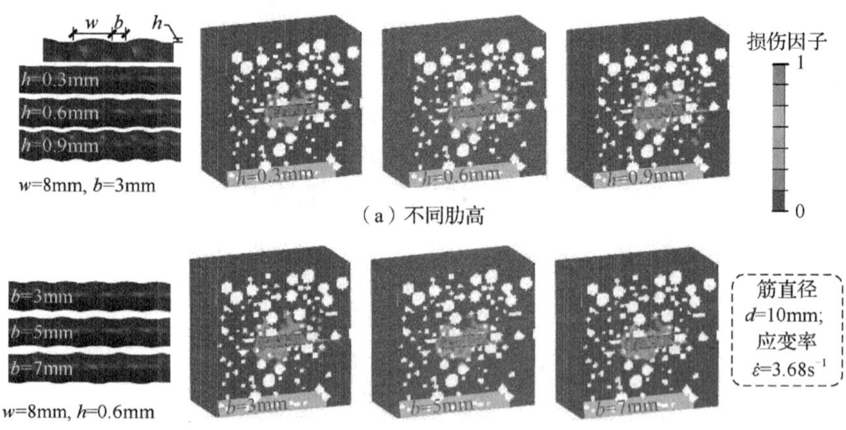


图 6.27　混凝土与 BFRP 筋界面的破坏模式

从图 6.28（a）可以看出，肋高度的变化主要影响粘结应力-滑移曲线下降段，粘结强度随肋高增大而先增加后降低。保持其他条件不变，肋高度增加，有效接触面积增大，从而导致粘结强度增长。然而，当肋过高时，由于应力集中，肋端和混凝土齿容易损坏，从而降低粘结强度。肋高对曲线上升段斜率（即粘结刚度）

和峰值滑移的影响没有明显规律性。与肋高相比，肋间距对粘结性能的影响非常不规律，如图 6.28（b）所示。随着肋间距增加，粘结刚度、粘结应力、粘结滑移以及粘结应力-滑移曲线的下降段变化不规律。为了进一步验证这一判断，对其他肋特征进行了模拟，其中肋宽为 2.8mm，比前两组工况中的肋宽（8mm）窄得多，从这些结果中再次观察到类似的现象。BFRP 筋和混凝土之间的接触机理十分复杂，尤其是肋间混凝土处于多轴应力状态，因此其粘结-滑移行为随肋间距的变化并未表现出简单的单调趋势。

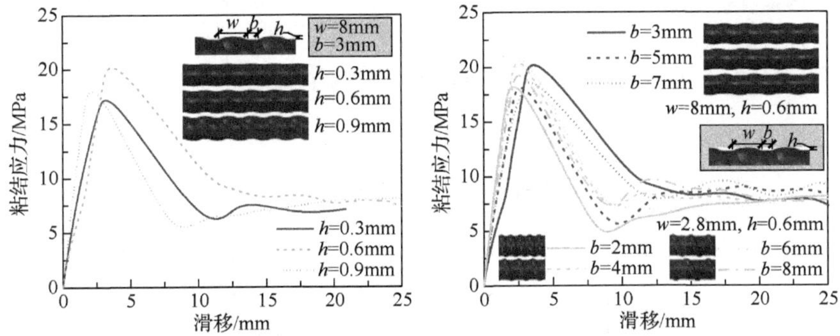


（a）肋高影响　　（b）肋间距影响

图 6.28　混凝土与 BFRP 筋的粘结应力-滑移曲线

上述模拟结果中肋高度和间距的不规则影响与 Hao 等[28]的试验结果相似。另外，BFRP 筋表面特征对其与混凝土间粘结性能的影响仍需进一步研究，从而得到最佳的表面处理形式。

4. 应变率的影响

本节系统研究了应变率对 FRP 筋与混凝土界面在动态荷载作用下粘结性能的影响，分析了应变率对中部横截面破坏模式和粘结应力-滑移曲线的影响，如图 6.29 和图 6.30 所示。

由图 6.29 可知，当粘结应力达到最大值时，在 $3.68\times10^{-4}s^{-1}$～$36.8s^{-1}$ 应变率范围内，试件的破坏模式大致相似，即 FRP 筋周围的混凝土出现损伤，更远区域并没有曲折的裂缝。仔细观察，可以发现它们之间存在一些细微的差异。由于较高应变率下损伤和裂纹没有足够的时间扩展，因此随着应变率增加，损伤区域略微减小。然而，随着滑移进一步发展，混凝土中累积的能量被释放，从而在更高应变率下产生更严重的损伤。

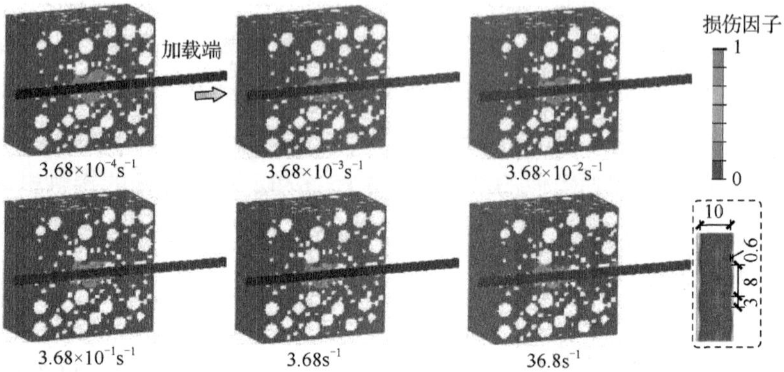


图 6.29　最大粘结应力时试件中部横截面的破坏模式

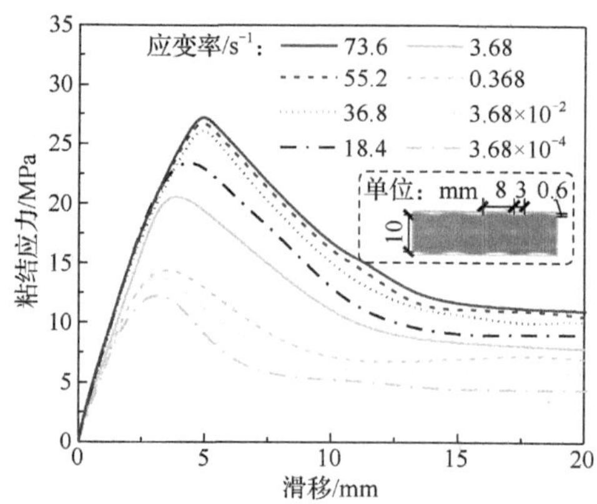


图 6.30　不同应变率下混凝土-BFRP 筋的粘结应力-滑移曲线

由图 6.30 可以看出，曲线的形状较为相似。随着应变率增加，粘结刚度略有增加。然而，曲线上的一些特征点（如粘结强度和峰值滑移等）已发生不同程度的变化，稍后将详细讨论。

## 6.3　高温下 FRP 筋与混凝土静、动态粘结性能

本节基于热学-力学“顺序”耦合思想，分析高温下 FRP 筋与混凝土的静、动态粘结性能，探讨分析高温和动态加载单独及共同作用对界面破坏模式、粘结应力和滑移的影响机制。

### 6.3.1　静态粘结性能

1. 破坏模式

图 6.31 给出了 400℃高温下以及自然冷却后混凝土横截面的损伤演化过程。可以看出在 BFRP 筋拔出过程中，混凝土横截面处的损伤从加载端向自由端扩散，并且截面整体的损伤面积逐步增大。此外，BFRP 筋与周围的混凝土存在机械咬合力，这是二者之间粘结性能的主要机制。试件最后的破坏模式由 BFRP 筋与混凝土界面的破坏程度决定，即由混凝土横截面处的损伤面积决定。从图 6.31 中可以看出，随着滑移增加，高温下 BFRP 筋和混凝土界面的损伤集中在混凝土的内部，试件发生拔出破坏；自然冷却后，BFRP 筋和混凝土界面的损伤扩展至混凝土表面，破坏模式为劈裂破坏。

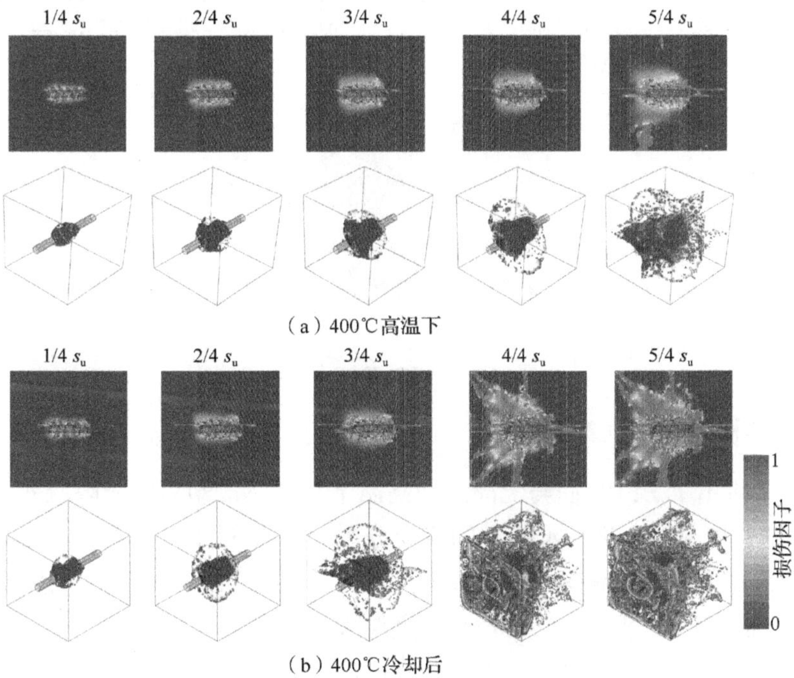


（a）400℃高温下

（b）400℃冷却后

图 6.31　混凝土的损伤破坏过程

2. 沿筋应力的分布

高温下或自然冷却后沿 BFRP 筋应力的分布如图 6.32 所示，应力分布以 $A$ 点为起点，所跨越的距离为试件的粘结区域。随着温度上升，应力呈现减小趋势。

当温度较低时，BFRP 筋应力从加载端向自由端近似呈线性冲击波趋势，然而对于更高的温度，沿粘结长度的应力分布几乎一致。

如图 6.32 所示，超过 100℃时两种情况下曲线的斜率不同，高温下沿筋长的应力分布更快趋向于一致。这可以理解为高温下筋材表面肋的损伤积累更快，当损伤积累到一定程度，变形筋的性能与光圆筋类似，光圆筋沿筋长的应力分布更加均匀[29]。与之对应，自然冷却后，筋材表面肋的损伤随着温度上升积累缓慢，需要更高的温度才能使沿筋长分布的应力呈现均匀趋势。

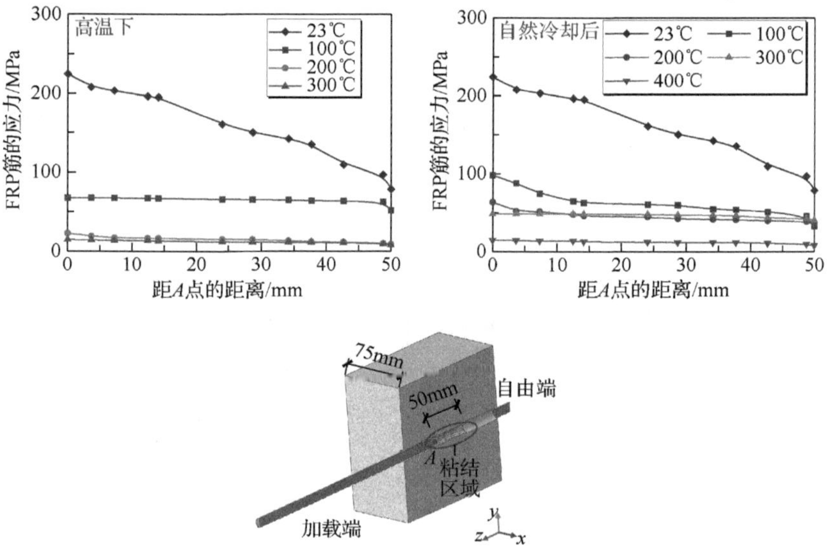


图 6.32　BFRP 筋应力分布

3. 破坏模式与应力差异机理

图 6.33 给出了 BFRP 筋与混凝土在高温下与自然冷却后的极限应变，同时给出了沿粘结长度 BFRP 筋与混凝土的应变分布。从图 6.33 可以看出，在同一温度时，高温下 BFRP 筋的应变比自然冷却后更大，然而高温下混凝土的应变比自然冷却后小。随着温度升高，BFRP 筋应变增大，混凝土应变减小。从应变随温度的变化特征中可知，试件破坏模式的转变可以从 BFRP 筋的两个温度转折点（玻璃态转变温度 100℃、热分解温度）直观获得：当温度低于 100℃时，高温下与自然冷却后 BFRP 筋应变均较小，而混凝土应变较大，此时混凝土的应变大于 BFRP 筋的应变，最后的破坏模式为劈裂破坏；当温度高于 300℃时，高温下与自然冷却后 BFRP 筋的应变均较大，而混凝土应变较小，此时混凝土的应变小于 BFRP 筋的应变，最后的破坏模式表现为拔出破坏。当温度在这二者之间时，高温下混

凝土应变小于 BFRP 筋，破坏模式为拔出破坏；自然冷却后混凝土的应变大于 BFRP 筋，破坏模式为劈裂破坏。

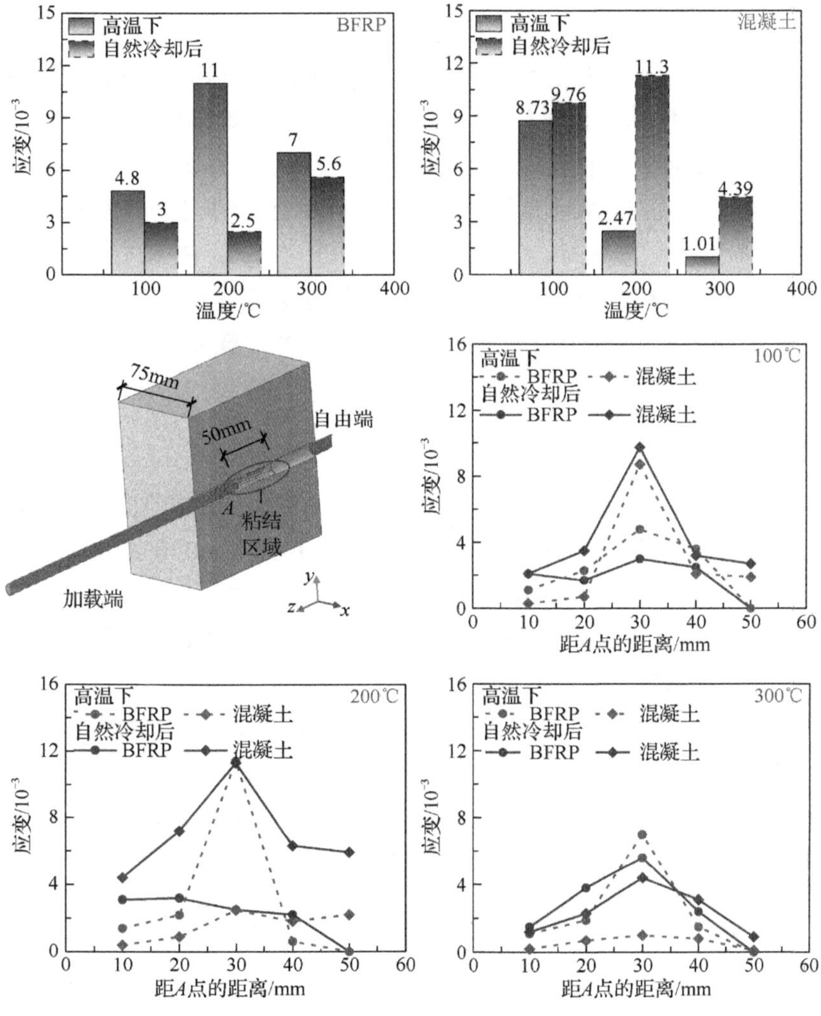


图 6.33　BFRP 和混凝土表面应变沿粘结长度的分布

当位移荷载作用于 BFRP 筋左端时，BFRP 筋表面的应变逐渐增加。随着温度上升，高温下 BFRP 筋应变的增长快于自然冷却后。此外，高温下 BFRP 筋应变的增长伴随着混凝土应变的下降，当高于某一特定温度时（模拟结果为 200℃），筋材的损伤便先于混凝土，因此破坏模式为拔出破坏。与之对应，自然冷却后 BFRP 筋应变增长缓慢而混凝土应变增长较快，需要更高的温度才能使破坏模式由劈裂破坏转变为拔出破坏。根据数值模拟结果，破坏模式大体上从劈裂破坏向拔出破坏转变。详细来说，100℃时无论高温下还是自然冷却后试件均发生劈裂破坏，200℃高温下试件发生拔出破坏而自然冷却后发生劈裂破坏，300℃时无论高温下还是自然冷却后试件均发生拔出破坏。此外，粘结应力-滑移曲线与破坏模式相对应，即发生劈裂破坏时曲线下降段的斜率更大。

BFRP 筋表面不同的应变表明不同程度的损伤。当达到某一特定温度时，高温下筋材表面肋的损伤积累更快，应力分布类似于光圆筋[29]（图 6.32）。自然冷却后，筋材表面变形肋的损伤积累缓慢，应力分布更不均匀。

总之，高温下或自然冷却后 BFRP 筋与混凝土之间应变的差异导致了以上破坏模式与应力分布的不同。由于高温下或自然冷却后 BFRP 筋与混凝土之间只有弹性模量存在较大差异，因此不同温度条件下破坏模式与应力分布差异可以归结为高温下或自然冷却后 BFRP 筋与混凝土弹性模量对温度敏感性的不同所致。

4. 粘结应力-滑移曲线

高温下粘结应力-滑移曲线与自然冷却后的曲线大体上类似，均包括上升段、下降段与残余段，如图 6.34 所示。高温下，BFRP 筋在 400℃之前便达到了热分解温度，完全丧失承载能力。当温度较低时，试件的粘结应力-滑移曲线在第一次达到粘结强度后曲线会更快地下降，并且出现较大幅度的振荡（第二次波峰）。温度较高时，试件粘结应力-滑移曲线没有大幅度震荡，并且在第一次达到粘结强度后曲线下降较慢。试件的粘结应力-滑移曲线与破坏模式紧密关联，试件发生劈裂破坏时，粘结应力-滑移曲线在第一次达到粘结强度后会较快下降[29]。经历相同温度时，高温下粘结强度小于自然冷却后，粘结应力-滑移曲线会更快下降，同时峰值滑移小于自然冷却后，这亦与现有文献研究结果相近。

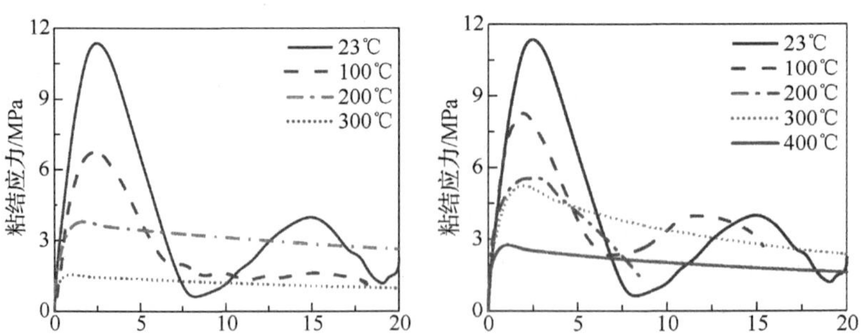

（a）高温下　（b）自然冷却后

图 6.34　不同温度下及冷却后的粘结应力-滑移曲线

## 6.3.2　动态粘结性能

1. 破坏模式

随着滑移增加，混凝土横截面处的损伤面积扩展，如图 6.35 所示。这与拉拔试验结果相比基本一致[2, 7, 10-14, 16, 30-32]。由于混凝土抗拉性能远低于 BFRP 筋，试件的粘结性能由混凝土横截面处的损伤控制。未达到粘结强度之前，混凝土横截面处的损伤越严重，粘结应力越大，这与文献结果一致。达到粘结强度后，混凝土横截面处大面积的损伤表明试件完全破坏。

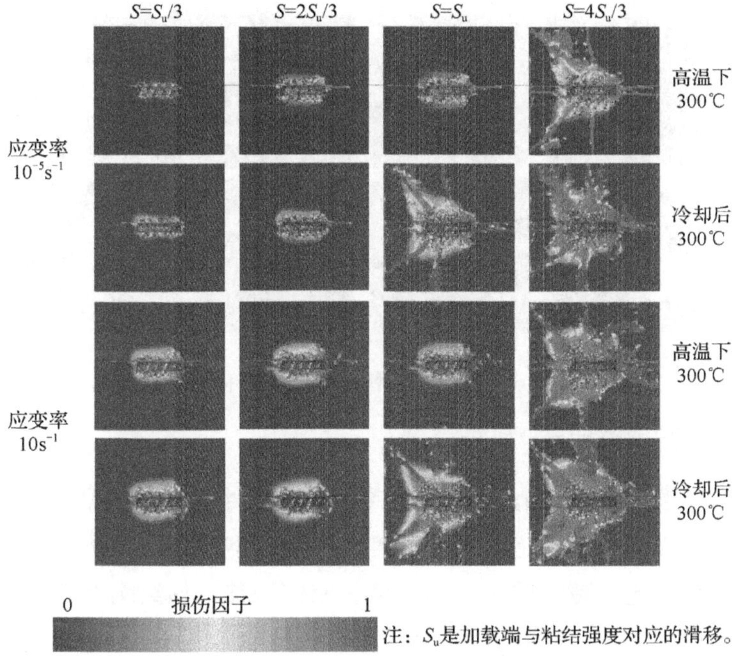


图 6.35　不同应变率/温度条件下试件裂缝的扩展

由图 6.35 还可知，应变率对混凝土横截面处的损伤影响显著。具体而言，损伤面积随着应变率升高而变大。不同的温度条件同样会显著影响混凝土横截面处的损伤，与高温下相比，自然冷却后混凝土横截面处的损伤面积会更大，这与试验结果一致。

高温与动载共同作用下，试件的破坏模式同样分为拔出破坏和劈裂破坏两种[33]。具体而言，应变率相同时，由于不同温度条件下材料性能有所差异，高温下发生拔出破坏，而自然冷却后发生劈裂破坏。在相同的温度条件下，当应变率从 $10^{-5}s^{-1}$ 变化至 $10^{1}s^{-1}$ 时，试件的破坏模式类似，但混凝土横截面处的损伤面积逐渐增大。

### 2. 破坏机理

经历 300℃后，应变率对高温下与自然冷却后试件的破坏模式的影响如图 6.36 所示。随着应变率升高，混凝土横截面处的损伤面积逐步扩展。然而，高温下试件的破坏模式为拔出破坏，自然冷却后为劈裂破坏。BFRP 筋存在玻璃态转变温度与热分解温度，这些温度转变点导致 BFRP 筋相比混凝土对温度更为敏感，进而影响试件的破坏模式。

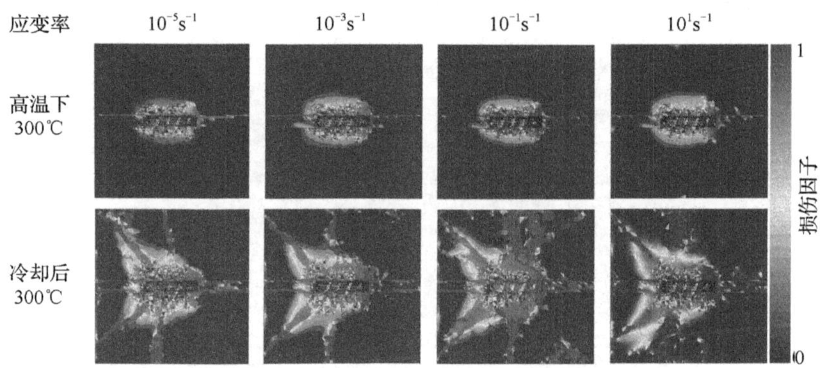


图 6.36　不同应变率下试件的破坏模式

### 3. 粘结应力-滑移曲线

从图 6.37 和图 6.38 可知，随着应变率升高，试件的粘结强度、峰值滑移和粘结刚度增大；然而随着温度上升粘结强度和粘结刚度减小，相对应的滑移增大，这与之前的分析结论一致。除了粘结强度、峰值滑移、粘结刚度等，不同温度或应变率下粘结应力-滑移曲线形状相似。

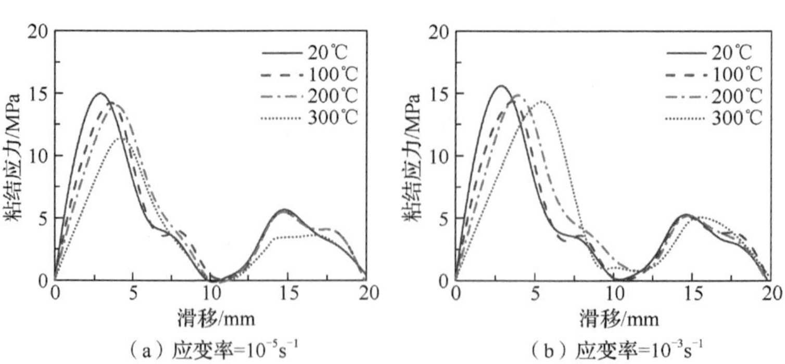


图 6.37　高温下试件的粘结应力-滑移曲线

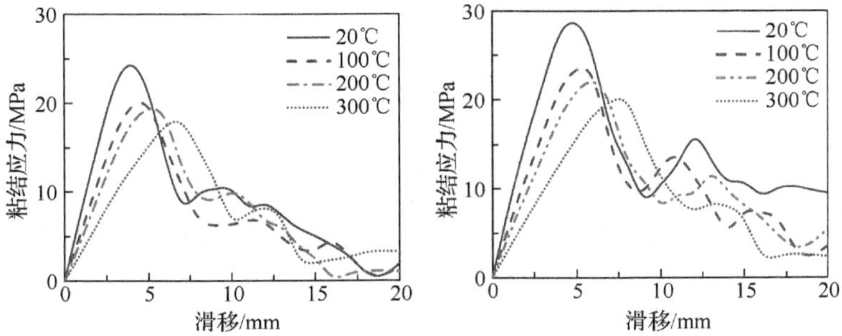


（c）应变率=$10^{-1}s^{-1}$　　　　（d）应变率=$10s^{-1}$

图 6.37（续）

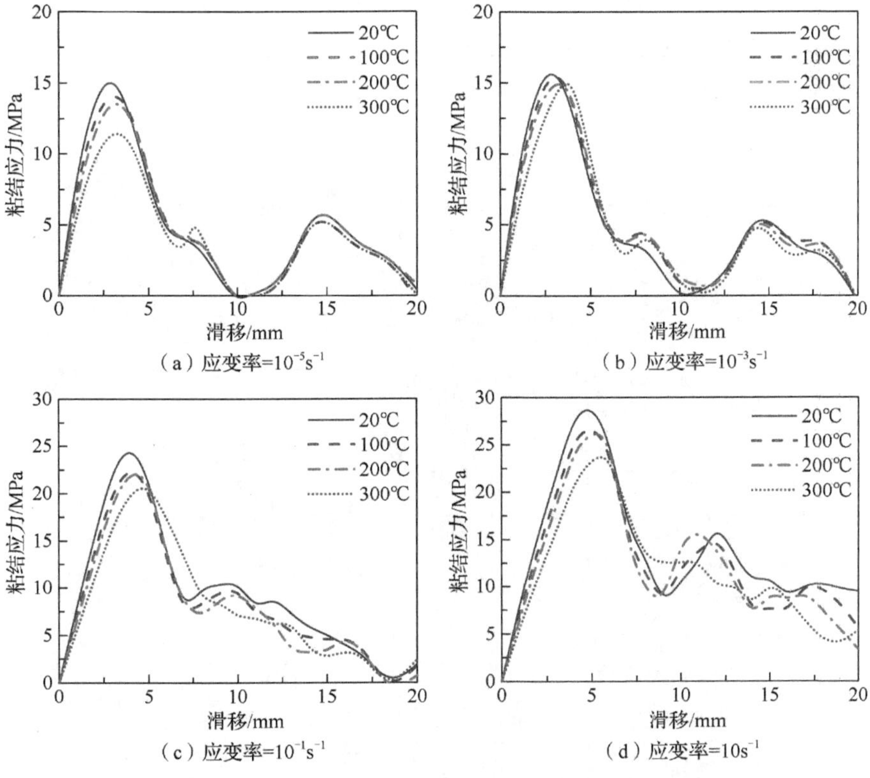


（a）应变率=$10^{-5}s^{-1}$　　　　（b）应变率=$10^{-3}s^{-1}$

（c）应变率=$10^{-1}s^{-1}$　　　　（d）应变率=$10s^{-1}$

图 6.38　自然冷却后试件的粘结应力-滑移曲线

与自然冷却后相比，高温下粘结应力-滑移曲线的下降趋势表现得更为显著。这与之前分析的结果相一致：较恶劣的温度条件（高温下、较高温度）下混凝土横截面处损伤面积较小，而自然冷却后混凝土横截面处损伤面积较大，反映出试件破坏时脆性程度（拔出破坏、劈裂破坏）的差异。同时，也反映出试件粘结应力-滑移曲线下降速率的不同。另外，高温下的粘结强度比自然冷却后更低。

## 6.4 低温下 FRP 筋与混凝土静、动态粘结性能

与高温下 FRP 筋与混凝土静、动态粘结性能研究类似，本节分析低温对界面损伤破坏模式和粘结应力-滑移曲线的影响，并探讨低温与动态加载的耦合作用机制。

### 1. 破坏模式

由图 6.39 可知，低温环境中不同应变率动态拔出荷载作用下，试件均发生劈裂破坏。然而 Xie 等[17]的试验结果表明，在低温和静态荷载作用下，试件只发生拉拔破坏。二者差异的原因除了应变率影响外，可能还和 BFRP 筋肋高/直径的比值不同有关。在 Xie 等[17]试验中，肋高/直径的比值仅为 2.0%，本节数值模型中

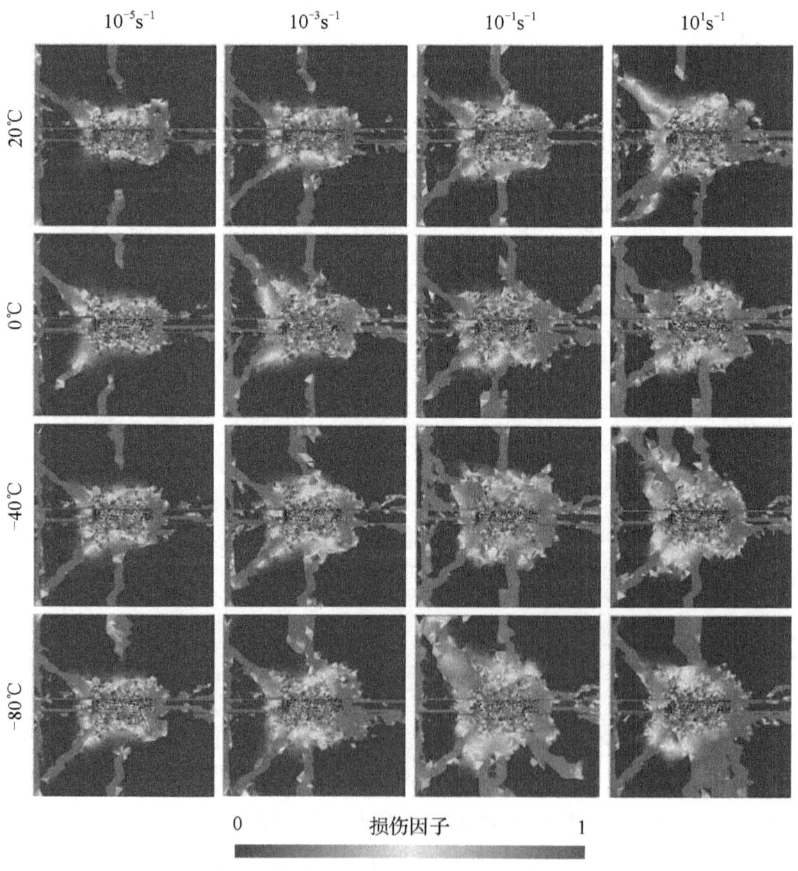


图 6.39 低温下应变率对 BFRP 筋-混凝土界面破坏模式的影响

该比值高达 5.6%。肋高/直径越高，FRP 筋与周围混凝土的机械咬合力越大[34]，对混凝土施加的径向分力亦增大，从而增加了混凝土试件发生劈裂破坏的概率。总体而言，应变率和低温共同决定了试件的破坏模式，应变率增大或温度降低都增加了材料的脆性，试件更易发生劈裂破坏[7, 17]。

2. 破坏机理

本节通过分析混凝土和 BFRP 筋接触面上混凝土的应变进一步揭示低温、应变率和肋高/直径的比值等因素对 BFRP 筋–混凝土粘结性能的影响机制。按照图 6.40 所示位置测量获得界面处混凝土应变，如图 6.41～图 6.43 所示。由于 BFRP 筋表面肋的存在，界面混凝土应变分布不均匀，且因应力集中，某些位置产生较高的应变。

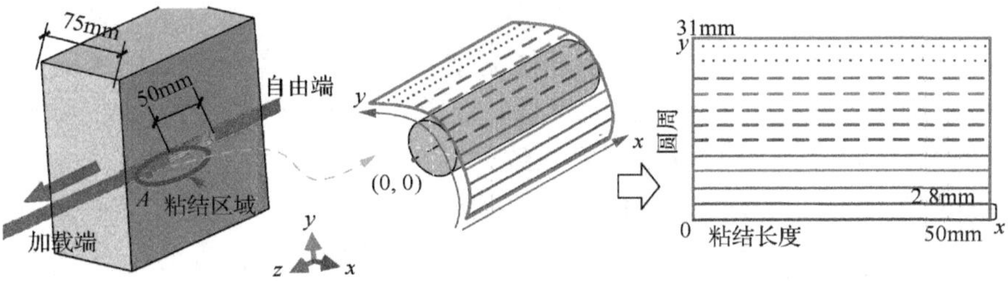


图 6.40　混凝土表面应变测量路径示意图

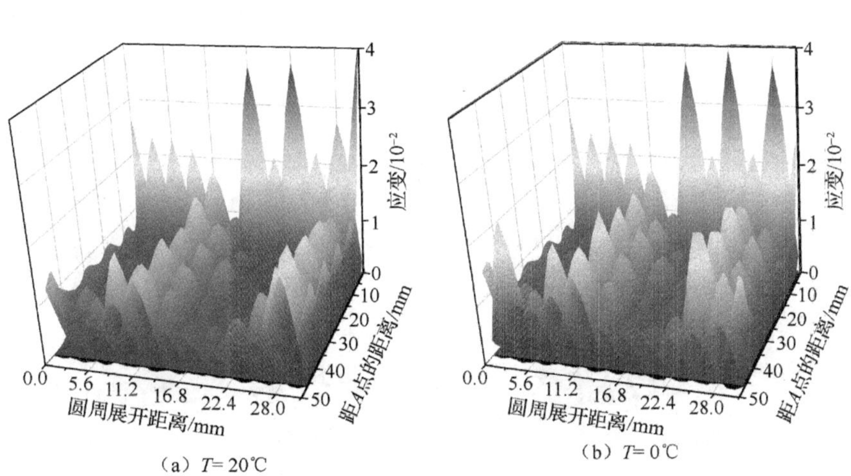


图 6.41　低温对混凝土表面应变分布的影响（应变率=$10^{-5}s^{-1}$）

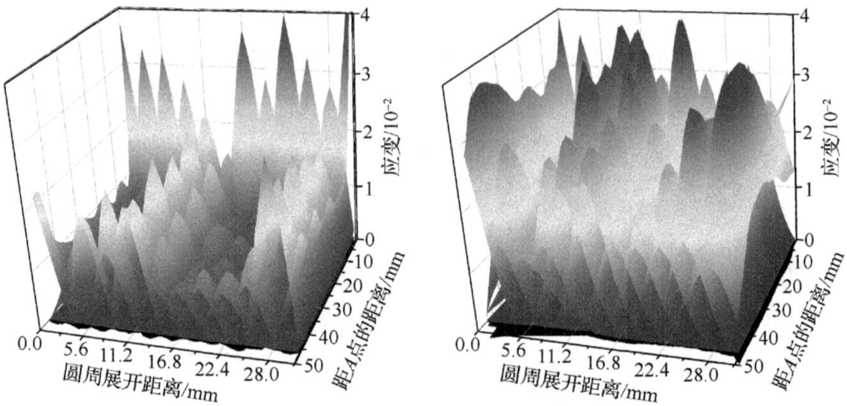


（c）$T$=-40℃　　（d）$T$=-80℃

图 6.41（续）

由图 6.41 可知，随着温度降低，界面混凝土的应变明显增大。尽管低温下混凝土的抗拉强度显著提高，相应承载能力增强，然而混凝土应变增大说明其承受的荷载亦增大（低温下混凝土弹性模量略提高），超过其抗拉强度后，导致试件发生开裂和破坏，这与图 6.39 的现象一致。

图 6.42 为不同应变率下界面混凝土的应变分布情况。随着应变率提高，混凝土界面的应变呈上升趋势。由于在 $10^{-5}s^{-1}$～$10^{1}s^{-1}$ 应变率范围内，混凝土和 FRP 筋的强度变化更加显著，而弹性模量的变化相对较小。因而可知，应变增大增加了试件发生脆性破坏的可能性。这与图 6.39 现象一致，即所有混凝土试件均发生劈裂破坏，并且随着应变率提高，混凝土的开裂程度也有所增加。

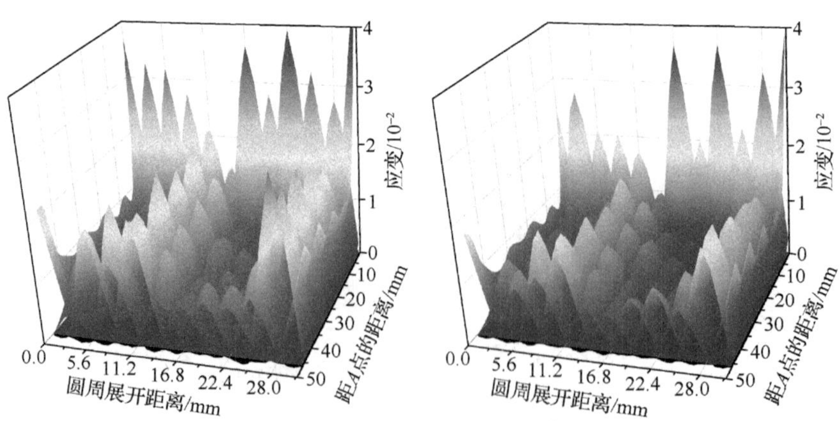


（a）应变率= $10^{-5}s^{-1}$　　（b）应变率= $10^{-3}s^{-1}$

图 6.42　动态荷载对混凝土表面应变分布的影响（$T$=-40℃）

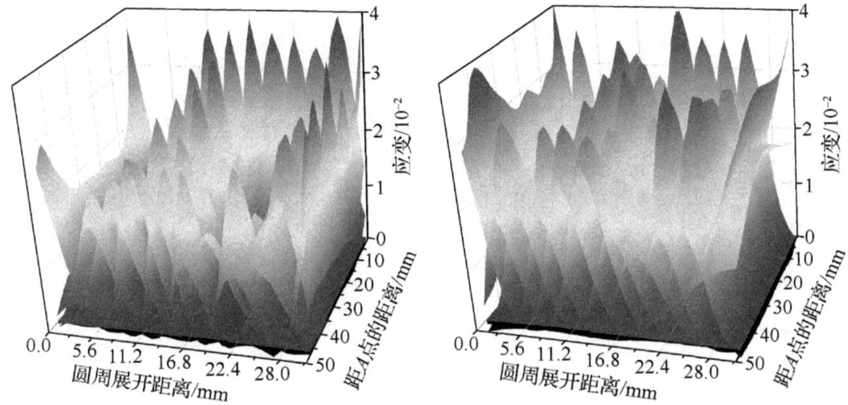


（c）应变率= $10^{-1}s^{-1}$　（d）应变率= $10^{1}s^{-1}$

图 6.42（续）

选取 4 种肋高/直径的比值（2.0%、4.0%、6.0%、8.0%）为例，分析其对破坏模式的影响。如图 6.43 所示，界面混凝土应变分布与肋高/直径的比值相关。随着肋高/直径的比值增大，界面混凝土发生变形范围扩大，截面处应变增大[34]。这是因为，FRP 筋-混凝土机械咬合力随肋高/直径的比值增大而增加，导致 FRP 筋对界面混凝土产生更高的挤压力，从而增大了应变。因此，肋高/直径的比值会对试件破坏模式产生影响：该比值越小，试件越易发生 FRP 筋拔出破坏；相反，较大的肋高/直径的比值会发生混凝土劈裂破坏。这里，破坏模式发生转变的临界肋高/直径的比值为 4.0%。

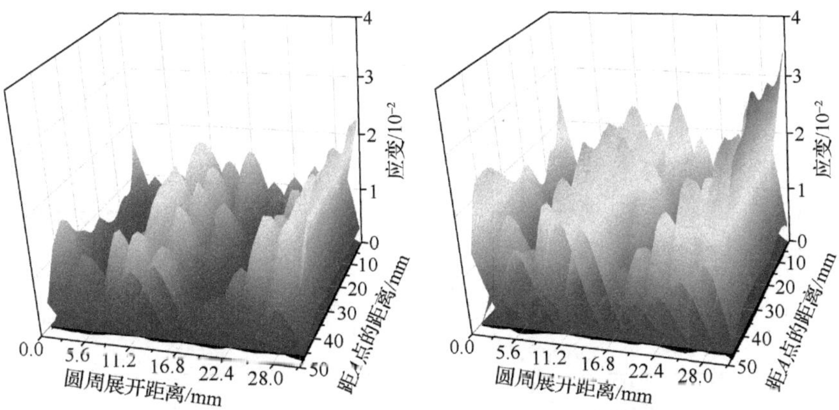


（a）肋高/直径= 2.0%　（b）肋高/直径= 4.0%

图 6.43　肋高/直径对混凝土表面应变分布的影响（应变率=$10^{-5}s^{-1}$，$T$=20℃）

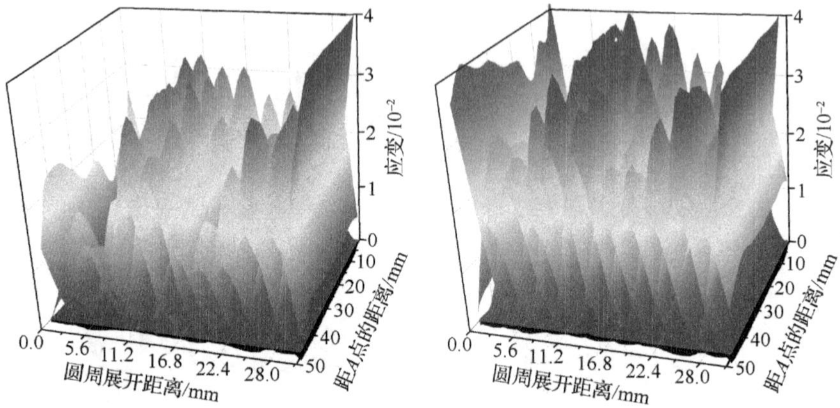


（c）肋高/直径= 6.0%　　（d）肋高/直径= 8.0%

图 6.43（续）

### 3. 粘结应力-滑移曲线

图 6.44 给出了不同应变率及不同温度作用下试件的粘结应力-滑移曲线。由图 6.44 可知，低温对粘结强度和峰值滑移有较大影响。随着应变率升高或温度降

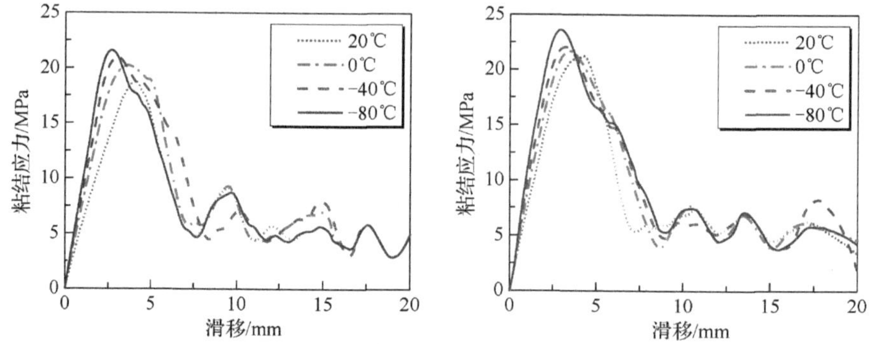


（a）应变率=$10^{-5}s^{-1}$　　（b）应变率=$10^{-3}s^{-1}$

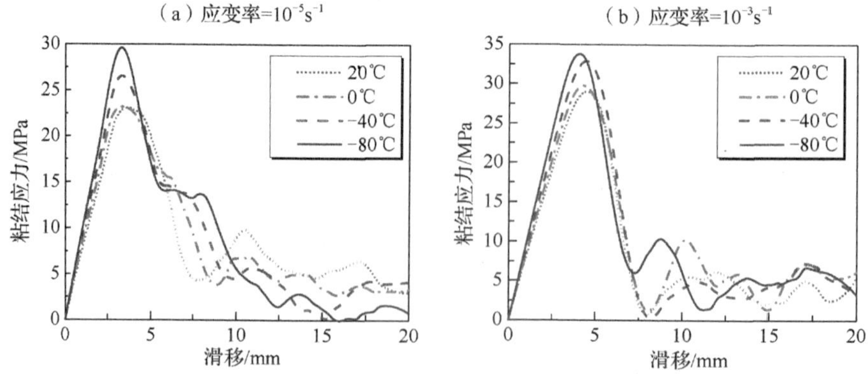


（c）应变率=$10^{-1}s^{-1}$　　（d）应变率=$10^{1}s^{-1}$

图 6.44　低温下试件的粘结应力-滑移曲线

低，粘结应力-滑移曲线整体向左上偏移，表明粘结强度和粘结刚度均增大而峰值滑移减小，说明应变率升高与温度降低对粘结性能均起到增强作用。

# 6.5　粘结应力-滑移本构关系

在 6.2～6.4 节分析的基础上，定量分析温度（包括常温、高温和低温）及动态加载对 FRP 筋-混凝土粘结强度、滑移等的影响规律，建立考虑温度和应变率影响的 FRP 筋-混凝土静、动态粘结应力-滑移本构关系模型。

## 6.5.1　曲线形式

现有文献中描述 FRP 筋和混凝土之间粘结行为的粘结应力-滑移本构关系模型主要包括 Malvar 模型[35]、BPE 模型[36]、mBPE 模型[37]和 CMR 模型[38]、连续曲线模型以及其他修正模型[10, 39]，如图 6.45 所示。其中，Malvar 模型[35]的形式非常复杂，而相关参数没有明确物理意义。BPE 模型[36]基于钢筋-混凝土数据提出，粘结应力-滑移曲线峰值应力之后有一个平台，与 BFRP 筋-混凝土试验数据相比存在较大差异。对于 CMR 模型[38]，仅考虑了粘结应力-滑移本构关系模型的上升段，限制了其在结构部件全过程分析中的应用。

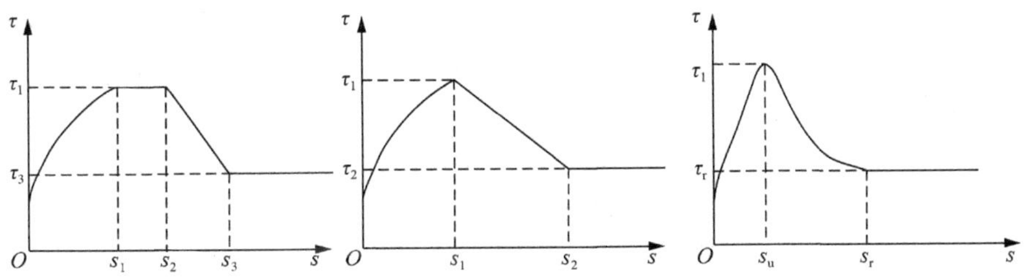

（a）BPE模型　（b）mBPE模型　（c）连续曲线模型

图 6.45　FRP 筋-混凝土粘结应力-滑移本构关系模型

目前，mBPE 模型、CMR 模型、Malvar 模型和连续曲线模型被广泛应用于 BFRP 筋和混凝土粘结性能的研究。作为改进的钢筋-混凝土粘结滑移模型，mBPE 模型广泛应用于 FRP 筋-混凝土的粘结性能研究中，具体表达式为

$$\tau=\begin{cases}\tau_1\left(\dfrac{s}{s_1}\right)^{\alpha}, & 0\leqslant s<s_1\\ \tau_1\left[1-p\left(\dfrac{s}{s_1}-1\right)\right], & s_1\leqslant s<s_2\\ \tau_2, & s\geqslant s_2\end{cases}\tag{6.10}$$

式中：$\tau$ 和 $s$ 分别为粘结应力和滑移；$\tau_1$ 和 $s_1$ 分别为峰值粘结应力和滑移；$\tau_2$ 和 $s_2$ 分别为残余粘结应力和滑移；$\alpha$ 和 $p$ 为由试验或模拟结果确定的参数，其中 $\alpha \leqslant 1$。

### 6.5.2　常温动载影响

1. 粘结强度与峰值滑移

为了定量描述应变率对粘结强度的影响，计算了动态粘结强度 $\tau_{ud}$ 与准静态粘结强度 $\tau_{u0}$ 之比，即 $DIF_\tau$。为了便于比较，还给出了 Shen 等[7]的试验数据（图 6.46）。此外，给出了 4.2.2 节钢筋-混凝土粘结性能的结果和 FIB 规范[40]中推荐的混凝土强度的 DIF。可以发现，当应变率较低（不大于 $0.5s^{-1}$）时，钢筋粘结强度的 $DIF_\tau$ 略有增加，BFRP 筋粘结强度 $DIF_\tau$ 与钢筋粘结强度接近，而二者与混凝土抗压强度的 DIF 相似。随着应变率进一步增加，BFRP 筋粘结强度的 $DIF_\tau$ 显著增加，与钢筋粘结强度或混凝土强度相比存在较大差异。在 $\dot{\varepsilon}=73.6s^{-1}$ 时，$DIF_\tau$ 的值可以达到 2.16。为了描述 BFRP 筋粘结强度 $DIF_\tau$ 与应变率的关系，采用与 FIB 规范[40]相似的形式对模拟结果进行了拟合，如式（6.11）：

$$DIF_\tau = \frac{\tau_{ud}}{\tau_{u0}} = \begin{cases} \left(\dot{\varepsilon} / \dot{\varepsilon}_0\right)^{\alpha_\tau}, & \dot{\varepsilon} \leqslant 0.5s^{-1} \\ \beta_\tau \cdot \left(\dot{\varepsilon} / \dot{\varepsilon}_0\right)^{\gamma_\tau/3}, & \dot{\varepsilon} > 0.5s^{-1} \end{cases} \tag{6.11}$$

式中，$\dot{\varepsilon}_0$ 为准静态应变率，$\dot{\varepsilon}_0=1\times10^{-4}s^{-1}$；$\alpha_\tau$、$\beta_\tau$ 和 $\gamma_\tau$ 为与 FRP 筋类型、表面特征和混凝土强度等有关的参数，这里 $\alpha_\tau=0.014$, $\beta_\tau=0.445$, $\gamma_\tau=0.358$，此时 $R^2=0.96$。

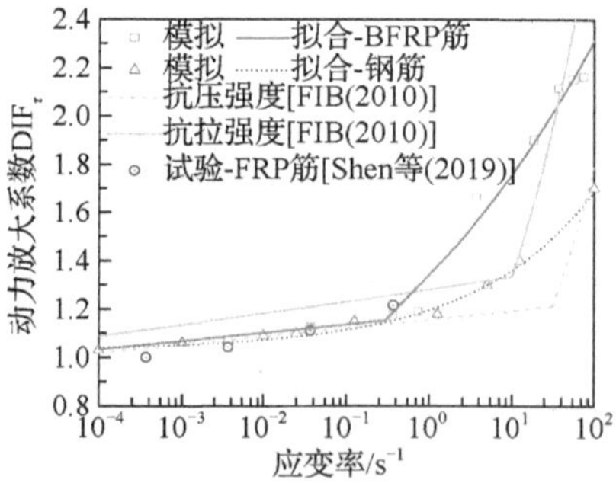


图 6.46　应变率对粘结强度 $DIF_\tau$ 的影响

与对粘结强度处理类似，计算了动态和准静态荷载获得的 BFRP 筋-混凝土峰值滑移（分别表示为 $s_{ud}$ 和 $s_{u0}$）之间的比值，即峰值滑移率 $\eta_s$，并给出了 Shen 等[7]和 Wei 等[41]的试验数据以及 4.2.2 节中对于钢筋的模拟结果。由图 6.47 可知，BFRP 筋峰值滑移峰值 $\eta_s$ 的变化与粘结强度的 $DIF_\tau$ 有很大不同，峰值滑移不随应变率单调增加。具体而言，低应变率下，BFRP 筋峰值滑移降低，类似于 Shen 等[7]和 Wei

等[41]的试验结果中的趋势，而钢筋-混凝土的峰值滑移不随应变率而变化。对于较高应变率，BFRP 筋的动态和准静态峰值滑移$\eta_s$显著增大，而钢筋的峰值滑移显著减小。

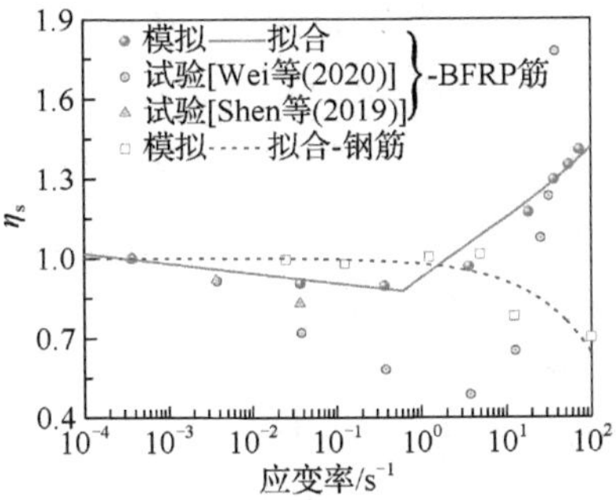


图 6.47　应变率对峰值滑移的影响

然而，BFRP 筋峰值滑移的变化趋势与 Wei 等[41]的试验结果一致。考虑到模拟和试验之间材料和试验条件的差异，即使数值结果和试验数据之间的具体值存在一些差异，仍可认为模拟结果是合理的。BFRP 筋的峰值滑移与应变率之间的定量关系与粘结强度 $\mathrm{DIF}_\tau$ 的形式相似，拟合结果可以表示为式（6.12）：

$$\eta_s = \frac{s_{ud}}{s_{u0}} = \begin{cases} \alpha_s \cdot \left(\dot{\varepsilon} / \dot{\varepsilon}_0\right)^{\beta_s}, & \dot{\varepsilon} \leqslant 0.5\mathrm{s}^{-1} \\ \gamma_s \cdot \left(\dot{\varepsilon} / \dot{\varepsilon}_0\right)^{\delta_s/3}, & \dot{\varepsilon} > 0.5\mathrm{s}^{-1} \end{cases} \tag{6.12}$$

式中：$\alpha_s$、$\beta_s$、$\gamma_s$和$\delta_s$为与 BFRP 筋和混凝土有关的参数，可以通过对数值模拟结果进行回归分析得到，有$\alpha_s$=1.018, $\beta_s$=−0.0173, $\gamma_s$=0.384, $\delta_s$=0.283，此时$R^2$=0.95。

2. 粘结应力-滑移曲线

采用改进的 BPE 模型来描述钢筋和混凝土之间的动态粘结行为。考虑到钢筋和 BFRP 筋的差异，采用 Cruz 和 Barros[39]修正的方程形式来描述 BFRP 筋与混凝土的粘结-滑移行为，如式（6.13）。该式是两个幂函数的组合，可以再现局部粘结应力-滑移曲线的上升和下降段，形式简单，仅需根据试验或模拟结果确定两个未知参数。

$$\tau = \begin{cases} \tau_u \left(\dfrac{s}{s_u}\right)^{\alpha}, & s \leqslant s_u \\ \tau_u \left(\dfrac{s}{s_u}\right)^{-\alpha'}, & s > s_u \end{cases} \tag{6.13}$$

根据文献[39]，$\alpha$和$\alpha'$是定义曲线形状的参数，其值通常通过拟合试验结果来确定。对于静态荷载下 FRP 筋的粘结性能，有丰富的试验数据[38, 42, 43]可用于确定这两个参数。然而，Shen 等[7]证明$\alpha$不仅受 FRP 筋类型和几何特征（钢筋直径和表面形式）、混凝土性能和试验条件等的影响，还受应变率的影响。因此，考虑应变率的影响，根据动态荷载下的试验数据[7, 10, 33, 41, 44]和本研究的模拟结果进行拟合，如图 6.48 所示。从图 6.48 可知，不同数据间存在明显离散性。因此，为了简单起见，采用试验结果和模拟结果的平均值来确定$\alpha$为 0.6，标准差为 0.280；对于$\alpha'$，由于缺乏足够数据，暂取$\alpha'=\alpha$。

基于式（6.12）取$\alpha' = \alpha = 0.6$，并结合式（6.10）和式（6.11）考虑应变率的影响，将计算出的动态荷载下的粘结应力-滑移曲线与数值模拟结果进行比较，如图 6.49 所示。从图 6.49 可知，式（6.12）的结果与数值结果吻合良好。此外，预测曲线与 Li 等[10]、Shen 等[7]、Wei 等[41]、Chen 等[44]和 Borosnyói[33]试验数据的比较如图 6.50 所示。在这些试验中，Shen 等[7]、Wei 等[41]和 Chen 等[44]研究了 BFRP 筋和普通混凝土之间的动态粘结行为。Li 等[16]研究了 BFRP 筋与普通和再生骨料混凝土的粘结性能，而 Borosnyói[33]研究了 CFRP 筋与混凝土之间的界面性能。如图 6.50 所示，预测粘结应力-滑移曲线的上升部分与试验结果吻合良好，而在一些试验[7, 41]中观察到的下降段的波动没有反映出来。这些波动是由 FRP 筋或压碎混凝土的不均匀损伤产生的，与 FRP 筋和混凝土的性能有关。然而，仍然可以认为式（6.13）在一定程度上是有效的，尤其是描述峰前阶段。$\alpha$和$\alpha'$受许多因素影响，如前面提到的 FRP 筋的类型和几何特征（直径和表面条件）、混凝土性能和试验细节等。然而，现有的动荷载试验数据仍然有限，还需要更多的试验工作来进一步验证这些参数的合理性，同时需要考虑更多因素来改进模型。

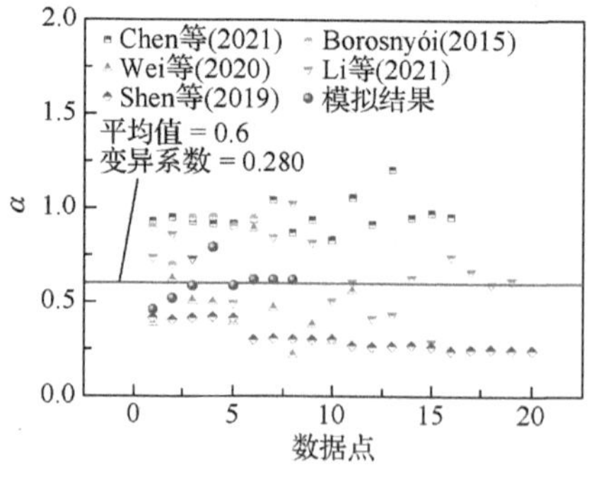


图 6.48　参数$\alpha$的拟合结果与试验及模拟结果的对比

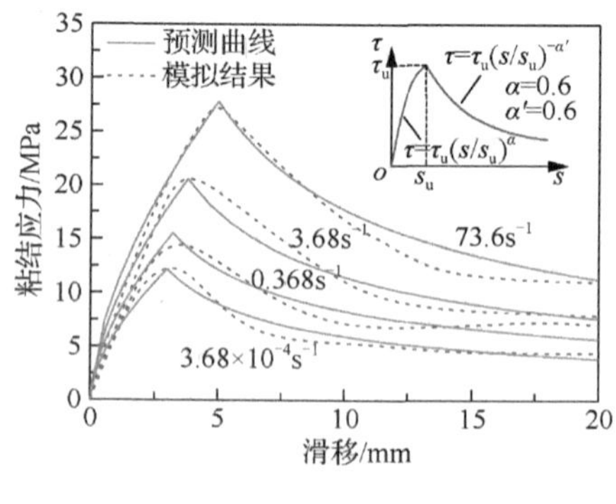


图 6.49　粘结应力-滑移曲线预测结果与模拟结果的对比

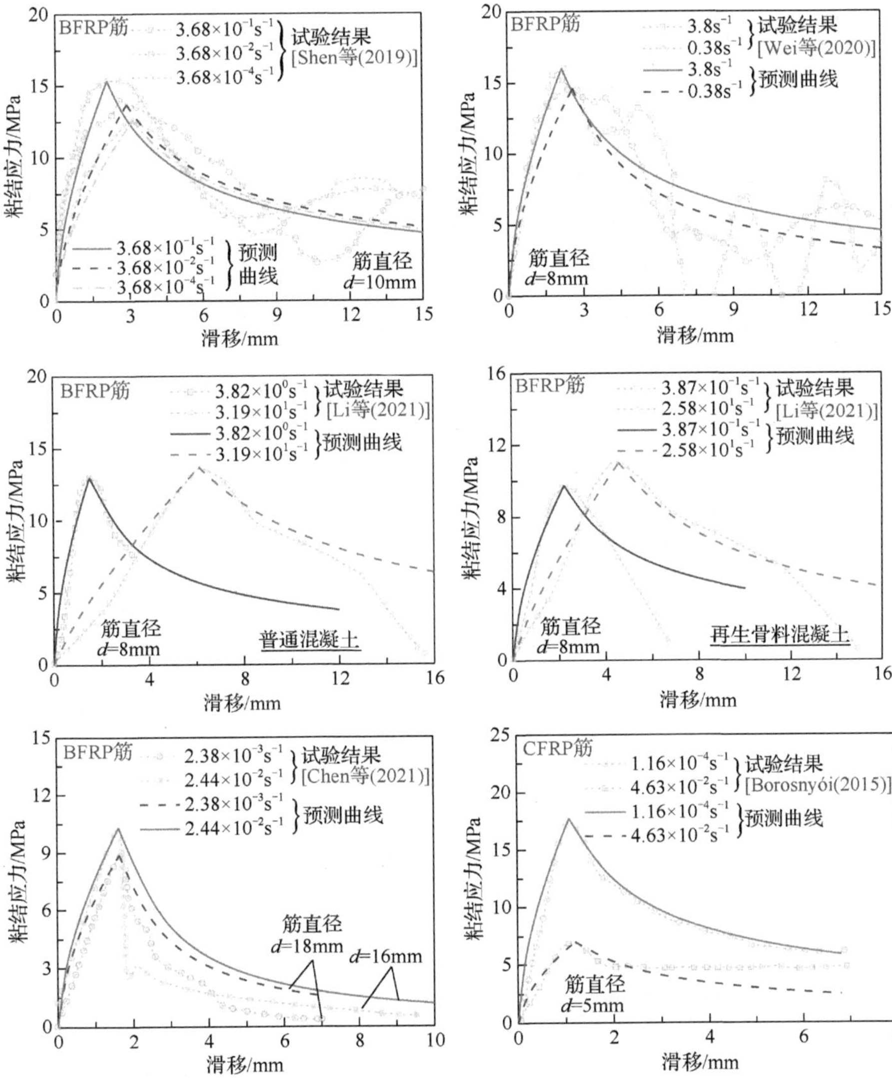


图 6.50　粘结应力-滑移曲线预测结果与试验结果的对比

### 6.5.3　高温静载影响

现有文献[11]、[13]、[14]、[30]、[32]、[45]中粘结强度、峰值滑移随温度的变化关系，如图 6.51 和图 6.52 所示。由图可知，相关试验数据较为离散。在粘结强度方面，一些规范中推荐了计算方法[46-49]。Krem[50]和 Islam 等[51]也获得了 FRP 筋粘结强度的计算公式，但这些公式是在常温下获得的，在高温条件下的适用性未知。Katz 和 Berman[13]、王晓璐等[14]获得了高温下 FRP 筋和混凝土粘结强度的折减公式。少数研究者给出了高温下 FRP 筋和混凝土峰值滑移的计算公式，如图 6.52 所示。Li 等[45]认为，粘结刚度的降低导致了加载端和自由端滑移增加。

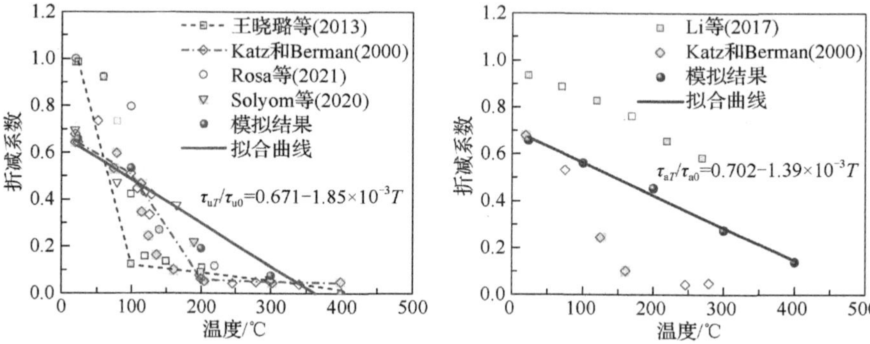


（a）高温下　　（b）自然冷却后

图 6.51　高温对 BFRP 筋-混凝土粘结强度的影响

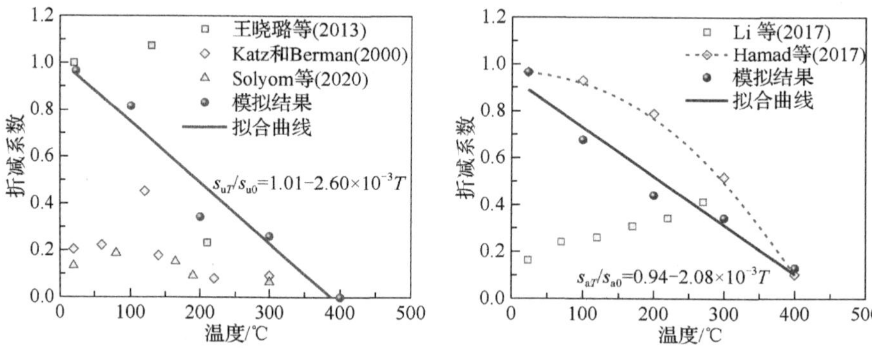


（a）高温下　　（b）自然冷却后

图 6.52　高温对 BFRP 筋-混凝土峰值滑移的影响

对模拟结果进行拟合，结果如式（6.14）和式（6.15）。从图 6.51 和图 6.52 知，拟合结果分布在各学者试验结果的范围内，其正确性与合理性得到验证。随着温度升高，试件的粘结强度和峰值滑移减小，峰值滑移的减小幅度大于粘结强度，表明峰值滑移对温度更敏感。

$$\begin{cases} \dfrac{\tau_u}{\tau_0} = 0.671 - 1.85 \times 10^{-3} T \\ \dfrac{\tau_a}{\tau_0} = 0.702 - 1.39 \times 10^{-3} T \end{cases} \tag{6.14}$$

$$\begin{cases} \dfrac{s_u}{s_0} = 1.01 - 2.60 \times 10^{-3} T \\ \dfrac{s_a}{s_0} = 0.94 - 2.08 \times 10^{-3} T \end{cases} \tag{6.15}$$

式中：$T$ 为目标温度；$\tau_0$ 为常温下的粘结强度；$\tau_u$ 和 $\tau_a$ 分别为高温下及自然冷却后的粘结强度；$s_0$、$s_u$ 和 $s_a$ 为相应的常温下、高温下及自然冷却后的峰值滑移。

mBPE 模型的上升段和下降段分别由形状参数 $\alpha$ 和 $p$ 控制，通过对数值模拟的结果进行拟合，确定了不同温度下的 $\alpha$ 和 $p$。为了使形状控制参数更好地用于后面的经验分析，对其进行线性拟合，如图 6.53 所示。无论是在高温下还是自然冷却后，形状控制参数随温度先升高后降低。与 $\alpha$ 相比，$p$ 值随温度变化的斜率更大，表明粘结应力-滑移曲线的下降段比上升段更容易受到温度的影响。形状控制参数 $\alpha$ 和 $p$ 与温度的关系可表达为

$$\begin{cases} \dfrac{\alpha_u}{\alpha_0} = 0.474 + 3.839 \times 10^{-3} T, & 23℃ \leqslant T < 100℃ \\ \dfrac{\alpha_u}{\alpha_0} = 1.109 - 2.937 \times 10^{-3} T, & 100℃ \leqslant T \leqslant 300℃ \\ \dfrac{p_u}{p_0} = 0.204 + 7.960 \times 10^{-3} T, & 23℃ \leqslant T < 100℃ \\ \dfrac{p_u}{p_0} = 1.495 - 4.950 \times 10^{-3} T, & 100℃ \leqslant T \leqslant 300℃ \end{cases} \tag{6.16}$$

$$\begin{cases} \dfrac{\alpha_a}{\alpha_0} = 0.498 + 2.045 \times 10^{-3} T, & 23℃ \leqslant T < 200℃ \\ \dfrac{\alpha_a}{\alpha_0} = 0.706 - 1.741 \times 10^{-3} T, & 200℃ \leqslant T \leqslant 400℃ \\ \dfrac{p_a}{p_0} = 0.310 + 2.431 \times 10^{-4} T, & 23℃ \leqslant T < 200℃ \\ \dfrac{p_a}{p_0} = 1.343 - 2.202 \times 10^{-3} T, & 200℃ \leqslant T \leqslant 400℃ \end{cases} \tag{6.17}$$

式中：下标 0、u 和 a 分别代表常温下、高温下及自然冷却后。

基于对数值模拟结果的分析，将式（6.14）～式（6.17）结果代入 mBPE 模型，便可获得高温下及自然冷却后粘结应力-滑移曲线经验预测模型。

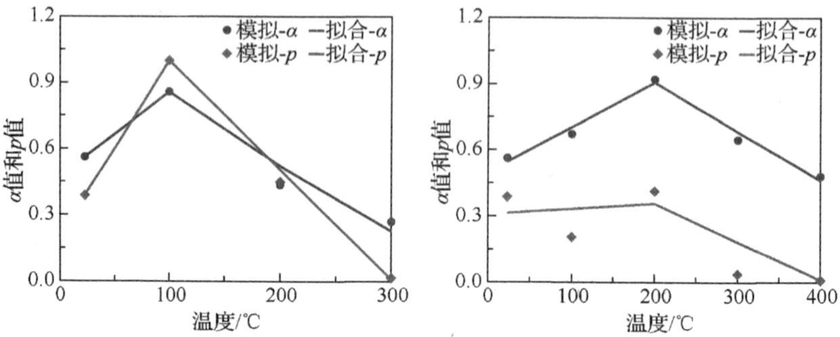


（a）高温下　　　　（b）自然冷却后

图 6.53　参数 $\alpha$ 和 $p$ 的拟合结果

### 6.5.4　高温动载影响

本节考虑应变率对粘结性能的增强作用以及温度对粘结性能的劣化作用，建立可用于描述高温动载作用的粘结应力-滑移本构关系模型。其中，将高温及动载作用下的粘结强度和滑移分为 3 个部分，即常温静态下的对应值、应变率影响因子和温度影响因子，如式（6.18）。

$$\begin{cases} s_{\mathrm{dT}} = s_0 \times \eta \times \gamma \\ \tau_{\mathrm{dT}} = \tau_0 \times \kappa \times \beta \end{cases} \tag{6.18}$$

式中：$s_{\mathrm{dT}}$ 和 $\tau_{\mathrm{dT}}$ 分别为高温动载作用下的峰值滑移与粘结强度；$s_0$ 和 $\tau_0$ 分别为常温静态下的峰值滑移和粘结强度；$\eta$ 和 $\gamma$ 分别为动载和温度对峰值滑移的影响系数；$\kappa$ 和 $\beta$ 分别为动载和温度对粘结强度的影响系数。

高温和动载作用下的峰值滑移和粘结强度模拟结果如图 6.54 所示。正如前述分析，高温下及自然冷却后，峰值滑移随温度升高而增大，而粘结强度降低。二者均随着应变率提高而增大。

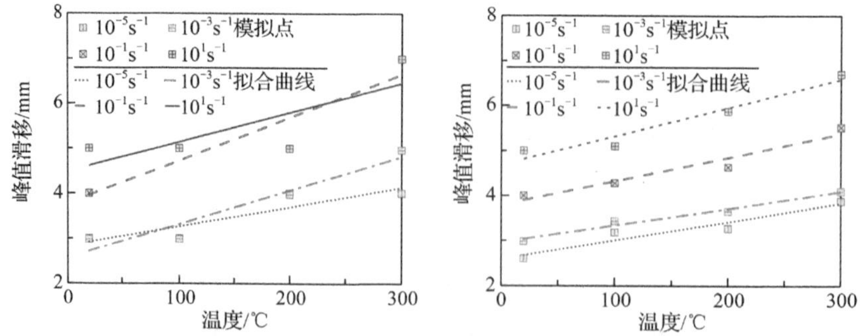


（a）高温下峰值滑移　　　　（b）自然冷却后峰值滑移

图 6.54　粘结强度和峰值滑移随温度及应变率的变化规律

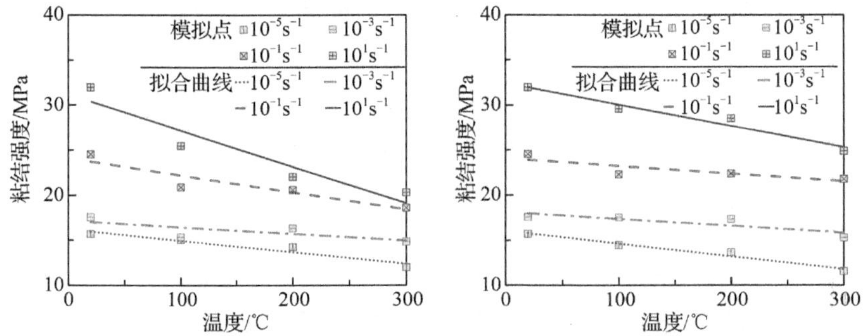


（c）高温下粘结强度　　（d）自然冷却后粘结强度

图 6.54（续）

通过将图 6.54 中的具体值归一化处理，得到峰值滑移与粘结强度的变化规律，如图 6.55 和图 6.56 所示，将其拟合成式（6.19）与式（6.20）。

$$\begin{cases}\eta_{\mathrm{U}}=0.87+0.12\left(\dot{\varepsilon}_{\mathrm{d}}/\dot{\varepsilon}_{\mathrm{s}}\right)^{0.14}\\ \gamma_{\mathrm{U}}=0.91+1.92\times10^{-3}T\\ \eta_{\mathrm{A}}=0.87+0.12\left(\dot{\varepsilon}_{\mathrm{d}}/\dot{\varepsilon}_{\mathrm{s}}\right)^{0.15}\\ \gamma_{\mathrm{A}}=0.97+1.35\times10^{-3}T\end{cases}\tag{6.19}$$

$$\begin{cases}\kappa_{\mathrm{U}}=0.87+0.12\left(\dot{\varepsilon}_{\mathrm{d}}/\dot{\varepsilon}_{\mathrm{s}}\right)^{0.15}\\ \beta_{\mathrm{U}}=0.99-8.16\times10^{-4}T\\ \kappa_{\mathrm{A}}=0.87+0.12\left(\dot{\varepsilon}_{\mathrm{d}}/\dot{\varepsilon}_{\mathrm{s}}\right)^{0.17}\\ \beta_{\mathrm{A}}=1.01-6.03\times10^{-4}T\end{cases}\tag{6.20}$$

式中：下标 U 和 A 分别代表高温下和自然冷却后；$\dot{\varepsilon}_{\mathrm{d}}/\dot{\varepsilon}_{\mathrm{s}}$ 为动态应变率与静态应变率的比值；$T$ 为温度。可知，自然冷却后，应变率对峰值滑移的影响要更明显，然而在高温下温度对峰值滑移的影响更为明显。与自然冷却后相比，高温下温度效应更强而动态效应较弱。

如图 6.55 和图 6.56 所示，不同温度下粘结强度随应变率升高而非线性上升，不同应变率粘结强度随温度升高而线性下降，峰值滑移随应变率或温度升高均线性增加。

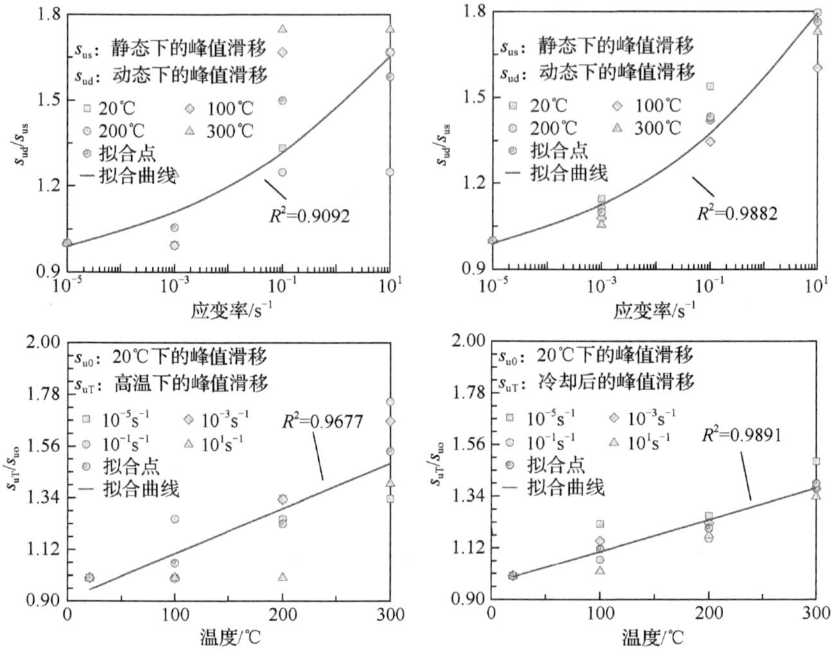


（a）高温下　　（b）自然冷却后

图 6.55　峰值滑移随应变率与温度的变化规律

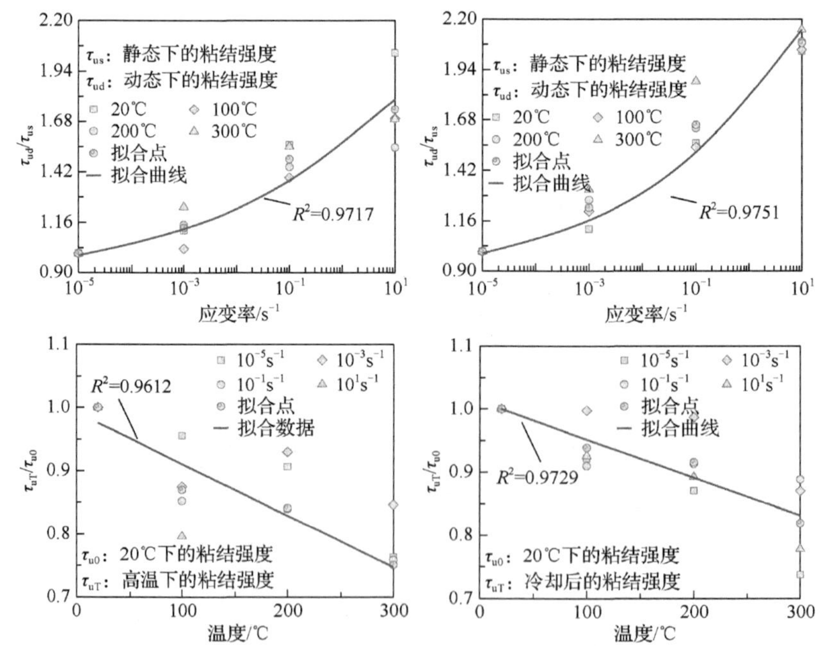


（a）高温下　　（b）自然冷却后

图 6.56　粘结强度随应变率与温度的变化规律

为了验证半经验性粘结应力-滑移本构关系模型的合理性，选择了两组数据进行比较，如图 6.57 所示。一组为本书开展的 200℃下不同应变率下的模拟结果，另一组是 Shen 等[7]开展的常温条件下的动态试验结果。由图可知，除了残余段之外，所提出的粘结应力-滑移本构关系模型可有效描述常温/高温作用下 BFRP 筋-混凝土的粘结性能。

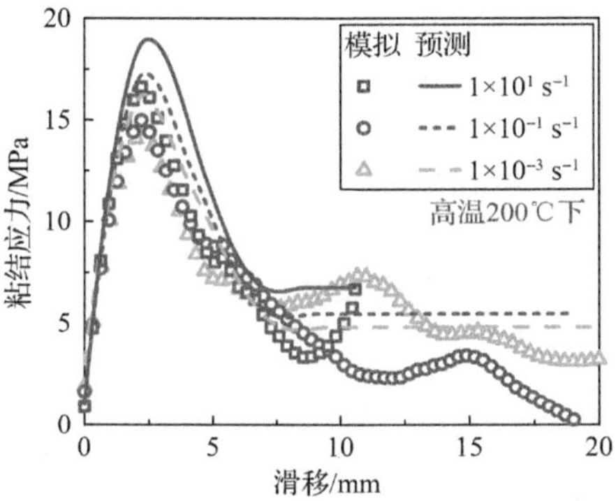


（a）模型预测结果与数值模拟结果的对比

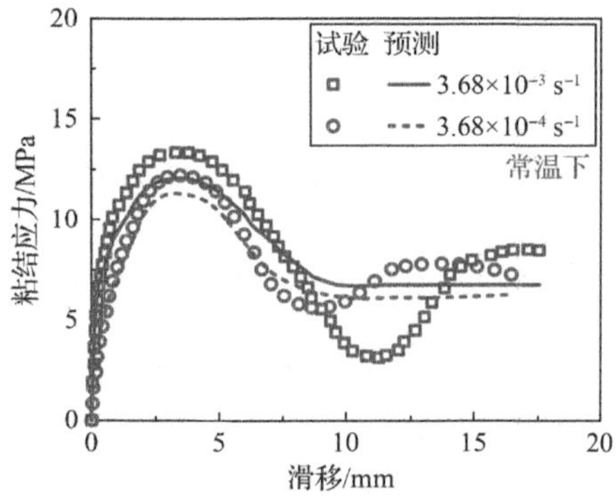


（b）模型预测结果与试验结果[7]的对比

图 6.57　本构关系模型预测结果与模拟结果、试验结果的对比

## 6.5.5　低温动载影响

与 6.5.4 节类似，本节考虑低温和应变率对粘结性能的增强作用，建立可用于描述低温和动载作用的粘结应力-滑移本构关系模型。公式的基本形式与式（6.18）相同。低温及动载作用下峰值滑移和粘结强度精细化数值模拟结果如图 6.58 所示。通过将图 6.58 中的数据进行归一化处理，得到峰值滑移与粘结强度随应变率和温度的变化规律如图 6.59 和图 6.60 所示，拟合得到式（6.18）中的参数，如式（6.21）与式（6.22）。

$$\begin{cases}\eta = 0.87 + 0.12\left(\dot{\varepsilon}_{\mathrm{d}} / \dot{\varepsilon}_{\mathrm{s}}\right)^{0.09} \\ \gamma = 0.97 + 1.50\times10^{-3}T\end{cases} \tag{6.21}$$

$$\begin{cases}\kappa = 0.87 + 0.13\left(\dot{\varepsilon}_{\mathrm{d}} / \dot{\varepsilon}_{\mathrm{s}}\right)^{0.11} \\ \beta = 1.05 - 2.50\times10^{-3}T\end{cases} \tag{6.22}$$

如图 6.59 和图 6.60 所示，不同温度下粘结强度随应变率升高而非线性增大，在不同的应变率下粘结强度随温度降低而线性提高，峰值滑移随应变率或温度升高均非线性增加。

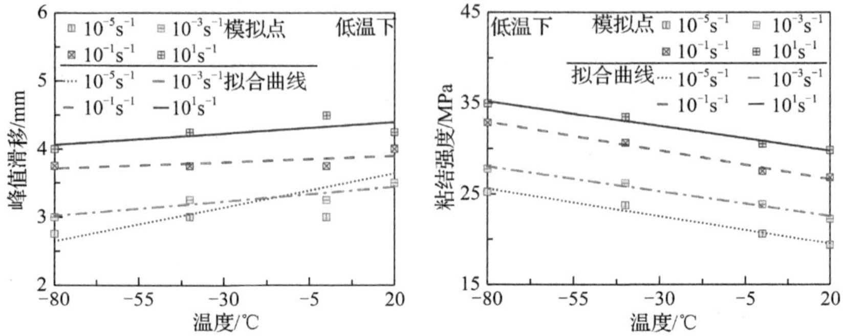


图 6.58　峰值滑移和粘结强度随应变率和温度的变化规律

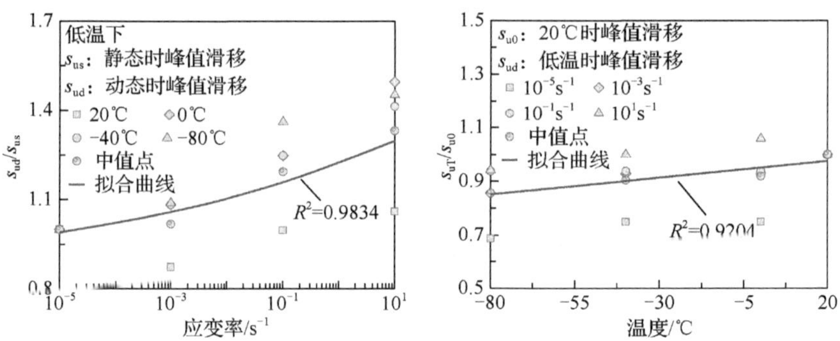


图 6.59　峰值滑移随应变率和温度的变化规律

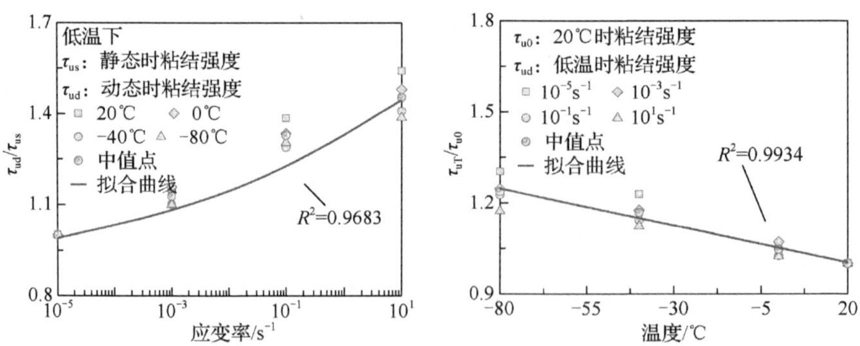


图 6.60　粘结强度随应变率和温度的变化规律

将式（6.21）与式（6.22）的结果代入式（6.18）即可获得考虑低温与动载影响的 FRP 筋-混凝土粘结应力-滑移本构关系模型。为了进一步验证该本构关系模型的准确性，将模型预测结果与本书模拟结果及 Shen 等[7]的试验结果对比，如图 6.61 所示。在数值模拟中包含了 4 个温度条件，即 20℃、0℃、−40℃和−80℃

（分别记为 T1、T2、T3 和 T4），涉及的应变率为 $10^{-5}s^{-1}$、$10^{-3}s^{-1}$、$10^{-1}s^{-1}$ 和 $10^{1}s^{-1}$（记为 E1、E2、E3 和 E4），如图 6.61（a）所示。Shen 等[7]的试验条件为常温，其中包括 3 种应变率，即 $3.68×10^{-4}s^{-1}$、$3.68×10^{-3}s^{-1}$ 和 $3.68×10^{-2}s^{-1}$（分别用 e1、e2 和 e3 表示），如图 6.61（b）所示。观察图 6.61 可知，模型预测结果与模拟和试验结果吻合良好，说明本书所建立的 FRP 筋-混凝土粘结应力-滑移本构关系模型能够准确描述低温与动态荷载作用下 BFRP 筋与混凝土之间的粘结行为，可用于研究和设计低温动态环境中的 BFRP 筋-混凝土结构。

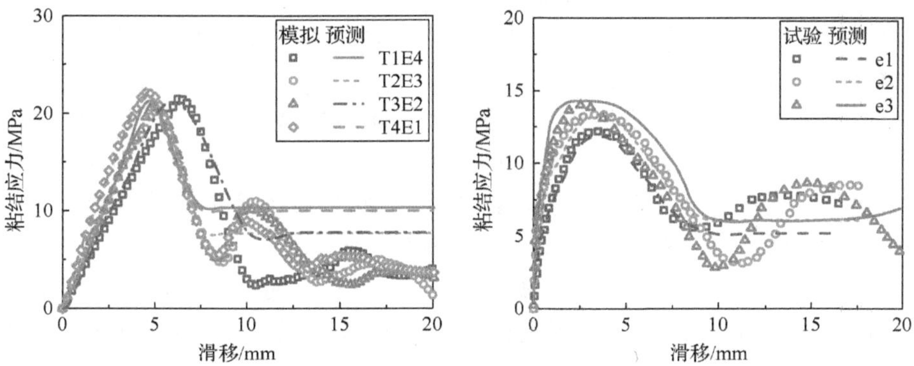


（a）模型预测结果与数值模拟结果的对比　（b）模型预测结果与试验结果[7]的对比

图 6.61　理论模型得到的粘结应力-滑移曲线与模拟结果和试验结果的对比

## 6.6　小　　结

本章依然基于数值模拟方法，考虑 FRP 筋表面特征及混凝土宏/细观结构，研究了 FRP 筋与混凝土的静、动态粘结性能，探讨了温度条件（高温、低温）、厚径比、箍筋约束、粘结长度、FRP 类型及 FRP 筋几何特征等因素对 FRP 筋-混凝土粘结性能的影响规律，并建立了相应的粘结强度及粘结应力-滑移本构关系模型。得到如下主要结论。

（1）FRP 筋的材料性能及表面构造影响其与混凝土的粘结性能。随着 FRP 筋弹性模量增大，FRP 筋-混凝土的粘结刚度明显增加，粘结强度略微降低，峰值滑移显著降低。FRP 筋密度对其与混凝土粘结性能的影响可忽略。FRP 筋肋高的变化会改变粘结强度，并影响粘结应力-滑移曲线的下降段。肋高对粘结刚度和峰值滑移的影响，以及肋间距对粘结性能的影响没有明显规律。粘结长度增大会降低粘结强度。

（2）随着径厚比及箍筋约束程度增加，试件由混凝土劈裂破坏转变成 FRP 筋拔出破坏。当径厚比小于 3.75 时，粘结强度随径厚比增大而显著提高，箍筋约束可有效提高粘结强度；当径厚比超过 3.75 时，径厚比和箍筋约束对粘结强度的改善不再明显。

（3）峰值粘结应力之前，动态荷载下混凝土和 FRP 筋局部界面的开裂和破坏模式与准静态荷载下类似，而在峰值粘结应力之后，前者更加严重。随着应变率提高，FRP 筋与混凝土的粘结刚度略有增大，粘结强度单调增大，峰值滑移先减小后增大。

（4）高温条件（高温或自然冷却后）对破坏模式的影响比较显著。温度相同时，高温下比自然冷却后更容易发生拔出破坏。高温下和自然冷却后粘结强度均随温度升高呈线性下降趋势。温度对峰值滑移的影响更为显著，无论是否冷却，峰值滑移均随温度升高而线性减小。

（5）低温对 FRP 筋-混凝土粘结性能的影响与高温同样显著。这种影响在低温与动载共同作用下尤为明显，较低的温度使试件发生脆性破坏。低温条件下，粘结强度随应变率增大而非线性提高，不同应变率下粘结强度会随温度降低而线性增大，峰值滑移则随着应变率或温度升高而增加。

（6）建立的粘结强度模型、考虑温度和应变率影响的粘结应力-滑移本构关系模型可以合理预测常温、高温和低温作用下 FRP 筋与混凝土的静、动态粘结-滑移行为。

## 参 考 文 献


[1] LI P, JIN L, ZHANG R B, et al. Static bond performance between BFRP bars and concrete with stirrup confinement: a refined modelling[J]. Engineering structures, 2022, 262: 114379.

[2] ZHANG R B, JIN L, LIU M J, et al. Refined modeling of the interfacial behavior between FRP bars and concrete under different loading rates[J]. Composite structures, 2022, 291: 115676.

[3] ZHANG R B, WU J J, JIN L, et al. Influence of elevated temperatures on bond performance between BFRP bars and concrete[J]. Engineering fracture mechanics, 2023, 287: 109303.

[4] JIN L, WU J T, ZHANG R B, et al. Dynamic bond behavior of deformed basalt fiber-reinforced polymer bars embedded in concrete subjected to fire[J]. International journal of mechanical sciences, 2024, 262: 108748.

[5] 王言磊，王密锋，张学，等. BFRP 侧向约束对 GFRP 带肋筋与混凝土粘结性能的影响[J]. 复合材料科学与工程，2020, (4): 5-12.

[6] AHMED S, FAHMY M, Wu Z. Experimental study and numerical modeling of cyclic bond-slip behavior of basalt FRP bars in concrete[J]. Journal of composites for construction, 2018, 22(6): 04018050.

[7] SHEN D J, LI C C, FENG Z Z, et al. Influence of strain rate on bond behavior of concrete members reinforced with basalt fiber-reinforced polymer rebars[J]. Construction and building materials, 2019, 228: 116755.

[8] KIM S, AL-RUB R. Meso-scale computational modeling of the plastic-damage response of cementitious composites[J]. Cement and concrete research, 2011, 41(3): 339-358.

[9] SOLYOM S, BALAZS G. Bond of FRP bars with different surface characteristics[J]. Construction and building materials, 2020, 264: 119839.

[10] LI L J, MAI G H, HE S H, et al. Experimental study on bond behaviour between recycled aggregate concrete and basalt fiber-reinforced polymer bars under different strain rates[J]. Construction and building materials, 2021, 290: 123218

[11] LI C C, GAO D Y, WANG Y L, et al. Effect of high temperature on the bond performance between basalt fiber reinforced polymer(BFRP)bars and concrete[J]. Construction and building materials, 2017, 141: 44-51.

[12] XIONG Z, WEI W, LIU F, et al. Bond behaviour of recycled aggregate concrete with basalt fiber-reinforced polymer bars[J]. Composite structures, 2021, 256: 113078.

[13] KATZ A, BERMAN N. Modelling the effect of high temperature on the bond of FRP reinforcing bars to concrete[J]. Cement and concrete composites, 2000, 22(6): 433-443.

[14] 王晓璐, 査晓雄, 张旭琛. 高温下 FRP 筋与混凝土的粘结性能[J]. 哈尔滨工业大学学报, 2013, 45(6): 8-15.

[15] TRABACCHIN G, SEBASTIAN W, ZHANG M. Experimental and analytical study of bond between basalt FRP bars and geopolymer concrete[J]. Construction and building materials, 2022, 315: 125461.

[16] HAMAD R, JOHARI M. A. , HADDAD R. Mechanical properties and bond characteristics of different fiber reinforced polymer rebars at elevated temperatures[J]. Construction and building materials, 2017, 142: 521-535.

[17] XIE J, LIU Y, QIAO Y, et al. Bond behaviors of ribbed CFRP bars in concrete exposed to low temperatures[J]. Construction and building materials, 2022, 341: 127910.

[18] ACI. Guide for the design and construction of structural concrete reinforced with fiber-reinforced polymer (FRP) bars: ACI 440. 1R-15[S]. Farmington Hills: ACI, 2015.

[19] CSA. Design and construction of building structures with fibre-reinforced polymers: CSA-S806[S]. Ontario: Canadian Standards Association, 2012.

[20] CSA. Canadian highway bridge design code and commentary: CSA S6-19[S]. Toronto: Canadian Standards Association, 2019.

[21] EI REFAI A, AMMAR M A, MASMOUDI R. Bond performance of basalt fiber-reinforced polymer bars to concrete[J]. Journal of composites for construction, 2015, 19(3): 04014050.

[22] ORANGUN C O, JIRSA J O, BREEN J E. Reevaluation of test data on development length and splices[J]. Journal of proceedings, 1977, 74(3): 114-122.

[23] WANG H L, SUN X Y, PENG G Y, et al. Experimental study on bond behaviour between BFRP bar and engineered cementitious composite[J]. Construction and building materials, 2015, 95: 448-456.

[24] SHEN D J, OJHA B, SHI X, et al. Bond stress-slip relationship between basalt fiber-reinforced polymer bars and concrete using a pull-out test[J]. Journal of reinforced plastics and composites, 2016, 35(9): 747-763.

[25] TORRE-CASANOVA A, JASON L, DAVENNE L, et al. Confinement effects on the steel–concrete bond strength and pull-out failure[J]. Engineering fracture mechanics, 2013, 97: 92-104.

[26] MANDER J B, PRIESTLEY M J, PARK R. Theoretical stress-strain model for confined concrete[J]. Journal of structural engineering, 1988, 114(8): 1804-1826.

[27] YANG S T, YANG C, HUANG M L, et al. Study on bond performance between FRP bars and seawater coral aggregate concrete[J]. Construction and building materials, 2018, 173: 272-288.

[28] HAO Q D, WANG Y L, HE Z, et al. Bond strength of glass fiber reinforced polymer ribbed rebars in normal strength concrete[J]. Construction and building materials, 2009, 23(2): 865-871.

[29] FAHMY M, AHMED S, WU Z. Bar surface treatment effect on the bond-slip behavior and mechanism of basalt FRP bars embedded in concrete[J]. Construction and building materials, 2021, 289: 122844.

[30] ROSA I, FIRMO J, CORREIA J, P Mazzuca. Influence of elevated temperatures on the bond behaviour of ribbed GFRP bars in concrete[J]. Cement and concrete composites, 2021, 122: 104119.

[31] OZKAL F, POLAT M, YAGAN M, et al. Mechanical properties and bond strength degradation of GFRP and steel rebars at elevated temperatures[J]. Construction and building materials, 2018, 184: 45-57.

[32] SOLYOM S, BENEDETTI M, GUADAGNINI M, et al. Effect of temperature on the bond behaviour of GFRP bars in concrete[J]. Composite part B-engineering, 2020, 183: 107602.

[33] BOROSNYOI A. Influence of service temperature and strain rate on the bond performance of CFRP reinforcement in concrete[J]. Composite structures, 2015, 127: 18-27.

[34] CHEN L J, LIANG K, SHAN Z W. Experimental and theoretical studies on bond behavior between concrete and FRP bars with different surface conditions[J]. Composite structures, 2023, 309: 116721.

[35] MALVAR L. Tensile and bond properties of GFRP reinforcing bars[J]. Materials journal, 1995, 92(3): 276-285.

[36] ELIGEHAUSEN R, POPOV EP, BERTERO VV. Local bond stress-slip relationships of deformed bars under generalized excitations[R]. Berkeley: Earthquake Engineering Research center, University of California, 1983.

[37] COSENZA E, MANFREDI G, REALFONZO R. Bond characteristics and anchorage length of FRP rebars[C]// EL-BADRY M. Proceedings of the 2nd International Conference on Advanced Composite Materials in Bridges and Structures. Montreal: Canadian Society for Civil Engineering, 1996: 909-916.

[38] COSENZA E, MANFREDI G, REALFONZO R. Analytical modeling of the bond behavior between FRP reinforcing bars and concrete[C]//TEARWE L. Proceedings of the Second International RILEM Symposium. Ghent RILEM, 1995: 164-171.

[39] WEI W, LIU F, XIONG Z, et al. Bond performance between fibre-reinforced polymer bars and concrete under pull-out tests[J]. Construction and building materials, 2019, 227: 116803.

[40] FIB. Model Code 2010[S]. Lausanne, Switzerland: International Federation for Structural Concrete, 2010.

[41] WEI W, LIU F, XIONG Z, et al. Effect of loading rates on bond behaviour between basalt fiber-reinforced polymer bars and concrete[J]. Construction and building materials, 2020, 231: 117138.

[42] COSENZA E, MANFREDI G, REALFONZO R. Behavior and modeling of bond of FRP rebars to concrete[J]. Journal of composites for construction, 1997, 1(2): 40-51.

[43] BAENA M, TORRES L, TURON A, et al. Experimental study of bond behaviour between concrete and FRP bars using a pull-out test[J]. Composites part B: engineering, 2009, 40(8): 784-797.

[44] CHEN W X, MENG F J, SUN H, et al. Bond behaviors of BFRP bar-to-concrete interface under dynamic loading[J]. Construction and building materials, 2021, 305: 124812.

[45] HAMAD R, JOHARI M, HADDAD R. Mechanical properties and bond characteristics of different fiber reinforced polymer rebars at elevated temperatures[J]. Construction and building materials, 2017, 142: 521-535.

[46] ACI. Guide for the design and construction of structural concrete reinforced with FRP bars: ACI 440. 1R-06[S]. Farmington Hills, MI: American Concrete Institute, 2006.

[47] CSA. Design and construction of building components with fiber reinforced polymers: CAN/CSA S806-02[S]. Toronto: Canadian Standard Association, 2002.

[48] Canadian highway bridge design code: CAN/CSA-S6-06[S]. Toronto: Canadian Standards Association, 2006.

[49] Japan Society of Civil Engineers. Recommendation for design and construction of concrete structures using continuous fiber reinforcing materials[S]. Tokyo, Japan: The second Research Committee on CFRM, 1997.

[50] KREM S. Bond and flexural behaviour of self consolidating concrete beams reinforced and prestressed with FRP bars[D]. Waterloo: University of Waterloo, 2013.

[51] ISLAM S, AFEFY H, SENNAH K, et al. Bond characteristics of straight-and headed-end, ribbed-surface, GFRP bars embedded in high-strength concrete[J]. Construction and building materials, 2015, 83: 283-298.

# 彩　　图

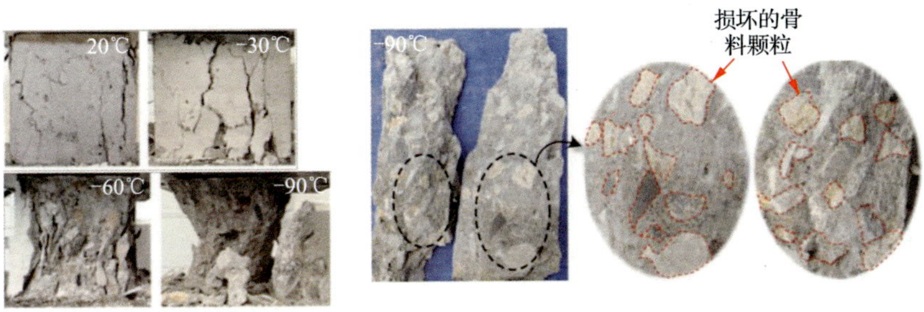


（a）整体破坏　　（b）局部破坏

彩图 1　温度对受压破坏模式的影响

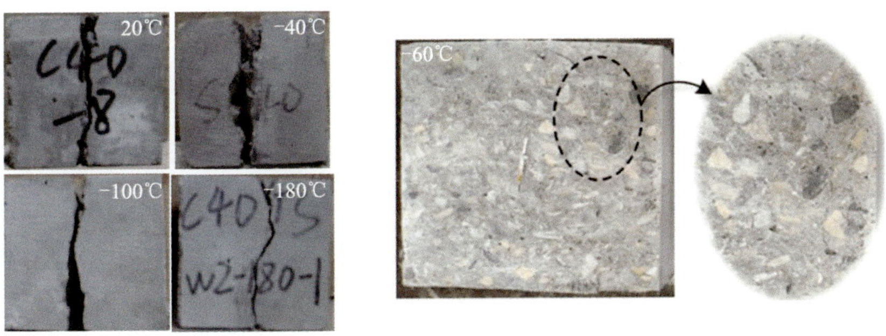


（a）破坏模式　　（b）断裂破坏面

彩图 2　温度对受拉破坏模式的影响

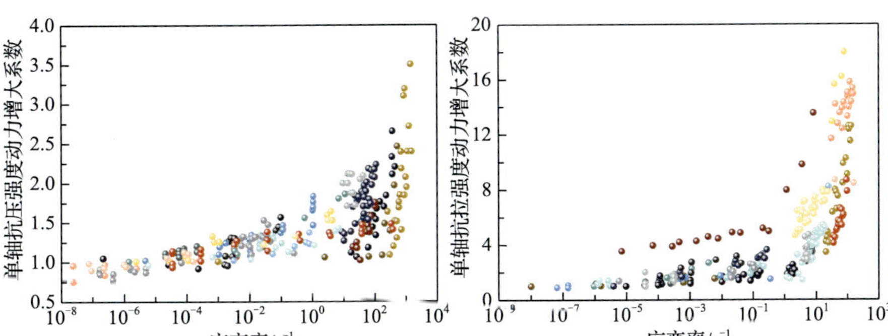


（a）抗压强度　　（b）抗拉强度

彩图 3　单轴抗压强度和单轴抗拉强度动力增大系数为与应变率的关系

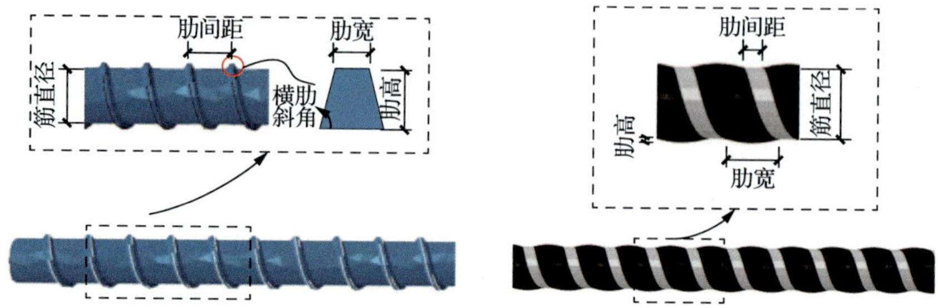


（a）钢筋　　（b）BFRP筋

彩图 4　钢筋及 BFRP 筋的表面几何特征

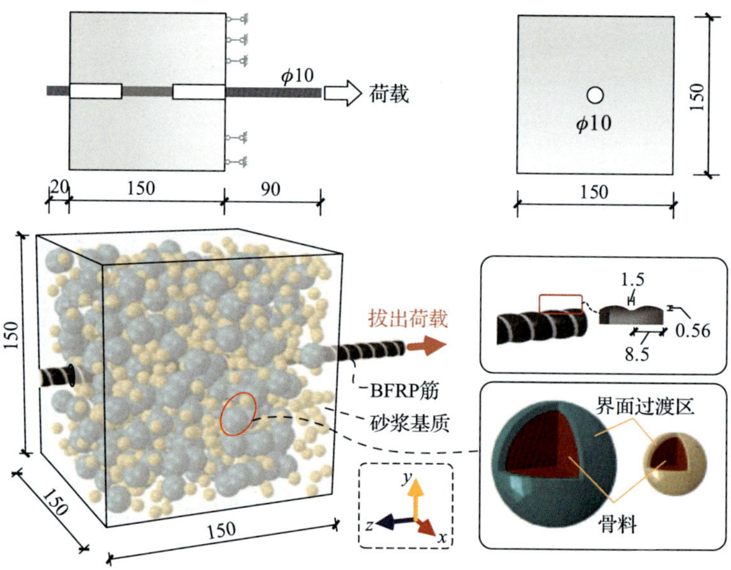


彩图 5　钢筋/FRP 筋-混凝土界面力学行为分析精细化数值模型

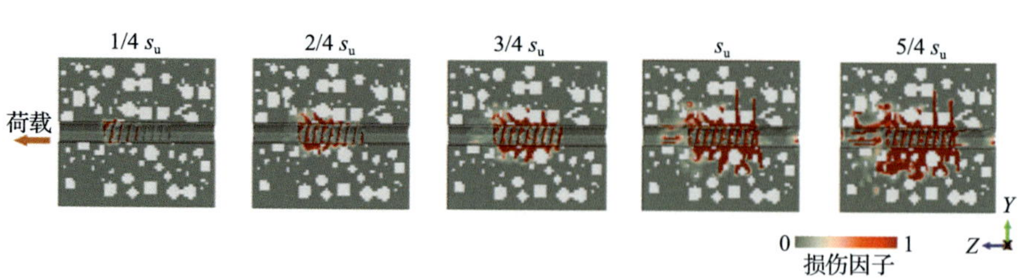


彩图 6　300℃下混凝土截面处损伤扩展过程

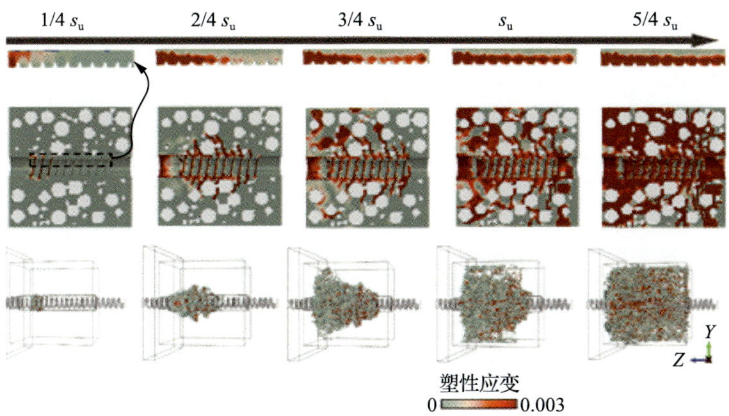


彩图 7　混凝土内部裂缝发展过程和方向

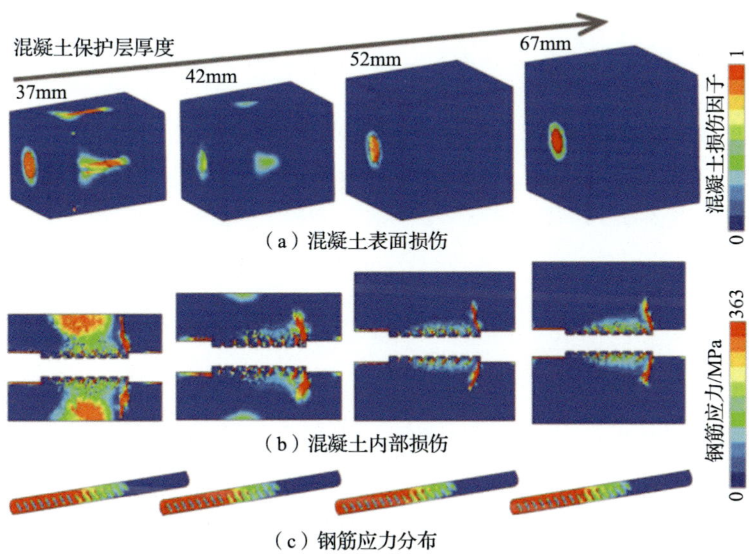


彩图 8　混凝土保护层厚度对混凝土破坏模式和钢筋应力的影响

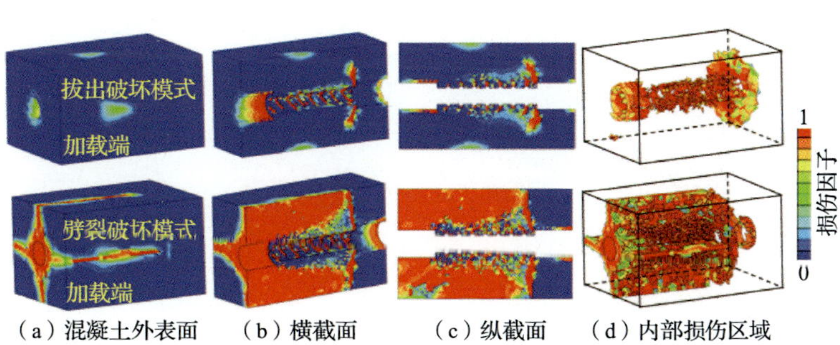


彩图 9　试件劈裂破坏和拔出破坏模式

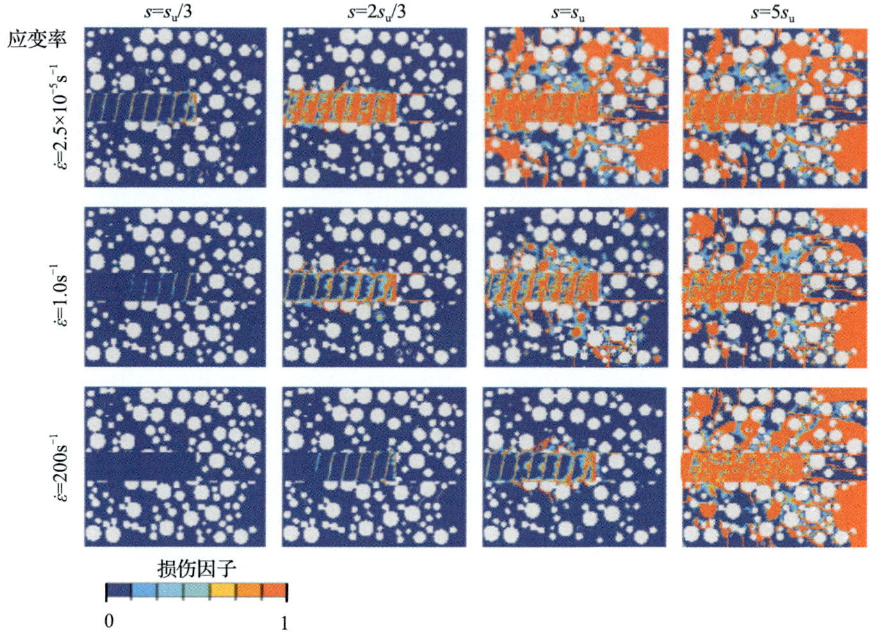


彩图 10　不同应变率 $\dot{\varepsilon}$ 下钢筋-混凝土界面的开裂过程

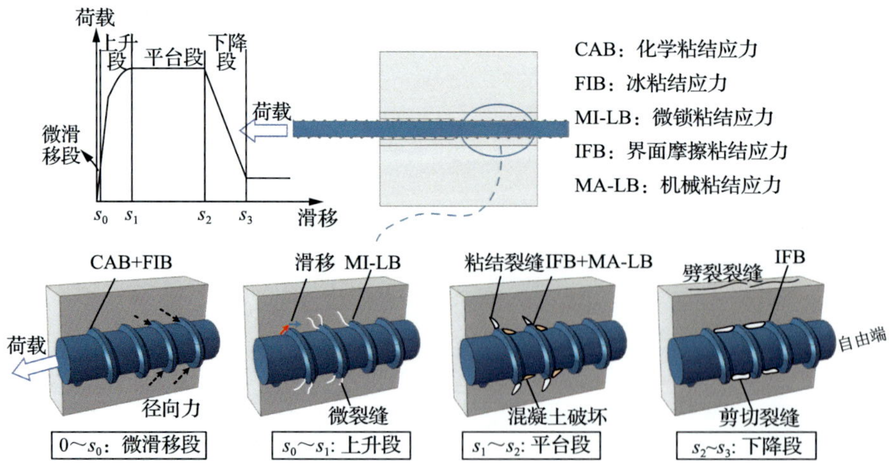


彩图 11　低温下钢筋拔出的力学机理

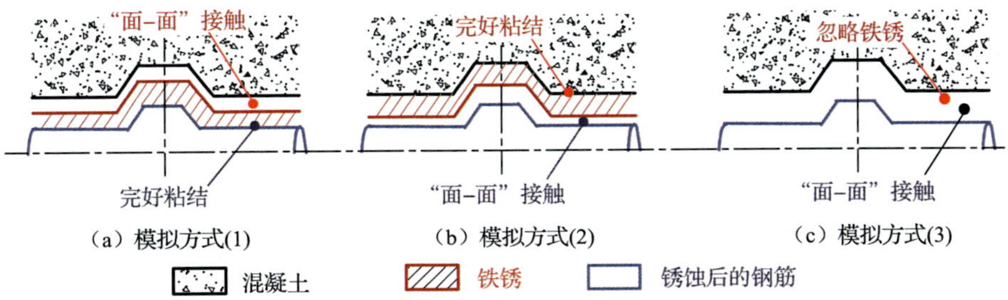


彩图 12　锈蚀产物的模拟

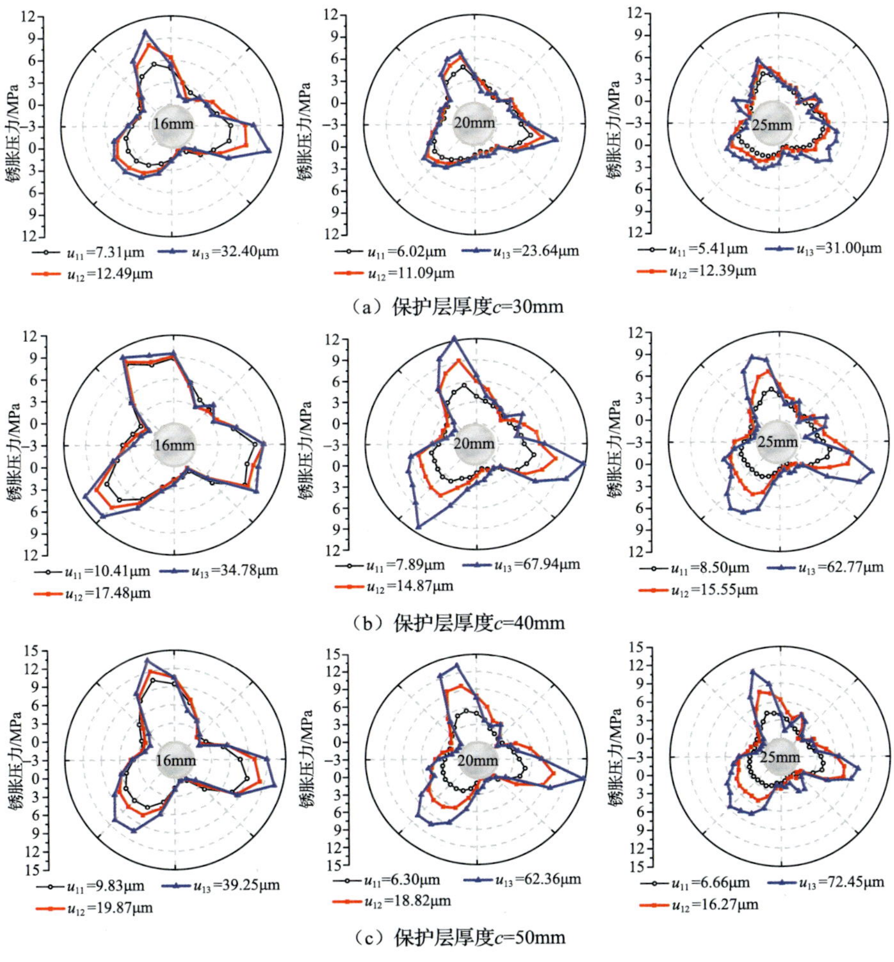


彩图 13　保护层厚度和钢筋直径对钢筋锈蚀压力分布的影响

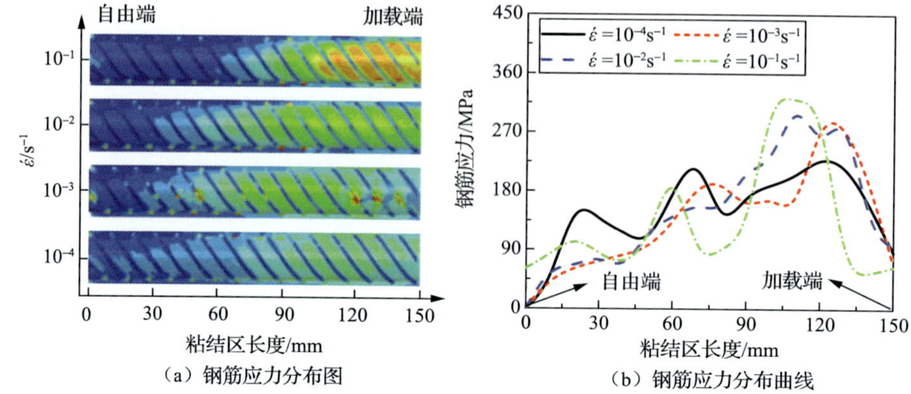

（a）钢筋应力分布图


（b）钢筋应力分布曲线

彩图 14　应变率对粘结区钢筋应力分布的影响

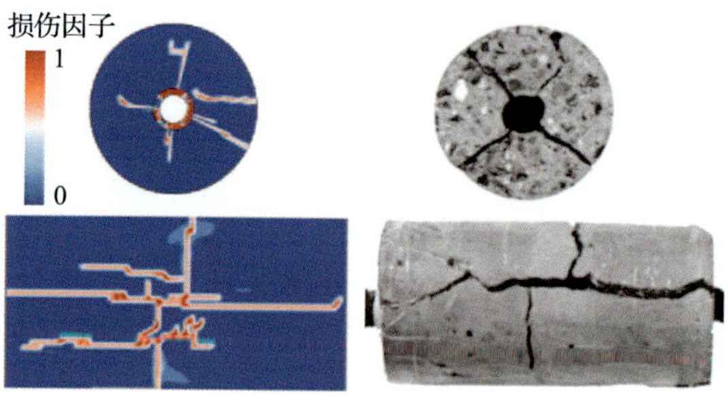


彩图 15　模拟结果与试验结果的对比

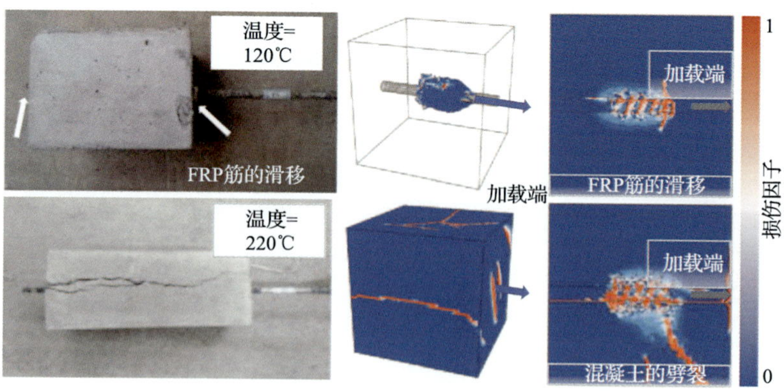


彩图 16　自然冷却后破坏模式模拟结果与试验结果的对比

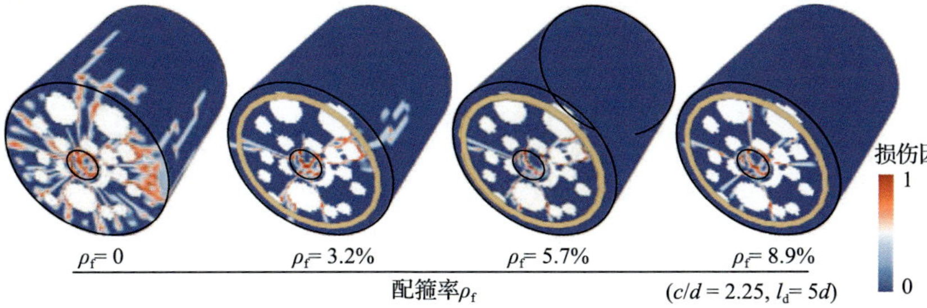


彩图 17　配箍率对破坏模式的影响

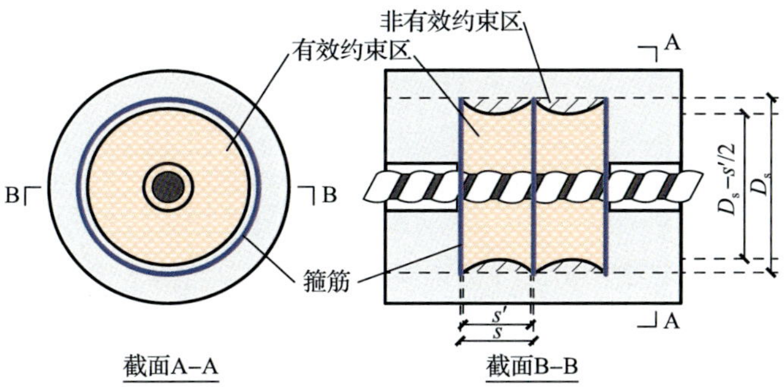


彩图 18　约束混凝土的拱效应

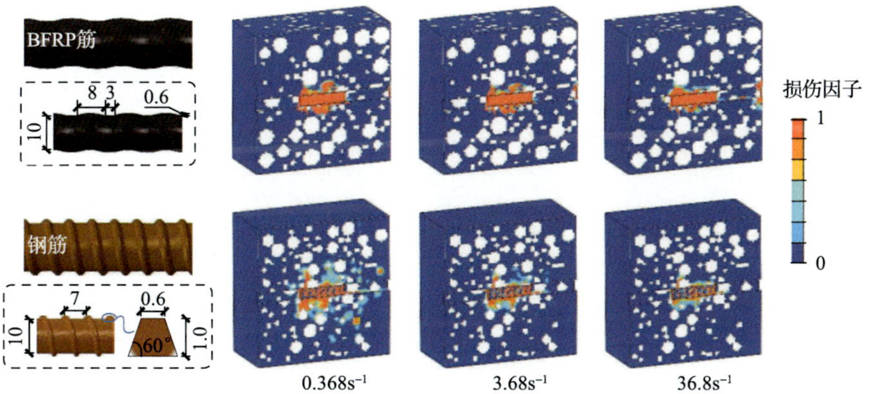


彩图 19　混凝土与 BFRP 筋、钢筋界面的破坏模式